AR交互动画与慕课视频

 AR AR交互动画是指将含有字母、数字、符号或图形的信息叠加或融合到读者看到的真实世界中，以增强读者对相关知识的直观理解，具有虚实融合的特点。

本书为纸数融合的新形态教材，通过运用AR交互动画技术，将数字电路与逻辑设计课程中的抽象知识与复杂现象进行直观呈现，以提升课堂的趣味性，增强读者的理解力，最终实现高效"教与学"。

AR交互动画识别图

0 1 3 2 / 4 5 7 6 / 12 13 15 14 / 8 9 11 10	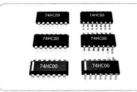	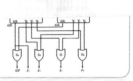
卡诺图	SSI引脚识别的方法	CD4532B级联的工作原理

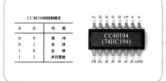

4位双向移位寄存器的工作原理

集成计数器74LVC161
异步级联的工作原理

数字钟电路应用

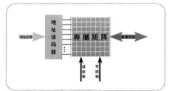

存储器结构示意图

FBGA封装内存芯片
引脚识别的方法

FPGA芯片引脚介绍

操作演示

AR 交互动画操作演示 · 示例1

操作演示视频

AR 交互动画操作演示 · 示例2

高等学校电子信息类
基础课程名师名校系列教材

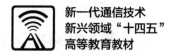

新一代通信技术
新兴领域"十四五"
高等教育教材

数字电路与逻辑设计

慕课版 | 支持 AR 交互

刘培植 孙文生 / 主编

张治 陈佃军 胡春静 马楠 / 副主编

Digital Circuits
and Logic
Design

人民邮电出版社
北京

图书在版编目（CIP）数据

数字电路与逻辑设计：慕课版：支持AR交互 ／ 刘培植，孙文生主编. -- 北京：人民邮电出版社，2024.4
高等学校电子信息类基础课程名师名校系列教材
ISBN 978-7-115-63237-1

Ⅰ. ①数… Ⅱ. ①刘… ②孙… Ⅲ. ①数字电路－逻辑设计－高等学校－教材 Ⅳ. ①TN79

中国国家版本馆CIP数据核字(2023)第232753号

内 容 提 要

本书是在"新工科"背景下将纸质图书、讲解视频、AR 交互动画和电子文档等多种元素紧密结合的新形态教材。

本书分为四部分。第一部分讲述数字电子技术基础，共3章，分别为数制与编码、逻辑代数基础和逻辑门电路。第二部分讲述组合与时序逻辑电路，共3章，分别为组合逻辑电路、触发器和时序逻辑电路。第三部分讲述可编程逻辑电路，共2章，分别为存储器及可编程逻辑器件、硬件描述语言 Verilog HDL。第四部分讲述信号与波形，共2章，分别为数模转换和模数转换、脉冲波形的产生与变换。本书知识体系完整、内容翔实宜读、表述缜密严谨、语言通俗易懂，注重理论与实践的结合，同时强调相关领域新技术的介绍与应用。

本书可作为高等院校电气类专业、自动化类专业、电子信息类专业、计算机类专业等的数字电路相关课程的教材，也可作为相关领域科技人员的参考书。

◆ 主　　编　刘培植　孙文生

　　副主编　张　治　陈佃军　胡春静　马　楠

　　责任编辑　王　宣

　　责任印制　陈　犇

◆ 人民邮电出版社出版发行　　北京市丰台区成寿寺路 11 号
　　邮编　100164　　电子邮件　315@ptpress.com.cn
　　网址　https://www.ptpress.com.cn
　　三河市祥达印刷包装有限公司印刷

◆ 开本：787×1092　1/16　　　　　彩插：1
　　印张：21.5　　　　　　　　2024 年 4 月第 1 版
　　字数：516 千字　　　　　　2024 年 4 月河北第 1 次印刷

定价：79.80 元

读者服务热线：(010)81055256　印装质量热线：(010)81055316
反盗版热线：(010)81055315
广告经营许可证：京东市监广登字 20170147 号

前　言

时代背景

数字电子技术在无线通信、信息处理、航空航天和数控机床等行业均起着极其重要的作用，是当今国际高科技竞争领域的重点技术之一。第五代移动通信技术和人工智能技术的普及，对快速数据处理和高速计算提出了更高的要求。现代数字电路设计对象已经转向大规模和超大规模集成电路，但无论多么复杂的数字电路，其底层模块依然由基本逻辑单元构成。合理地协调基础与系统的关系，解决理论与实践脱节的矛盾，能提高教学效率，调动学生的学习积极性和学习热情，并能使数字电路课程具有鲜明的时代气息。

写作初衷

2017年，教育部积极推动"新工科"建设，倡导顺应时代发展，更新教学内容，改革教学方法，推进信息技术与教学内容深度融合。时代的发展和技术的进步，互联网新媒体的涌现和人工智能的快速发展，也在要求高等教育不断深化改革。为此，编者秉持以下理念编成本书：合理构建知识体系，理论、实践紧密结合，融入新形态元素，配套立体化资源，使教学内容与时代同频、知识传授与学生共振，保证"教与学"均能达到较好的效果。

本书内容

本书共10章（标有*的章节为选学内容），每章都配有拓展阅读和丰富的习题，各章的学时建议如表1所示。

表1　各章的学时建议

篇名	章名	48学时	64学时
第一部分 数字电子技术基础	第1章 数制与编码	4	6
	第2章 逻辑代数基础	6	8
	第3章 逻辑门电路	6	8
第二部分 组合与时序逻辑电路	第4章 组合逻辑电路	6	8
	第5章 触发器	2	3
	第6章 时序逻辑电路	8	10
第三部分 可编程逻辑电路	第7章 存储器及可编程逻辑器件	4	4
	第8章 硬件描述语言 Verilog HDL	8	10
第四部分 信号与波形	第9章 数模转换和模数转换	2	4
	第10章 脉冲波形的产生与变换	2	3

另外，建议在课程讲授之初利用较少学时对学生进行导学，即对整个课程进行概述，目的是让学生了解数字电子技术基础，并初步熟悉FPGA与Verilog，这部分内容参见本书配套的教辅资源。

在教学过程中，教师可以按照本书正常顺序讲解，也可以参考教辅资源，将第7章的FPGA部分内容和第8章的Verilog HDL基础语法提到导学课程中进行初步讲解，然后将Verilog HDL基础语法与各章内容结合教学，并将基于FPGA的课内实验贯穿整个教学过程，通过基础实验、提高实验和创新实践环节加深学生对基础知识的理解，激发学生的学习兴趣和探索热情。当然，教师也可以根据专业特点选择合适的教学方法。

本书特色

本书的编写以"新工科"背景下高新课程建设的"两性一度"为指导思想，面向国家战略需求，在注重基础的同时，紧跟时代步伐，将学科发展的新概念、新技术和新方法融入本书内容，介绍行业先进技术，加大工程实践力度。总体而言，本书有以下5个特色。

1 重构课程知识体系，统筹协调内容布局

本书借鉴国内外数字电路课程教材的特点，结合数字电子技术的发展和应用需求，并统筹考虑教育部工程认证及"新工科"专业建设的要求重构课程知识体系，在注重基础理论讲解的同时，删除过时的教学内容，深入讲解可编程逻辑器件和硬件描述语言。为保证知识体系的完整性，本书将Verilog HDL内容放在第8章，教师在教学过程中根据需要进行选择，可以按照正常章节顺序讲授，也可以将第8章内容融入各章中讲解。

2 理论实践紧密结合，扎实提高实践能力

本书针对理论知识的讲解，编排与知识点密切相关的思考题、例题和课后习题。通过思考题启迪思维，通过例题与课后习题加深学生对知识点的理解。本书加强创新实践，注重理论与实践的深度结合，通过配套教学资源设计丰富的实践教学案例，通过课内实验加深学生对知识的理解，通过挑战型实验进行个性化培养，进而提高学生的实践能力和创新能力。

3 引入"启迪式"与"沉浸式"素质教育新模态，实现价值引领与使命担当教育

为保证素质教育的教学效果，本书以配套的素质教育案例库为核心，引入"启迪式"与"沉浸式"素质教育新模态，构建多位一体的素质教育教学体系。该体系除了课堂素质教育，还将素质教育目标"编码"到课程设计中，将素质教育贯穿于课程教学的所有环节，涵盖理论授课、课程作业和课内实验等，在传承知识的同时，实现价值引领与使命担当教育。

4 巧妙融入新形态元素，助力读者高效自学

为使读者能够随时随地对本书内容展开自学，编者针对本书各章内容录制了慕课视频，读者可以通过"人邮学院"（www.rymooc.com）搜索观看。同时，编者针对书中的抽象知识录制了生动形象的AR交互动画，立体化打造新形态教材，助力读者高效自学。

5 配套立体化教辅资源，支持开展混合式教学

编者在完成本书编写工作的同时，为本书配套建设了以下4类教辅资源。

➢ 文本类：如课程PPT、教案、教学大纲、课后习题答案等。

➢ 视频动画类：如慕课视频、AR交互动画等。

➢ 手册类：如学习指导、课内实验指导、习题解析等。

➢ 平台社群类: 如题库系统、教师服务与交流群（提供样书免费申请、教辅资源获取、教学问题解答、同行教师交流等服务）等。

高校教师可以通过"人邮教育社区"（www.ryjiaoyu.com）下载上述文本类、手册类等教辅资源，并获取题库系统等的相关链接，进而灵活开展线上线下混合式教学。

AR交互动画使用指南

AR交互动画是指将含有字母、数字、符号或图形的信息叠加/融合到读者看到的真实世界中，以加深读者对相关知识的直观理解，具有虚实融合的特点。

为了使书中的抽象知识与复杂现象能够生动形象地呈现在读者面前，帮助读者快速理解相关知识，进而实现高效自学，编者精心设计了与之相匹配的AR交互动画。读者可以通过以下步骤使用本书配套的AR交互动画:

下载App安装包

（1）扫描二维码下载"人邮教育AR"App安装包，并在手机或平板电脑等移动设备上进行安装;

（2）安装完成后，打开App，页面中会出现"扫描AR交互动画识别图"和"扫描H5交互页面二维码"两个按钮;

（3）单击"扫描AR交互动画识别图"按钮，扫描书中的AR交互动画识别图，即可操作对应的AR交互动画，并且可以进行交互学习。

特别说明

本书所有AR交互动画的创意与设计均由华中科技大学电子技术课程组完成，学习更多AR交互动画可参考华中科技大学电子技术课程组组编的教材《数字电子技术基础（微课版 支持AR交互）》（ISBN: 978-7-115-61233-5）。

编者团队与致谢

本书由刘培植、孙文生担任主编，张治、陈佃军、胡春静、马楠担任副主编。感谢罗杰、丁文霞等专家对本书目录大纲所给予的把关和指导，以及张静秋、程江华等专家针对本书内容所提出的宝贵修改建议和意见。

鉴于编者水平有限，书中难免存在表达欠妥之处，希望广大读者朋友和专家学者提出修改建议。建议可发送至编者邮箱: sunws@bupt.edu.cn。

编 者

2023年冬于北京邮电大学

目　录

第 **1** 章

数制与编码

数字是人们在认识世界、改造世界的过程中发明的一种量化符号。在人类文明发展史中，人们习惯用十进制数来描述和理解这个世界，而以计算机为代表的数字系统则采用的是二进制数。数字电子技术是指把自然界中的信息转换为二进制数形式，并利用数字系统进行信息加工、处理的技术。数字电子技术的出现，从根本上改变了人们的生活。

本章主要介绍数字电子技术的基础知识，包括数字电路中常用的数制、不同数制之间的转换、二进制编码、二－十进制编码与可靠性编码等内容，并详细讨论有符号二进制数的3种表示法（包括原码、反码和补码表示法，采用补码可以将减法运算转换为加法运算）。本章还会介绍ASCII、GBK编码和Unicode编码，读者也可以根据需要自行编制专用的代码。

🄖 学习目标

（1）熟悉模拟量与数字量的区别，理解数字电路的模块化设计思想。

（2）掌握十进制数、二进制数、八进制数与十六进制数之间的转换。

（3）掌握有符号二进制数的3种表示法，熟悉补码运算的原理。

（4）熟悉常用的编码方法，掌握二－十进制编码和奇偶校验码的原理与应用。

1.1　数字信号与数字电路

　　信号是传递信息的载体。在电子学中，信号可以分为模拟信号与数字信号。在数字电路中，所有的模拟信号都被变换为只有高、低电平的数字信号。

1. 模拟信号与数字信号

　　自然界中的许多物理量（如温度、压力、亮度等）在时间和数值上都是连续变化的，这类物理量称为模拟量。为便于采集、传输和分析，工程上通常将这类模拟量转换成电信号（如电压信号和电流信号），并称之为模拟信号，如图 1.1.1（a）所示。另外一类物理量只在特定的时间点上取特定的数值，数值的变化不是连续的，而是某个最小单位的整数倍，这类物理量称为数字量。与数字量对应的电信号称为数字信号，如图 1.1.1（b）所示，该类信号在时间和数值上都是离散的。

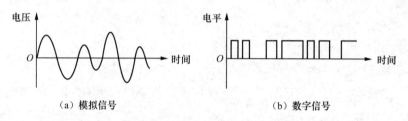

（a）模拟信号　　　　　　　　　　　　（b）数字信号

图 1.1.1　模拟信号与数字信号的对比

　　处理模拟信号的电路称为模拟电路（analog circuit），如放大电路、滤波电路等；处理数字信号的电路称为数字电路（digital circuit），如计数器电路、加法器电路等。数字系统是指有一定功能的数字电路，有时二者也不做严格区分。在实际电路中，数字信号由数字电路产生和处理，数字电路生产工艺有两种，即以双极型晶体管为主的晶体管-晶体管逻辑（transistor-transistor logic，TTL）工艺和以场效应管为主的互补金属氧化物半导体（complementary metal-oxide-semiconductor，CMOS）工艺，对应的电路分别称为 TTL 电路和 CMOS 电路。相比于 TTL 电路，CMOS 电路因其生产工艺简单、功耗低、集成度高等优势，在高密度集成电路和低功耗电路设计中占据主流。图 1.1.2 所示为采用两种工艺设计的与非门电路，本书将在第 3 章详细讨论这两种门电路的设计原理和使用方法。

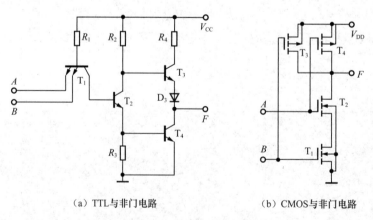

（a）TTL 与非门电路　　　　　　　　　（b）CMOS 与非门电路

图 1.1.2　采用两种工艺设计的与非门电路

2. 数字信号与逻辑电平

在数字电路中，逻辑电平分为高电平和低电平，分别对应数字1和数字0。在实际电路中需要注意，采用不同工艺的电路对高电平与低电平的"理解"不同。数字电路常用的供电电压有5 V和3.3 V。当采用5 V供电时，TTL电路会将超过2.0 V的输入信号判定为高电平，低于0.8 V的信号判定为低电平；而CMOS电路会将高于3.5 V的输入信号判定为高电平，将低于1.5 V的信号判定为低电平。图1.1.3所示为TTL电路和CMOS电路在不同的供电电压下逻辑电平对应的电压范围。

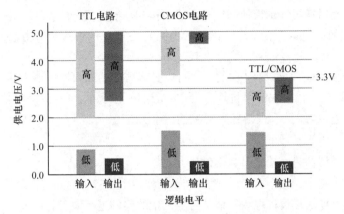

图 1.1.3　TTL 电路和 CMOS 电路在不同的供电电压下逻辑电平对应的电压范围

3. 数字信号与信息

在数字系统中，最小的信息单位是位（bit），1 bit只能代表一个二进制数。位是数据传输、处理和存储的最小单位。1位数据可以包含2种二进制数的组合（0、1），2位数据可以包含4种二进制数的组合（00、01、10、11），3位数据可以包含8种二进制数的组合。依此类推，n位数据可以包含2^n种二进制数的组合，位数越多，所能表示的信息种类也越多。

对于复杂的数字系统（如计算机），用位作为数据单位显然是不够的，因此在此基础上定义了字节（byte），简写为B。1字节（1 B）的数据由8位二进制数组成，即1 B=8 bit，因此字节的位宽为8，字节和位的对应关系如图1.1.4所示。

在数字系统中，为了表示更大的范围，还定义了KB（千字节）、MB（兆字节）、GB（吉字节）、TB（太字节）等单位，它们之间的换算关系为

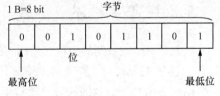

图 1.1.4　字节和位的对应关系

1 KB = 2^{10} B = 1024 B

1 MB = 2^{10} KB = 1024 KB

1 GB = 2^{10} MB = 1024 MB

1 TB = 2^{10} GB = 1024 GB

例如，某容量为512 GB的固态硬盘的质保条件为5年或300TBW。其中的300TBW表示该固态硬盘可以稳定写入300 TB的数据而不出问题，"W"代表写入数据。

4. 模块的概念

在数字系统中，任意一个具有特定功能的电路都可以被看作一个模块，如图1.1.5所示，模块被抽象成一个具有输入、输出和内部结构的框图。在模块框图中，一般习惯于将输入端口放置在框图的左侧，而将输出端口放置在框图的右侧。

图 1.1.5　数字系统中的模块

如同积木一样，数字系统中的模块也可以进行组合，以构成更大的模块。数字系统既可以只由单个模块组成，也可以由成百上千个模块组成。在数字系统设计中经常采用这种模块化思想，先设计基础模块，然后通过基础模块的组合形成结构和功能更复杂的模块，并逐级构成所需的数字系统。无论模块如何组合，它始终可以表示为图 1.1.5 所示的形式，即由输入、输出和内部结构组成的形式。

模块的输入和输出端口可以是 1 位的，也可以是多位的。如果模块输入端口为 m 位的，输出端口为 n 位的，则在描述该模块时可将其写为 "m-n 模块"。例如，"3-8 译码器"可以理解为具有译码功能的模块，它包含 3 路输入信号和 8 路输出信号。

▶ 思考题

1.1.1　什么是模拟信号？什么是数字信号？

1.1.2　在数字电路中，数字 0 和 1、逻辑电平、实际电压三者之间有何联系与区别？

1.1.3　如何理解模块化设计思想？请结合生活中的实例进行说明。

1.2　数制

数字电路处理的是数字信号，数字信号通常以数码形式给出。数码既可以表示不同数值的大小，也可以表示不同的事物或事物的不同状态。本节讨论常用的数制与数制之间的转换。

1.2.1　数制概述

数制是进位记数制的简称，是用一组固定的符号和统一的规则来表示数值的方法。常用的数制有二进制（binary）、八进制（octal）、十进制（decimal）和十六进制（hexadecimal）。数码是一组用来表示某种数制的符号，通常用 0 ～ 9、A ～ Z 来表示。一种数制所使用的数码个数称为该数制的基数，如二进制的基数为 2，十进制的基数为 10。在数制中，表示数的大小通常要使用多位数码，同一数码处于不同的位置所代表的数值不同，即数码在不同位置有不同的权值。

1. 十进制

十进制是日常生活中常使用的数制。十进制的基数为 10，有 10 个数码（即 0 ～ 9 的整数），进位规则是"逢十进一"，各数位的权值为 10^i，其中 i 为数码所在的位置。十进制数分为整数和小数两部分，小数点前的个位、十位、百位的权值依次为 10^0、10^1、10^2；小数点后第一位的权值为 10^{-1}，第二位的权值为 10^{-2}，依此类推。

任意一个十进制数 $(D)_{10}$ 都可以写成按权展开的形式

$$\sum_{i=-m}^{n-1} d_i \times 10^i \qquad (1.2.1)$$

其中，d_i 为第 i 位的数码，取值为 0 ～ 9 的整数；m、n 为正整数，m 为小数的位数，n 为整数的位数；

10 为十进制的基数；10^i 为第 i 位的权值。

例如

$$(153.75)_{10} = 1 \times 10^2 + 5 \times 10^1 + 3 \times 10^0 + 7 \times 10^{-1} + 5 \times 10^{-2}$$

在本书中，为了区分不同的进制数，通常将数写在括号里，并在括号外用下标指明其数制，如 $(153.75)_{10}$，表示 153.75 是一个十进制数。在实际使用中，如果遇到没有明确指明一个数的数制的情况，默认该数是十进制数。

2. 二进制

在数字电路中，晶体管工作在开关状态，有闭合和断开两个稳定的状态，因此数字系统中广泛采用二进制。在二进制中仅有 0、1 两个数码，二进制的基数为 2，进位规则是"逢二进一"，各数位的权值为 2^i，其中 i 为数码所在的位置。

任意一个二进制数 $(D)_2$ 都可以写成按权展开的形式

$$\sum_{i=-m}^{n-1} d_i \times 2^i \qquad (1.2.2)$$

其中，d_i 为第 i 位的数码，取值为 0 或 1；m、n 为正整数，m 为小数的位数，n 为整数的位数；2 为二进制的基数；2^i 为第 i 位的权值。

例如

$$(1101.11)_2 = 1 \times 2^3 + 1 \times 2^2 + 0 \times 2^1 + 1 \times 2^0 + 1 \times 2^{-1} + 1 \times 2^{-2}$$

表 1.2.1 所示为部分二进制数位与对应的权值。

表 1.2.1　部分二进制数位与对应的权值

二进制数位	权值	十进制表示	二进制数位	权值	十进制表示	二进制数位	权值	十进制表示
13	2^{12}	4096	7	2^6	64	1	2^0	1
12	2^{11}	2048	6	2^5	32	−1	2^{-1}	0.5
11	2^{10}	1024	5	2^4	16	−2	2^{-2}	0.25
10	2^9	512	4	2^3	8	−3	2^{-3}	0.125
9	2^8	256	3	2^2	4	−4	2^{-4}	0.0625
8	2^7	128	2	2^1	2	−5	2^{-5}	0.03125

二进制记数的优点是简单，传输、存储和处理方便，缺点是当位数较多时书写麻烦，容易出错。为解决该问题，人们引入了八进制和十六进制。

3. 八进制

八进制的基数为 8，有 8 个数码（即 0 ～ 7 的整数），进位规则是"逢八进一"，各数位的权值为 8^i，其中 i 为数码所在的位置。

任意一个八进制数 $(D)_8$ 都可以写成按权展开的形式

$$\sum_{i=-m}^{n-1} d_i \times 8^i \qquad (1.2.3)$$

其中，d_i 为第 i 位的数码，取值为 0 ～ 7 的整数；m、n 为正整数，m 为整数的位数，n 为小数的位数；8 为八进制的基数；8^i 为第 i 位的权值。

例如

$$(157.65)_8 = 1 \times 8^2 + 5 \times 8^1 + 7 \times 8^0 + 6 \times 8^{-1} + 5 \times 8^{-2}$$

$(157.65)_8$ 中的下标8表示括号里的数是八进制数，有时也用字母O代替这个下标，并去掉括号，把O写在数字的后面，如57O、136O。

4. 十六进制

十六进制的基数为16，有 $0 \sim 9$ 的整数和 $A \sim F$（分别表示 $10 \sim 15$ 的整数）等16个数码，进位规则是"逢十六进一"，各数位的权值为 16^i，i 为数码所在的位置。

任意一个十六进制数 $(D)_{16}$ 都可以写成按权展开的形式

$$\sum_{i=-m}^{n-1} d_i \times 16^i \tag{1.2.4}$$

其中，d_i 为第 i 位的数码，取16个数码中的任意一个；m、n 为正整数，m 为整数的位数，n 为小数的位数；16为十六进制的基数；16^i 为第 i 位的权值。

例如

$$(3F.A5)_{16} = 3 \times 16^1 + 15 \times 16^0 + 10 \times 16^{-1} + 5 \times 16^{-2}$$

$(3F.A5)_{16}$ 中的下标16表示括号里的数是十六进制数，有时也用H代替这个下标，并去掉括号，把H写在数字的后面，如56H、83FH。

由于目前计算机普遍采用8位、16位、32位等二进制数进行运算，而8位、16位、32位二进制数可以分别用2位、4位、8位十六进制数表示，因而用十六进制数码表示二进制数码十分便捷。十六进制既便于书写，又方便识别，是数字系统中常用的数制之一。表1.2.2所示为不同进制数之间的对照。

表 1.2.2　不同进制数之间的对照

十进制数	二进制数	八进制数	十六进制数	十进制数	二进制数	八进制数	十六进制数
0	0000	0	0	8	1000	10	8
1	0001	1	1	9	1001	11	9
2	0010	2	2	10	1010	12	A
3	0011	3	3	11	1011	13	B
4	0100	4	4	12	1100	14	C
5	0101	5	5	13	1101	15	D
6	0110	6	6	14	1110	16	E
7	0111	7	7	15	1111	17	F

5. 任意进制

进位记数制可以推广到任意进制，任意进制数都可以按权展开，从而得到与十进制数对应的数值。将一个整数位为 n 位、小数位为 m 位的 R 进制数 N 按权展开的表示式为

$$
\begin{aligned}
(N)_R &= (k_{n-1} \times R^{n-1} + k_{n-2} \times R^{n-2} + \cdots + k_1 \times R^1 + k_0 \times R^0 + \\
&\quad k_{-1} \times R^{-1} + k_{-2} \times R^{-2} + \cdots + k_{-m} \times R^{-m})_{10} \\
&= (\sum_{i=-m}^{n-1} k_i \times R^i)_{10}
\end{aligned}
\tag{1.2.5}
$$

式（1.2.5）中 $(N)_R$ 为 R 进制数 N，$(\sum_{i=-m}^{n-1} k_i \times R^i)_{10}$ 表示展开求和后其对应的十进制数。

日常生活中广泛采用十进制，而数字系统使用的是二进制；八进制和十六进制是为了便于二进制数的书写而引入的。若比较几个不同进制数的大小，则需要先将它们转换成同一进制的数，比如都转换成十进制数，然后才能比较大小。下面将讨论不同数制间的转换问题。

1.2.2　不同数制间的转换

1. 十进制数与非十进制数之间的转换

（1）任意 R 进制数转换为十进制数

任意 R 进制数（非十进制数）转换为十进制数的方法都一致，仅须按式（1.2.5）将 R 进制数按权展开并求和即可。

【例 1.2.1】 将二进制数 $(110.01)_2$ 转换成等值的十进制数。

解： 将该二进制数按权展开得

$$(110.01)_2 = 1 \times 2^2 + 1 \times 2^1 + 0 \times 2^0 + 0 \times 2^{-1} + 1 \times 2^{-2} = 4 + 2 + 0 + 0.25 = (6.25)_{10}$$

【例 1.2.2】 将八进制数 $(24.3)_8$ 转换成等值的十进制数。

解： 将该八进制数按权展开得

$$(24.3)_8 = 2 \times 8^1 + 4 \times 8^0 + 3 \times 8^{-1} = 16 + 4 + 0.375 = (20.375)_{10}$$

【例 1.2.3】 将十六进制数 $(12AF.B4)_{16}$ 转换成等值的十进制数。

解： 将该十六进制数按权展开得

$$\begin{aligned}
(12AF.B4)_{16} &= 1 \times 16^3 + 2 \times 16^2 + 10 \times 16^1 + 15 \times 16^0 + 11 \times 16^{-1} + 4 \times 16^{-2} \\
&= 4096 + 512 + 160 + 15 + 0.6875 + 0.015625 \\
&= (4783.703125)_{10}
\end{aligned}$$

（2）十进制数转换为非十进制数

十进制数转换为非十进制数时，需要对整数部分和小数部分分别进行转换。

① 整数部分的转换

整数部分的转换采用"除基取余"的方法，具体步骤是用十进制整数除以目的数制的基数，第一次相除所得的余数为目的数的最低位（least significant bit，LSB），得到的商再除以该基数，所得的余数为目的数的次低位，依此类推，直到商为 0 为止，最后所得的余数为目的数的最高位（most significant bit，MSB）。

【例 1.2.4】 将 $(53)_{10}$ 转换成等值的二进制数。

解： 按照"除基取余"的方法，53 除以基数 2 取余数，转换过程如下。

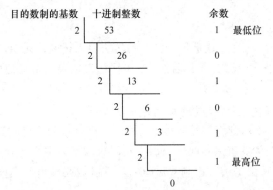

经过多次除以基数 2 取余数，得到转换结果为 $(53)_{10} = (110101)_2$。这里需要强调的是最先得到的余数为目的数的最低位。

【例 1.2.5】将 $(53)_{10}$ 转换成八进制数。

解：按照"除基取余"的方法，53 除以基数 8 取余数，转换过程如下。

转换结果为 $(53)_{10} = (65)_8$。

---

② 小数部分的转换

小数部分的转换采用"乘基取整"的方法，具体步骤是用十进制小数乘以目的数制的基数，第一次相乘结果的整数部分为目的数中小数的最高位，去除整数后剩余的小数部分再乘以基数，所得结果的整数部分为目的数中小数的次高位，依此类推，直到小数部分为 0 或达到转换精度要求为止。

【例 1.2.6】将十进制小数 $(0.6875)_{10}$ 转换成等值的二进制数，精确到小数点后 6 位。

解：按照"乘基取整"的方法，0.6875 乘以基数 2，取整数，转换过程如下。

$0.6875 \times 2 = 1.3750$ 1   最高位

$0.3750 \times 2 = 0.75$ 0

$0.75 \times 2 = 1.5$ 1

$0.5 \times 2 = 1.0$ 1   最低位（小数部分为 0，无须再转换）

为表示该二进制数精确到小数点后 6 位，可在最低位后面再增加两个"0"。所以转换结果为 $(0.6875)_{10} = (0.101100)_2$。

【例 1.2.7】将十进制小数 $(0.687)_{10}$ 转换成等值的二进制数，精确到小数点后 4 位。

解：按照"乘基取整"的方法，0.687 乘以基数 2，取整数，转换过程如下。

$0.687 \times 2 = 1.374$ 1   最高位

$0.374 \times 2 = 0.748$ 0

$0.748 \times 2 = 1.496$ 1

$0.496 \times 2 = 0.992$ 0   最低位（已经到达所要求精度，无须再继续转换）

转换结果为 $(0.687)_{10} \approx (0.1010)_2$。最后的 0 应该保留，以表示精确到小数点后第 4 位。

---

2. 二进制数与八进制数和十六进制数之间的转换

八进制的基数是 2^3，十六进制的基数是 2^4，因此二进制数与八进制数和十六进制数间的转换非常容易。二进制数转换为八进制数时，只需将其以小数点为中心，分别向两边按每 3 位分为一组，不足 3 位时补 0，再写出每组二进制数对应的八进制数码即可。同样，二进制数要转换为十六进制数时，只需将其以小数点为中心，分别向两边按每4位分为一组，不足4位时补0，再写出每组二进制数对应的十六进制数码即可。反过来，八进制数和十六进制数转换为二进制数时，只需写出每一位数码对应的等值二进制数（八进制数用3位二进制数表示，十六进制数用4位二进制数表示）即可。下面用几个例子说明二进制数与八进制数以及二进制数与十六进制数之间的转换方法。

【例1.2.8】 将二进制数$(11101.1101)_2$转换成等值的八进制数。

解: 二进制数 011 101 . 110 100

　　　八进制数 3 5 . 6 4

转换结果为$(11101.1101)_2 = (35.64)_8$。

【例1.2.9】 将八进制数$(234.567)_8$转换成等值的二进制数。

解: 八进制数 2 3 4 . 5 6 7

　　　二进制数 010 011 100 . 101 110 111

转换结果为$(234.567)_8 = (10011100.101110111)_2$。

【例1.2.10】 将二进制数$(11101.1101)_2$转换成等值的十六进制数。

解: 二进制数 0001 1101 . 1101

　　　十六进制数 1 D . D

转换结果为$(11101.1101)_2 = (1D.D)_{16}$。

【例1.2.11】 将十六进制数$(AF.26)_{16}$转换成等值的二进制数。

解: 十六进制数 A F . 2 6

　　　二进制数 1010 1111 . 0010 0110

转换结果为$(AF.26)_{16} = (10101111.0010011)_2$。

【例1.2.12】 将八进制数$(712.43)_8$转换成等值的十六进制数。

解: 八进制数与十六进制数之间的转换可以用二进制作为"桥梁"，先把八进制数转换成二进制数，然后将该二进制数转换为十六进制数。

$$(712.43)_8 = (111\ 001\ 010.100\ 011)_2 = (0001\ 1100\ 1010.\ 1000\ 1100)_2 = (1CA.8C)_{16}$$

转换结果为$(712.43)_8 = (1CA.8C)_{16}$。

1.2.3 有符号二进制数

1. 二进制算术运算

与十进制数一样，二进制数也可以进行加、减、乘、除等算术运算。其运算规则与十进制数的基本相同，唯一区别是二进制数的计数规则为"逢二进一，借一当二"。

以二进制数$(1001)_2$和$(0101)_2$为例，两数进行加、减、乘、除4种算术运算的过程如下。

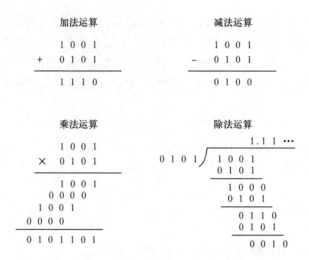

仔细观察可得，二进制数的乘法运算可以通过若干次"被乘数（或 0）左移 1 位"，然后"将该数与部分积相加"两种操作完成；二进制数的除法运算可通过若干次"除数右移 1 位"，然后"从被除数或余数中减去除数"两种操作完成。

如果能将减法操作转换为加法操作，则加、减、乘、除运算均可通过"移位"和"相加"两种操作实现，从而极大程度地简化算术运算电路的设计。

2. 二进制数的原码、反码和补码

在上面的算术运算中，二进制数的每一位都用来表示数值，没有考虑数的符号，这样的二进制数称为无符号二进制数。在数字系统中，为了表示数的正负，需要在二进制数中引入 1 位符号位，通常用最高位来表示符号位，并用 0 表示正数，用 1 表示负数，这种形式的二进制数称为有符号二进制数。图 1.2.1 所示为用 1 字节表示的有符号二进制数，用最高位表示符号位，用低 7 位表示数值部分。

图 1.2.1 用 1 字节表示的有符号二进制数

有符号二进制数有 3 种表示法：原码、反码和补码表示法。3 种表示法对正数的表示完全一样，唯一的区别是对负数的表示不同。

（1）原码

原码表示法是一种简单的有符号二进制数表示方法，其符号位用 0 表示正号，用 1 表示负号，数值部分采用二进制形式表示。二进制数 X 的原码可记为 $[X]_原$。

例如，设有符号二进制数 $X_1 = +10010$，$X_2 = -10010$，其原码记作

$$[X_1]_原 = 0\ 10010 \qquad\qquad [X_2]_原 = 1\ 10010$$

由于增加了 1 位符号位，需要用 6 位二进制数表示，最高位为符号位，低 5 位为数值部分。

采用原码表示法时，数的取值范围与二进制数的位数有关。当用 1 字节表示时，原码的取值范围为 $-127 \sim +127$。在原码表示法中，0 有以下两种表示形式。

$$[+0]_原 = 0\ 0000000 \qquad\qquad [-0]_原 = 1\ 0000000$$

（2）反码

在反码表示法中，正数的反码与原码相同，负数的反码为原码的符号位不变、数值部分按位

取反。二进制数 X 的反码可记为 $[X]_{反}$。

例如，设有符号二进制数 $X_1 = +10010$，$X_2 = -10010$，其反码记作

$$[X_1]_{反} = 0\ 10010 \qquad\qquad [X_2]_{反} = 1\ 01101$$

反码通常作为求补过程的中间形式，即在一个负数的反码末位上加1，就得到了该负数的补码。同样，当用1字节表示时，反码的取值范围为 $-127 \sim +127$。在反码表示法中，0的表示形式也不唯一。

$$[+0]_{反} = 0\ 0000000 \qquad\qquad [-0]_{反} = 1\ 1111111$$

（3）补码

在介绍补码之前，先讨论一下"模"的概念。"模"是指一个计量系统的计量范围，如计量粮食用的斗、计时用的时钟等。计算机也可以被看成一个计量系统，因为计算机的字长是确定的，存储和处理数据的位数是有限的，它也有一个计量范围，也存在一个"模"。

时钟的计量范围是 $0 \sim 11$，模为12，假设当前时针指向8点，而准确时间是6点，调整时间有两种方法：一种是倒拨2 h，即 $8-2=6$；另一种是顺拨10 h，即 $8+10=12+6$，即 $8-2=8+10$（模为12时）。在以12为模的系统里，减2和加10的效果是一样的。因此，凡是减2运算，都可以用加10运算来代替。对"模"而言，2和10互为补数。"模"实质上是使计量系统产生"溢出"的量，它的值在计量系统上表示不出来，计量系统上只能表示出模的余数。任何有模的计量系统，均可化减法运算为加法运算。

在补码表示法中，正数的补码与原码相同，负数的补码为反码 + 1，符号位也参与运算，若符号位有溢出，舍弃即可。二进制数 X 的补码可记为 $[X]_{补}$。

例如，设有符号二进制数 $X_1 = +10010$，$X_2 = -10010$，其补码记作

$$[X_1]_{补} = 0\ 10010 \qquad\qquad [X_2]_{补} = 1\ 01110$$

在补码表示法中，0的表示形式是唯一的。

$$[+0]_{原} = 0\ 0000000 \qquad\qquad [-0]_{原} = 1\ 0000000$$

$$[+0]_{反} = 0\ 0000000 \qquad\qquad [-0]_{反} = 1\ 1111111$$

$$[+0]_{补} = 0\ 0000000 \qquad\qquad [-0]_{补} = 0\ 0000000$$

由于补码表示法中0的表示形式唯一，当用1字节表示补码时，空出来的编码按照编码规则正好可以编码 -128，因此，补码的取值范围为 $-128 \sim +127$。这也是为什么在计算机语言中，当讨论有符号整数的取值范围时，负数的表示范围总比正数的表示范围多1。

【例1.2.13】 写出十进制数 $+26$、-26、$+35$、-35 的二进制原码、反码和补码，用1字节表示。

解：用1字节的最高位表示符号位，低7位表示数值部分。

十进制数	原码	反码	补码
+26	0 0011010	0 0011010	0 0011010
−26	1 0011010	1 1100101	1 1100110
+35	0 0100011	0 0100011	0 0100011
−35	1 0100011	1 1011100	1 1011101

表1.2.3所示为4位有符号二进制数的原码、反码和补码对照。

表1.2.3　4位有符号二进制数的原码、反码和补码对照

十进制数	二进制数		
	原码	反码	补码
+7	0111	0111	0111
+6	0110	0110	0110
+5	0101	0101	0101
+4	0100	0100	0100
+3	0011	0011	0011
+2	0010	0010	0010
+1	0001	0001	0001
0	0000	0000	0000
−1	1001	1110	1111
−2	1010	1101	1110
−3	1011	1100	1101
−4	1100	1011	1100
−5	1101	1010	1011
−6	1110	1001	1010
−7	1111	1000	1001
−8	—	—	1000

采用补码运算的好处是减法运算可以转换为加法运算。补码运算可以表示为

$$[x + y]_补 = [x]_补 + [y]_补 \qquad [x - y]_补 = [x]_补 + [-y]_补$$

【例1.2.14】用二进制补码运算计算12+10、12−10、−12+10、−12−10。

解： 由于12+10的值为22，因此进行二进制补码运算需要用6位二进制数，其中最高位为符号位，低5位为数值部分。补码运算均采用加法运算，即 $x - y = x + (-y)$。

$$\begin{array}{rl} + 12 & 0\ 01100 \\ + 10 & \underline{0\ 01010} \\ + 22 & 0\ 10110 \end{array} \qquad \begin{array}{rl} + 12 & 0\ 01100 \\ - 10 & \underline{1\ 10110} \\ + 2 & (1)\ 0\ 00010 \end{array}$$

$$\begin{array}{rl} - 12 & 1\ 10100 \\ + 10 & \underline{0\ 01010} \\ - 2 & 1\ 11110 \end{array} \qquad \begin{array}{rl} - 12 & 1\ 10100 \\ - 10 & \underline{1\ 10110} \\ - 22 & (1)\ 1\ 01010 \end{array}$$

从上面的例子可以看出，将两个加数的符号位与来自数值部分的进位相加，得到的结果（舍弃产生的进位）就是和的符号。

当两个补码表示的二进制数相减时，也可以对补码表示的减数再取补（连同符号位），然后将两个数相加，运算结果也是补码形式，即

$$[x]_补 + [y]_补 = [x]_补 + [y]_补 \qquad [x]_补 - [y]_补 = [x]_补 + [\ [y]_补\ ]_补$$

假设某数字系统中的数均以补码形式表示，例如，$[-12]_补 = 1\ 10100$，$[10]_补 = 0\ 01010$，下面来计算−12−10。

$[-12]_补 - [10]_补 = [-12]_补 + [[10]_补]_补 = [1\,10100]_补 + [1\,10110]_补 = [1\,01010]_补$

$[1\,01010]_补$对应的十进制数是 -22，运算结果依然正确。

▶ **思考题**

1.2.1　生活中使用十进制，数字系统中使用二进制，为什么还要引入八进制和十六进制？

1.2.2　与 4 位二进制数和 4 位十六进制数对应的最大等值十进制数是多少？

1.2.3　"0" 的补码表示是否唯一？当两个补码表示的二进制数相加时，和的符号位等于两数的符号位与来自数值部分的进位相加的结果，为什么？

1.3　编码

数字系统中的信息有两种：数值信息和符号信息，前者表示数的大小，后者表示符号、状态的不同。编码就是按一定规律为符号信息赋予二进制数码的过程，编码的规律称为码制。数字系统一般都采用等长编码，n 位二进制数共有 2^n 种组合，可以对 2^n 种信息进行编码。下面介绍几种常用的编码。

1.3.1　二进制编码

二进制编码可以有多种编码方式，这里主要介绍自然二进制编码，4 位自然二进制编码方式如表 1.3.1 所示。

表 1.3.1　4 位自然二进制编码方式

十进制数	自然二进制编码	十进制数	自然二进制编码
0	0000	8	1000
1	0001	9	1001
2	0010	10	1010
3	0011	11	1011
4	0100	12	1100
5	0101	13	1101
6	0110	14	1110
7	0111	15	1111

4 位自然二进制编码 0000 ~ 1111 可以表示十进制的 0 ~ 15 的整数，也可以表示 16 种其他状态。自然二进制编码是一种有权编码，各个位置上的权值是固定的，由高到低分别为 8、4、2、1，我们可以通过其编码计算出相应的十进制数。

1.3.2　二 – 十进制编码

将十进制数的 0 ~ 9 分别用 4 位二进制数表示的代码称为十进制数的二进制编码，简称二 – 十进制编码或二进制编码的十进制（binary coded decimal，BCD）码。BCD 码既具有二进制数的形式，又具有十进制数的特点，从而使二进制数与十进制数之间的转换得以快捷进行。这种编码方式最初被用于会计系统，在会计系统中经常需要对很长的数字串进行精确计算。相对浮点式记数法，采用 BCD 码既可以保证数值计算的精确度，又可以减少浮点运算耗费的时间。对于其他需要高精度计算的场合，采用 BCD 码也能简化电路设计、缩短计算时间。

4 位二进制数有 0000 ～ 1111 等 16 种组合，要从这 16 种组合中选出 10 种作为 0 ～ 9 的编码，编码方案很多，几种常用的 BCD 码如表 1.3.2 所示。

表 1.3.2　常用的 BCD 码

十进制数	8421码	2421码	余3码	5421码	格雷码
0	0000	0000	0011	0000	0000
1	0001	0001	0100	0001	0001
2	0010	0010	0101	0010	0011
3	0011	0011	0110	0011	0010
4	0100	0100	0111	0100	0110
5	0101	1011	1000	1000	0111
6	0110	1100	1001	1001	0101
7	0111	1101	1010	1010	0100
8	1000	1110	1011	1011	1100
9	1001	1111	1100	1100	1000
权值	8421	2421	无权值	5421	无权值

1. 8421码

8421 码也称为 8421BCD 码，是常用的 BCD 码，它用 4 位自然二进制编码中的前 10 个即 0000~1001 来表示十进制数的 0 ～ 9，4 位数码的权值由高到低依次是 8、4、2、1，所以 8421 码是一种有权码，根据代码的组成便可知道它所代表的数值。设 8421 码的各位为 $a_3a_2a_1a_0$，则它代表的十进制数为

$$(N)_{10} = 8a_3 + 4a_2 + 2a_1 + 1a_0$$

上式是 8421 码的编码规则。可见 8421 码编码简单、直观，便于实现十进制数与 8421 码的转换，例如

$$(32.56)_{10} = (0011\ 0010\ .\ 0101\ 0110)_{8421码}$$

在上式中，将 $(32.56)_{10}$ 中的每一个十进制数码用 4 位二进制数表示，即可得到对应的 8421 码。注意，十进制数的 BCD 码表示对该数字中每一位数码进行编码，所以二进制数中最前面和最后面的 0 都不能被舍弃。

2. 2421码

2421 码也是有权码，4 位数码的权值由高到低依次是 2、4、2、1，设 2421 码的各位为 $a_3a_2a_1a_0$，则它代表的十进制数为

$$N = 2a_3 + 4a_2 + 2a_1 + 1a_0$$

上式是 2421 码的编码规则。与 8421 码不同的是，2421 码的编码方案有多种，表 1.3.2 所示的是其中一种编码方案，它是取 4 位自然二进制编码的前 5 种和后 5 种组合而成的。

表 1.3.2 中的 2421 码是一种自反代码，也称为对 9 的自补码，特点是 0 和 9、1 和 8、2 和 7、3 和 6、4 和 5 互为反码。2421 码可以给运算带来方便，利用其对 9 自补码的特点可以将减法运算转换为加法运算。

3. 余3码

余3码是由8421码加$(0011)_2$得到的，或者说是选取了4位自然二进制编码的中间10个，舍弃头尾各3组代码得到的。余3码是一种无权码，该代码中某位取1时不表示一个固定的数值。余3码也是一种对9的自补码，例如5的余3码是$(1000)_2$，将其各位取反得$(0111)_2$，即得到4的余3码，而4与5是对9互补的。

余3码也常被用于BCD码运算电路中，两个余3码相加，其和将比对应的二进制数直接相加多6。当对应的二进制数之和为10时，其余3码之和正好为16，于是便等于从高位自动产生了进位信号。

4. 5421码

5421码也是有权码，4位数码的权值由高到低依次是5、4、2、1，设5421码的各位为$a_3a_2a_1a_0$，则它代表的十进制数为

$$N = 5a_3 + 4a_2 + 2a_1 + 1a_0$$

与2421码类似，5421码的编码方案也有多种，表1.3.2中列出的是其中一种编码方案，其显著特点是前5个编码最高位均为0，后5个编码最高位均为1。当计数器采用这种编码计数时，利用最高位可以产生对称的方波输出。

1.3.3　可靠性编码

在传输和处理代码过程中难免会发生错误，为减少错误的发生，并在出现错误时能及时发现和纠正错误，工程中普遍采用可靠性编码，其中常用的是格雷码和奇偶校验码。

1. 格雷码

在数字系统中，经常要求代码按一定规律变化，例如按自然数递增规律计数等。对于4位二进制编码，当从0111变为1000时，4位数码均要发生变化；而在实际电路中，4位数码的变化不可能同时发生，肯定有先有后，这就导致在计数过程中出现短暂的其他代码（如0011、1111等），使输出波形出现不该有的"毛刺"。这种"毛刺"在特定情况下可能会导致严重的后果，采用格雷码（Gray code）可以避免这种情况出现。

格雷码的特点是任意两个相邻数码只有一位不同，表1.3.3所示为4位二进制编码与4位格雷码的对应关系。

表1.3.3　4位二进制编码与4位格雷码的对应关系

十进制数	二进制编码	格雷码	十进制数	二进制编码	格雷码
0	0000	0000	8	1000	1100
1	0001	0001	9	1001	1101
2	0010	0011	10	1010	1111
3	0011	0010	11	1011	1110
4	0100	0110	12	1100	1010
5	0101	0111	13	1101	1011
6	0110	0101	14	1110	1001
7	0111	0100	15	1111	1000

格雷码有两个重要特点：一是相邻性；二是循环性。相邻性也称为单位距离特性，是指任意

两个相邻数码仅有 1 位不同；循环性是指首尾两个数码也具有相邻性，因此格雷码也称为循环码。格雷码是一种无权码，不能通过数码识别它所代表的数值。

格雷码有多种编码形式，我们可以利用反射性构造格雷码。如图 1.3.1 所示，先构造 1 位格雷码，然后以 1 位格雷码的底部为镜面，在利用反射性将格雷码变成 4 行，在前两行的最高位填 0，在后两行的最高位填 1，即可得到 2 位格雷码，依此类推，得到 3 位、4 位格雷码。

格雷码是一种二-十进制编码，仅对 0 ～ 9 进行编码。表 1.3.4 所示为两种格雷码编码方案，可见格雷码的编码方案并不唯一。

1位格雷码	2位格雷码	3位格雷码	4位格雷码
0	0 0	0 0 0	0 0 0 0
1	0 1	0 0 1	0 0 0 1
	1 1	0 1 1	0 0 1 1
	1 0	0 1 0	0 0 1 0
		1 1 0	0 1 1 0
		1 1 1	0 1 1 1
		1 0 1	0 1 0 1
		1 0 0	0 1 0 0
			1 1 0 0
			1 1 0 1
			1 1 1 1
			1 1 1 0
			1 0 1 0
			1 0 1 1
			1 0 0 1
			1 0 0 0

图 1.3.1　利用反射性构造格雷码

表 1.3.4　两种格雷码编码方案

十进制数	格雷码编码方案 1	格雷码编码方案 2	十进制数	格雷码编码方案 1	格雷码编码方案 2
0	0000	0000	5	0111	1110
1	0001	0001	6	0101	1010
2	0011	0011	7	0100	1011
3	0010	0010	8	1100	1001
4	0110	0110	9	1000	1000

2. 奇偶校验码

当代码在传输和处理过程中发生错误时，只有 1 位出错的概率是最高的，如某一位由 1 变为 0 或由 0 变为 1。奇偶校验码是一种能够检测出这种差错的可靠性编码，其编码方法是在原信息码之后增加 1 位监督码元，该监督码元也称为校验位。增加监督码元后，使整个代码中 1 的数量为奇数或者为偶数。若为奇数，称为奇校验码；若为偶数，称为偶校验码。以 8421 码为例，采用奇偶校验码时，其编码方案如表 1.3.5 所示，在 8421 码的后面增加 1 位监督码元。只要收发双方预先约定采用相同的校验方式，当代码在传输中出现 1 位差错时便能被准确检测出来。若代码在传输过程中有 2 位同时出错，采用奇偶校验码是不能发现的，但实际中 2 位同时出错的概率很小，故奇偶校验码应用非常广泛。现实中常采用奇校验码，因为它排除了全 0 的情况。

奇偶校验码具有发现二进制数码中有 1 位出错的能力，但并不能判断是哪位出错了，而汉明码不仅具有检错功能，还具有纠错功能。汉明码的本质是多重奇偶校验，能判断出代码中出错数码的位置，代价是在编码中需要加入多个奇偶校验位。

表 1.3.5　采用奇偶校验码时的编码方案

十进制数	8421 码	奇校验码	偶校验码	十进制数	8421 码	奇校验码	偶校验码
0	0000	00001	00000	5	0101	01011	01010
1	0001	00010	00011	6	0110	01101	01100
2	0010	00100	00101	7	0111	01110	01111
3	0011	00111	00110	8	1000	10000	10001
4	0100	01000	01001	9	1001	10011	10010

1.3.4　ASCII

美国信息交换标准代码（American standard code for information interchange，ASCII）是由美国国家标准化协会（American National Standard Institute，ANSI）制定的一种信息交换代码，被广泛用于计算机和通信领域。ASCII 已经由国际标准化组织（international organization for standardization，ISO）认定为国际标准单字节字符编码方案。

ASCII 是一组 7 位二进制代码（$b_6b_5b_4b_3b_2b_1b_0$），共 128 个，包括标识 0 ～ 9 的 10 个代码、标识大小写英文字母的 52 个代码、表示各种符号的 32 个代码，以及 34 个控制码。表 1.3.6 所示是标准 ASCII，每个控制码在计算机操作中都有固定的含义，读者可自行查阅资料。

表 1.3.6　标准 ASCII

$b_3b_2b_1b_0$	$b_6b_5b_4$							
	000	001	010	011	100	101	110	111
0000	NULL	DLE	SP	0	@	P	`	p
0001	SOH	DC1	!	1	A	Q	a	q
0010	STX	DC2	"	2	B	R	b	r
0011	ETX	DC3	#	3	C	S	c	s
0100	EOT	DC4	$	4	D	T	d	t
0101	ENQ	NAK	%	5	E	U	e	u
0110	ACK	SYN	&	6	F	V	f	v
0111	BEL	ETB	'	7	G	W	g	w
1000	BS	CAN	(	8	H	X	h	x
1001	HT	EM	)	9	I	Y	i	y
1010	LF	SUB	*	:	J	Z	j	z
1011	VT	ESC	+	;	K	[	k	{
1100	FF	FS	'	<	L	\	l	|
1101	CR	GS	-	=	M	]	m	}
1110	SO	RS	.	>	N	^	n	~
1111	SI	US	/	?	O	_	o	DEL

标准 ASCII 在计算机中以 1 字节来存储，其最高位（b_7）可作为奇偶校验位。扩展 ASCII 采用 8 位编码，在标准 ASCII 的基础上，又增加了 128 个特殊符号字符、外来语字母和图形符号。在扩展 ASCII 中，前 128 个为标准 ASCII（b_7=0），后 128 个为新增的符号（b_7=1），计算机系统同时支持标准 ASCII 和扩展 ASCII。

GB2312 和 GBK 编码是汉字编码标准，使用双字节编码方案。GB2312 由国家标准总局于 1980 年发布，共收录 6763 个汉字，以及包括拉丁字母、希腊字母、日文平假名和片假名、俄语西里尔字母等（682 个）字符。GBK 编码标准发布于 1995 年，共收录 21003 个汉字，还包含 BIG5 编码中的所有汉字。中文版 Windows 操作系统均支持 GBK 编码标准。

Unicode 字符集则几乎包含世界上所有的字符，为每个字符都分配了唯一的数字编号，编号范围为 000000H ～ 10FFFFH，有 110 万个以上。这个编号一般被写成十六进制数，在前面加上前缀 "U+"，例如：汉字 "邮" 的 Unicode 编号是 U+90AE。Unicode 字符集只规定了每个字符的数字编号，并没有规定该编号在数字系统中的存储方式。在计算机中，Unicode数字编号须转换成二进制形式存储，常用的编码方案有UTF-8、UTF-16和UTF-32。UTF-8是一种可变长度字符编码方案，根据字符的数字编号使用1～4字节，可以用来表示Unicode字符集中的任何字符；UTF-16也采用变长字符编码，对编号为U+0000～U+FFFF的字符（常用字符集）使用两字节表示，对编号为U+10000～U+10FFFF的字符使用4字节表示；UTF-32则是定长字符编码方案，对Unicode字符集中所有的字符均采用4字节表示。

▶ **思考题**

1.3.1 请写出十进制数13.35的二进制表示形式和8421码表示形式。

1.3.2 格雷码有何特点？其编码形式唯一吗？请利用反射性构造4位格雷码。

1.3.3 在数字系统中，如何通过编码形式降低系统出错的概率？

1.3.4 你能用标准ASCII写出"Hello World"吗？

1.4 拓展阅读与应用实践

在数字系统中，定点数是指数的小数点位置是固定不变的，如128、256；浮点数是指数的小数点的位置不固定，或者说是"浮动"的，如0.618、3.14。

1. 定点数

根据小数点位置的不同，定点数可分为定点整数和定点小数。采用定点数的好处是数字电路设计简单，运算速度快，但数的表示范围和精度有限。为简化设计，数字系统一般都采用定长结构，若用1字节表示有符号二进制数，如图1.4.1所示，最高位为符号位，低7位表示数值部分。对于定点整数表示法，小数点默认在数值部分最低

图 1.4.1 有符号二进制数的定点表示

位的后面，此时所有的数都是整数；对于定点小数表示法，小数点默认在符号位和数值部分最高位之间，此时所有的数都是小数。由于小数点的位置是固定的，因此在设计数字系统时，可以不用存储小数点的位置，这就是二进制数的定点表示法。

2. 浮点数

定点数表示数的范围有限，在字长一定的情况下，浮点数能够表示更大的范围。任意一个十进制数都可以表示为一个小数和一个以10为底的整数幂的乘积，如

$$123.45 = 0.12345 \times 10^{3}$$

同理，二进制数也可以表示成一个小数和一个以2为底的整数幂的乘积，如

$$1010.101 = 0.1010101 \times 2^{100}$$

其中，0.1010101称为尾数，表示真实数值的大小；100称为阶码，表示小数点的真实位置，尾数和阶码都为有符号二进制数，这就是二进制数的浮点表示法。

在数字系统中，可以利用二进制数的定点表示法实现二进制数的浮点表示，如图1.4.2所示。其中，S为符号位，EE…表示阶码部分，AA…表示尾数部分，阶码部分采用定点整数形式，尾数部分采用定点小数形式。

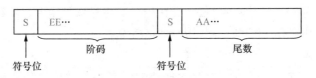

图 1.4.2 二进制数的浮点表示

例如，将二进制数$(+101.1)_2$和$(-10.11)_2$表示为浮点形式，设数字系统的字长为8位，即用1字节来表示浮点数，阶码取3位，尾数取5位，浮点表示形式如下。

$$(+101.1)_2 = (+0.1011) \times 2^{+11}$$

$$(-10.11)_2 = (-0.1011) \times 2^{+10}$$

在数字系统中，其存储形式如图1.4.3所示。

	7	6	5	4	3	2	1	0
$(+101.1)_2$	+	1	1	+	1	0	1	1
$(-10.11)_2$	+	1	0	-	1	0	1	1

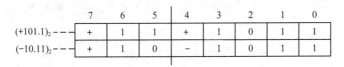

图 1.4.3 二进制数的存储形式

3. CPU中的指令编码

中央处理器（central processing unit，CPU）是计算机的核心部件，负责执行指令，完成算术运算和逻辑运算。指令是一串二进制编码，是指挥CPU完成工作的命令。每种CPU在设计时就规定了一套与其硬件相配合的指令集，指令集的设计直接影响CPU的性能发挥，它也是CPU先进性的一个重要标志。指令就是一种编码，一般包含以下信息。

（1）操作码：指定本指令的功能。

（2）操作数的地址：指令要加工数据的存放地址。

（3）操作结果的存储地址：加工后数据的存放地址。

（4）下一条指令的地址：将要执行的下一条指令的存放地址。

例如，要实现定长操作码指令，指令长度为2字节，可采用图1.4.4所示的编码形式。

操作码	地址码A_1	地址码A_2	地址码A_3

图 1.4.4 定长操作码编码形式

其中，高4位为操作码，可编码16条指令；地址码A_1、A_2、A_3分别对应操作数的地址、操作结果的存储地址和下一条指令的地址，每组地址码也只有4位，寻址范围有限。实际的指令系统一般采用变长操作码的编码形式，以提高指令系统的灵活性。下面举一个例子。

【例1.4.1】 某指令系统的指令长度为2字节，共需61条指令，其中，三地址指令15条，两地址指令15条，一地址指令15条，零地址指令16条。请设计该指令系统。

解：先设计三地址指令，指令操作码和3组地址码均采用4位编码，指令格式如图1.4.4所示。指令操作码为4位，一共有16种组合，用其中的15种编码三地址指令，保留其中一种（0000）来标识两地址指令。

接下来设计两地址指令，指令格式为

0000	操作码4位（保留0000）	地址码4位	地址码4位

其中，高 4 位固定为 0000，接下来的 4 位为操作码，一共有 16 种组合，依然用其中的 15 种编码两地址指令，保留其中一种（0000）来标识一地址指令。

一地址指令格式为

0000	0000	操作码 4 位（保留 0000）	地址码 4 位

其中，高 8 位固定为 0000 0000，接下来的 4 位为操作码，一共有 16 种组合，用其中的 15 种编码一地址指令，保留其中一种（0000）来标识零地址指令。

零地址指令格式为

0000	0000	0000	操作码 4 位

其中，高 12 位固定为 0000 0000 0000，接下来的 4 位为操作码，一共有 16 种组合。

表 1.4.1 所示为一种具有 8 条指令的 RISC CPU 指令集，该指令集采用 2 字节定长编码，其中操作码为 3 位，地址码为 13 位。

表 1.4.1　一种具有 8 条指令的 RISC CPU 指令集

指令编码	助记符	含义
000	MOVA, #direct	给累加器 A 赋立即数，即将该指令的后 8 位数据装入累加器 A
001	LDA, @addr_d	将地址 addr_d 所指的存储单元的数据装入累加器 A
010	ADD, @addr_d	将累加器 A 中的数据与地址 addr_d 所指的存储单元的数据相加，结果仍送回累加器 A
011	AND, @addr_d	将累加器 A 中的数据与地址 addr_d 所指的存储单元的数据按位相与，结果仍送回累加器 A
100	XOR, @addr_d	将累加器 A 中的数据与地址 addr_d 所指的存储单元的数据按位相异或，结果仍送回累加器 A
101	STO, @addr_d	将累加器 A 中的数据存入地址 addr_d 所指的存储单元
110	SKZ	若累加器 A 中数据的数值为零则跳过下条指令，否则继续执行
111	JMP, #addr_i	修改 PC 指针，然后跳转至程序存储器地址为 addr_i 处继续执行

1.5 本章小结

数码既可以表示不同数值的大小，也可以表示不同的事物或事物的不同状态。用数码表示数值的大小时，可以采用不同的进位记数制，常用的有十进制、二进制、八进制和十六进制。数码之间可以进行加、减、乘、除等算术运算。若比较几个不同进制数的大小，则须先将其转换成同一进制的数。任意进制数转换为十进制数的方法都相同，即按权展开求和。十进制数转换为非十进制数时，整数部分的转换采用"除基取余"的方法，小数部分的转换采用"乘基取整"的方法。有符号二进制数有 3 种表示法，即原码、反码和补码表示法。采用补码可以将减法运算转换为加法运算。

编码没有大小的概念。BCD 编码是对十进制数码 0 ～ 9 的编码，它具有二进制数的形式，又具有十进制数的特点。格雷码是一种无权码，其特点是任意两个相邻代码只有一位不同，我们可以利用反射性构造格雷码。奇偶校验码是能够检测出 1 位差错的可靠性编码，其编码方法是在原信息码的基础上增加 1 位校验位，使整个代码中 1 的数量为奇数或偶数。本章还介绍了 ASCII、GBK 编码和 Unicode 编码等。

习题 1

1.1 写出下列各数的按权展开式。

（1）$(1101011)_2$；　　（2）$(1011.11)_2$；　　（3）$(724.06)_8$；

（4）$(108.01)_{10}$；　　（5）$(5F0D)_{16}$；　　（6）$(4CAE.9B)_{16}$。

1.2 将下列二进制数转换为等值的十进制数。

（1）$(10001)_2$；　　（2）$(0.10101)_2$；　　（3）$(1000.1011)_2$；　　（4）$(1100.1010)_2$。

1.3 将下列二进制数转换为等值的八进制数和十六进制数。

（1）$(11001010)_2$；　　（2）$(0.01011)_2$；　　（3）$(1010.0101)_2$；　　（4）$(11001.01)_2$。

1.4 将下列八进制数和十六进制数转换为等值的二进制数。

（1）$(12)_8$；　　（2）$(23.5)_8$；　　（3）$(12)_{16}$；　　（4）$(AD.F4)_{16}$。

1.5 将下列十进制数转换为等值的二进制数和十六进制数。

（1）26；　　（2）0.25；　　（3）13.75；　　（4）33.125。

1.6 将下列十进制数转换为等值的二进制数和八进制数，要求保留小数点后4位有效数字。

（1）23.7；　　（2）26.875；　　（3）152.39；　　（4）69.25。

1.7 写出下列十进制数的二进制原码、反码和补码（用6位二进制数表示）。

（1）+6；　　（2）+11；　　（3）–6；　　（4）–11。

1.8 用8位二进制补码表示下列十进制数。

（1）+29；　　（2）–1；　　（3）–123；　　（4）–128。

1.9 用二进制补码运算计算下列各式（提示：补码的有效位数可根据运算结果选择）。

（1）5+13；　　（2）12+8；　　（3）15–7；　　（4）23–12；

（5）5–13；　　（6）20–25；　　（7）–15–9；　　（8）–12–16。

1.10 现有两个二进制补码$(1011)_2$和$(0011)_2$，而加法器只支持8位二进制数的加法运算，如何完成这种运算？

1.11 "当两个补码表示的二进制数相减时，可以对补码表示的减数再取补（连同符号位），然后将两个数相加即可得到正确的结果"，请通过证明或实例验证这种说法是否正确。

1.12 将下列十进制数分别转换为8421码、2421码和格雷码。

（1）15；　　（2）26；　　（3）95；　　（4）3471。

1.13 将下列8421码转换为等值的十进制数。

（1）0101 1000；　　（2）1001 0011 0101；　　（3）0011 0100 0111 0001。

1.14 GBK编码是一种汉字编码，使用双字节编码方案，其编码范围为8140H～FEFEH（剔除xx7FH），请问该编码范围能编码多少个汉字和符号？

1.15 摩尔斯码是一种由点（.）、短线（–）和间隔等符号组成的信号代码，通过不同的排列顺序来表达英文字母、数字和标点符号，请查阅资料写出"hello world"的摩尔斯码。

第2章

逻辑代数基础

　　逻辑是指事物之间的因果关系。"日出而作，日入而息"是一种生活规律，也是对作息与昼夜之间逻辑关系的描述。逻辑代数（logic algebra）由英国数学家乔治·布尔于1847年创立，是分析和设计逻辑电路的数学基础，又称为布尔代数（Boolean algebra）、开关代数。逻辑代数与普通代数不同，逻辑代数表示的不是数的大小关系，而是事物之间逻辑的关系。

　　本章讲述逻辑代数基础，包括基本逻辑运算、逻辑代数公式和规则、逻辑函数的表示方法以及逻辑函数的化简等内容。逻辑代数是进行逻辑电路分析和设计的数学基础，逻辑函数可以描述事物之间的因果关系。本章将讨论逻辑函数的真值表、卡诺图、波形图和逻辑图等表示方法，并讨论逻辑函数的最简式、标准式和多种等效函数式。逻辑函数的代数化简法不受变量数的限制，卡诺图化简法简单、直观，利用无关项可以得到更为简洁的逻辑函数。

ⓒ 学习目标

（1）熟悉逻辑代数的基本公式、常用公式和基本规则。

（2）熟悉逻辑函数的多种表示方法，掌握逻辑函数的两种标准表达式。

（3）掌握逻辑函数的代数化简法和卡诺图化简法。

2.1 逻辑变量与逻辑运算

逻辑代数中有两个逻辑常量，即逻辑 0 和逻辑 1，它们没有大小的概念，仅代表两种相互对立的状态，如命题的真与假、电路的通与断、电位的高和低等。这种只有两种状态的逻辑关系称为二值逻辑。逻辑代数中的变量称为逻辑变量，习惯用大写英文字母表示逻辑变量，其取值为逻辑常量。例如，在照明电路中可以用逻辑变量 A 表示开关状态，并规定 $A=1$ 表示开关闭合，$A=0$ 表示开关断开。

逻辑代数中的基本逻辑运算只有与（AND）、或（OR）、非（NOT）3 种，任何复杂的逻辑关系都可用这 3 种基本逻辑运算表示。逻辑门（logic gate）是实现逻辑运算的基本单元，也是构成逻辑电路的基本组件。实现"与"逻辑运算的逻辑门称为与门，实现"或"逻辑运算的逻辑门称为或门，实现"非"逻辑运算的逻辑门称为非门或反相器。

2.1.1 3 种基本逻辑运算

先看一个简单的例子，图 2.1.1 所示为 3 种指示灯控制电路。在图 2.1.1（a）中，只有当两个开关 A 和 B 同时闭合时，指示灯 F 才被点亮；在图 2.1.1（b）中，只要有任何一个开关闭合，指示灯 F 就被点亮；而在图 2.1.1（c）中，开关 A 断开时灯 F 被点亮，开关 A 闭合时灯 F 反而熄灭了。

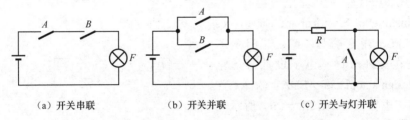

(a) 开关串联　　　　　　(b) 开关并联　　　　　　(c) 开关与灯并联

图 2.1.1　3 种指示灯控制电路

如果把开关闭合作为条件，指示灯亮作为结果，图 2.1.1 所示的 3 种电路正好代表了 3 种因果关系。

图 2.1.1（a）所示的例子表明，只有当决定事件发生的全部条件都具备时，该事件才发生。这种因果关系称为与逻辑，也称为逻辑乘。图 2.1.1（b）所示的例子表明，在决定事件发生的多个条件中，只要有一个或一个以上具备，该事件就发生。这种因果关系称为或逻辑，也称为逻辑加。图 2.1.1（c）所示的例子表明，决定事件发生的条件只有一个，当该条件具备时，事件不发生；当该条件不具备时，事件发生；结果与条件相反。这种因果关系称为非逻辑，也称为逻辑反。

以 A、B 表示开关的状态，并规定用 1 表示开关闭合，用 0 表示开关断开；用 F 表示指示灯的状态，规定用 1 表示灯亮，用 0 表示灯灭，则可以列出用 0 和 1 表示的与、或、非逻辑关系表，分别如表 2.1.1、表 2.1.2 和表 2.1.3 所示。这种表给出了输入逻辑变量的所有取值及其对应的输出，称为真值表（truth table）。

表 2.1.1　与逻辑真值表		
A	B	F
0	0	0
0	1	0
1	0	0
1	1	1

表 2.1.2　或逻辑真值表		
A	B	F
0	0	0
0	1	1
1	0	1
1	1	1

表 2.1.3　非逻辑真值表	
A	F
0	1
1	0

与逻辑运算可以用式（2.1.1）所示的逻辑等式表示，等号左边为输出变量 F，也称为输出函数，括号内列出了所有参与逻辑运算的变量；等号右边逻辑表达式中的符号"·"表示两个变量 A 和 B 进行与逻辑运算，该符号也可以省略。

$$F(A, B) = A·B \qquad (2.1.1)$$

或逻辑运算可以用式（2.1.2）所示的逻辑等式表示，等号右边逻辑表达式中的符号"+"是或逻辑运算符。

$$F(A, B) = A+B \qquad (2.1.2)$$

非逻辑运算可以用式（2.1.3）所示的逻辑等式表示，式中的符号"–"表示非逻辑运算，$\overline{A}$ 读作"A 非""A 反""A 补"。为便于书写，有的书用 A' 来表示 $\overline{A}$。

$$F = \overline{A} \qquad (2.1.3)$$

在数字电路中，实现与逻辑运算的电路称为与门，实现或逻辑运算的电路称为或门，实现非逻辑运算的电路称为非门。进行逻辑电路分析和设计时，常用逻辑图来描述电路的逻辑功能，与、或、非门的图形符号（逻辑符号）如图 2.1.2 所示，图 2.1.2（a）所示是电气与电子工程师协会（Institute of Electrical and Electronics Engineers，IEEE）规定的与、或、非门图形符号，也是在国外教材和电子设计自动化（electronic design automation，EDA）软件中普遍使用的基本逻辑符号；图 2.1.2（b）所示是国际电工委员会（International Electrotechnical Commission，IEC）使用的图形符号，也是国家标准符号（GB/T 4728.12—2022《电气简图用图形符号 第 12 部分：二进制逻辑元件》）。

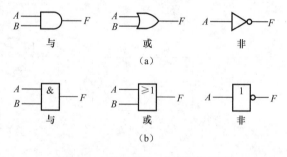

图 2.1.2　与门、或门、非门的图形符号

上面提到的与门和或门都只有两个输入端，逻辑门也可以有多个输入端。当有多个输入端时，与门的逻辑表达式写为 $F(A,B,C\cdots) = ABC\cdots$，或门的逻辑表达式写为 $F(A,B,C\cdots) = A+B+C+\cdots$，同时在对应的逻辑符号中增加输入端数即可。

2.1.2　复合逻辑运算

与、或、非是 3 种基本逻辑运算，实际中经常将 3 种基本逻辑运算组合在一起，实现更为复杂的复合逻辑运算。常见的复合逻辑运算有与非逻辑运算、或非逻辑运算、与或非逻辑运算、异或逻辑运算以及同或逻辑运算等，复合逻辑运算对应的门电路称为复合逻辑门。

1. 与非逻辑运算

与非逻辑运算（与非门）实现多个逻辑变量先"与"后"非"，两变量与非逻辑运算的表达式为

$$F(A,B)=\overline{AB} \tag{2.1.4}$$

与非门的逻辑符号如图2.1.3所示，其中方框内的符号"&"表示变量A和B实现与逻辑运算，输出端的"小圆圈"表示实现非逻辑运算。与非逻辑运算的真值表如表2.1.4所示。

图 2.1.3 与非门的逻辑符号

在表2.1.4中，输入变量A和B只要有一个为0，输出F就为1，只有当A和B都为1时，F才为0，电路实现的是与非逻辑运算。

表 2.1.4 与非逻辑运算的真值表

A	B	F	A	B	F
0	0	1	1	0	1
0	1	1	1	1	0

2. 或非逻辑运算

或非逻辑运算（或非门）实现多个变量先"或"后"非"，两变量或非逻辑运算的表达式为

$$F(A,B)=\overline{A+B} \tag{2.1.5}$$

或非门的逻辑符号如图2.1.4所示，其中方框内的符号"$\geqslant$"表示A和B实现或逻辑运算，输出端的"小圆圈"表示实现非逻辑运算。或非逻辑运算的真值表如表2.1.5所示。

图 2.1.4 或非门的逻辑符号

表 2.1.5 或非逻辑运算的真值表

A	B	F	A	B	F
0	0	1	1	0	0
0	1	0	1	1	0

在表2.1.5中，输入变量A和B中只要有一个为1，输出F就为0，只有当A和B都为0时，F才为1，电路实现或非逻辑运算。

3. 与或非逻辑运算

与或非逻辑运算（与或非门）是各组变量先实现与逻辑运算，运算结果再进行或逻辑运算，最后进行非逻辑运算的逻辑运算。4变量与或非逻辑运算的表达式为

$$F(A,B,C,D)=\overline{AB+CD} \tag{2.1.6}$$

与或非门的逻辑符号如图2.1.5所示，先实现输入变量A和B相与、C和D相与，相与的结果再进行或逻辑运算，最后进行非逻辑运算。与或非逻辑运算的真值表如表2.1.6所示。

表 2.1.6 与或非逻辑运算的真值表

A	B	C	D	F	A	B	C	D	F
0	0	0	0	1	1	0	0	0	1
0	0	0	1	1	1	0	0	1	1
0	0	1	0	1	1	0	1	0	1
0	0	1	1	0	1	0	1	1	0
0	1	0	0	1	1	1	0	0	0
0	1	0	1	1	1	1	0	1	0
0	1	1	0	1	1	1	1	0	0
0	1	1	1	0	1	1	1	1	0

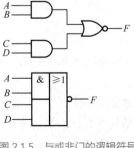

图 2.1.5 与或非门的逻辑符号

4. 异或逻辑运算

异或逻辑运算（异或门）是一种常用的逻辑运算，当输入变量 A 和 B 不同时，输出 F 为 1；当 A 和 B 相同时，输出 F 为 0。两变量异或逻辑运算的表达式为

$$F(A,B)=\overline{A}B+A\overline{B}=A \oplus B \qquad (2.1.7)$$

图 2.1.6 所示为异或门的逻辑符号，异或逻辑运算的真值表如表 2.1.7 所示。

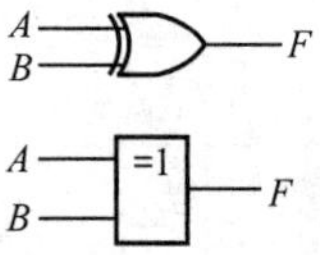

图 2.1.6　异或门的逻辑符号

表 2.1.7　异或逻辑运算的真值表

A	B	F	A	B	F
0	0	0	1	0	1
0	1	1	1	1	0

两变量异或门可以作为可控反相器使用，例如，将 A 作为控制端，当 $A=0$ 时，$F=B$；当 $A=1$ 时，$F=\overline{B}$。

5. 同或逻辑运算

同或逻辑运算（同或门）也是一种常用的逻辑运算，当输入变量 A 和 B 相同时，输出 F 为 1；当 A 和 B 不同时，输出 F 为 0。两变量同或逻辑运算的表达式为

$$F(A,B)=\overline{A} \cdot \overline{B}+A \cdot B=A \odot B \qquad (2.1.8)$$

图 2.1.7 所示为同或门的逻辑符号，同或逻辑运算的真值表如表 2.1.8 所示。

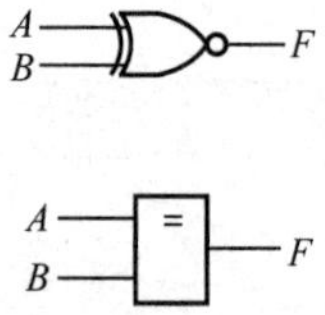

表 2.1.8　同或逻辑运算的真值表

A	B	F	A	B	F
0	0	1	1	0	0
0	1	0	1	1	1

图 2.1.7　同或门的逻辑符号

异或逻辑运算和同或逻辑运算也适用于多个变量的情况，两种逻辑运算均满足结合律，当多个变量进行异或（同或）运算时可以分步进行。例如，4 个变量进行异或运算 $F(A,B,C,D)=A \oplus B \oplus C \oplus D$，可以先计算 $A \oplus B$ 和 $C \oplus D$，然后对二者的结果进行异或运算。

异或逻辑运算也常被用来检测输入变量中 1 的数量的奇偶性，当多个变量进行异或运算时，若其中取值为 1 的数量为奇数，则结果为 1；否则结果为 0。

2.1.3　逻辑代数中的基本公式和常用公式

逻辑代数中的公式可分为基本公式和常用公式两大类。基本公式反映的是逻辑代数中存在的基本规律，常用公式是从基本公式推导出来的实用公式。

1. 逻辑代数的基本公式

表 2.1.9 所示为逻辑代数的基本公式，这些基本公式也称为基本定律或布尔恒等式，可以通过真值表验证其正确性。

从表 2.1.9 中基本公式可以看出，逻辑代数运算规则与普通代数运算规则有许多相似之处，但也有所不同。如分配律中的两个公式，乘对加的分配律与普通代数的一样，而加对乘的分配律则不符合普通代数运算规则，读者对此需要特别注意。

表2.1.9 逻辑代数的基本公式

序号	运算规则	基本公式	
1	交换律	$A+B=B+A$	$A \cdot B = B \cdot A$
2	结合律	$A+(B+C)=(A+B)+C$	$A \cdot (B \cdot C) = (A \cdot B) \cdot C$
3	分配律	$A(B+C)=A \cdot B + A \cdot C$	$A+B \cdot C = (A+B)(A+C)$
4	吸收律	$A+A \cdot B = A$	$A \cdot (A+B) = A$
5	0-1律	$A+1=1 \quad A+0=A$	$A \cdot 0 = 0 \quad A \cdot 1 = A$
6	互补律	$A+\overline{A}=1$	$A \cdot \overline{A} = 0$
7	重叠律	$A+A=A$	$A \cdot A = A$
8	还原律	$\overline{\overline{A}}=A$	
9	反演律	$\overline{A+B}=\overline{A} \cdot \overline{B}$	$\overline{A \cdot B}=\overline{A}+\overline{B}$

【例2.1.1】 反演律也称为德摩根（De Morgan）定律，试证明$\overline{A+B}=\overline{A} \cdot \overline{B}$。

证明： 因为逻辑变量数较少，可以采用真值表法进行证明。针对变量A和B的所有可能取值，分别列出等式两边表达式的值，如表2.1.10所示。

表2.1.10 例2.1.1的真值表

A	B	$\overline{A+B}$	$\overline{A} \cdot \overline{B}$	A	B	$\overline{A+B}$	$\overline{A} \cdot \overline{B}$
0	0	1	1	1	0	0	0
0	1	0	0	1	1	0	0

从表2.1.10可以看出，在输入变量的所有组合下，逻辑表达式$\overline{A+B}$和$\overline{A} \cdot \overline{B}$的值都相等。故等式$\overline{A+B}=\overline{A} \cdot \overline{B}$成立。

2. 逻辑代数的常用公式

进行逻辑函数变换时，经常会用到下面的常用公式，这些公式都是从基本公式导出的。熟练掌握这些常用公式可以给化简逻辑函数带来很大的方便。

（1）$A \cdot B + A \cdot \overline{B} = A$。

（2）$A+\overline{A} \cdot B = A+B$。

（3）$A \cdot B + \overline{A} \cdot C + B \cdot C = A \cdot B + \overline{A} \cdot C$。

（4）$(A+B) \cdot (\overline{A}+C) = A \cdot C + \overline{A} \cdot B$。

（5）$A \cdot \overline{B} + \overline{A} \cdot B = A \cdot B + \overline{A} \cdot \overline{B}$。

【例2.1.2】 证明吸收律：$A \cdot B + \overline{A} \cdot C + B \cdot C = A \cdot B + \overline{A} \cdot C$。

证明： 左边

$A \cdot B + \overline{A} \cdot C + B \cdot C$

$= AB + \overline{A}C + (A+\overline{A})BC$ 运用了互补律和0-1律

$$= AB + ABC + \overline{A}\,\overline{C} + \overline{A}\,\overline{C}B \quad \text{运用了分配律}$$

$$= AB(1+C) + \overline{A}\,\overline{C}(1+B) \quad \text{运用了分配律}$$

$$= AB + \overline{A}\,\overline{C} \quad \text{运用了0-1律}$$

3. 关于异或运算

异或运算又称为"模2和"运算（两个1位二进制数的加法运算），在数字系统中有着特殊的应用，如代码转换和奇偶校验等。为加深对异或运算的理解，下面再给出一些常用的异或运算公式和定理。

交换律：$A \oplus B = B \oplus A$。

结合律：$A \oplus (B \oplus C) = (A \oplus B) \oplus C$。

分配律：$A(B \oplus C) = (AB) \oplus (AC)$。

与常量异或：$A \oplus 0 = A$，$A \oplus 1 = \overline{A}$。

异或运算定理：如果 $A \oplus B = C$，那么 $A \oplus C = B$，$B \oplus C = A$。

2.1.4　逻辑代数的基本规则

逻辑代数中有3条基本规则，分别称为代入规则、反演规则和对偶规则。它们与基本公式和常用公式一起组成了完备的逻辑代数体系，用于逻辑函数的描述与变换。

1. 代入规则

在任何一个含有逻辑变量 X 的逻辑等式中，若将等式中所有出现 X 的位置都用一个逻辑表达式 F 替代，则等式依然成立，这个规则称为代入规则（也称为代入定理）。

由于变量 X 只有0和1两种取值，X 为0或1等式都成立；而逻辑表达式 F 的取值也只有0和1，无论 F 是0还是1，代入等式，等式也依然成立。利用代入规则很容易将基本公式从两变量等式扩展为多变量等式。

【例 2.1.3】 已知反演律 $\overline{A+B} = \overline{A} \cdot \overline{B}$，将其扩展为3个变量形式。

解： 将等式两边的所有逻辑变量 B 都用一个新的逻辑表达式 $B+C$ 替换，有

$$\overline{A+(B+C)} = \overline{A} \cdot \overline{B+C} = \overline{A} \cdot \overline{B} \cdot \overline{C}$$

则 $\overline{A+B+C} = \overline{A} \cdot \overline{B} \cdot \overline{C}$。

---

2. 反演规则

对任意一个逻辑函数 F，将其逻辑表达式中所有的"·"变为"+"，"+"变为"·"，"1"变为"0"，"0"变为"1"，原变量变为反变量，反变量变为原变量，且变换前后表达式中变量的运算顺序保持不变，得到一个新的逻辑函数 $\overline{F}$，称 $\overline{F}$ 为原函数 F 的反函数，这个规则称为反演规则（也称为反演定理）。

【例 2.1.4】 已知 $F(A,B,C,D) = \overline{(A+B)} \cdot (\overline{C} + \overline{D})$，利用反演规则求其反函数 $\overline{F}$。

解： $\overline{F}(A,B,C,D) = \overline{(\overline{A} \cdot \overline{B})} + (C \cdot D)$

利用反演规则可以很容易求得一个函数的反函数，但需要注意，运用反演规则时不能破坏原

函数表达式中变量的运算顺序，在反函数 $\overline{F}$ 的表达式中该加括号时就要加括号。

3. 对偶规则

对任意一个逻辑函数 F，将其逻辑表达式中所有的"·"变为"+"，"+"变为"·"，"1"变为"0"，"0"变为"1"，得到一个新的逻辑函数 F'，F' 称为原函数 F 的对偶式，这个规则称为对偶规则（也称为对偶定理）。

【例 2.1.5】 已知 $F(A,B,C,D)=A\cdot\overline{B}+C\cdot\overline{D}$，利用对偶规则求其对偶式 F'。

解：$F'(A,B,C,D)=(A+\overline{B})\cdot(C+\overline{D})$

推论，若 $F=G$，则 $F'=G'$。

$$(F')'=F$$

反演规则与对偶规则的区别是后者不对变量进行取反操作。在表 2.1.9 所示逻辑代数的基本公式中，除第 8 条外，每一行的两个公式都互为对偶式，利用对偶规则可使需要记忆和证明的公式数量减半。

2.1.5 正逻辑与负逻辑

在数字电路中，通常用逻辑"1"表示高电平，用逻辑"0"表示低电平，这种表示方式称为正逻辑；如果用逻辑"0"表示高电平，用逻辑"1"表示低电平，则称为负逻辑。本书如不做特别说明，所采用的逻辑均为正逻辑。

对于或逻辑关系，用电平表示的真值表如表 2.1.11（a）所示，其中 H 表示高电平，L 表示低电平。若采用正逻辑，则得到表 2.1.11（b）所示的真值表，输入 A、B 与输出 F 之间为或逻辑运算，$F=A+B$。若采用负逻辑，则得到表 2.1.11（c）所示的真值表，此时输入与输出之间为与逻辑运算。可以看出用正逻辑表示的或逻辑，在负逻辑下其输入与输出之间的逻辑关系变为与逻辑，负逻辑函数式为 $\overline{F}(A,B)=\overline{A}\cdot\overline{B}$，变量上面的符号"−"代表取负逻辑。对同一个电路，分别用正逻辑和负逻辑表示其输入与输出逻辑关系时，表现为不同的逻辑运算。

表 2.1.11 相同逻辑问题的正逻辑与负逻辑真值表

（a）电平表示

A	B	F
L	L	L
L	H	H
H	L	H
H	H	H

（b）正逻辑

A	B	F
0	0	0
0	1	1
1	0	1
1	1	1

（c）负逻辑

A	B	F
1	1	1
1	0	0
0	1	0
0	0	0

负逻辑对应的逻辑门符号如图 2.1.8 所示，在各逻辑门的输入端都带有小圆圈。

在图 2.1.8 中，按负逻辑与门符号可以写出其负逻辑函数为 $\overline{F}=\overline{A}\overline{B}$，根据反演律得到其对应正逻辑函数为 $F=A+B$，即负逻辑的与门为正逻辑的或门。同样，对于负逻辑与非门，其负逻辑函数为 $\overline{F}=\overline{\overline{A}\overline{B}}$，可以化为 $F=\overline{A}\overline{B}=\overline{A+B}$，即负逻辑的与非门为正逻辑或非门。上述规律可概括为：在一个逻辑门的输入端和输出端同时加上或消去小圆圈，则门的主体逻辑符号改变（与变或，或变与）。

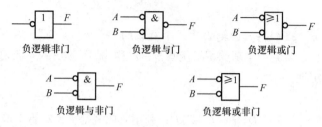

图 2.1.8 负逻辑对应的逻辑门符号

对于同一个逻辑门电路，使用正逻辑和负逻辑描述得到的逻辑关系不同（如负逻辑与门对应正逻辑或门），但描述的是同一事物。在实际电路分析中，经常会遇到混合逻辑电路，即电路中既有正逻辑门又有负逻辑门。对于混合逻辑电路，分析时可不考虑负逻辑的影响，都按正逻辑对待，若逻辑门的输入端出现"小圆圈"则相应的输入变量取反即可。仍以负逻辑与非门为例，根据其符号看作正逻辑与门，但输入端有"小圆圈"，输入变量 A 和 B 要先取反再进行与运算，即 $F = \overline{A} \cdot \overline{B} = \overline{A + B}$。

▶ **思考题**

2.1.1 你能举一个生活中存在与、或、非关系的实例吗？

2.1.2 如何利用异或逻辑运算实现两位二进制数的加法运算？

2.1.3 在利用对偶规则求一个表达式的对偶式时，什么情况下需要加括号？

2.2 逻辑函数及其表示方法

逻辑函数可以用来描述事物之间的因果关系。逻辑函数可以有多种等效的函数式，不同的逻辑函数对应不同的电路实现。

2.2.1 逻辑函数

假设输出 F 由若干逻辑变量 A、B、C……经过有限的逻辑运算所决定，当逻辑变量的取值确定后，F 的值也随之确定，即输出 F 与逻辑变量之间存在一种函数关系，这种函数关系称为逻辑函数，记作

$$F = f(A, B, C, \cdots)$$

其中，$f(A, B, C, \cdots)$ 是用"与、或、非"等逻辑运算符将逻辑变量和逻辑常量连接起来的式子，称为逻辑表达式。

任何一种因果关系都可以用逻辑函数来描述，下面以多数表决问题为例进行讨论。

【例 2.2.1】 3 人对某一提案进行表决，当多数人同意时该提案通过，试设计 3 人表决的逻辑电路。

解： 在多数表决问题中，3 人的意见是因，提案是否通过为果，3 人的意见决定了事件的结果。设 A、B、C 为 3 人控制的开关，开关闭合表示某人同意该提案，开关断开表示不同意；指示灯 F

亮表示提案通过，指示灯 F 灭表示提案被否决，多数表决电路如图2.2.1所示。只要任意两人闭合开关，就会形成通路，指示灯 F 亮，电路实现了多数表决功能。

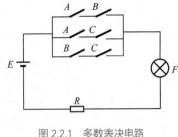

图2.2.1所示的多数表决电路也可用式（2.2.1）所示的逻辑函数来表示，该函数描述了输出 F 与输入 A、B、C 之间的逻辑关系

图 2.2.1　多数表决电路

$$F = AB + AC + BC \qquad (2.2.1)$$

只要输入 A、B、C 中有两个或两个以上为1，输出 F 就为1，实现了多数表决功能。

2.2.2　逻辑函数的表示方法

逻辑函数有多种表示方法，常用的表示方法有逻辑真值表（简称真值表）、逻辑函数式（简称逻辑式或函数式）、逻辑图、卡诺图、波形图和硬件描述语言等。下面结合实例介绍这些表示方法。

1. 真值表

前面已经使用真值表描述门电路的逻辑关系，真值表是描述逻辑事件输入与输出之间全部可能状态的表格。在例2.2.1的多数表决问题中，逻辑变量为 A、B、C，其值为1表示某人同意提案，为0表示不同意提案；表决结果为 F，其值为1表示通过提案，为0表示否决提案；多数表决问题的真值表如表2.2.1所示。

表 2.2.1　多数表决问题的真值表

A	B	C	F	A	B	C	F
0	0	0	0	1	0	0	0
0	0	1	0	1	0	1	1
0	1	0	0	1	1	0	1
0	1	1	1	1	1	1	1

从表2.2.1可以看出，真值表是一种二维表格，枚举了所有的输入组合对应的输出。当输入变量 ABC 取值为011、101、110、111时，输出 F 为1，实现了多数表决功能。

2. 逻辑函数式

有了真值表，很容易直接写出与之对应的逻辑函数，只需将真值表中输出为1的每组输入变量写成与项再相或即可。对于这些与项，若要使其在相应的输入组合下值为1，必须将输入组合中的1用原变量表示，0用反变量表示。例如，在表2.2.1中输入011对应的与项为 $\overline{A}BC$。该多数表决问题对应的逻辑函数式如下。

$$F(A,B,C) = \overline{A}BC + A\overline{B}C + AB\overline{C} + ABC \qquad (2.2.2)$$

在式（2.2.2）中，只有当输入变量 ABC 取值为011、101、110和111时，输出 F 为1，其他情况下 F 均为0。这样，例2.2.1的多数表决问题就有了两种函数表示形式，分别为式（2.2.1）和式（2.2.2），二者描述的是同一个问题，但函数式的复杂程度不一样，显然式（2.2.1）更简洁一些，逻辑函数的化简将在2.3节中介绍。

事实上，一个逻辑函数可以有多种等价的逻辑函数式，每种函数式都有不同的用途，它们之

间可以相互转换，例如

$$
\begin{aligned}
F(A,B,C) &= AB + \overline{A}C & &\text{与或式}\\
&= (\overline{A}+B)(A+C) & &\text{或与式}\\
&= \overline{\overline{\overline{AB}\cdot\overline{AC}}} & &\text{与非–与非式}\\
&= \overline{\overline{\overline{A+B}}+\overline{\overline{A+C}}} & &\text{或非–或非式}\\
&= \overline{\overline{A\overline{B}}+\overline{A}\overline{C}} & &\text{与或非式}\\
&= \overline{A}\overline{B}\overline{C} + \overline{A}BC + AB\overline{C} + ABC & &\text{最小项表达式}\\
&= (A+B+C)(A+\overline{B}+C)(\overline{A}+B+C)(\overline{A}+B+\overline{C}) & &\text{最大项表达式}
\end{aligned}
$$

3. 逻辑图

逻辑图是将逻辑关系用逻辑符号描述的一种方法。对于任一逻辑函数，都可以画出与之对应的逻辑图，不同的逻辑函数对应不同的逻辑图。对于多数表决问题，逻辑函数式（2.2.1）对应的逻辑图如图2.2.2所示。其中，A、B、C为输入逻辑变量，F为输出函数。

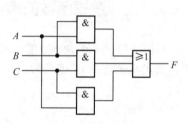

图 2.2.2　多数表决问题逻辑函数式（2.2.1）对应的逻辑图

4. 卡诺图

卡诺图是真值表的图形化表示形式，可以将其看成真值表的一种变形（另一种表示方法）。表2.2.1所示真值表对应的卡诺图如图2.2.3所示。卡诺图中每一个方格对应一组变量的取值，方格内的值为该组变量在相应取值下的函数值。2.3节中将详细讲述卡诺图的构成和使用方法。

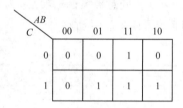

图 2.2.3　表 2.2.1 所示真值表对应的卡诺图

5. 波形图

将输入变量的所有可能取值与对应的输出按时间顺序排列起来，就得到了描述该逻辑函数的波形图（waveform），波形图也称为时序图（timing diagram）。在逻辑电路分析中，经常利用波形图分析电路的逻辑功能；在逻辑电路设计中，也会通过时序仿真或实验观察波形图，以验证电路的逻辑功能是否正确。图2.2.4所示为多数表决问题的波形图，高电平表示逻辑1，低电平表示逻辑0。为准确地描述电路的逻辑功能，波形图中应包含输入信号的所有电平组合与对应的输出信号电平。

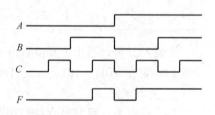

图 2.2.4　多数表决问题的波形图

6. 硬件描述语言

硬件描述语言（hardware description language，HDL）是一种以文本形式描述数字系统硬件结构和行为的语言。常用的HDL有两种：Verilog和VHDL（very high speed integrated circuit hardware description language，超高速集成电路硬件描述语言）。Verilog起源于C语言，其语法结构类似于C语言的，容易掌握，使用灵活；企业中大都使用Verilog语言进行硬件开发，利用Verilog实现数字系统设计、逻辑综合、仿真验证、时序分析等。Verilog描述硬件的基本单元是模块（module），通过模块构建复杂的数字系统。Verilog中的模块类似C语言中的函数，它提供了输入和输出端口，通过模块化可以将各种模块连接起来构成复杂的系统。下面给出多数表决电路的Verilog描述。

```
module voter3(A, B, C, F);
    input A, B, C;
    output F;
    assign F=A&B | B&C | A&C
endmodule
```

Verilog中的模块包含在关键字module和endmodule之内。关于Verilog的详细应用，请参见本书的第8章和相关的实验指导书。

2.2.3　逻辑函数的两种标准表达式

一个逻辑函数有多种等效的函数式，包括最小项表达式和最大项表达式，这两种表达式均具有唯一性，称为逻辑函数的标准表达式。

1. 最小项及最小项表达式

（1）最小项

在有n个变量的逻辑函数中，若某个与项包含全部逻辑变量，且每个变量只出现一次，则称该与项为此逻辑函数的最小项。最小项是一种乘积项，包含全部逻辑变量。一个函数有n个逻辑变量，就有2^n个不同的最小项。

例如，3变量逻辑函数$F(A,B,C)$有8个最小项，分别为$\overline{A}\overline{B}\overline{C}$、$\overline{A}\overline{B}C$、$\overline{A}B\overline{C}$、$\overline{A}BC$、$A\overline{B}\overline{C}$、$A\overline{B}C$、$AB\overline{C}$、$ABC$。最小项也可以用小写字母$m_i$表示，其下标$i$的定义为：将最小项中的原变量用1表示，反变量用0表示，得到的与该最小项对应二进制数的十进制数。如最小项$\overline{A}B\overline{C}$也可以表示为$m_2$，当$ABC$取值为010时，该最小项的值为1。3变量逻辑函数$F(A,B,C)$的全部最小项如表2.2.2所示。

表 2.2.2　3 变量逻辑函数 $F(A,B,C)$ 的全部最小项

最小项	使最小项为1的变量取值			编号
	A	B	C	
$\overline{A}\overline{B}\overline{C}$	0	0	0	m_0
$\overline{A}\overline{B}C$	0	0	1	m_1
$\overline{A}B\overline{C}$	0	1	0	m_2
$\overline{A}BC$	0	1	1	m_3
$A\overline{B}\overline{C}$	1	0	0	m_4
$A\overline{B}C$	1	0	1	m_5
$AB\overline{C}$	1	1	0	m_6
ABC	1	1	1	m_7

（2）最小项的性质

最小项是一种包含全部逻辑变量的乘积项，其具有以下性质。

① 对于任意最小项，只有一组变量组合使其取值为1。

② 任意两不同最小项相与，结果恒等于0。

③ 所有最小项之和必为1。

（3）最小项表达式

如果一个逻辑表达式为与或式，且每一个与项均为最小项，则称该逻辑表达式为最小项之和表达式，简称最小项表达式，又称为标准与或式、标准积之和式。由逻辑函数的真值表可以很方便地写出函数的最小项表达式，最小项表达式是真值表中输出取值为 1 的最小项之和，任何逻辑函数均可以表示为最小项表达式。

【例 2.2.2】 将函数 $F(A,B,C) = \overline{A}B + BC + A\overline{B}\,\overline{C}$ 化为最小项表达式。

解：
$$
\begin{aligned}
F(A,B,C) &= \overline{A}B + BC + A\overline{B}\,\overline{C} \\
&= \overline{A}B(C + \overline{C}) + (A + \overline{A})BC + A\overline{B}\,\overline{C} \\
&= \overline{A}BC + \overline{A}B\overline{C} + ABC + A\overline{B}\,\overline{C} \\
&= m_3 + m_2 + m_7 + m_4 \\
&= \sum m(2,3,4,7)
\end{aligned}
$$

其中，$\sum m(2,3,4,7)$ 是最小项表达式的简写形式。

在例 2.2.2 中，两个与项 $\overline{A}B$ 和 BC 没有包含全部逻辑变量，不是最小项。此时可以利用重叠律和分配律将这些与项中缺少的变量补齐，使表达式成为最小项表达式。因此，若函数 F 不是最小项表达式，对于表达式中每个与项（这里用 A 表示）所缺的变量 X，通过反复使用下列公式即可得到其最小项表达式。

$$
A(X + \overline{X}) = AX + A\overline{X}
$$

2. 最大项及最大项表达式

（1）最大项

与最小项类似，在有 n 个变量的逻辑函数中，若某个或项包含全部逻辑变量，且每个变量只出现一次，则称该或项为此逻辑函数的最大项。最大项是一种逻辑和项，包含全部逻辑变量。一个逻辑函数有 n 个变量，就有 2^n 个不同的最大项。

例如，3 变量逻辑函数 $F(A,B,C)$ 有 8 个最大项，分别为 $A+B+C$、$A+B+\overline{C}$、$A+\overline{B}+C$、$A+\overline{B}+\overline{C}$、$\overline{A}+B+C$、$\overline{A}+B+\overline{C}$、$\overline{A}+\overline{B}+C$、$\overline{A}+\overline{B}+\overline{C}$。最大项也可以用大写字母 M_i 表示，其下标 i 的定义为：将最大项中的原变量用 0 表示，反变量用 1 表示，得到的与该最大项对应二进制数的十进制数。如最大项 $A+\overline{B}+C$ 也可以表示为 M_2，当 ABC 取值为 010 时，该项的值为 0。3 变量逻辑函数 $F(A,B,C)$ 的全部最大项如表 2.2.3 所示。

表 2.2.3　3 变量逻辑函数 $F(A,B,C)$ 的全部最大项

最大项	使最大项为 0 的变量取值			编号
	A	B	C	
$A+B+C$	0	0	0	M_0
$A+B+\overline{C}$	0	0	1	M_1
$A+\overline{B}+C$	0	1	0	M_2
$A+\overline{B}+\overline{C}$	0	1	1	M_3
$\overline{A}+B+C$	1	0	0	M_4
$\overline{A}+B+\overline{C}$	1	0	1	M_5
$\overline{A}+\overline{B}+C$	1	1	0	M_6
$\overline{A}+\overline{B}+\overline{C}$	1	1	1	M_7

（2）最大项的性质

最大项是一种包含全部逻辑变量的逻辑和项，其具有以下性质。

① 对于任意最大项，只有一组变量组合使其取值为0。

② 任意两不同最大项的和恒等于1。

③ 所有最大项之积必为0。

（3）最大项表达式

如果一个逻辑表达式为或与式，且每一个或项均为最大项，则称该逻辑表达式为最大项之积表达式，简称最大项表达式，又称为标准或与式、标准和之积式。由逻辑函数的真值表可以很方便地写出函数的最大项表达式，最大项表达式是真值表中输出取值为0的最大项之积，任何逻辑函数均可以表示为最大项表达式。

【例2.2.3】 将 $F(A,B,C)=(A+B)(\overline{A}+B+C)$ 化为最大项表达式。

解：$F(A,B,C)=(A+B)(\overline{A}+B+C)$

$=(A+B+C\cdot\overline{C})(\overline{A}+B+C)=(A+B+C)(A+B+\overline{C})(\overline{A}+B+C)$

$=M_0 M_1 M_4=\Pi M(0,1,4)$

其中，$\Pi M(0,1,4)$ 是最大项表达式的简写形式。

由该例看出，或项 $(A+B)$ 没有包含全部逻辑变量，不是最大项，此时可以利用重叠律和分配律将或项中缺少的变量补齐，使表达式成为最大项表达式。因此，若函数 F 不是最大项表达式，对于表达式中每个或项（这里用 A 表示）中所缺的变量 X，通过反复使用下列公式即可得到其最大项表达式。

$$A+X\cdot\overline{X}=(A+X)(A+\overline{X})$$

3. 最大项和最小项之间的关系

（1）相同编号的最小项和最大项互补，即 $m_i=\overline{M_i}$，$\overline{m_i}=M_i$。

例如，对于3变量逻辑函数，$\overline{m_0}=\overline{\overline{A}\overline{B}\overline{C}}=A+B+C=M_0$。

（2）同一逻辑函数的最小项下标的集合与最大项下标的集合互为补集。

逻辑函数的两种标准形式都具有唯一性，且与逻辑函数的真值表严格对应。一个逻辑函数既可以表示为最小项表达式，也可以表示为最大项表达式。逻辑函数的最小项表达式是真值表中输出取值为1的最小项的和，最大项表达式是真值表中输出取值为0的最大项的积，其最小项下标集合与其最大项下标集合互为补集。

例如，对于前面提到的多数表决问题，两种标准表达式为

$$F(A,B,C)=\sum m(3,5,6,7)=\Pi M(0,1,2,4)$$

【例2.2.4】 求 $F(A,B,C)=\sum m(2,3,4,7)$ 的反函数 $\overline{F}$。

解：$\overline{F}(A,B,C)=\overline{m_2+m_3+m_4+m_7}$

$=\overline{\overline{M_2}+\overline{M_3}+\overline{M_4}+\overline{M_7}}=M_2\cdot M_3\cdot M_4\cdot M_7$

$=\Pi M(2,3,4,7)$

可见，以 n 个最小项之和表示的函数 F，其反函数 $\overline{F}$ 可用相同下标的 n 个最大项之积表示。

▶ **思考题**

2.2.1 请举出一个具有因果关系的实例，并列出其真值表。

2.2.2 逻辑函数有几种表示方法？各有什么特点？

2.2.3 你能根据真值表写出逻辑函数的两种标准表达式吗？

2.3 逻辑函数的化简

一个逻辑函数有多种等价的函数式，函数的逻辑表达式越简单，设计出来的电路就越简单，也越经济、可靠，这样就需要掌握逻辑函数化简的方法和技巧。本节讨论如何将逻辑函数化简为最简与或式和最简或与式。

逻辑函数的化简有代数化简法、卡诺图化简法和 Q-M 化简法等，本书主要介绍前两种化简方法。函数化简的目标不尽相同，有的是降低成本，有的是提高电路的工作速度或可靠性。下面以降低成本为目标讨论逻辑函数的化简问题。最简与或式的标准为

（1）逻辑表达式中的与项个数最少（电路中使用的与门数量最少）；

（2）每个与项中的变量数最少（每个与门的输入端数最少）。

同理，最简或与式的标准为逻辑表达式中的或项个数最少，每个或项中的变量数最少。

2.3.1 代数化简法

用代数化简法化简逻辑函数，就是熟练运用逻辑代数的公式和规则，消去表达式中多余的项和多余变量。用代数化简法化简逻辑函数需要依靠经验和技巧，并多加练习。用代数化简法化简逻辑函数的方法主要有以下几种。

1. 并项法

利用公式 $AB + A\overline{B} = A(B+\overline{B}) = A$ 将两项合并为一项，同时消去一个变量。由代入规则可知，A 和 B 都可以是任意复杂的逻辑函数式。

【例 2.3.1】▶ 简化函数 $F(A,B,C)=A(BC+\overline{B}\overline{C}) + A(B\overline{C} + \overline{B}C)$。

解： 方法一 $F(A,B,C) = A(BC+\overline{B}\overline{C}) + A(B\overline{C} + \overline{B}C)$

$\qquad\qquad = ABC + A\overline{B}\overline{C} + AB\overline{C} + A\overline{B}C = AB(C+\overline{C}) + A\overline{B}(\overline{C}+C)$

$\qquad\qquad = AB + A\overline{B} = A$

$\qquad$ 方法二 $F(A,B,C) = A(BC+\overline{B}\overline{C}) + A(B\overline{C} + \overline{B}C)$

$\qquad\qquad = A(\overline{B\oplus C}) + A(B\oplus C) = A$

---

2. 吸收法

利用公式 $A+AB=A$ 和 $AB + \overline{A}C + BC = AB + \overline{A}C$ 消去多余的项。

【例 2.3.2】▶ 简化函数 $F(A,B,C,D)=AC + A\overline{B}CD + ABC + \overline{C}D + ABD$。

解： $AC + A\overline{B}CD + ABC + \overline{C}D + ABD$

$$= AC(1+\overline{B}D+B)+\overline{C}D+ABD+AD \quad （AD为根据AC+\overline{C}D增加的项）$$
$$= AC+\overline{C}D+AD(1+B)$$
$$= AC+\overline{C}D+AD$$
$$= AC+\overline{C}D$$

从例2.3.2可以得到推论，对于常用公式$AB+\overline{A}C+BC=AB+\overline{A}C$可扩展为

$$AB+\overline{A}C+BC[f(D,E,\cdots)]=AB+\overline{A}C$$

由此可以看出，在与或表达式中，若两个乘积项分别包含同一因子的原变量和反变量，而两项的剩余因子均包含在第三个乘积项中，即便是第三项中再有其他变量（或表达式），该项也是多余的。

3. 消元法

利用公式$A+\overline{A}B=A+B$消去多余的变量，虽然消元法没有减少表达式中的项数，但能使某项的变量数变少。

【例2.3.3】 化简函数$F=AB+\overline{A}C+\overline{B}C$。

解：$F=AB+\overline{A}C+\overline{B}C=AB+(\overline{A}+\overline{B})C$
$$=AB+\overline{AB}C$$
$$=AB+C$$

4. 配项法

为求得最简结果，可将某一与项乘以$(A+\overline{A})$，将一项展开为两项；或利用$AB+\overline{A}C=AB+\overline{A}C+BC$增加冗余项$BC$，然后将该项与其他与项合并，达到求最简表达式的目的。

【例2.3.4】 化简函数$F(A,B,C)=A\overline{B}+B\overline{C}+\overline{B}C+\overline{A}B$。

解：$F(A,B,C)=A\overline{B}+B\overline{C}+\overline{B}C+\overline{A}B$
$$=A\overline{B}+B\overline{C}+\overline{A}\overline{B}C+\overline{A}BC+A\overline{B}C+\overline{A}\overline{B}C$$

在用代数化简法化简逻辑函数过程中，一般要灵活应用以上几种方法。下面再看几个例子。

【例2.3.5】 化简函数$Y=AD+A\overline{D}+AB+\overline{A}C+BD+ACEF+\overline{B}EF+DEFG$。

解：$Y=AD+A\overline{D}+AB+\overline{A}C+BD+ACEF+\overline{B}EF+DEFG$
$$=A+AB+\overline{A}C+ACEF+BD+\overline{B}EF \quad （合并和吸收）$$
$$=A+\overline{A}C+BD+\overline{B}EF \quad （吸收）$$
$$=A+C+BD+\overline{B}EF$$

将一个或与式化简为最简的或与式，既可以利用或与式的公式进行化简，也可以利用对偶规则先对或与式求对偶，得到其与或式，然后利用与或式的公式进行化简，对化简结果再次求对偶，得到原函数的最简或与式。

【例2.3.6】 化简函数 $Y = A(A+B)(\overline{A}+C)(B+D)(\overline{A}+C+E+F)(\overline{B}+F)(D+E+F)$ 为最简或与式。

解： 首先利用对偶规则，对或与式求对偶，然后进行化简。

$$Y' = A + AB + \overline{A}C + BD + \overline{A}CEF + \overline{B}F + DEF$$
$$= A + \overline{A}C(1+EF) + BD + \overline{B}F$$
$$= A + \overline{A}C + BD + \overline{B}F$$
$$= A + C + BD + \overline{B}F$$

对最简与或式再次求对偶，可得

$$Y = Y'' = AC(B+D)(\overline{B}+F)$$

从以上几个例子可以看出，用代数化简法化简逻辑函数的优点是不受变量数量的限制，缺点是需要一定的经验和技巧，判断化简的结果是否为最简式也有一定的难度。当变量数不多时，采用卡诺图化简法可以有效地解决这些问题。

2.3.2　卡诺图化简法

1. 卡诺图的构成

卡诺图是真值表的图形化表示，它把真值表中的变量分为两组，构成二维表格，行列变量的取值按照格雷码的规则进行排列，n个变量构成2^n个方格，每个方格对应一个最小项（或最大项），这种逻辑函数的图形表示法由工程师卡诺提出，称为卡诺图（Karnaugh map）。图 2.3.1 所示为二变量、三变量、四变量和五变量卡诺

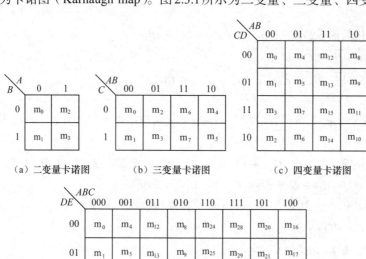

（a）二变量卡诺图　　　（b）三变量卡诺图　　　（c）四变量卡诺图

（d）五变量卡诺图

图 2.3.1　卡诺图

图，该图方格内标出的是最小项的值。每幅卡诺图有两条对称轴，分别是横向和纵向对称轴。

由图2.3.1可以看出，卡诺图具有如下特点。

（1）n个变量的卡诺图包含2^n最小项（或最大项）。

（2）在卡诺图中，几何位置相邻的最小项之间仅有一个变量不同。卡诺图中横向或纵向相邻的两个方格都属于几何位置相邻，例如，四变量卡诺图中的m_0和m_1，对应的最小项为$\overline{ABC}$和$\overline{AB}C$，只有变量C不同，称这两个最小项为互为相邻项；同理，m_0和m_4也互为相邻项，但m_0和m_5则不属于几何位置相邻。

（3）在卡诺图中，处于轴对称位置的两个最小项也互为相邻项。例如，在四变量卡诺图中，纵轴将卡诺图分为左右对称的两部分，横轴将卡诺图分为上下对称的两部分；m_0和m_8、m_1和m_9都处于纵轴对称位置，相互之间仅有一个变量不同，互为相邻项。m_0和m_2、m_4和m_6都处于纵横轴对称位置，也互为相邻项。在五变量卡诺图中，m_0和m_{16}、m_5和m_{21}、m_{15}和m_{31}都处于纵轴对称位置，都互为相邻项。根据变量A的取值不同，五变量卡诺图也可以分成2幅四变量卡诺图，在每幅四变量卡诺图内，处于轴对称位置的两个最小项也互为相邻项，如m_0和m_8、m_{16}和m_{18}。

（4）在n变量卡诺图中，任意最小项（或最大项）均有n个与其相邻的最小项（或最大项）。以五变量卡诺图为例，最小项m_5有5个与其相邻的最小项，分别为m_1、m_4、m_7、m_{13}和m_{21}。

卡诺图设计得很巧妙，它将n变量的全部最小项（或最大项）各用一个方格表示，并使互为相邻项的最小项（或最大项）在几何位置上也相邻。

2. 逻辑函数的卡诺图表示法

（1）将真值表填入卡诺图

卡诺图是真值表的图形化表示形式，与真值表有严格的对应关系，所以很容易将真值表填入卡诺图。

【例2.3.7】 将表2.3.1所示的多数表决电路真值表填入卡诺图。

解： 将变量A、B、C分为两组，画出三变量的卡诺图，并在各方格中填入最小项对应的函数值，如图2.3.2所示。

表2.3.1 多数表决电路的真值表

A	B	C	F	A	B	C	F
0	0	0	0	1	0	0	0
0	0	1	0	1	0	1	1
0	1	0	0	1	1	0	1
0	1	1	1	1	1	1	1

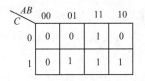

图2.3.2 多数表决电路的卡诺图

（2）将逻辑函数的标准形式填入卡诺图

将最小项表达式填入卡诺图。如果一个逻辑函数是最小项之和的形式，只需根据表达式中所有最小项在卡诺图对应的方格内填入1，其余的方格填入0即可。

【例2.3.8】 将函数$F(A,B,C)=\sum m(3,5,6,7)$用卡诺图表示。

解： 该函数为最小项之和的形式，最小项为m_3、m_5、m_6和m_7，画出三变量卡诺图，并在卡诺图中在上述最小项对应的方格内填入1，其余的方格内填入0，如图2.3.3所示。

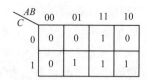

图 2.3.3　例 2.3.8 的卡诺图

将最大项表达式填入卡诺图。如果一个逻辑函数是最大项之积的形式，只需根据表达式中所有最大项在卡诺图对应的方格内填入 0，其余的位置填入 1 即可。

【例 2.3.9】 将函数 $F(A,B,C)=\Pi M(0,1,2,4)$ 用卡诺图表示。

解： 该函数为最大项之积的形式，最大项为 M_0、M_1、M_2 和 M_4，画出三变量卡诺图，并在卡诺图中在上述最大项对应的方格内填入 0，其余的方格内填入 1，得到的卡诺图仍如图 2.3.3 所示，这是因为 $F(A,B,C)=\sum m(3,5,6,7)$ 和 $F(A,B,C)=\Pi M(0,1,2,4)$ 描述的是同一个逻辑问题。

（3）将任意与或式填入卡诺图

方法一　将与或式变换为最小项表达式，再填入卡诺图。

【例 2.3.10】 将函数 $F(A,B,C,D)=AB\overline{C}+\overline{A}BD+AC$ 用卡诺图表示。

解： 先用互补律和分配律将函数的与或式变为最小项表达式。

$$F(A,B,C,D)=AB\overline{C}+\overline{A}BD+AC$$
$$=AB\overline{C}\overline{D}+AB\overline{C}D+\overline{A}B\overline{C}D+\overline{A}BCD+AB\overline{C}\overline{D}+ABCD+ABC\overline{D}+ABCD$$
$$=\sum m(5,7,10,11,12,13,14,15)$$

然后将该最小项表达式填入卡诺图，如图 2.3.4 所示。

方法二　直接将逻辑函数填入卡诺图。

观察例 2.3.10，在把与或式变为最小项之和的过程中，当某个与项缺少一个逻辑变量时，可以通过补齐变量将其展开为两个最小项，如 $AB\overline{C}=AB\overline{C}(D+\overline{D})=AB\overline{C}D+AB\overline{C}\overline{D}$；当某个与项缺少两个逻辑变量时，可以通过补齐变量将其展开为 4 个最小项，如 $AC=AC(B+\overline{B})(D+\overline{D})=ABCD+\overline{A}BCD+ABC\overline{D}+A\overline{B}C\overline{D}$。实际上，若某个与项未包含全部逻辑变量，由 $A=A\overline{B}+AB$ 可知，无论与项中所缺的变量取何值，只要与项中现有变量的取值能满足使该与项为 1 的条件，该与项的值便 1。因此，需要在满足现有与项值为 1 的所有方格内填入 1。当某个与项缺少一个变量时，对应卡诺图中有两个方格被填入 1；当某个与项缺少两个变量时，对应卡诺图中有 4 个方格被填入 1。

将函数 $F(A,B,C,D)=AB\overline{C}+\overline{A}BD+AC$ 直接填入卡诺图时，每个与项与卡诺图中方格的对应关系如图 2.3.5 所示。函数表达式的第一项为 $AB\overline{C}$，对应卡诺图中 ABC 取 110 的两个方格，在这两个方格中填入 1；第二项为 $\overline{A}BD$，对应卡诺图中 ABD 取 011 的两个方格，第三项为 AC，对应卡诺图中 AC 取 11 的 4 个方格，在这些方格中填入 1。

（4）将或与式填入卡诺图

将或与式填入卡诺图的过程与将与或式填入卡诺图的过程类似，需要注意的是，此时卡诺图中的每个方格对应一个最大项。将函数表达式中的或项填入卡诺图时，或项中的原变量对应 0，反变量对应 1，然后在卡诺图中对应的方格内填入 0。

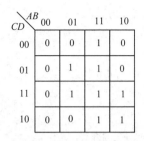

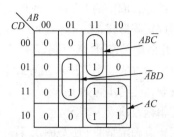

图 2.3.4 例 2.3.10 的卡诺图　　　图 2.3.5 例 2.3.10 每个与项与卡诺图中方格的对应关系

【例 2.3.11】 将函数 $F(A,B,C)=B(A+C)$ 用卡诺图表示。

解: 该函数为或与式,将函数表达式中的 B 项看作一个或项,缺少变量 A 和 C,因此在卡诺图中 B 取 0 的 4 个方格中都填入 0; $(A+C)$ 也是一个或项,对应卡诺图中 AC 取 00 的 2 个方格,在这 2 个方格中都填入 0,该函数的卡诺图如图 2.3.6 所示。

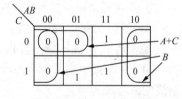

图 2.3.6 例 2.3.11 的卡诺图

在图 2.3.6 中,最大项 $(A+B+C)$ 对应的方格被使用了两次。根据重叠律 $AA=A$(或 $A+A=A$),任意一个最大项(或最小项)都可以多次被使用。

3. 用卡诺图合并最小项的规则

卡诺图化简法化简逻辑函数的依据是使用吸收律 $AB+A\bar{B}=A$ 或 $(A+B)(A+\bar{B})=A$。以与或表达式为例,若某逻辑变量分别以原变量和反变量的形式出现在两个与项中,而这两个与项的其余变量完全相同,则这两个与项可以合并为一项,合并后的与项由原来两个与项中相同的变量组成。卡诺图中任意两个互为相邻的 1 方格(或 0 方格)都可以使用吸收律进行化简,该过程其实就是前面将与项填入卡诺图的逆操作。

以图 2.3.7(a)所示的卡诺图为例,该图中 m_0 和 m_2 是两个互为相邻的 1 方格,将它们组成一个合并项, $m_0+m_2=\overline{ABCD}+\overline{AB}C\overline{D}=\overline{ABD}$,消去了两个与项中不同的变量 C。同理, m_8 和 m_{10} 也可以组成合并项, $m_8+m_{10}=A\overline{BCD}+A\overline{B}C\overline{D}=A\overline{BD}$,消去两项中不同的变量 C。观察 $\overline{ABD}$ 和 $A\overline{BD}$ 可以看出,这两个与项依然可以合并消去变量 A,即 $m_0+m_2+m_8+m_{10}=\overline{BD}$,如图 2.3.7(b)所示。卡诺图中 m_0 和 m_1 相邻,可以将其化简为 $\overline{ABC}$, m_{13} 不与任何最小项相邻,无法合并,最终的合并结果如图 2.3.7(c)所示。

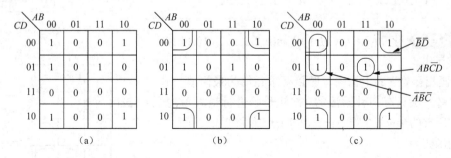

图 2.3.7 使用卡诺图化简函数

由以上分析可见,利用卡诺图化简函数的过程就是圈 1 合并最小项(或圈 0 合并最大项)的

41

过程。要注意的是，圈中的1方格（或0方格）必须有2^i个，i为整数；2^i个相邻的1方格（或0方格）必须排列成矩阵形式；在合并过程中消去圈内变化的量，将2^i个方格合并，消去i个变量。

4. 用卡诺图化简法化简逻辑函数的步骤

卡诺图以图形方式展示了逻辑函数最小项（或最大项）之间的相邻关系，用卡诺图化简逻辑函数方便、直观，化简步骤如下。

（1）将逻辑函数填入卡诺图。

（2）根据题意确定是圈1还是圈0；若要化简为最简与或式，圈1。

（3）用最大的圈将全部1方格（或0方格）圈起来，满足：

① 每个圈尽可能大；

② 不含冗余圈，总圈数最少；

③ 任何1方格（或0方格）可多次被使用；

④ 所有的1方格（或0方格）均被使用。

（4）每个圈对应一个合并项，将所有的合并项相或（或相与），即可得到最简的与或式（或最简的或与式）。

下面通过几个例子来进一步理解用卡诺图化简法化简逻辑函数的过程。

【例2.3.12】 化简$F(A,B,C,D) = \sum m(0,2,5,6,7,9,10,14,15)$为最简与或式。

解： 先将逻辑函数填入卡诺图，然后从只有一种圈法的1方格开始进行最小项的合并，直到所有的1方格被圈为止。卡诺图及合并圈如图2.3.8所示，该函数化简的结果为

$$F(A,B,C,D) = \overline{A}\overline{B}\overline{C}D + \overline{A}\overline{B}\overline{D} + \overline{A}BD + C\overline{D} + BC$$

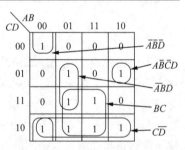

图 2.3.8　例 2.3.12 卡诺图化简

【例2.3.13】 化简$F(A,B,C,D) = \sum m(3,4,5,7,9,13,14,15)$为最简与或式。

解： 先将函数填入卡诺图，然后从只有一种圈法的1方格开始进行最小项的合并，直到所有的1方格均被圈为止。卡诺图及合并圈如图2.3.9所示。该图中虚线所圈的1方格均被其他小圈覆盖，为冗余圈。化简后的最简与或式为

$$F(A,B,C,D) = \overline{A}CD + \overline{A}B\overline{C} + A\overline{C}D + ABC$$

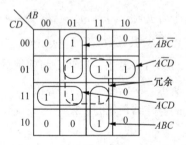

图 2.3.9　例 2.3.13 卡诺图化简

【例2.3.14】 化简$F(A,B,C,D) = \sum m(0,2,3,5,7,8,10,11,13)$为最简或与式。

解： 画出函数F的卡诺图，题目要求化简为最简或与式，应圈0方格。从只有一种圈法的0方格开始进行最大项的合并，直到所有的0方格被圈为止，其卡诺图如图2.3.10所示。化简后的函数为

$$F(A,B,C,D) = (B+C+\overline{D})(\overline{A}+\overline{B}+\overline{C})(\overline{B}+D)$$

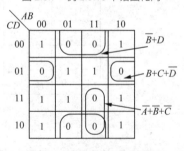

图 2.3.10　例 2.3.14 的卡诺图

【例2.3.15】 化简函数 $F(A,B,C,D,E) = \sum m(4,5,6,7,13,15,20,21,22,23,25,27,29,31)$ 为最简与或式。

解： 该函数为五变量函数，首先画出函数 F 的卡诺图，如图 2.3.11 所示，然后从只有一种圈法的 1 方格开始进行最小项的合并。注意，把卡诺图沿垂直对称轴将两侧折叠，重叠的方格也互为相邻项。化简后的函数为

$$F(A,B,C,D,E) = \overline{B}C + CE + ABE$$

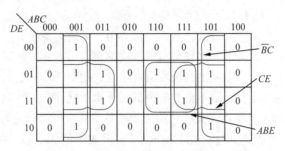

图 2.3.11　例 2.3.15 的卡诺图

利用卡诺图化简法化简函数的优点是简便、直观，容易掌握，但不适合变量数量过多的情况。当变量数量不大于 5 时，用卡诺图化简法化简逻辑函数比用代数化简法更方便、快捷。

▶ **思考题**

2.3.1　代数化简法和卡诺图化简法各有何优缺点？

2.3.2　能否由 $A + \overline{A} = 1$ 推出 $\overline{A} = 1 - A$，试说明理由。

2.3.3　在卡诺图化简法中，为什么要求圈尽可能大，圈的数量尽可能少？

2.4 含有无关项的逻辑函数及其化简

在实际应用中，一个 n 变量函数不一定与 2^n 个最小项都有关，在输入变量的某些取值下，函数值为 1 或 0 不影响电路的逻辑功能，这样的最小项称为**任意项**。例如，设计一个电路产生 8421 码的奇偶校验位，由于 8421 码是对十进制数 0~9 的编码，只用了 4 位二进制编码中的前 10 个编码，正常情况下后 6 个编码不会出现。也就是说，无论后 6 个编码对应的函数值是 0 还是 1，都不影响电路的逻辑功能，这 6 个编码即任意项。

【例2.4.1】 设计一个判别电路，判别输入的一位 8421 码是否大于 4，写出函数的最小项表达式。

解： 设输入为 $ABCD$，输出为 F；当输入的 8421 码大于 4 时，$F=1$，则函数的最小项表达式为

$$F(A,B,C,D) = \sum m(5,6,7,8,9) + \sum \varphi(10,11,12,13,14,15)$$

其中，用 $\sum \varphi(m_i)$ 表示函数中的任意项。

实际应用中还经常遇到这样一种情况：在逻辑函数中，某些最小项的出现会导致逻辑关系错

误，必须用约束条件加以约束，这样的最小项称为约束项，描述约束项的表达式称为约束条件。例如，用变量 A、B、C 分别表示体育比赛中某人的获奖情况，即是否获得冠军、亚军、季军，若获奖则 $F=1$。对于某人而言，其获奖情况只能是冠军、亚军、季军和未获奖这 4 种情况之一，任何时候 3 个变量中最多只能有一个变量为 1。ABC 的取值只能是 000（无奖牌）、001（季军）、010（亚军）和 100（冠军）等（4 种）组合，不应出现 011、101、110 和 111 这些组合，这 4 种不应出现的组合就是约束项，用约束条件表示为 $\overline{A}BC+A\overline{B}C+AB\overline{C}+ABC=0$。完整的逻辑函数可以写成

$$\begin{cases} F(A,B,C)=\overline{A}\,\overline{B}\,\overline{C}+\overline{A}\,\overline{B}C+\overline{A}B\overline{C} \\ \overline{A}BC+A\overline{B}C+AB\overline{C}+ABC=0 \quad （约束条件） \end{cases}$$

任意项和约束项统称为无关项，这种含有无关项的逻辑函数称为不完全确定的逻辑函数或非完全描述的逻辑函数。由于任意项是不会出现的最小项，约束项是通过约束条件保证不能出现的最小项，因此将无关项写入逻辑函数不会影响函数的逻辑功能。在函数的真值表和卡诺图中无关项通常用 "×" 或 "φ" 表示。利用无关项化简逻辑函数时，可以得到更为简单的函数表达式。

在逻辑函数的最小项表达式中，用 $\sum\varphi(m_i)$ 表示函数中的无关项；在最大项表达式中，用 $\prod\varphi(M_i)$ 表示函数中的无关项，例如

$$F(A,B,C,D)=\sum m(5,6,7,8,9)+\sum\varphi(10,11,12,13,14,15)$$
$$=\prod M(0,1,2,3,4)\cdot\prod\varphi(10,11,12,13,14,15)$$

【例 2.4.2】 化简函数 $F(A,B,C,D)=\sum m(5,6,7,8,9)+\sum\varphi(10,11,12,13,14,15)$ 为最简与或式。

解： 先将逻辑函数填入卡诺图，用 "×" 表示无关项。

如果不使用无关项对函数进行化简，其化简方法如图 2.4.1（a）所示，化简后的逻辑函数为 $F(A,B,C,D)=A\overline{B}\,\overline{C}+\overline{A}BD+\overline{A}BC$。若用逻辑门实现该函数，需要使用 3 个三输入端与门和 1 个三输入端或门。

如果使用无关项对函数进行化简，其化简方法如图 2.4.1（b）所示，无关项 "×" 可以被任意圈用，被圈入的无关项作为 1 使用，未被圈入的无关项作为 0 使用。化简后的逻辑函数为 $F(A,B,C,D)=A+BD+BC$。可见该函数的表达式更为简单，若用逻辑门实现该函数，需要使用 2 个两输入端与门和 1 个三输入端或门。

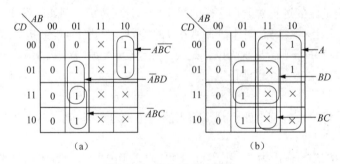

图 2.4.1　例 2.4.2 的卡诺图

【例 2.4.3】 化简以下具有约束条件的逻辑函数为最简与或式。

$$\begin{cases} F(A,B,C)=A\overline{B}\,\overline{C}+\overline{A}B\overline{C}+\overline{A}BC \\ \overline{A}\,\overline{B}C + \overline{A}B\overline{C} + AB\overline{C} + ABC = 0 \quad （约束条件） \end{cases}$$

解： 将逻辑函数填入卡诺图，在对应约束条件的方格内用"×"表示无关项。

如果不使用无关项对函数进行化简，其化简方法如图2.4.2（a），由该图可见，该函数已经是最简形式。用逻辑电路实现该函数时，需要使用3个三输入端与门和1个三输入端或门。

如果使用无关项对函数进行化简，其化简方法如图2.4.2（b）所示。化简后的逻辑函数为 $F(A,B,C) = A+B+C$，若用逻辑电路实现该函数，只需使用1个三输入端或门即可。

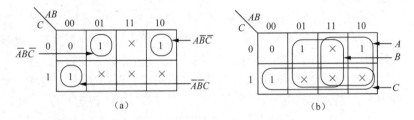

图 2.4.2　例 2.4.3 的卡诺图

需要再次强调的是，化简后的函数式 $F(A,B,C) = A+B+C$ 中包含约束条件中对应的4个约束项，由于有约束条件保证，这4个约束项的取值始终为0。因此，对于有约束条件的函数表达式，其函数表达式与约束条件必须同时给出。

例2.4.3中函数化简后完整的逻辑表达式为

$$\begin{cases} F(A,B,C)=A+B+C \\ \overline{A}\,\overline{B}C + \overline{A}B\overline{C} + AB\overline{C} + ABC = 0 \quad （约束条件） \end{cases}$$

▶ **思考题**

2.4.1　试证明两个三变量逻辑函数的与、或、异或运算，可以通过两幅卡诺图对应方格的与、或、异或运算来实现。

2.4.2　结合实际，请分别举一个具有任意项和约束项的例子。

2.4.3　在卡诺图化简法中，为什么无关项既可以被看成1也可以被看成0？

2.5 拓展阅读与应用实践

1. 从逻辑代数到集成电路

逻辑代数是由英国数学家乔治·布尔创立的数学体系。他在1847年出版的第一部著作《逻辑的数学分析》中，提出用数学分析方法表示命题陈述的逻辑结构，并在1854年出版的著作《思维规律的研究：作为逻辑与概率的数学理论的基础》中，成功地将形式逻辑归结为一种代数演算。以这两部著作为基础，乔治·布尔建立一门新的数学学科——布尔代数。

1938年，美国数学家、信息论创始人克劳德·艾尔伍德·香农发表了知名论文"继电器和开关电路的符号分析"，首次将布尔代数用于开关电路分析，并证明布尔代数中的逻辑运算可以通过继电器电路来实现，给出了实现加、减、乘、除等算术运算的电路设计方法。这篇论文标志着开关电路理论的开端。1946年2月，世界上第一台电子计算机ENIAC（electronic numerical integrated and computer，电子数学积分计算机）研制成功。ENIAC由约1.8万只电子管、1500个电磁继电器、7万个电阻器和1万个电容器等组成，每秒可以完成5000次加法运算。

1947年，美国贝尔实验室的肖克利等人发明了晶体管。1952年，英国的杰夫·达默提出了集成电路的想法：把一个电路所需的晶体管和其他器件制作在一块半导体上。当时的德州仪器公司已有锗材料器件，并能把金属蒸发在锗管的电极上，再用蚀刻技术将其做成触点并连接起来。杰克·基尔比首次在锗晶片上制成相移振荡器。1958年，基尔比研制出世界上第一块集成电路，成功地实现了把电子器件集成在一块半导体材料上的构想。

2. 楼梯灯的控制逻辑

在楼宇和家庭装修中，经常会遇到需要在两个不同地方控制同一盏灯的情况，这样的电路称为一开双控电路，电路原理图如图2.5.1所示，其中开关 A 和 B 为一开双控开关。这种开关有3个接线端子，分别标为L、L_1 和 L_2，按动开关，会使L接 L_1 端或接 L_2 端。

在图2.5.1中，无论开关 B 处于何种位置，开关 A 总能控制灯 F 的亮灭；同理，无论开关 A 处于何种位置，开关 B 也能控制灯的亮灭。设开关在 L_1 端（即L与 L_1 相连）为1，在 L_2 端（即L与 L_2 相连）为0；灯亮为1，灯灭为0，则开关 A、B 和灯 F 的关系如表2.5.1所示。

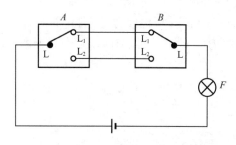

图 2.5.1　一开双控电路的原理图

表 2.5.1　开关 A、B 和灯 F 的关系

A	B	F
0	0	1
0	1	0
1	0	0
1	1	1

可见，F 与 A、B 之间存在同或逻辑，写成函数式为 $F=\overline{A}\cdot\overline{B}+A\cdot B=A\odot B$。只有当两个开关都处于同一个位置时，电路才能构成通路，灯才会被点亮。一开双控电路是一种很实用的电路，在卧室采用这样的电路，就可以做到进门开灯，上床关灯了。如果希望在3个地方都能独立控制同一盏灯，就要用到一开三控电路。

要实现一开三控，除了需要2个一开双控开关，还需要准备1个一开多控开关，将3个开关依次标号为 A、B、C，其电路原理图如图2.5.2所示。一开多控开关的内部相当于2个联动的一开双控开关，有2组共6个接线端子，每组端子标号分别为L、L_1 和 L_2。

假设一开多控开关 B 处于 L_2 端（即L与 L_2 相

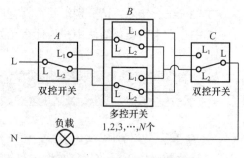

图 2.5.2　一开三控电路的原理图

连），此时双控开关 A 和 C 均能独立控制灯的亮灭；若开关 A 和 C 的位置固定了，多控开关 B 也能独立控制灯的亮灭，电路实现了3个开关均能独立控制同一盏灯的功能。类似地，还可以实现一开四控、一开五控等功能，读者可自行设计电路。

现在来分析一下图2.5.2所示电路的控制逻辑，因为是一开多控电路，开关对亮灯的控制与其他开关的状态有关，可以定义开关在 L_1 端（即L与 L_1 相连）为1，在 L_2 端（即L与 L_2 相连）为0；灯亮为1，灯灭为0，则开关 A、B、C 和灯 F 的关系如表2.5.2所示。

表 2.5.2 开关 A、B、C 和灯 F 的关系

A	B	C	F	A	B	C	F
0	0	0	0	1	0	0	1
0	0	1	1	1	0	1	0
0	1	0	1	1	1	0	0
0	1	1	0	1	1	1	1

由表 2.5.2 可以写出灯 F 与开关 A、B、C 之间的逻辑函数式

$$F = \overline{A}\,\overline{B}C + \overline{A}B\overline{C} + A\overline{B}\,\overline{C} + ABC$$

在该函数式中，并没有从单个开关的角度去分析对灯的控制，而是将 3 个开关 A、B、C 看作逻辑变量，将 F 看作逻辑函数。开关的状态是条件，灯亮是结果；当变量 ABC 取值为 000、011、101 和 110 时，函数值 $F=1$，表明在这 4 种情况下电路构成通路，灯被点亮。

现在，在楼道和公共照明场所一般都会安装声控延时灯，当光线较暗时，只要有脚步声，传感器就会做出反应，控制电路连接电源，让灯泡亮起来，延迟一段时间后再自动熄灭。这种声控延时灯的亮灯逻辑为"如果环境较暗，且出现声音，则点亮灯泡"。

2.6 本章小结

逻辑代数是进行逻辑电路分析和设计的数学基础，读者要熟练掌握逻辑代数的基本公式和 3 条规则。逻辑函数有多种等效的函数式，它的最简式可能不唯一，但两种标准形式都具有唯一性。逻辑函数代数化简法的优点是不受变量数的限制，但需要熟练运用各种公式和规则。卡诺图化简法是一种通过合并最小项进行化简的方法，它的优点是简单、直观，有一定的化简步骤可以遵循，充分利用无关项可以得到简洁的逻辑函数，但卡诺图化简法不适合逻辑变量数多于 5 个的情况。目前用于数字集成电路设计的 EDA 软件，一般都具备逻辑函数的化简和变换功能。

习题 2

2.1 用开关控制指示灯的电路如题 2.1 图所示，请列出灯亮与开关之间关系的真值表，并写出其逻辑函数式。

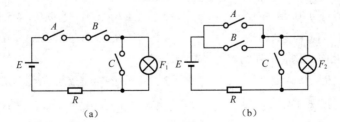

题 2.1 图

2.2 用真值表法证明下列等式成立。

（1）$\overline{A+B} = \overline{A} \cdot \overline{B}$；

（2）$AB + \overline{A}\,\overline{B} = \overline{\overline{A}B + A\overline{B}}$；

（3）$\overline{A \oplus B} = A \oplus \overline{B}$；　　　　　　　（4）$\overline{A} \oplus B = A \oplus \overline{B} = A \odot B$；

（5）$(A+B) \cdot (\overline{A}+C) = A \cdot C + \overline{A} \cdot B$；　　（6）$\overline{A}B + AC + BC = \overline{A}B + AC$。

2.3　试证明下列逻辑等式成立（方法不限）。

（1）$A \oplus 1 = \overline{A}$；　　　　　　　　　（2）$(A \oplus B) \oplus C = A \oplus (B \oplus C)$；

（3）$A(B \oplus C) = (AB) \oplus (AC)$；　　　（4）$(A+\overline{C})(B+D)(B+\overline{D}) = AB + B\overline{C}$；

（5）$\overline{AB + \overline{A}C} = A\overline{B} + \overline{A}\,\overline{C}$；　　　（6）$\overline{\overline{\overline{A+B+\overline{C}} \cdot \overline{C}D} + (B+\overline{C})(A\overline{B}D + \overline{B}\,\overline{C})} = 0$。

2.4　求下列各函数式的对偶式和反函数。

（1）$F = AB + \overline{A}B$；　　　　　　　　（2）$F = AB\overline{C} + (A+\overline{B}+D)(\overline{A}B\overline{D}+\overline{E})$；

（3）$F = ((A\overline{B}+C)D+E)B$；　　　　（4）$F = (A+\overline{B})(\overline{A}+C)(B+\overline{C})(\overline{A}+B)$。

2.5　列出下列函数的真值表。

（1）$F(A,B,C) = A \oplus B \oplus C$；　　　　（2）$F(A,B,C) = AB + (A \oplus B)C$。

2.6　已知逻辑函数的真值表如题表2.1所示，试写出对应的逻辑函数式，其中"×"代表任意项（取值0、1均可）。

题 2.6 表

（a）

输入			输出		输入			输出	
A_i	B_i	C_{i-1}	S_i	C_i	A_i	B_i	C_{i-1}	S_i	C_i
0	0	0	0	0	1	0	0	1	0
0	0	1	1	0	1	0	1	0	1
0	1	0	1	0	1	1	0	0	1
0	1	1	0	1	1	1	1	1	1

（b）

输入			输出
A	B	C	F
0	0	0	0
0	0	1	0
0	1	0	0
0	1	1	1
1	×	×	1

2.7　将下列逻辑函数转换为最小项表达式。

（1）$F(A,B,C,D) = AB + \overline{A}B + CD$；　　（2）$F(A,B,C) = AB + BC + AC$；

（3）$F(A,B,C,D) = ABC + D$；　　　　　（4）$F(A,B,C,D) = \overline{A\overline{B}+C} + \overline{B}D(\overline{A}+B) + \overline{BC+D}$。

2.8　将下列逻辑函数转换为最大项表达式。

（1）$F(A,B) = (A \oplus B) + AB$；　　　　　（2）$F(A,B,C) = (A+B)(B+C)(A+C)$；

（3）$F(A,B,C) = AB + BC + AC$；　　　　（4）$F(A,B,C,D) = \overline{AB\overline{C} + AC\overline{D} + ABCD}$。

2.9　将下列标准函数式转换为另一种标准函数式。

（1）$F(A,B,C) = \sum m(0,2,4,6)$；　　　　（2）$F(A,B,C,D) = \sum m(0,1,4,5,12,13)$；

（3）$F(A,B,C) = \prod M(0,1,3,6)$；　　　　（4）$F(A,B,C,D) = \prod M(0,1,4,6,11,14)$。

2.10　用代数化简法化简下列函数为最简与或式。

（1）$F = AB + A\overline{B} + \overline{A}B$；　　　　　　（2）$F = \overline{A}\,\overline{B}C + \overline{A}B\overline{C} + A\overline{B}\,\overline{C} + \overline{A}\,\overline{B}\,\overline{C}$；

（3）$F = \overline{\overline{A+B} \cdot \overline{\overline{A}+\overline{B}}}$；　　　　　（4）$F = A\overline{C} + ABC + CD + AC\overline{D}$；

（5）$F = \overline{\overline{ABC} + \overline{A}B}$；　　　　　　（6）$F = ABD + A\overline{C}D + \overline{A}\,\overline{B}CD$。

2.11　用卡诺图化简法将下列函数化简为最简与或式和最简或与式。

（1）$F(A,B,C,D) = \sum m(0,4,6,10,11,13)$；

（2）$F(A,B,C,D) = \sum m(3,4,7,10,12,14,15)$；

（3）$F(A,B,C,D) = \Pi M(0,4,5,7,8,9,10)$；

（4）$F(A,B,C,D) = \Pi M(3,5,11,13,15)$；

（5）$F(A,B,C,D) = \sum m(0,2,7,14) + \sum \varphi(6,8,10,11,15)$；

（6）$F(A,B,C,D) = \sum m(3,5,6,7,10) + \sum \varphi(0,1,2,4,8)$。

2.12 化简下列逻辑函数。

（1）$F(A,B) = \overline{A} \cdot \overline{B} + \overline{A} \cdot B + A \cdot \overline{B}$，约束条件为 $AB = 0$；

（2）$F(A,B,C,D) = \overline{A}B\overline{C} + \overline{B}\,\overline{C} + A\overline{B}C$，约束条件为 $AB = 0$；

（3）$F(A,B,C,D) = \overline{A}B\overline{C} + (A \oplus B)C\overline{D} + \overline{A}CD$，约束条件为 $AB + CD = 0$。

2.13 已知逻辑函数 $F(A,B,C,D) = \sum m(2,3,4,5,7,8,9)$，输入 $ABCD$ 为 8421 码，约束条件为 $C\overline{D} = 0$，求其最简与或式。

2.14 化简逻辑函数 $F(A,B,C,D,E) = \sum m(0,4,5,6,7,8,11,13,15,16,20,21,22,23,24,25,27,29,31)$。

第3章

逻辑门电路

　　逻辑门是构成各种数字逻辑电路的基本单元。逻辑门可以用电阻、电容、二极管、晶体管、场效应管等分立元件构成，称为分立元件门，也可以将构成逻辑门电路的所有器件及连接导线制作在同一块半导体基片上，构成集成逻辑门。本章主要介绍二极管和晶体管的开关特性以及集成逻辑门的构成、工作原理、参数和应用方法。

　　数字集成逻辑门按其内部有源器件的不同可以分为两大类。一类为双极型晶体管集成逻辑门，主要有晶体管-晶体管逻辑（TTL）、射极耦合逻辑（emitter-coupled logic，ECL）和集成注入逻辑（integrated injection logic，I^2L）等几种类型。双极型晶体管集成逻辑门的工作速度高、驱动能力强，但功耗较大、集成度稍低。另一类为场效应（metal oxide semiconductor，MOS）集成逻辑门（简称MOS门），MOS门又可分为NMOS（N沟道金属氧化物半导体）、PMOS（P沟道金属氧化物半导体）和CMOS等几种类型，其特点是集成度高、功耗较低、工作速度略低。目前数字系统中普遍使用的是TTL门和CMOS门。

学习目标

（1）二极管开关电路的逻辑功能。

（2）CMOS门电路的工作原理、逻辑功能、电气特性、常见应用。

（3）TTL门电路的工作原理、逻辑功能、电气特性、常见应用。

（4）ECL门电路的工作原理、逻辑功能、电平特性。

3.1 半导体二极管门电路

利用二极管的开关特性可以构成二极管与门电路和二极管或门电路。

3.1.1 二极管的开关特性

在数字电路中，半导体二极管（由 PN 结构成）的工作状态主要在导通与截止间转换，称其为工作在开关状态。由于 PN 结结电容的存在（相关知识见电子电路基础教材），以较高速度工作的二极管不能再用简单、理想的单向导电性描述，导通与截止两种状态间转换时间决定了二极管电路的最高工作速度和整个电路的性能。

图 3.1.1 所示为一个简单的二极管开关电路及其开关特性曲线示意图。当输入电压 $V_I = V_F$ 时，二极管导通，正向电流 $I_F = \dfrac{V_F - V_D}{R}$，其中 V_D 为二极管两端的正向压降。由于结电容的存在，在 PN 结两端有电荷的堆积存储，正向电流 I_F 越大，堆积存储的电荷就越多。在 $t = 0$ 时刻，外加电压 V_F 下降为 $-V_R$，这些堆积存储电荷不能瞬间消失，在反向电压 $-V_R$ 的作用下，存储电荷形成漂移电流，即反向电流 I_R，其值约为 $\dfrac{-V_R}{R}$，如图 3.1.1（c）所示。电流 I_R 持续时间用 t_s 表示，称为存储时间，在这段时间内，PN 结仍为正向偏置（简称正偏）。随着反向电流 I_R 的下降，PN 结由正偏转为反向偏置（简称反偏），最后反向电流趋于 I_o（反向漏电流）。反向电流从 I_R 下降到 I_o 的这段时间称为下降时间，用 t_f 表示，此时二极管由导通转为截止。

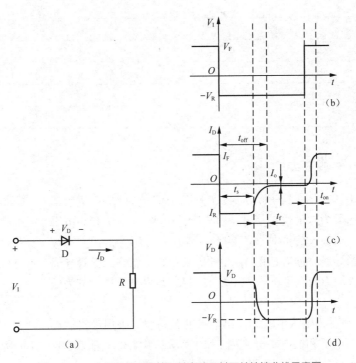

图 3.1.1　一个简单的二极管开关电路及其开关特性曲线示意图

存储时间加下降时间($t_s + t_f$)称为二极管的反向恢复时间，用t_{off}表示（部分书籍用t_r表示）。t_{off}与二极管本身的特性有关，如PN结的面积、结电容等；同时t_{off}也与外电路有关，正向电流I_F越大，存储电荷越多，反向恢复时间越长，反向电压V_R越大，存储电荷消失得越快，反向恢复时间越短。

开通时间t_{on}是指二极管从反向截止到正向导通的时间。由于PN结正向导通电阻和正向压降都很小，二极管的开通时间较短，相对反向恢复时间而言开通时间一般可以忽略不计，因此影响二极管开关速度的主要因素是反向恢复时间。

3.1.2　二极管与门电路

二极管与门电路如图3.1.2所示。A、B是两个信号输入端，F为信号输出端。输入信号为二值逻辑信号，即只有低电平（0 V）和高电平（5 V）两种状态。当输入信号中有一个或一个以上为低电平0 V时，输出F就被限制为低电平0 V左右（忽略二极管导通压降）。只有A、B均为高电平5 V时，两个二极管输入均截止，输出F为5 V。

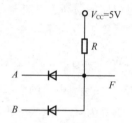

图 3.1.2　二极管与门电路

表3.1.1（a）所示为上述输入电平和输出电平的关系。如果用逻辑运算来描述，则可将高电平（H）和低电平（L）分别用1和0表示，其真值表如表3.1.1（b）所示。因此该电路可完成与运算，称为二极管与门电路。其表达式为$F=AB$。

表 3.1.1　二极管与门电路输入输出电平关系及真值表

（a）

V_A	V_B	V_F
L	L	L
L	H	L
H	L	L
H	H	H

（b）

A	B	F
0	0	0
0	1	0
1	0	0
1	1	1

3.1.3　二极管或门电路

二极管或门电路如图3.1.3所示。A、B是两个信号输入端，F为信号输出端。输入信号为二值逻辑信号，即只有低电平（0 V）和高电平（5 V）两种状态。当输入信号中，只要有一个或一个以上为高电平5 V时，相应的二极管导通，输出F就为高电平5 V左右（忽略二极管导通压降）。只有A、B均为低电平0 V时，两个二极管均截止，输出F为低电平0 V左右。

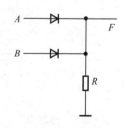

图 3.1.3　二极管或门电路

表3.1.2（a）所示为输入电平和输出电平的关系。如果用逻辑运算来描述，则可将高电平和低电平分别用1和0表示，其真值表如表3.1.2（b）所示。因此该电路可完成或运算，称为二极管或门电路。其表达式为$F=A+B$。

表 3.1.2　二极管或门电路输入输出关系及真值表

(a)

V_A	V_B	V_F
L	L	L
L	H	H
H	L	H
H	H	H

(b)

A	B	F
0	0	0
0	1	1
1	0	1
1	1	1

▶ **思考题**

3.1.1　多级二极管门电路连接时，其输出电平有什么变化？

3.1.2　二极管门电路连接电阻负载时，对输出电平有什么影响？

3.1.3　若增加门电路的输入端，应该如何修改电路？

3.1.4　某同学设计高频小功率二极管门电路时，使用了整流二极管，这是否合理？

3.2　CMOS 逻辑门

　　CMOS逻辑门以其低功耗、强抗干扰能力、宽电压范围、制造工艺简单、集成度高等优势得到越来越广泛的应用。本节先通过CMOS反相器电路介绍CMOS门的工作原理、电气特性，然后介绍其他CMOS逻辑门的构成、功能。

3.2.1　MOS 管的开关特性

1. MOS管的导通和关断

　　CMOS门电路主要由NMOS管和PMOS管构成，它们通常工作在开关状态。MOS管的开关特性可以从其输出特性曲线来分析。MOS管的输出特性曲线表示其漏源电压V_{DS}与漏极电流I_D之间的关系，图3.2.1所示为增强型NMOS管输出特性曲线，其中V_{GS}、V_{TH}分别是MOS管的栅源电压和开启电压，MOS管常用工作区域为截止区、饱和区和可变电阻区。在设计放大电路时，MOS管主要工作在饱和区。在门电路中，主要的工作区为截止区和可变电阻区。增强型NMOS管满足$V_{GS}<V_{TH}$时工作在截止区，漏极与源极之间的电流I_D极小，可以将其等效成一个开关断开，这时称MOS管关断。增强型NMOS管满足$V_{GS}>V_{TH}$时工作在可变电阻区或饱和区时，有一定的I_D电流，这时我们称MOS管导通。

　　仅知道MOS管导通往往是不够的，有时还需要判断MOS管是否工作在可变电阻区。图3.2.1中的虚线是饱和区与可变电阻区的分界线，其电压关系满足$V_{DS}=V_{GS}-V_{TH}$，自然地，当$V_{DS}<V_{GS}-V_{TH}$时，我们可以判断NMOS管在可变电阻区导通。

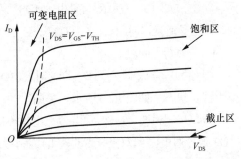

图 3.2.1　增强型 NMOS 管的输出特性曲线

在分析门电路的功能时，V_{DS} 经常是输出电压，是需要求解的目标，这时就不能通过 V_{DS} 来判断 MOS 管是在可变电阻区还是在饱和区导通。NMOS 管在饱和区导通时，不考虑沟道宽度调制效应有 $I_D = \dfrac{k_p}{2} \cdot \dfrac{W}{L}(V_{GS} - V_{TH})^2$，其中 k_p、W、L 分别是本征导电因子、沟道宽度和沟道长度。从图 3.2.1 可以看出，NMOS 管的输出特性曲线在饱和区走平，在可变电阻区向左下弯曲，也就是说 $I_D < \dfrac{k_p}{2} \cdot \dfrac{W}{L}(V_{GS} - V_{TH})^2$ 时，NMOS 管在可变电阻区导通。由此也可以粗略估计，V_{GS} 足够大、I_D 足够小时 MOS 管在可变电阻区导通。通常情况下，门电路中 MOS 管导通时工作在可变电阻区，这时 MOS 管是一个用 V_{GS} 电压控制的导通电阻，它经常被等效成一个开关短路。从输出特性曲线上也可以看出，在可变电阻区的导通电阻受 V_{GS} 电压控制，V_{GS} 较大时导通电阻较小。在相同的 V_{TH} 电压情况下，如果电源电压 V_{DD} 较高，就可以给 NMOS 管较高的 V_{GS} 电压，导通电阻也就较小；反之，导通电阻较大。

2. MOS 管的开关时间

（1）V_i 和 I_D、V_D 的波形

在图 3.2.2 所示的 MOS 管开关等效电路中，当 V_i 为矩形波时，相应的 I_D 和 V_D 波形如图 3.2.3 所示。

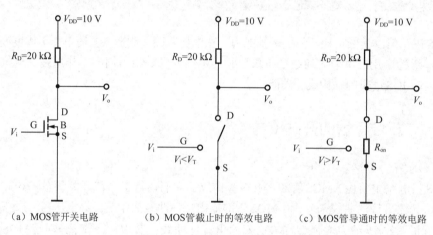

（a）MOS 管开关电路　　（b）MOS 管截止时的等效电路　　（c）MOS 管导通时的等效电路

图 3.2.2　MOS 管开关等效电路

（2）开通时间 t_{on}

当 V_i 由 $V_{iL} = 0\,\text{V}$ 跳变到 $V_{iH} = V_{DD}$ 时，MOS 管需要导通延迟时间 t_{d1} 和上升时间 t_r 才能由截止变为导通状态，如图 3.2.3 所示。该图中 MOS 管导通后电流的幅度为 I_{DM}，从输入电压跳变到 $I_D = 0.1 I_{DM}$ 的时间为导通延迟时间 t_{d1}，I_D 从 $0.1 I_{DM}$ 变为 $0.9 I_{DM}$ 的时间为上升时间 t_r，开通时间 $t_{on} = t_{d1} + t_r$。

（3）关断时间 t_{off}

当 V_i 由 $V_{iH} = V_{DD}$ 跳变到 $V_{iL} = 0\,\text{V}$ 时，MOS 管经过关断延迟时间 t_{d2} 和下降时间 t_f 才由导通状态转换为截止状态，如图 3.2.3 所示。关断时间 $t_{off} = t_{d2} + t_f$。

需要特别说明，MOS 管电容上电压不能突变，是造成 I_D 滞后 V_i 变化的主要原因。而且，由于 MOS 管导通电阻比双极型晶体管的饱和导通电阻要大得多，R_D 也比 R_C 大，因此在相同电路工艺和电源电压的情况下，它的开通和关断时间也比双极型晶体管的长，即其动态特性相对差一些。

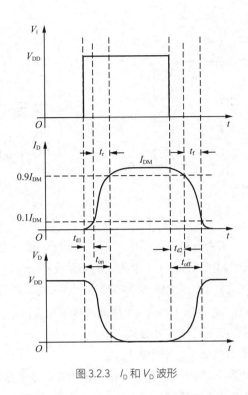

图 3.2.3 I_D 和 V_D 波形

3.2.2 CMOS 反相器

CMOS 反相器也称为互补 MOS 反相器或称为 CMOS 非门，是 CMOS 门电路中的一种基础电路。其他类型的 CMOS 门电路，如与非门、或非门、OD（漏极开路）门、三态门等，是由 CMOS 非门变化而来的，与它具有相似的电气特性。下面我们通过讨论 CMOS 非门的电气特性，来理解 CMOS 门电路的电气特性。

1. CMOS 非门工作原理

CMOS 非门由一个 NMOS 管 T_1 和一个 PMOS 管 T_2 构成，其电路如图 3.2.4（a）所示。当输入低电平为 0 V 时，T_1 的栅源电压 $V_{GS1}=0\,V$，T_1 截止，而此时加在 T_2 上的栅源电压 $V_{GS2} \approx -5\,V$，绝对值大于其开启电压的绝对值，有 $|V_{GS2}| > |V_{THP}|$（V_{THP} 为 P 沟道 MOS 管的开启电压），T_2 导通，输出为高电平，$V_O = V_{OH} \approx V_{DD}$。当输入为高电平 5 V 时，$V_{GS1} \approx 5\,V$，$T_1$ 导通，而 $V_{GS2} \approx 0\,V$，T_2 截止，输出为低电平，$V_O = V_{OL} \approx 0\,V$。电路实现非的逻辑功能。

2. CMOS 非门电压与电流传输特性

图 3.2.4（b）所示为 CMOS 非门的电压传输特性。在 V_I 较小，$V_I \leqslant V_{THN}$（V_{THN} 为 NMOS 管的开启电压）时，T_1 截止；T_2 工作在可变电阻区，有较小的导通电阻；输出高电平接近于电源电压 V_{DD}，如图 3.2.4（b）中的第 I 段。

当输入电压 $V_I \geqslant V_{THN}$ 时，T_1 开始进入饱和区，T_2 仍然处于可变电阻区，电路有较小的电流通过，如图 3.2.4（c）所示，输出电压开始下降，如图 3.2.4（b）中曲线的第 III 段。

输入电压继续增大，达到 $0.5V_{DD}$ 附近，T_1 和 T_2 都工作在 MOS 管的饱和区，有较大电流通过。此时电路输入 V_I 有一个微小增量，输出电平就会急剧下降，如图 3.2.4（b）中曲线的第 III 段。

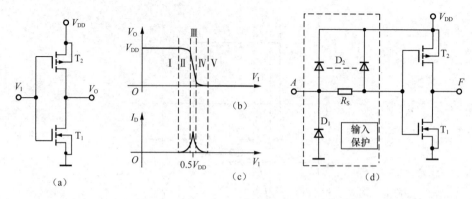

图 3.2.4　CMOS 非门

随着输入电平继续增大，T_1 进入可变电阻区，T_2 在饱和区，输出电平进一步降低，流过电路的电流又开始下降，输出电平如图 3.2.4（b）中曲线的第 IV 段所示。

当输入电平 $V_I \geqslant V_{DD} - |V_{THP}|$（$V_{THP}$ 为 PMOS 管的开启电压）时，T_1 工作于可变电阻区，T_2 截止，电流降为 0，输出电平接近 0 V，对应图 3.2.4（b）中曲线的第 V 段。

从电压传输特性可以得出以下几个重要参数。

（1）输出高电平 V_{OH} 和输出高电平的最小值 V_{OHmin}

输出高电平 V_{OH} 是指门电路典型的高电平输出值。输出高电平的最小值 V_{OHmin} 通常由数据手册给出，是指门电路在满足输出电流指标时，输出高电平允许的最低值。对于不同器件，该值会有差异，可参看数据手册。

（2）输出低电平 V_{OL} 和输出低电平的最大值 V_{OLmax}

输出低电平 V_{OL} 是指门电路典型的低电平输出值。输出低电平的最大值 V_{OLmax} 也是由数据手册给出的，是指门电路在满足输出电流指标时，输出低电平允许的最高值。

（3）阈值电压 V_{TH}

阈值电压 V_{TH} 也称门限电压，为电压传输特性曲线上第 III 段中点所对应的输入电压。我们可以将 V_{TH} 看成门电路导通（输出低电平）和截止（输出高电平）的分界线。

（4）输入低电平的最大值 V_{ILmax}

从图 3.2.4（b）可以看出，输入低电平时输出高电平，输入低电平有一个范围，能满足逻辑关系和电压、电流要求的输入低电平有一个最大值 V_{ILmax}，它一般由数据手册给出。

（5）输入高电平的最小值 V_{IHmin}

V_{IH} 为输入高电平，其最小值为 V_{IHmin}，也是由数据手册给出的。

3. CMOS 非门的逻辑电平和噪声容限

从图 3.2.4（b）可以看到，CMOS 非门传输特性曲线的过渡区（图中 III 区）较为陡峭，如果其 PMOS 管和 NMOS 管特性对称过渡区可以位于 $V_I = 0.5V_{DD}$ 附近，表明其输入低电平的上限 V_{ILmax} 和输入高电平的下限 V_{IHmin} 可以同时靠近 $0.5V_{DD}$；CMOS 非门输出高电平区域（图中 I 区）和输出低电平的区域（图中 V 区）较为平缓，表明其输出高电平的下限 V_{OHmin} 接近 V_{DD}、输出低电平的上限 V_{OLmax} 接近于 0 V。

在两级门电路之间进行数字信号传输的时候，将前级门电路的输出信号叠加一定的噪声信号输出到下一级门电路的输入端，就有可能产生逻辑错误。比如，为前级门电路输出低电平

0 V，叠加了一个较大的正噪声信号再输出给后级的输入端，被后级电路判断为高电平，产生错误。噪声容限是指还没有达到能产生逻辑错误所能容许的最大的噪声电压幅度。考虑前、后两级 CMOS 门电路连接，如果 CMOS 门电路输出低电平，前级门电路输出电平为 V_{OLmax}，叠加一个幅度小于 ($V_{ILmax} - V_{OLmax}$) 的噪声信号后，信号的幅度也低于后级电路输入低电平的最大值，因此低电平噪声容限 $V_{NL} = V_{ILmax} - V_{OLmax}$。类似地，高电平噪声容限 $V_{NH} = V_{OHmin} - V_{IHmin}$。如果过渡区位于 $V_I = 0.5V_{DD}$ 附近，则可以同时得到较大的 CMOS 非门高、低电平的噪声容限，而且抗干扰能力随电源电压提高而增强。从另一角度来说，在保持同样的噪声容限的情况下，可以使用更低的电源电压，更低的电源电压一般意味着 CMOS 门电路可以有更小的功耗和较快的工作速度。

几种常用 CMOS 电路的逻辑电平如表 3.2.1 所示，由此可以计算出它们的噪声容限。

表 3.2.1　几种常用 CMOS 电路的逻辑电平

CMOS 电路系列	4000	74HC	74HCT	74LVC	74AUC
测试时 V_{DD}/V	5	4.5	4.5	3.3	1.8
V_{ILmax}/V	1.5	1.35	0.8	0.7	0.63
V_{IHmin}/V	3.5	3.15	2.0	2.0	1.2
V_{OLmax}/V	0.05	0.1	0.1	0.2	0.2
V_{OHmin}/V	4.95	4.4	4.4	3.2	1.7
V_{NH}/V	1.45	1.25	2.4	1.2	0.5
V_{NL}/V	1.45	1.25	0.7	0.5	0.43

4. CMOS 非门的输入特性

输入特性一般是指输入电压与输入电流之间的关系。当 CMOS 非门的输入电压信号为静态信号，即信号不随时间变化时，因为 CMOS 非门的输入端是绝缘栅极，输入电流几乎为 0（除了考虑非常微小的漏电流）。由此可以得知，当 CMOS 非门的输入端通过一个电阻接地时，电阻阻值为数十兆欧以下，输入都等效于低电平；当 CMOS 非门的输入端通过一个电阻接电源时，电阻阻值为数十兆欧以下，输入都等效于高电平；当 CMOS 非门的输入端悬空时，栅极电容上的电荷只能通过栅极漏电流放电，栅极电压不确定，因此这时 CMOS 非门的输入电平未定。

当 CMOS 非门的输入信号为动态信号时，由于输入端栅极的电容相对较大，对于前级输出电路，这时的 CMOS 非门等效于一个容性负载。

对于 CMOS 非门的输入特性，除了考虑电流，还应该考虑它的电压击穿特性。由于 MOS 管的栅极与导通沟道之间绝缘层的厚度很薄，新的工艺甚至达到了数个、数十个原子的量级，它的击穿电压比较小，容易造成器件的损坏。而且，在 CMOS 非门输入端悬空时，栅极是绝缘电路，没有放电通路，容易产生较高的静态电压。这样，在使用 CMOS 门电路时要考虑防静电：门电路的输入端尽量不要悬空，保存时使用防静电材料，对器件进行操作时佩戴防静电装置等。除了这些防护措施，如图 3.2.4（d）所示，还可以增加输入保护电路。这个电路把 MOS 管的栅极电压限制在 $-V_D$ 和 ($V_D + V_{DD}$) 之间，防止电压过高；如果输入端 A 有瞬间的高电压冲击，通过电阻 R_S 对栅极电容充放电，可以减缓冲击。

5. CMOS 非门的输出特性

输出特性一般是指输出电压与输出电流的关系。CMOS 非门的输出电流可以是输出拉电流和输出灌电流，如图 3.2.5 所示。

图 3.2.5（a）所示的电路中，CMOS 非门的输出端与 V_{DD} 之间连接一个负载（上拉电阻），输出端输出低电平时有电流流入，这时的电流为输出灌电流，通常用 I_{OL} 表示；输出高电平时负载两端都是高电平，电流较小。图 3.2.5（b）所示的电路中，CMOS 非门的输出端与地电平之间连接一个负载，输出端输出高电平时有电流流出，这时的电流为输出拉电流，通常用 I_{OH} 表示；输出低电平时负载

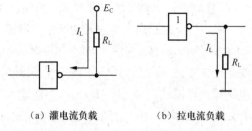

（a）灌电流负载　　　（b）拉电流负载

图 3.2.5　灌电流负载与拉电流负载

两端都是低电平，电流接近于 0。数据手册给出的数据中，经常定义灌电流为正电流，这时对应的拉电流为负电流。

CMOS 非门输出拉电流或灌电流时，图 3.2.4（a）中的 T_2 或 T_1 管导通，因此其特性取决于 PMOS 管 T_2、NMOS 管 T_1 的导通特性。CMOS 电路工艺可以实现 CMOS 门电路中的 PMOS 管和 NMOS 管导通电阻接近，因此它的拉电流和灌电流特性接近、较为均衡，这一点和 TTL 门电路不同。不同系列的 CMOS 门电路的输出电流指标如表 3.2.2 所示，可以看到 74HC、74HCT 系列 CMOS 门电路输出拉电流和 TTL 门电路的拉电流接近，其灌电流小于 TTL 门电路的灌电流。表 3.2.2 中，定义流入输出端的灌电流为正，那么从输出端流出的拉电流为负。

通常使用的情况下，CMOS 门电路的下一级电路还是 CMOS 门电路，这时用扇出数来描述 CMOS 门电路的输出特性更为方便。门电路的扇出数是指门电路能驱动同类门的输入端子的个数，用 N_O 表示。对于静态信号，CMOS 门电路的输入端是绝缘栅极，CMOS 门电路能驱动同类门的数量非常多。对于动态信号，后级门电路对于前级来说相当于负载电容，较大的负载电容将延长电压跳变时的充放电时间并增大充放电功耗。因此，CMOS 门电路的扇出数主要取决于动态信号的情况下能驱动多少同类门。CMOS 门电路的扇出数一般能达到几十，超过 TTL 门电路的扇出数。

6. CMOS 非门的功耗

如图 3.2.4（a）所示，CMOS 非门分别输出高、低电平时，都只有一个晶体管导通，另一个截止，电流几乎为 0，因此 CMOS 非门的静态功耗极小。由图 3.2.4（c）所示的电源电流与输入电压之间的关系曲线可知，CMOS 非门只在过渡区域出现较大的电流，也就是说当 CMOS 非门输出高、低电平发生变化时，同时有电流流过 T_1、T_2，才有一定的功耗。另外，当 CMOS 非门输出端和同类型的 CMOS 门电路连接，相当于连接一个容性负载。在输出电平跳变时，需要对电容负载进行充放电，这也产生一定的功耗。因此，CMOS 门电路的功耗主要是动态功耗，在不考虑漏电流的情况下和电平的跳变次数也就是工作频率成正比。

几种常见 CMOS 门电路功耗相关的参数如表 3.2.2 所示。

表 3.2.2　4000、74HC、74HCT 系列的典型参数

参数	符号	单位	4000	74HC	74HCT	参数	符号	单位	4000	74HC	74HCT
延迟时间	t_{PHL} t_{PLH}	ns	125	18	15	输入电流的最大值	I_{Imax}	μA	$\pm 10^{-5}$	± 0.1	± 0.1
静态电源电流	I_{CC}	μA	0.01	2	2	输出低电平的最大值	V_{OLmax}	V	0.05	0.1	0.1
最大静态功耗	P	μW	0.05	10	10	输出高电平的最小值	V_{OHmin}	V	4.95	4.4	4.4
输入低电平的最大值	V_{ILmax}	V	1.5	1.35	0.8	输出低电平电流的最大值	I_{OLmax}	mA	2.6	4	4
输入高电平的最小值	V_{IHmin}	V	3.5	3.15	2	输出高电平电流的最大值	I_{OHmax}	μA	-1000	-4000	-4000

7. CMOS非门的传输延迟时间

CMOS非门的时间响应特性可以用传输延迟时间来表示。如图3.2.6所示，输入电压发生变化时，对应输出信号的变化有一定延时，把50%的峰值幅度输入电压和输出电压对应的时间延迟称为传输延迟时间。

传输延迟时间可分为输出高电平跳变为低电平时的延迟时间t_{PHL}和输出低电平跳变为高电平时的延迟时间t_{PLH}。平均延迟时间t_{pd}是二者的平均值。CMOS非门的t_{PHL}和t_{PLH}比较接近，可以用平均延迟时间t_{pd}来表示。如本小节的CMOS非门的输入特

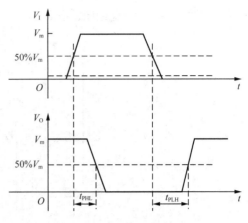

图 3.2.6　传输延迟时间

性所述，后级同类型CMOS门电路对于前级输出端相当于一个容性负载，门电路对负载电容的充放电时间会影响CMOS门电路的延迟时间，因此，门电路的导通电阻和负载电容对门延迟有较大影响。同一门电路的输出端驱动较多的输入端时，负载电容较大；门电路的导通电阻受$|V_{GS}|$影响，$|V_{GS}|$较大时导通电阻较小，能加到门电路输入端的$|V_{GS}|$又受V_{DD}影响，可以说V_{DD}较大时导通电阻较小。例如，某公司的74HC00产品在$V_{DD} = 4.5\,V$、温度为25 ℃时，其平均延迟时间典型值为9 ns、最大值为18 ns；$V_{DD} = 6\,V$、温度为25 ℃时，其平均延迟时间典型值为8 ns、最大值为15 ns。随着CMOS电路工艺的优化，CMOS门电路的平均延迟时间已经可以与TTL门电路的平均延迟时间相匹敌，甚至更短。

几种常见CMOS系列门电路的延迟时间见表3.2.2。

8. 集成CMOS非门

4000系列4069集成CMOS非门的内部电路见图3.2.4（d），在4069中集成了6个非门。由于MOS器件的栅极是绝缘的，栅极产生少量的电荷就会产生击穿，因此CMOS电路都采用了各种形式的输入端保护电路。图3.2.4（d）所示电路中D_1、D_2为双极型保护二极管，它们的正向导通压降为$0.5 \sim 0.7\,V$，反向击穿电压约为30 V。由于D_2是集成工艺中由输入端的P型扩散电阻区和N型衬底间自然形成的，是一种所谓分布式结构二极管，因此在图3.2.4（d）中用一条虚线和两端的两个二极管来表示。R_s的阻值范围为$1.5 \sim 2.5\,k\Omega$。正常工作时，输入电压最大为V_{DD}，最小为0，故D_1、D_2不会导通。

3.2.3　其他CMOS逻辑门电路

1. CMOS与非门

型号为4011UB的CMOS与非门电路如图3.2.7（a）、图3.2.7（b）所示，图3.2.7（a）中T_1、T_3构成互补对管，T_2、T_4构成互补对管，互补对管中的两个场效应管若一个导通，另一个截止。电路工作时，只有当输入A、B均为高电平时，将有T_1、T_2导通，T_3、T_4截止，输出F为低电平。只要A、B中有一个为低电平，则T_1、T_2中会有一个截止，T_3、T_4中会有一个导通，输出F为高电平，所以实现与非门功能，$F = \overline{AB}$。图3.2.7（b）所示为输入保护单元，即图3.2.7（a）中的每个输入端都串联有图3.2.7（b）所示的保护单元。所有CMOS门电路的输入端都串联有图3.2.7（b）

所示的保护单元；为简化绘图，后面分析其他逻辑门时，不再画出保护单元。

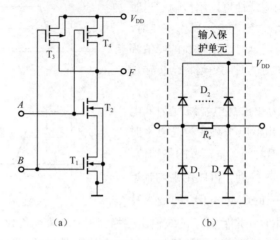

图 3.2.7　型号为 4011UB 的 CMOS 与非门电路

相同功能 CMOS 与非门的内部电路不相同，图 3.2.8（a）所示的是型号为 4011B 的 CMOS 与非门的内部电路，图 3.2.8（b）所示为其等效电路。

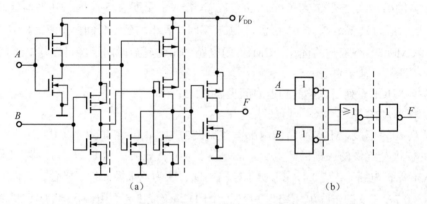

图 3.2.8　型号为 4011B 的 CMOS 与非门的内部电路

2. CMOS 或非门

型号为 4001UB 的 CMOS 或非门的内部电路如图 3.2.9（a）所示。图 3.2.9（a）中 T_1、T_3 构成

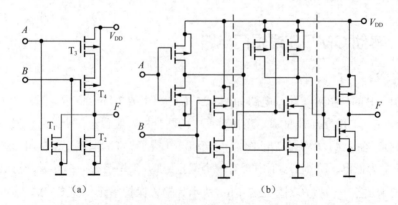

图 3.2.9　型号为 4001UB 及 4001B 的 CMOS 或非门的内部电路

互补对管，T_2、T_4构成互补对管，只要输入A、B中有一个为高电平，则T_1、T_2中就有一个导通，T_3、T_4中就有一个截止，输出低电平；只有A、B均为低电平，则T_1、T_2均截止，T_3、T_4均导通，输出高电平，因而实现或非逻辑功能，$F = \overline{A+B}$。图3.2.10（b）所示的是型号为4001B的CMOS或非门的内部电路。

3. CMOS 与或非门

CMOS与或非门的原理电路如图3.2.10（a）所示，T_2、T_3、T_4、T_7和T_1、T_5、T_6、T_8分别构成两个与非逻辑逻辑电路，即MOS管T_2的漏极输出为$\overline{AB}$，MOS管T_6的漏极输出为$\overline{CD}$，两个漏极线与，$F = \overline{AB} \cdot \overline{CD} = \overline{AB+CD}$。

与或非逻辑也可以通过其他方式实现，如芯片4085B中使用了3个与非逻辑单元和1个非门，输出为$F = \overline{\overline{\overline{AB} \cdot \overline{CD}}} = \overline{AB+CD}$，图3.2.10（b）所示的是芯片4085B的内部结构，没有展示其具体逻辑电路。

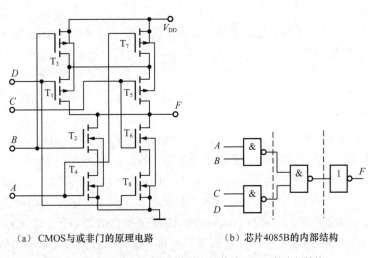

（a）CMOS与或非门的原理电路　　　　（b）芯片4085B的内部结构

图 3.2.10　CMOS 与或非门电路以及芯片 4085B 的内部结构

4. CMOS 漏极开路与非门电路（OD 与非门）

将CMOS逻辑门输出电路接成漏极开路形式时，称为OD门。图3.2.11所示是一个OD与非门，也称为与非缓冲/驱动器，其芯片型号为40107。其供电电源是V_{DD}，输入端是A、B，输出端是F，虚线所画部分R_L、V_{DD1}分别是外接的上拉电阻和电源。当输入A、B同时为高电平时，漏极开路的输出管导通，输出F为低电平；当输入A、B至少有一个为低电平时，漏极开路的输出管关断，输出电平F由外接电路决定，图3.2.11所示的外接电路输出电平为V_{DD1}。其输出端是一个漏极开路的N沟道增强型MOS管，用于输出缓冲驱动或进行电平的转换，该芯片可以满足驱动大负载电流的需求，驱动电流可达50 mA。把图3.2.11中的外接电阻替换成一个发光二极管和一个限流电阻的串联，如图3.2.12（a）所示，可以驱动发光二极管。在输出为低电平时二极管发光，在漏极开路输出管关断时二极管不发光。该OD与非门可以驱动发光二极管等需要较大电

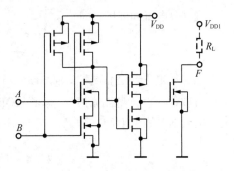

图 3.2.11　一个 OD 与非门（与非缓冲 / 驱动器）

流的器件。图3.2.12中带有菱形符号的门电路符号是OD门的国标符号。

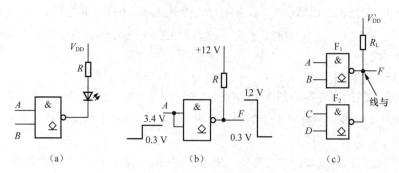

图 3.2.12　OD 门的应用电路

除了有较大的灌电流，OD门还可以实现以下功能。

（1）电平转换

CMOS门电路可以使用不同的电源电压。如果直接连接不同电源电压的CMOS门电路，它们的高、低电平对应的电压并不一致，可能产生逻辑错误，特别是在电源电压差异较大的情况下。这时，可以用OD门进行电平转换。图3.2.11中，OD与非门的电源电压是V_{DD}，其输出端F外接上拉电阻R_L连接的电源是V_{DD1}，两个电源电压可以不一致。一个具体的应用电路如图3.2.12（b）所示。

（2）线与逻辑

对于前面所述CMOS非门、与非门、或非门等电路，当它们的输出信号不一样时，不能直接将这些输出端接到一起。比如一个门要输出低电平、另一个门要输出高电平，把它们直接接到一起，就无法确定输出是高电平还是低电平。OD门的输出端可以直接连接，如图3.2.12（c）所示。在图3.2.12（c）中，两个OD门共用一个上拉电阻R_L，只要有一个门的漏极开路输出MOS管导通，则F端输出为低电平；只有两个OD门的漏极开路输出管都截止，输出F才为高电平，也就是输出端F与OD门的输出F_1、F_2存在逻辑与的关系。这种通过连线实现的逻辑关系称为"线与"（wired-AAID）。图3.2.12（c）中，$F = F_1 \cdot F_2 = \overline{AB} \cdot \overline{CD}$。

要让OD门正常工作，需要选择合适的上拉电阻R_L。这里考虑n个OD门的输出端并联使用驱动下一级CMOS门电路的m个输入端。对于外接上拉电阻R_L的选取应保证在带有负载时，输出高电平不低于其最小值V_{OHmin}；输出低电平不高于输出低电平的最大值V_{OLmax}。

输出高电平静态信号时，每个OD门的漏极开路输出管截止，只有较小的一点漏电流I_{OH}，每个后级CMOS电路输入端需要的电流I_{IH}极小。如图3.2.13（a）所示，这时上拉电阻的电流I_{R_L}大于这两部分电流和即可，即

$$I_{R_L} = \frac{V'_{DD} - V_{OHmin}}{R_L} > nI_{OH} + mI_{IH}。$$

输出低电平静态信号时，如图3.2.13（b）所示，后级CMOS电路输入端需要的电流I_{IL}同样极小且取值为负（电流流出），有多个OD门输出并接时最差的情况是只用一个门导通，需满足上拉电阻的电流小于OD门的最大灌电流I_{OLmax}与m个I_{IL}的和，即

$$I_{R_L} = \frac{V'_{DD} - V_{OLmax}}{R_L} < I_{OLmax} + mI_{IL}。$$

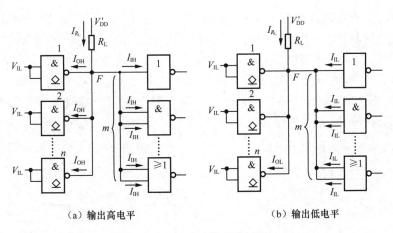

（a）输出高电平　　　　　　　　（b）输出低电平

图 3.2.13　OD 门上拉电阻的选取

由这两式可以得到 $\dfrac{V'_{DD} - V_{OLmax}}{I_{OLmax} + mI_{IL}} < R_L < \dfrac{V'_{DD} - V_{OHmin}}{nI_{OH} + mI_{IH}}$，即 R_L 的一个取值范围。

值得注意的是上拉电阻对动态信号的影响，如果后级电路也是CMOS门电路，后级电路就可以被等效为一个负载电容。这种情况下上拉电阻需要对负载电容进行充放电，上拉电阻越小充放电越快，则开关速度越快，R_L 取值接近其下限更好，当然更小的电阻值对应更大的电流和功耗。

5. CMOS传输门及模拟开关

CMOS传输门（TG）由增强型NMOS管和PMOS管并联构成，有两个互补的控制端 C 和 $\bar{C}$。其电路如图3.2.14（a）所示，传输门符号如图3.2.14（b）所示。当NMOS管 T_1 栅极电平 $C = V_{DD}$，PMOS管 T_2 栅极电平 $\bar{C} = 0$ 时，T_1、T_2 两个MOS管都处于导通状态，输入和输出端总导通电阻为两只场效应管导通电阻的并联值，$R_{on} = R_{onN} \parallel R_{onP}$，其关系曲线如图3.2.15所示。由于电阻 R_{on} 较小，我们可把输入和输出端看成一个开关，此时开关闭合。当 $C = 0$，$\bar{C} = V_{DD}$ 时，两只MOS管均截止，此时等效开关断开。

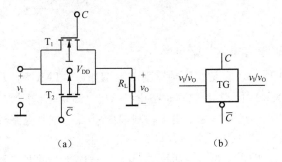

（a）　　　　　　　　（b）

图 3.2.14　CMOS 传输门

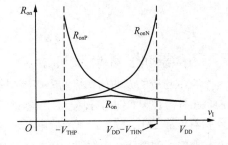

图 3.2.15　CMOS 传输门的导通电阻的关系曲线

CMOS模拟开关是指在CMOS传输门的基础上增加一个反相器，通过一个控制终端实现 T_1、T_2 两管同时导通或同时关断。图3.2.16(a)所示CMOS模拟开关的等效电路如图3.2.16(b)所示，图3.2.16（c）所示为CMOS模拟开关的符号。CMOS模拟开关在模拟电路和数字电路中都有较广泛的应用，模拟开关芯片4066中集成了4个完全一样的CMOS模拟开关。

6. CMOS三态门

普通门电路的输出只有逻辑0和逻辑1两种输出状态，这两种状态都是低阻输出态。三态逻辑门的输出除了具有这两种状态，还具有高阻输出态（或称禁止态，常用 z 表示），这时输出端相当于与其他电路断开。三态输出 CMOS 门是在普通门电路的基础上增加三态控制电路构成的，CMOS 三态门可以由多种电路结构实现三态输出，这里介绍其中 4 种，分别称为非门控制、或非门控制、与非门控制和传输门控制方式，如图 3.2.17（a）～图 3.2.17（d）所示，其电路符号为图 3.2.17（e）、图 3.2.17（f）、图 3.2.17（g）所示带有倒三角的门电路符号。这里仅简单介绍三态非门（或三态缓冲门）的工作原理。

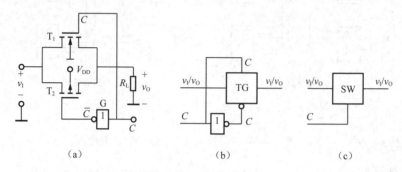

图 3.2.16　CMOS 模拟开关

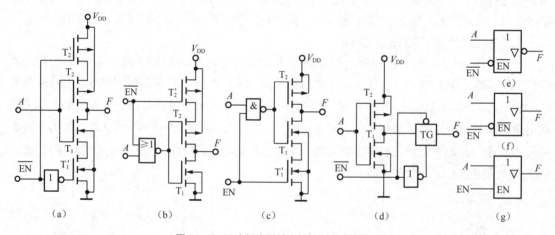

图 3.2.17　三态门高阻输出的控制方式及符号

非门控制的电路结构形式如图 3.2.17（a）所示。它是在反相器基础上增加一个 PMOS 管 T_1' 和一个 NMOS 管 T_2' 及非门构成的。当控制端 $\overline{EN}=1$ 时，T_2' 和 T_1' 同时截止，输出呈高阻态；当控制端 $\overline{EN}=0$ 时，T_2' 和 T_1' 同时导通，反相器正常工作，输出 $F=\overline{A}$。由于控制端 $\overline{EN}$ 为低电平时电路实现反相器正常工作，称为控制端低电平有效的三态非门，其符号见图 3.2.17（e）。

或非门控制电路结构如图 3.2.17（b）所示。当控制端 $\overline{EN}=1$ 时，T_2' 截止，同时由于或非门的输出为低电平，T_1 也截止，输出呈高阻态；当控制端 $\overline{EN}=0$ 时，T_2' 导通，或非门作为反相器使用，电路的输出为 $F=A$。因此电路是控制端 EN 低电平有效的三态缓冲门，其符号见图 3.2.17（f）。

与非门控制电路结构如图 3.2.17（c）所示。当控制端 $EN=1$ 时，T_1' 导通，与非门作为反相器使用，电路正常工作，输出为 $F=A$。当控制端 $EN=0$ 时，T_1' 截止，与非门的输出为高电平，T_2 也截止，因此电路是控制端 EN 高电平有效的三态缓冲门，其符号见图 3.2.17（g）。

传输门控制方式是在反相器基础上增加一级 CMOS 模拟开关。当 $\overline{EN}=1$ 时，模拟开关断开，输出呈高阻态；当 $\overline{EN}=0$ 时，模拟开关导通，输出 $F=\overline{A}$。电路为 $\overline{EN}$ 低电平有效的三态非门，其符号见图3.2.17（e）。

7. CMOS逻辑门电气特性

除前面介绍的4000系列CMOS逻辑门外，还有74HC（高速CMOS，CMOS电平）、74HCT（高速CMOS）等系列。这3个系列的典型参数见表3.2.2。参数的测试条件为电源电压V_{DD} = 5 V或4.5 V，负载电容C_L = 50 pF，负载电阻R_L = 200 kΩ，4000系列的输入信号的上升时间和下降时间为$t_r = t_f$ = 25 ns，74HC、74HCT系列的输入信号的上升时间和下降时间为$t_r = t_f$ = 6 ns。

CMOS逻辑门的工作电压：4000系列CMOS逻辑门可使用的工作电压范围为3 V到18 V；74HC和74HCT系列CMOS逻辑门的工作电压范围为2 V到6 V，较多情况下使用5 V电压供电。

▶ **思考题**

3.2.1　如何判断MOS的工作状态处于可变电阻区？

3.2.2　CMOS逻辑门的优势有哪些？

3.2.3　我们使用的手机等电子设备，平时待机时耗电较少、高强度使用（如刷视频、打游戏）时耗电很大，这是为什么？

3.3 TTL 集成逻辑门

常用的通用逻辑门主要有TTL门和CMOS门。TTL门分为54系列和74系列，二者具有完全相同的封装、相近的电路结构和电气参数，差别稍大的仅为工作温度范围和电源电压范围。54系列的工作温度范围为–55 ℃到+125 ℃，电源电压范围为(5 ± 10%)V。74系列的工作温度范围为0 ℃到70 ℃，电源电压范围为(5 ± 5%)V。本节以74系列的TTL门电路为主来讲解其工作原理、逻辑功能、电气特性、常见应用等。

3.3.1　双极型晶体管的开关特性

在模拟电路中，双极型晶体管（简称晶体管）主要工作在放大区，而在数字电路中，晶体管工作在开关状态，也就是主要工作在饱和区和截止区。图3.3.1所示为由晶体管构成的反相器电路。在矩形脉冲信号V_I的作用下，晶体管交替工作于饱和区和截止区，输出信号V_O也是脉冲信号，而且输出信号与输入信号的相位相反，实现反相器的功能。

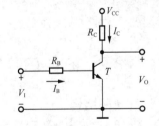

图 3.3.1　由晶体管构成的反相器电路

同二极管一样，晶体管作为开关元件使用时，截止与饱和两种工作状态的转换也不可能瞬间完成。在作为开关应用的过程中，晶体管内部存在存储电荷的建立和消散过程，如图3.3.2所示，开关过程依然需要一定的时间，输出信号有一定的时延。

在晶体管反相器中，当输入信号$V_I = -V_2$时，晶体管T截止，此时基极电流$I_B \approx 0$，集电极电流$I_C \approx 0$，集电极C和发射极E之间相当于断开开关，输出$V_O \approx V_{CC}$。一般情况下，当$V_I \leqslant V_{TH}$（V_{TH}为晶体管的死区电压）时，也可近似认为晶体管T处于截止状态。当输入信号$V_I = V_1$时，晶体管进入饱和区，此时$I_B = \dfrac{V_1 - V_{BE}}{R_B}$，晶体管C、E之间的压降很小（为饱和压降$V_{CES}$），晶体管相当于闭合的开关，输出 $V_O = V_{CES} \approx 0$，集电极电流 $I_C = I_{CS} = \dfrac{V_{CC} - V_{CES}}{R_C}$。由于晶体管处于饱和区，基极电流 I_B 和集电极电流 I_C 之间不存在 $I_C = \beta I_B$ 的关系，而是 $I_C < \beta I_B$。

将晶体管进入临界饱和状态时的集电极和基极电流分别表示为 I_{CS} 和 I_{BS}，则 $I_{CS} = \dfrac{V_{CC} - V_{CES}}{R_C} \approx \dfrac{V_{CC}}{R_C}$，$I_{BS} = \dfrac{I_{CS}}{\beta}$。晶体管在饱和区工作时，其基极电流 I_B 与临界饱和时的基极电流 I_{BS} 之比称为饱和深度 S。饱和深度 S 越大，带负载能力越强。饱和深度为 $S = \dfrac{I_B}{I_{BS}}$。

当将图 3.3.2（a）所示的输入电压加到反相器的输入端时，对应的集电极电流 I_C 的波形如图 3.2.2（b）所示。该图中，t_d 为延迟时间，定义为 V_1 上升沿到 $I_C = 0.1I_{CS}$ 所对应的时间。延迟时间的长短取决于晶体管内部的结构和电路的工作条件，发射结的结电容越小、正向驱动电流越大，延迟时间越短。t_r 为上升时间，定义为 $I_C = 0.1I_{CS}$ 到 $I_C = 0.9I_{CS}$ 所对应的时间。晶体管基区越薄、正向驱动电流越大，上升时间越短。t_s 为存储时间，定义为 V_1 下降沿到 $I_C = 0.9I_{CS}$ 所对应的时间。晶体管结电容越大、饱和深度越深，存储时间越长。t_f 为下降时间，定义为 $I_C = 0.9I_{CS}$ 下

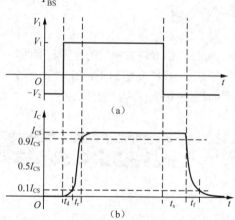

图 3.3.2　晶体管反相器的时延特性

降到 $I_C = 0.1I_{CS}$ 所对应的时间。晶体管基区越薄、反向电压越高，下降时间就越短。$t_{on} = t_d + t_r$ 称为开通时间，是晶体管从截止状态转换为饱和状态所需要的时间。$t_{off} = t_s + t_f$ 称为关断时间，是晶体管从饱和状态转换为截止状态所需要的时间。

对于双极型晶体管，以上所提到的 t_d、t_r、t_s、t_f 这 4 个参数中，t_s 是影响工作速度的主要参数，并且饱和深度 S 越大，t_s 越大。饱和深度 S 越大虽然可以提高反相器的带负载能力，但会降低工作速度，设计时应综合考虑。

3.3.2　标准 TTL 与非门的电路结构和工作原理

1. 电路结构

图 3.3.3 所示为标准 TTL 与非门 7400 的内部电路。电路可分为输入级、中间级和输出级。在分析电路时，各项参数定义为：电源电压 V_{CC}=5 V，输入低电平为 0.3 V，高电平为 3.6 V，发射结导通时 V_{BE}=0.7 V，集电结导通时 V_{BC}=0.7 V，晶体管饱和压降 V_{CES}=0.3 V（深度饱和时取值为 0.1 V）。

输入级： 由多发射极晶体管 T_1、电阻 R_1 和保护二极管 D_1、D_2（防止负极性干扰脉冲损坏 T_1，正常工作时相当于开路）等组成。我们可以将多发射极晶体管 T_1 看成两个晶体管，它们的集电极和基极分别并联在一起，如图 3.3.4（a）所示，作为开关状态的晶体管 T_1 也可以被等效为图 3.3.4（b）所示电路。

当输入信号 A、B 中有一个或两个为低电平（0.3 V）时，晶体管 T_1 的基极电位 V_{B1}=1 V（0.3 V

+0.7 V），此时T_1深度饱和，集电极电位$V_{C1} \approx 0.4$ V（0.3 V+0.1 V）。

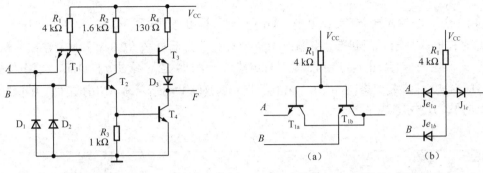

图 3.3.3　标准 TTL 与非门 7400 的内部电路　　　　图 3.3.4　晶体管T_1的等效电路

当A、B全部为高电平（3.6 V）时，由于T_1的集电极电位受到T_2、T_4发射结电压的限制，T_1的集电极电位V_{C1}=1.4 V；T_1的集电结正向导通，T_1的基极电位V_{B1}=2.1 V，而发射极的电位为3.6 V，所以T_1的发射结反偏，因此T_1工作于倒置（反向放大）工作状态。

从T_1集电极电平与输入电平的逻辑关系看，仅当所有输入都为高电平时，T_1集电极输出为高电平（1.4V）；只要有一个输入为低电平，T_1集电极输出便是低电平（0.4 V）。所以输入级完成"与逻辑"功能。如果观察图3.3.4（b）所示的等效电路，则可发现其与本章中图3.1.2所示的二极管与门电路相同。

从图3.3.4所示的输入端等效电路还可以分析出，如果某个输入端（例如A）悬空，对应晶体管的发射结偏置电压为0，工作在截止状态，与接高电平时的效果相同，因此，某个输入端悬空等效为接高电平（逻辑"1"）。

中间级：由晶体管T_2、R_2、R_3组成，T_2的集电极和发射极同时输出两个反相的电压信号，作为输出级中晶体管T_3、T_4的驱动信号。

输出级：由晶体管T_3、T_4、D_3和R_4组成推挽输出电路。T_3导通时T_4截止，T_3截止时T_4饱和。

2. TTL 与非门工作原理

（1）输入端全部为高电位（3.6 V）时

当输入端全部为高电位3.6 V时，由于T_1的基极电压V_{B1}约为2.1 V（$V_{B1} = V_{CB1} + V_{BE2} + V_{BE4}$），因此$T_1$所有的发射结反偏，集电结正偏，$T_1$的基极电流$I_{B1} = \dfrac{V_{CC} - V_{B1}}{R_1} = 0.725$ mA，T_1处于倒置（反向）放大工作状态，晶体管的反向电流放大系数β_F很小，此时$I_{B2} = I_{C1} \approx I_{B1} = 0.725$ mA，由于I_{B2}较大而使T_2管饱和，且T_2发射极向T_4管提供足够的基极电流，使T_4也饱和。这时T_2的集电极电位为$V_{C2} = V_{CES2} + V_{BE4} \approx 0.3$ V + 0.7 V = 1 V，将这个电压加至T_3基极，不足以使T_3的发射结和二极管D_3都导通，因为要使T_3导通，其基极电位需要达到1.7V（$V_{B3} = V_{CES4} + V_{BE3} + V_{D3} \approx 1.7$ V）。由于T_4饱和，T_3截止，因此输出为低电平，$V_O = V_{OL} = V_{CES4} \approx 0.3$ V。

（2）输入端至少有一个为低电位（0.3 V）时

当输入端至少有一个为低电位（0.3 V）时，T_1对应低电位的发射结正偏，T_1的基极电位$V_{B1} \approx 1$ V，并且T_1进入深度饱和状态，集电极电位$V_{C1} \approx 0.4$ V，要使T_2和T_4都导通，需要V_{C1}为1.3 ～ 1.4 V，所以T_2、T_4都截止。由于T_2截止，其集电极电位V_{C2}近似为电源电压值（5 V），

T_3、D_3通过R_2提供基极电流而导通（T_3管处于放大状态，而不是饱和状态），此时输出为高电平，$V_O = V_{OH} = V_{C2} - V_{BE3} - V_{D3} \approx 3.6\,V$。

综上所述，当输入端全部为高电平（3.6 V）时，输出为低电平（0.3 V），对应T_4饱和、T_3截止，此时称电路处于开门状态；当输入端至少有一个为低电平（0.3 V）时，输出为高电平（3.6 V），这时对应T_4截止、T_3导通，此时称电路处于关门状态。经过分析可知，电路的输出和输入之间满足与非逻辑关系：$F = \overline{AB}$。表3.3.1所示的是图3.3.3所示与非门的晶体管工作状态（L表示低电平，H表示高电平）。

表3.3.1　TTL与非门晶体管工作状态

A	B	T_1	T_2	T_3	T_4	F
L	L	饱和	截止	导通	截止	H
L	H	饱和	截止	导通	截止	H
H	L	饱和	截止	导通	截止	H
H	H	截止	饱和	截止	饱和	L

3. TTL与非门的特性及参数

（1）电压传输特性及相关参数

电压传输特性是指输出电压随输入电压变化的关系。7400与非门的电压传输特性曲线可以用图3.3.5（a）所示的曲线表示。图3.3.5（b）所示为电路的计算机仿真曲线。由该图可见，曲线可分为4段。

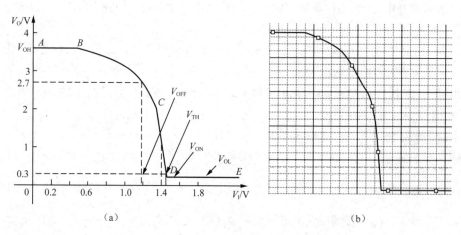

图3.3.5　与非门7400的电压传输特性及仿真曲线

AB段：$V_I < 0.6\,V$，$V_{B1} < 1.3\,V$，T_2、T_4截止，T_3导通，$V_O = V_{OH} = 3.6\,V$。

BC段：$0.6\,V \leqslant V_I < 1.3\,V$时，$T_2$开始导通而$T_4$依然截止，$V_{C2}$随$V_I$增加而下降，并通过$T_3$、$D_3$射极跟随器使输出电压$V_O$也下降。

CD段：$1.3\,V \leqslant V_I \leqslant 1.4\,V$，当$V_I$略大于1.3 V时，$T_4$开始导通，并使$T_2$发射极到地的等效电阻明显减小，$T_2$的放大倍数增加，$V_{C2}$迅速下降，输出电压$V_O$也迅速下降，最后$T_3$截止，$T_4$进入饱和状态。

DE段：当$V_I \geqslant 1.4\,V$时，随着V_I增加T_1始终处于倒置工作状态，T_2饱和，T_3截止，T_4饱和，因

而输出始终为低电平，$V_{OL} < 0.3$ V。

从电压传输特性可以得出以下几个重要参数。

① 输出高电平V_{OH}和输出高电平的最小值V_{OHmin}

输出高电平V_{OH}是指门电路典型的高电平输出值，一般$V_{OH} \geqslant 3.4$ V。输出高电平的最小值V_{OHmin}通常由数据手册给出，是指门电路在满足输出电流指标时，输出高电平允许的最低值，一般要求$V_{OHmin} \geqslant 2.7$ V。对于不同器件该值会有差异，可参看数据手册。例如，标准TTL与非门7400的$V_{OHmin} \geqslant 2.4$ V，低功耗肖特基器件54LS的$V_{OHmin} \geqslant 2.5$ V。而常用的低功耗肖特基器件74LS00的$V_{OHmin} \geqslant 2.7$ V。

② 输出低电平V_{OL}和输出低电平的最大值V_{OLmax}

输出低电平V_{OL}是指门电路典型的低电平输出值，一般$V_{OL} \leqslant 0.25$ V。输出低电平的最大值V_{OLmax}也是由数据手册给出的，是指门电路在满足输出电流指标时，输出低电平允许的最高值，一般$V_{OLmax} \leqslant 0.4$ V。数据手册中7400的$V_{OL} = 0.2$ V，最大值$V_{OLmax} = 0.4$ V；74LS00的$V_{OL} = 0.25$ V，最大值$V_{OLmax} = 0.4$ V。

③ 阈值电压V_{TH}

阈值电压V_{TH}也称门限电压，为电压传输特性曲线上CD段中点所对应的输入电压，对于TTL器件其值一般接近1.4 V，通常取$V_{TH} \approx 1.4$ V。我们可以将V_{TH}看成门电路导通（输出低电平）和截止（输出高电平）的分界线。

④ 开门电平V_{ON}

开门电平V_{ON}是保证T_4饱和导通，与非门达到稳定输出低电平时的最小输入高电平（见图3.3.5）。一般器件的$V_{ON} \leqslant 1.8$ V，V_{ON}越接近V_{TH}，器件噪声容限越大，抗干扰能力越强。

⑤ 关门电平V_{OFF}

关门电平V_{OFF}是保证T_4截止，使与非门的输出为高电平的最小值时，对应允许输入低电平的最大值（见图3.3.5）。一般器件产品要求$V_{OFF} \geqslant 0.8$ V，V_{OFF}越接近V_{TH}，器件噪声容限越大，抗干扰能力越强。

⑥ 输入低电平的最大值V_{ILmax}

V_{ILmax}一般由数据手册给出，该参数与关门电平类似，通常手册所给的数值略小于关门电平，多数器件的$V_{ILmax} = 0.8$ V。例如，数据手册中7400的$V_{ILmax} = 0.8$ V，74LS00的$V_{ILmax} = 0.8$ V，54LS00的$V_{ILmax} = 0.7$ V。

⑦ 输入高电平的最小值V_{IHmin}

V_{IHmin}也是由数据手册给出的，该参数与开门电平类似，通常所给的数值略大于开门电平，多数器件的$V_{IHmin} = 2$ V。

⑧ 噪声容限V_{NL}、V_{NH}

低电平噪声容限是指前级逻辑门给一个与非门输入一个低电平，在保证与非门能够正常输出高电平的前提下，允许叠加在输入低电平上的最大噪声电压（正向干扰），用V_{NL}表示：

$$V_{NL} = V_{OFF} - V_{OLmax} \tag{3.3.1}$$

如图3.3.6所示，前级的与非门G_1输出低电平为$V_{OLmax} = 0.4$ V，后级的与非门G_2的关门电平$V_{OFF} = 1$ V，则低电平噪声容限$V_{NL} = V_{OFF} - V_{OLmax} = 0.6$ V，也就是在前级输出的低电平上再叠加一个不大于 0.6 V 峰值的噪声，后级仍能正确判断输入是低电平。

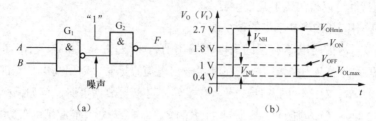

图 3.3.6　噪声容限

高电平噪声容限是指给一个与非门输入一个高电平，在保证与非门能够正常输出低电平的前提下，允许叠加在输入高电平上的最大噪声电压（负向干扰），用 V_{NH} 表示：

$$V_{NH} = V_{OHmin} - V_{ON} \qquad (3.3.2)$$

如图 3.3.6 所示，前级的输出高电平的最小值 $V_{OHmin} = 2.7$ V，器件的开门电平 $V_{ON} = 1.8$ V，则其高电平噪声容限 $V_{NH} = V_{OHmin} - V_{ON} = 0.9$ V。

（2）静态输入特性

静态输入特性是指输入电流与输入电压之间的关系，典型的静态输入特性曲线如图 3.3.7（a）所示，图 3.3.7（b）所示为计算机仿真曲线。

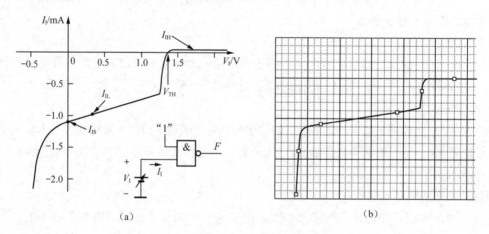

图 3.3.7　静态输入特性及计算机仿真曲线

定义输入电流 I_I 由信号源流入门电路为正方向，反之为负方向。根据与非门的工作原理，可以得到如下结论。

当 $V_I > V_{TH}$ 时，与非门晶体管 T_1 工作在倒置放大状态，如果设晶体管的反向电流放大系数 $\beta_F = 0.02$，则可以得到高电平输入电流（也称输入漏电流）I_{IH}：

$$I_{IH} = \beta_F I_B = \frac{\beta_F(V_{CC} - V_{B1})}{R_1} = 0.02 \times \frac{5 - 2.1}{4} = 14.5 \ \mu A$$

当 $0 < V_I < V_{TH}$ 且由高到低变化时，与非门晶体管 T_1 由倒置放大状态过渡到深度饱和状态，T_2 则由饱和状态变为截止状态。输入电压为低电平即 $V_I = 0.3$ V 时，流出与非门的输入电流称为低电平输入电流 I_{IL}：

$$I_{IL} \approx -I_{B1} = -\frac{V_{CC} - V_{BE1} - V_{IL}}{R_1} = -\frac{5\ V - 0.7\ V - 0.3\ V}{4\ k\Omega} = -1\ mA$$

当 $V_I = 0\ V$ 时，流出与非门的输入电流称为输入短路电流 I_{IS}：

$$I_{IS} = -I_{B1} = -\frac{V_{CC} - V_{BE1}}{R_1} = -\frac{5\ V - 0.7\ V}{4\ k\Omega} = -1.075\ mA$$

在进行电路近似分析时，可以用 I_{IS} 替代 I_{IL}。

当 $V_I < 0\ V$ 时，电路输入端的保护二极管开始导通，输入电流迅速增加。

另外需要注意的是，T_1 发射结的反向击穿电压较低，当 $V_I > 7\ V$ 时 T_1 的发射结可能会被击穿，因此在使用时，尤其是使用电源电压不同的集成器件设计电路时，应采取相应的保护措施，使输入电位被限制在安全工作区内。

（3）输入负载特性

输入负载特性是指在门电路的输入端对地或对电源接电阻时，电阻的大小对输入逻辑电平的影响。

① 输入端与电源间接电阻 R_I

输入端与电源间接电阻也称输入端接"上拉电阻"，如图 3.3.8 所示。我们已经知道，当与非门的某个输入端接高电平或接电源时（等效电阻 $R_I = 0$），该输入端等效为接逻辑"1"；当某一输入端悬空时（等效电阻 $R_I = \infty$），该输入端也等效为接高电平。因此无论 R_I 为任何值，都等效为接逻辑"1"。当需要与非门的某个输入端固定接逻辑"1"时，理论上接任何阻值的上拉电阻均可。实际上，为了避免干扰，输入端不许悬空，可直接接电源或通过一个 10 kΩ 左右的电阻接电源。

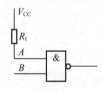

图 3.3.8　输入端接上拉电阻

② 输入端与地之间接电阻 R_I

在输入端与地之间接电阻也称接下拉电阻，通常要求让该输入端等效为接逻辑"0"。由于输入电流会在 R_I 上产生电压 V_I，根据关门电平的要求，V_I 应该小于 0.8 V。$V_I = 0.8\ V$ 时对应的电阻称为关门电阻 R_{OFF}。

R_{OFF} 的计算参考图 3.3.9 所示。当 R_I 较小时，V_I 随 R_I 增加而线性增加，此时 T_2、T_4 截止，忽略 T_2 基极电流的影响，输入电压可由式（3.3.3）求取：

$$V_I = \frac{V_{CC} - V_{BE1}}{R_1 + R_I} R_I \tag{3.3.3}$$

根据图 3.3.9 所示电路，若 $V_{OFF} = 0.8\ V$，$R_1 = 4\ k\Omega$，可求得 $R_{OFF} = 914\ \Omega$。关门电阻 R_{OFF} 的值是保证 TTL 与非门输出为高电平即 T_4 截止时容许的最大阻值。由于不同种类 TTL 器件（如 74S、74LS、74ALS 等）的内部电路不同，对应 R_{OFF} 的值也不同，当选取 $R_I \leqslant 300\ \Omega$ 时能满足绝大多数种类器件的要求。

③ 逻辑门的扇出系数 N_O

在逻辑门的数据手册中，有两个关于驱动能力的重要参数需要关注：高电平输出最大电流（拉电流）I_{OHmax} 和低电平输出最大电流（灌电流）I_{OLmax}。I_{OHmax} 是逻辑门输出为高电平（V_{OH} 不低于 V_{OHmin}）时输出端能够提供给负载的最大电流，电流的方向为流出逻辑门（拉电流）。与非门 7400 和 74LS00 的均为 −0.4 mA。I_{OLmax} 是逻辑门输出为低电平（V_{OL} 不高于 V_{OLmax}）时输出端能够提供给负载的最大电流，电流的方向为流入逻辑门（灌电流）。与非门7400的为16 mA，74LS00的为8 mA。

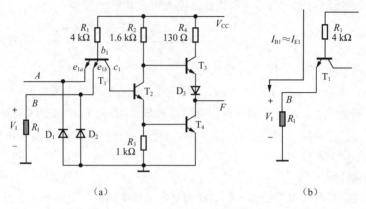

（a）　　　　　　　　　　　（b）

图 3.3.9　输入负载电路及等效电路

扇出系数N_O可通过手册给出的参数I_{OHmax}、I_{OLmax}、I_{ILmax}、I_{IHmax}，在输出高电平和输出低电平时分别进行计算。逻辑门在输出高电平时能够驱动同类门的个数为$N_{OH} = \left| \dfrac{I_{OHmax}}{I_{IHmax}} \right|$，逻辑门在输出低电平时能够驱动同类门的个数为$N_{OL} = \left| \dfrac{I_{OLmax}}{I_{ILmax}} \right|$。$N_{OH}$和$N_{OL}$的数值通常是不一样的，计算逻辑门的扇出系数$N_O$时应取较小的一个，并且只取整数。

【例3.3.1】 根据数据手册参数，与非门54LS00的$I_{OHmax} = -0.4$ mA，$I_{OLmax} = 4$ mA，$I_{ILmax} = -0.4$ mA，$I_{IHmax} = 20$ μA。求该与非门的扇出系数。

解： $N_{OH} = \left| \dfrac{I_{OHmax}}{I_{IHmax}} \right| = \dfrac{400\ \mu A}{20\ \mu A} = 20$，$N_{OL} = \left| \dfrac{I_{OLmax}}{I_{ILmax}} \right| = \dfrac{4\ mA}{0.4\ mA} = 10$

该与非门最多可以驱动10个同类与非门，即扇出系数$N_O = 10$。

---

④ 平均传输延迟时间t_{pd}

平均传输延迟时间是衡量门电路速度的重要指标，传输延时越短，工作速度越快，工作频率越高。t_{pd}为t_{PLH}和t_{PHL}的平均值。与非门7400的$t_{pd} \approx 9$ ns，74S00的$t_{pd} \approx 3$ ns。

4. 实现其他逻辑功能的逻辑门：或非、与或非及异或门

（1）或非门

图3.3.10所示为两输入端或非门7402的内部电路，类似与非门，可分为输入级、中间级和输出级。

R_{1A}、T_{1A}和R_{1B}、T_{1B}构成输入级。以R_{1A}、T_{1A}电路为例，当A为低电平时，T_{1A}深度饱和，L点为低电平（相对低电平）；当A为高电平时，T_{1A}处于倒置放大状态，L点为高电平（相对高电平），L点与输入A之间的逻辑关系为

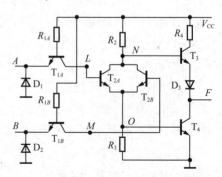

图 3.3.10　两输入端或非门 7402 的内部电路

$L = A$。同理，M点与输入B之间的逻辑关系为$M = B$。

T_{2A}、T_{2B}、R_2和R_3构成中间级，中间级完成或逻辑（或者或非逻辑）。以L点和M点作为中间级的输入，当L点和M点中某一个（或两个同时）为高电平时，对应的晶体管的发射极（O点）电位被拉高，且该晶体管饱和，集电极（N点）电位降低。只有L点和M点都为低电平时，发射极为低电平，集电极为高电平。因此O点和N点与L点、M点之间的逻辑关系为$O = L + M$，$N = \overline{L + M}$。

输出级由T_3、T_4、R_4和D_3构成。T_3构成电压跟随器，所以逻辑关系为$F = N = \overline{L + M}$。我们也可以从T_4支路分析，T_4构成反相器，所以逻辑关系为$F = \overline{O} = \overline{L + M}$。即电路实现或非功能，$F = \overline{A + B}$。

这里要注意，当或非门的输入端并联使用时，由于两个输入端有各自的电流通路，并联使用时总的输入电流等于输入端电流之和（I_{IL}之和及I_{IH}之和），而不像与非门输入端并联使用时，总的高电平输入电流等于各输入端电流I_{IH}之和，总的低电平输入电流等于单个输入端的电流I_{IL}。

（2）与或非门

将或非门中的T_{1A}和T_{1B}改为多发射极晶体管，即可完成与或非功能。与或非门7450的内部电路如图3.3.11所示。对应L点与输入A、B之间的逻辑关系为$L = AB$。同理，M点与输入C、D之间的逻辑关系为$M = CD$，其他各点的逻辑关系与或非门的相同。所以可实现与或非功能：$F = \overline{AB + CD}$。

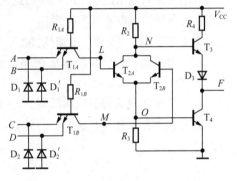

图 3.3.11　与或非门 7450 的内部电路

（3）异或门

下面通过例题的方式来分析异或门的工作原理。

【例3.3.2】 分析图3.3.12所示逻辑器件内部电路，写出L、M、N、O、P、Q、F点与输入A、B之间的逻辑关系，说明电路完成什么逻辑功能。

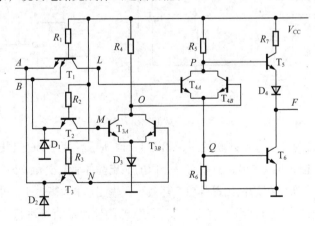

图 3.3.12　例 3.3.3 电路

解： 写出各点的逻辑表达式

$$L = AB, \quad M = B, \quad N = A, \quad O = \overline{M + N} = \overline{A + B},$$

$$P = \overline{L+O} = \overline{AB + \overline{A+B}}, \quad Q = L + O = AB + \overline{A+B}$$

$$F = P = \overline{A}B + A\overline{B} \text{ 或 } F = \overline{Q} = \overline{A}B + A\overline{B}$$

该电路完成异或功能：$F = A \oplus B$。

3.3.3 集电极开路门电路

以上介绍的均为推挽式输出结构TTL门电路，这种门电路不允许两个或两个以上门的输出端直接并联使用，除非其输入端的输入逻辑完全相同，输出端不会出现一个输出高电平、另一个输出低电平的现象。因为输出端并联时，若一个门输出高电平、另一个门输出低电平，就会有一个很大的电流从输出高电平的门流出进入输出低电平的门，不但使输出电平不能确定，而且这个电流会使逻辑门因电流过大而损坏。

1. OC门及"线与"逻辑功能

有一类逻辑门把输出级改成晶体管集电极开路的输出结构，该类门称为集电极开路的门电路，简称OC（open collector）门。OC门7403内部电路及符号如图3.3.13所示，电路中没有与非门7400中T_3和D_3组成的射极跟随器，T_4的集电极是开路的。应用时须将输出端（也就是T_4的集电极）经外接电阻R_L接到电源V_{CC}（或其他电源V'_{CC}）上，才能实现与非逻辑功能，电阻R_L为上拉电阻。

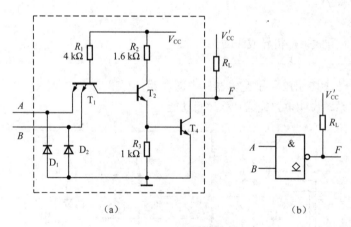

图 3.3.13　OC 门 7403 内部电路及符号

多个OC门的输出端可以直接并联使用，如图3.3.14所示，两个OC门共用一个上拉电阻R_L。从图3.3.14（a）所示电路可以看出，只要有一个门的输出晶体管T_4饱和（该门输出低电平），则F端输出为低电平，只有所有门的输出晶体管T_4都截止，输出F才为高电平，也就是输出端F与OC门输出端F_1和F_2的关系是"逻辑与"的关系。又由于OC门输出端直接进行"线连接"，故称两个OC门实现"线与"。图3.3.14所示电路的逻辑关系由式（3.3.4）给出。

$$F = F_1 \cdot F_2 = \overline{AB} \cdot \overline{CD} = \overline{AB + CD} \qquad (3.3.4)$$

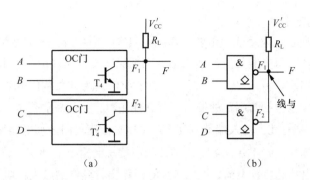

（a）　　　　　　　　　　（b）

图 3.3.14　OC 门的输出端直接连接实现"线与"

2. 上拉电阻R_L的选取

在使用OC门时，必须接上拉电阻，这样才能实现应有的逻辑功能。我们可以一个OC门或多个OC门的输出端并联使用驱动下一级逻辑器件。外接上拉电阻R_L的选取应保证在带有负载时，输出高电平不低于输出高电平的最小值V_{OHmin}；输出低电平不高于输出低电平的最大值V_{OLmax}。假设有n个OC门输出并联，驱动若干个与非门、非门及或非门，负载门总输入端数量为m个。

（1）OC门输出为高电平

如图3.3.15（a）所示，当所有的OC门输出都为高电平时（输出晶体管截止），R_L应能提供足够的负载电流，并保证输出高电平不低于其允许的最低值。

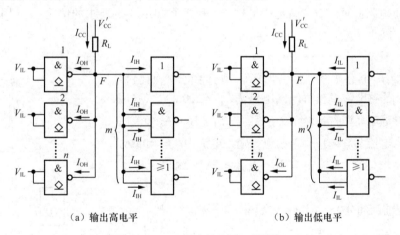

（a）输出高电平　　　　　　　　　　（b）输出低电平

图 3.3.15　OC 门上拉电阻 R_L 的选取

设I_{OH}为OC门输出晶体管T_4截止时的漏电流（也就是穿透电流I_{CEO}），I_{IH}为负载门的高电平输入电流，则输出电压为

$$V_{OH} = V'_{CC} - I_{CC}R_L \geqslant V_{OHmin} \tag{3.3.5}$$

流过R_L的电流为

$$I_{CC} = mI_{IH} + nI_{OH} \tag{3.3.6}$$

式（3.3.6）表示由于有n个OC门，对应有n个漏电流I_{OH}；负载门共有m个输入端，对应有m个高电平输入电流I_{IH}。根据式（3.3.5）和式（3.3.6）可求得R_L的值为

$$R_L \leqslant \frac{V'_{CC} - V_{OHmin}}{nI_{OH} + mI_{IH}} \tag{3.3.7}$$

（2）OC门输出为低电平

如图3.3.15（b）所示，驱动能力最弱的情况是只有一个OC门的输出晶体管饱和，其他门输出晶体管截止。求取R_L时只要满足驱动能力最弱的情况即可，在多个OC门的输出晶体管都饱和时一定能够满足驱动需求。流入OC门饱和晶体管的总电流为各负载门的输入电流及流过R_L的电流之和。由于与非门（也包括与门）的输入端并联使用时，该门总的低电平输入电流仍为I_{IL}，对于或非门（及或门），则有几个输入端就有几个I_{IL}（这是由逻辑门内部电路构成方式确定的），因此，负载门有效输入端数为m'（$m'<m$）。R_L的选取应使总电流小于OC门允许的最大灌电流。

设I_{OL}为OC门输出管的负载电流，I_{OLmax}为OC门输出管允许的最大低电平负载电流，输出低电平的最大值为$V_{OLmax}=0.4$ V，I_{IL}为负载门的低电平输入电流（实际电流流出，取其绝对值），忽略OC门截止管的漏电流I_{OH}，则有

$$I_{OL} = I_{CC} + m'I_{IL} \leqslant I_{OLmax} \tag{3.3.8}$$

流过R_L的电流为

$$I_{CC} = \frac{V'_{CC} - V_{OL}}{R_L} \tag{3.3.9}$$

根据式（3.3.8）和式（3.3.9）可以求得R_L为

$$R_L \geqslant \frac{V'_{CC} - V_{OL}}{I_{OLmax} - m'I_{IL}} \tag{3.3.10}$$

选择上拉电阻R_L时，应在满足式（3.3.7）和式（3.3.10）的要求的情况下，选择电阻值稍大一些，以利于减少功耗。

【例3.3.3】 电路如图3.3.16所示，请选择合适的阻值R_L。已知OC门输出管截止时的漏电流为$I_{OH} = 200$ μA，OC门输出晶体管导通时允许的最大负载电流为$I_{OLmax} = 16$ mA；负载门的低电平输入电流为$I_{IL} = 1$ mA，高电平输入电流为$I_{IH} = 40$ μA，$V'_{CC} = 5$ V，要求OC门的输出高电平$V_{OH} \geqslant 3$ V，输出低电平$V_{OL} \leqslant 0.4$ V。

解：根据前面的分析，由于$n=2$，$m=9$，$m'=5$，故

输出高电平时，$R_L \leqslant \dfrac{V'_{CC} - V_{OHmin}}{nI_{OH} + mI_{IH}} = \dfrac{5-3}{2 \times 0.2 + 9 \times 0.04} \approx$ 2.63 kΩ；

输出低电平时，$R_L \geqslant \dfrac{V'_{CC} - V_{OL}}{I_{OLmax} - m'I_{IL}} = \dfrac{5-0.4}{16 - 5 \times 1} \approx 0.42$ kΩ。

可选择$R_L = 2.4$ kΩ。

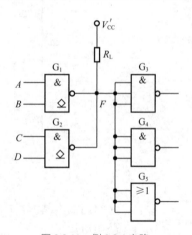

图 3.3.16　例 3.3.4 电路

（3）OC门的应用

OC门在输出管的击穿电压和负载电流满足要求的情况下，可以直接驱动不同电压需求的指示灯和继电器器件（设备）。图3.3.17（a）所示为OC门直接驱动发光二极管，电阻R用来限制电流。图3.3.17（b）所示为OC门直接驱动继电器，二极管D用来限制继电器产生的自感电压，

避免损坏逻辑门。

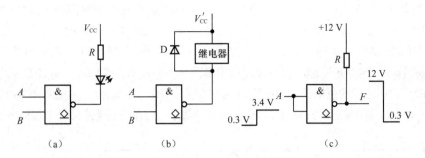

图 3.3.17　OC 门直接驱动负载及电平转换

通过改变外接电源（V'_{CC}），可以改变输出高电平，实现电平转换。如图 3.3.17（c）所示，通过 OC 门可以将 0.3 ～ 3.4 V 的 TTL 电平转换为 0.3 ～ 12 V 的逻辑电平。

3.3.4　三态门

1. 三态门的工作原理

普通 TTL 门的输出只有逻辑 0 和逻辑 1 两种输出状态，这两种状态都是低阻输出态。三态逻辑门的输出除了具有这两种状态，还具有高阻输出态（或称禁止态，常用 z 表示），这时输出端相当于与其他电路断开。图 3.3.18 所示为三态非门的原理图与符号。根据图 3.3.18（a）所示，当 EN = 1 时，D_2 截止，此时电路类似与非门 7400，输出取决于输入，可以得到 $F = \bar{A}$。当 EN = 0 时，T_1 深度饱和并使 T_2、T_4 截止（输出 F 端对地的支路等效断开），同时 EN = 0 又使 D_2 导通，V_{C2} 为低电平（不高于 1 V），这又使 T_3 和 D_3 截止（输出 F 端对电源的支路等效断开），输出端呈高阻态，输出可表示为 $F = z$。这种 EN 为 1 时三态门处于正常工作状态（输出 0 或 1），EN 为 0 时三态门处于高阻状态（输出为高阻态）的三态门称为控制端"高电平有效"的三态门，高电平有效三态非门的符号如图 3.3.18（b）所示；反之，如果三态控制端 $\overline{EN}$ = 0 时，三态门处于正常工作状态，称为控制端"低电平有效"的三态门，低电平有效三态非门的符号如图 3.3.18（c）所示。低电平有效三态非门控制端使用符号 $\overline{EN}$ 的目的是对两种三态门的控制方式进行统一描述，即 EN = 1 时三态门处于正常工作状态，EN = 0 时三态门处于高阻状态。

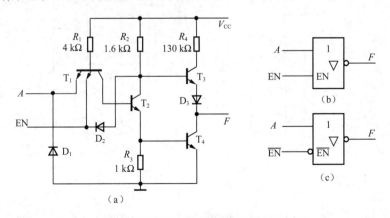

图 3.3.18　三态非门的原理图与符号

2. 三态缓冲门74126简介

缓冲门类似非门，只是不反相，实现$F = A$的逻辑功能。三态缓冲门74126的内部电路如图3.3.19（a）所示，符号如图3.3.19（b）所示，它是一个控制端高电平有效的缓冲门。图3.3.19（a）中虚线右侧类似图3.3.18所示的三态非门原理电路，只是在T_1的集电极和T_2的基极间增加了一级反相器，电路实现$F = A$的逻辑功能。在虚线左侧也是一个缓冲电路，我们可以将其看成两个非门的串联，图中EN'与EN之间的逻辑关系为EN' = EN。控制端低电平有效的三态缓冲门74125的符号如图3.3.19（c）所示。这两种三态缓冲门在计算机系统和数字通信系统的电路设计中有较多的应用。

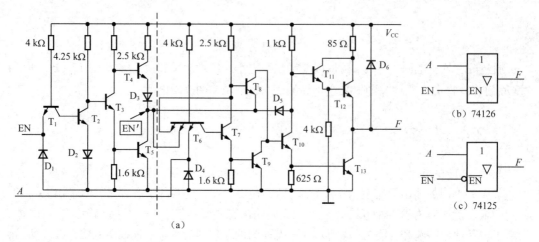

图 3.3.19　74126 内部电路及三态缓冲门符号

3. 三态门的应用

（1）数据线的分时复用

当三态门处于禁止状态时，其输出呈现高阻态，可视为与数据线脱离。利用分时传送原理，可以实现将多个三态门挂在同一数据线上进行数据传输，某一时刻只允许一个三态门的输出为低阻，在总线上发送数据。其电路如图3.3.20（a）所示，当EN = 1时，F_2为高阻，数据A传输到数据线上；当EN = 0时，F_1为高阻，数据B传输到数据线上。

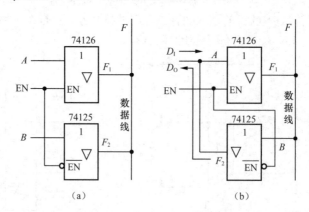

图 3.3.20　数据线复用

（2）双向传输

如图3.3.20（b）所示，当EN = 1时，数据D_1通过A端传输到数据线上，此时由于F_2为高阻态（相当于开路），不会影响数据D_1的传输；当EN = 0时，F_1为高阻态，相当于与数据线脱离，不影响其他数据传输，数据线上数据可通过B端传送到F_2端，即通过EN的控制实现数据的双向传输。

▶ 思考题

　　3.3.1　如何从工作电流的大小判断双极型晶体管处于何种工作状态？

　　3.3.2　当TTL门电路驱动负载时，输出灌电流和拉电流有什么特点？

　　3.3.3　当一块印制电路板上既有数字电路也有模拟电路时，如何安排元件的布局和走线？

3.4　ECL 逻辑门

　　射极耦合逻辑（ECL）是一种非饱和双极型晶体管的逻辑门电路。与TTL逻辑电路不同之处在于，ECL所含的晶体管只工作在浅截止区和放大区，因而晶体管的基区没有多余的存储电荷，晶体管基本没有存储时间，且电路的输入、输出逻辑幅度小（输入高电平为 –0.8 V，低电平为 –1.6 V），从而进一步提高了逻辑电路的开关速度。

3.4.1　ECL 或 / 或非门的工作原理

　　ECL逻辑门也有许多种类，包括或门、异或门、或/或非门（实现或逻辑，同时也有或非逻辑输出）、异或/同或门等。我们以型号为10105的集成或/或非门为例，介绍其工作原理及应用方法。10105集成ECL或/或非门芯片中有2个两输入端的或/或非门及1个三输入端的或/或非门。

　　ECL或/或非门10105内部两输入端的或/或非门电路如图3.4.1（a）所示虚线框内电路，其符号如图3.4.1（b）所示。ECL或/或非门是由差分电路（由T_{1A}、T_{1B}、T_2及相关电阻）、参考电源（T_3、D_1、D_2及相关电阻）、两个射极跟随器（发射极开路的T_4、T_5）等（3个）部分组成的。供电电源为$V_{EE} = -5.2\,V$。

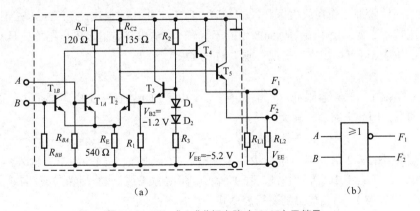

图 3.4.1　ECL 或 / 或非门电路（10105）及符号

　　图3.4.1（a）中T_1（包括T_{1A}和T_{1B}）、T_2、R_{C1}、R_{C2}及R_E组成差分放大电路，其中T_{1A}、T_{1B}的发射极并联、集电极并联，在发射极端实现输入信号的"或"逻辑功能，即A、B中一个或两个都为高电平时，T_{1A}、T_{1B}的发射极为相对高电平，T_{1A}、T_{1B}的集电极实现"或非"逻辑（原理与前面提到的或非门的相同）。R_2、R_3和T_3组成参考电源，为晶体管T_2的基极提供固定的 –1.2 V 电压。T_4、T_5及外接负载电阻R_{L1}和R_{L2}构成两个射极跟随器，完成电平转换功能，即把T_1、T_2集电极电位降低

约 $0.8\,\text{V}$（这里设发射结的压降为 $0.8\,\text{V}$），使电路输出电平和输入电平一致，同时增强电路的带负载能力。电路的核心部分是差分电路。

设电路输入高电平 $V_{\text{IH}} = -0.8\,\text{V}$，输入低电平 $V_{\text{IL}} = -1.6\,\text{V}$，晶体管 T_2 的基极电压固定为 $V_{\text{B2}} = -1.2\,\text{V}$。

当输入 A、B 均为低电平 $-0.8\,\text{V}$ 时，T_2 导通，T_2 的发射极电平为 $V_{\text{E}} = -1.2 - V_{\text{BE}} = -2.0\,\text{V}$，$T_{1A}$、$T_{1B}$ 的发射结电压仅为 $0.4\,\text{V}$，低于死区电压，所以 T_{1A}、T_{1B} 截止，T_{1A}、T_{1B} 集电极电平约为 $0\,\text{V}$，此时 T_2 的集电极电平 $V_{\text{C2}} = 0 - I_{\text{C2}} \times R_{\text{C2}} \approx -R_{\text{C2}} \dfrac{V_{\text{E}} - V_{\text{EE}}}{R_{\text{E}}} = -135 \times \dfrac{-2 - (-5.2)}{540} = -0.8\,\text{V}$。可以得到输出端 F_1 和 F_2 的输出电平分别为 $-0.8\,\text{V}$（高电平）和 $-1.6\,\text{V}$（低电平）。

当输入 A、B 中至少有一个为高电平时，设输入 A 为高电平，则晶体管 T_{1A} 导通，T_{1A} 的发射极电平 $V_{\text{E}} = -0.8 - V_{\text{EE}} = -1.6\,\text{V}$，由于 T_2 的发射结电压为 $0.4\,\text{V}$，因此 T_2 截止，T_1 的集电极电平为 $V_{\text{C1}} = 0 - I_{\text{C1}} \times R_{\text{C1}} \approx -R_{\text{C1}} \dfrac{V_{\text{E}} - V_{\text{EE}}}{R_{\text{E}}} = -120 \times \dfrac{-1.6 - (-5.2)}{540} = -0.8\,\text{V}$，$V_{\text{C2}} \approx 0\,\text{V}$。可以得到输出端 F_1 和 F_2 的输出电平分别为 $-1.6\,\text{V}$（低电平）和 $-0.8\,\text{V}$（高电平）。

由上述分析并根据差分放大电路原理可知，在 T_1 的集电极实现"或非"逻辑功能，在 T_2 的集电极实现"或"逻辑功能，T_4 和 T_5 实现电平的偏移，使 T_1 和 T_2 的集电极电位下降 $0.8\,\text{V}$，所以电路逻辑功能可表示为

$$F_1 = \overline{A + B}$$
$$F_2 = A + B$$

3.4.2　ECL 门的特点

1. ECL 门的优点

电路中的晶体管都工作在放大区和浅饱和区，ECL 工作速度很快，$t_{\text{pd}} < 1\,\text{ns}$；在正常工作时，总的工作电流基本不变，由电流变化而产生的干扰较小；输出具有射极输出结构，具有较强的驱动能力；ECL 门输出可直接相连，实现线或（wired-OR）逻辑。

2. ECL 门的缺点

逻辑电平摆幅小，噪声容限低，抗干扰能力弱；由于 ECL 电路中的电阻都很小，而且晶体管工作在非饱和态，因此电路功耗较大。

【例 3.4.1】图 3.4.2（a）所示电路由一个两输入 ECL 或/或非门和一个三输入 ECL 或/或非门组成（使用 ECL 芯片 10105），图 3.4.2（b）所示电路由 ECL 或/或非门和异或/同或门组成（使用芯片 10105 和 10107）。写出输出的逻辑表达式。

解：根据电路及 ECL 门的线或功能，输出逻辑表达式为

$$F_1 = \overline{A + B} = \overline{A}\,\overline{B}$$

$$F_2 = A + B + \overline{B + C + D} = A + B + \overline{B}\,\overline{C}\,\overline{D}$$

$$F_3 = B + C + D$$

$$F_4 = \overline{A + B} + \overline{B}C + B\overline{C} = \overline{A}\,\overline{B} + \overline{B}C + B\overline{C}$$

$$F_5 = A + B + BC + \overline{B}\,\overline{C} = A + B + \overline{C}$$

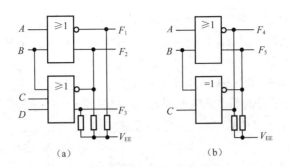

图 3.4.2　例 3.4.1 ECL 电路

如图 3.4.2 所示，在使用 ECL 门时应接下拉电阻到负电源 V_{EE}，但如果后面接的也是 ECL 门，则无须再接下拉电阻，因为下一级的输入端中已经有所需的等效电阻。

本节介绍的是由负电源供电的 ECL 电路。还有一种 PECL 门，它采用与 ECL 门基本相同的电路和工作原理，但是用正电源供电，逻辑电平的数值与 ECL 门的不同，高低电平的摆幅、性能与 ECL 门的基本相同。

▶ 思考题

3.4.1　ECL 门电路的优势和劣势是什么？

3.4.2　TTL 门电路能否和 ECL 门电路直接连接？

3.4.3　请你设想一种 ECL 门电路的应用场景。

3.5　拓展阅读与应用实践

3.5.1　TTL 改进系列门电路简介

为了满足高速度、低功耗、高抗干扰的要求，业界不断改进 TTL 电路，细分出 74H、74S、74LS、74AS、74ALS 等系列，本节仍以与非门为例进行简单介绍。以 74 系列 TTL 与非门为例，根据性能的不同，其又分为一些子系列，有标准 TTL（简称 TTL，与非门型号为 7400）、高速 TTL（简称 HTTL，与非门型号为 74H00）、肖特基 TTL（简称 STTL，与非门型号为 74S00）、低功耗肖特基 TTL（简称 LSTTL，与非门型号为 74LS00）、先进肖特基 TTL（简称 ASTTL，与非门型号为 74AS00）、先进低功耗肖特基 TTL（简称 ALSTTL，与非门型号为 74ALS00）、快速 TTL（简称 FTTL，与非门型号为 74F00）等。不同种类的与非门具有相同的封装、相同的逻辑功能，但性能有差异，如传输时延、功耗、带负载能力等均存在差异。

1. HTTL 与非门 74H00

HTTL 与非门 74H00 内部电路如图 3.5.1 所示，它将 7400 中的 D_3 换为晶体管 T_5 和电阻 R_5。我们将 T_3 和 T_5 看成一个复合晶体管，可具有更好的电压跟随特性。另外，电路中的电阻比 7400 的更小，电路具有更强的驱动能力。

2. 肖特基系列门电路 74S00

肖特基系列门电路使用了肖特基晶体管（也称抗饱和晶体管），其结构和符号如图 3.5.2 所示。该图中二极管D_k是肖特基势垒二极管（Schottky barrier diode，SBD），这种二极管的正向压降约为0.3 V。肖特基势垒二极管没有电荷存储效应，开关速度比一般PN结的高得多。由于在晶体管的基极和集电极间加有肖特基势垒二极管，晶体管不会进入深度饱和，其饱和时V_{CE}始终保持为0.4 V左右，大大缩短了晶体管的存储时间，提高了开关速度。

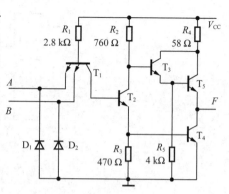

图 3.5.1　HTTL 与非门 74H00 内部电路

　　74S 系列门电路采用了肖特基晶体管，同时增加有源泄放电路，用以提高工作速度并改善电压传输特性。图 3.5.3 所示为 74S00 与非门内部电路。

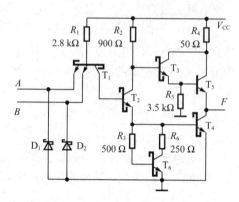

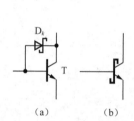

图 3.5.2　肖特基晶体管结构及符号

图 3.5.3　74S00 与非门内部电路

　　图3.5.3所示电路中除由于晶体管T_5不会饱和，无须使用肖特基晶体管外，其他晶体管都采用了肖特基晶体管。有源泄放电路由电阻R_3、R_6和晶体管T_6构成。有源泄放电路的作用有：第一，在T_4的发射结电压刚超过死区电压时，T_6还未导通，可以提高T_4从截止到导通的速度；第二，在T_4饱和后，T_6的集电极分流了一部分T_4的基极电流，减少了T_4发射结电荷的堆积；第三，T_2截止后，T_4发射结两端的堆积电荷可以通过T_6的集电极电路泄放，提高T_4从导通到截止的速度；第四，改善了电压传输特性（见图3.3.5），使CD线性向上延伸，BC、CD的斜率趋于一致，从而接近理想开关，低电平噪声容限也得到提高。

3. 74LS00

　　性能比较好的门电路应该是工作速度快、功耗小的门电路。通常用功耗和传输延迟时间的乘积（简称功耗–延迟积或pd积）来评价门电路性能的优劣。74LS 系列是低功耗肖特基逻辑门，它的功耗–延迟积很小，因此得到广泛的应用。

　　图3.5.4所示为 74LS00 的内部电路。它的特点主要是大幅度提高了电路中各电阻的阻值。为了缩短延迟时间，提高开关速度，它像74S系列

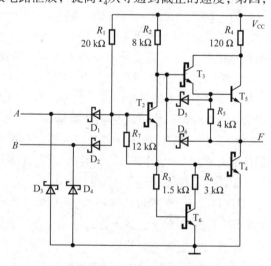

图 3.5.4　74LS00 的内部电路

一样，使用了肖特基晶体管和有源泄放电路，同时还采用了将输入端的多发射极晶体管用肖特基二极管代替等措施。肖特基二极管D_1、D_2及R_1组成输入电路，由于D_1、D_2本身没有电荷存储效应，电路的工作速度较快。D_5、D_6两个肖特基二极管为泄放二极管，主要是当输出从高电平转换为低电平时，D_5和D_6通过T_2的集电极分别泄放T_5发射结及负载上的多余电荷，加快T_5截止和T_4饱和导通过程。

4. 不同系列TTL门的选用及应注意的问题

对于不同系列的TTL逻辑门（如STTL、HTTL、LSTTL等），虽然同一种门的逻辑功能一样，封装也一样，但工作速度、带负载能力等方面会有不同，在设计时应加以注意。表3.5.1以与非门为例给出了不同系列TTL门电路的主要参数。该表中参数源自某公司的技术手册，取值是常用的典型值，供应用时参考。

表 3.5.1　不同系列 TTL 门电路的主要参数

参数	符号	单位	7400	74H00	74S00	74LS00	74ALS00	74F00
导通延迟时间	t_{PHL}	ns	7	6.2	3	10	4	3
截止延迟时间	t_{PLH}	ns	11	5.9	3	9	5	4
截止电源电流	I_{CCH}	mA	4	10	10	0.8	0.5	1.9
导通电源电流	I_{CCL}	mA	12	26	20	2.4	1.5	6.8
最大静态功耗	P	mW	60	130	100	12	7.5	34
输入低电平的最大值	V_{ILmax}	V	0.8	0.8	0.8	0.8	0.8	0.8
输入高电平的最小值	V_{IHmin}	V	2	2	2	2	2	2
低电平输入电流最大值	I_{ILmax}	mA	−1.6	−2	−2	−0.4	−0.1	−0.6
高电平输入电流最大值	I_{IHmax}	μA	40	50	50	20	20	20
输出低电平的最大值	V_{OLmax}	V	0.4	0.4	0.5	0.5	0.5	0.5
输出高电平的最小值	V_{OHmin}	V	2.4	2.4	2.7	2.7	2.7	2.7
低电平输出电流最大值	I_{OLmax}	mA	16	20	20	8	8	20
高电平输出电流最大值	I_{OHmax}	μA	−400	−500	−1000	−400	−400	−1000

设计电路时，可根据需求选用合适的门电路，如需要低功耗，可选LS系列或ALS系列的门电路；需要高速工作，可选S系列或F系列的门电路等。

在使用集成逻辑门设计电路时应注意以下问题。

（1）给门电路供电的电源电压应该在指定范围内工作，74系列门电路中V_{CC}的范围为$4.75 \sim 5.25$ V，54系列门电路中V_{CC}的范围为$4.5 \sim 5.5$ V。

（2）应根据应用环境选用门电路，一般在室内，可选用74系列门电路；若在室外，则应选用54系列的门电路。

（3）OC门可以将输出端直接并联使用，并实现线与功能；三态门的输出端可直接连接，条件是在任意时刻只能有一个输出为低阻，其他必须为高阻；推挽式输出的TTL门一般不允许输出并联，除非用于增强驱动能力时，保证输入端的信号完全一致，不会出现一个输出高电平、另一个输出低电平的情况。

（4）无论什么门的输出端均不允许直接接电源或接地。

（5）为避免干扰产生逻辑错误，一般不使用的输入端不允许悬空，应该根据逻辑功能接低电平或接高电平（与门、与非门的不使用输入端接高电平，或门、或非门的不使用输入端接低电平）。对 TTL 器件来说，接低电平一般是经过一个小于 $300\,\Omega$ 的电阻接地，或直接接地；接高电平可经过一个小于 $10\,k\Omega$ 的电阻接电源或直接接电源。在前级驱动能力允许情况下，不使用的输入端也可和已使用的输入端并联使用。

（6）TTL 电路工作时存在尖峰电流形成的内部噪声，使用时注意电源应提供足够的功率，并在靠近门电路的电源和地之间加退耦电容。

3.5.2　门电路驱动 LED

在数字系统中，一个常见的输出电路是驱动发光二极管（LED）的电路，它用 LED 的发光或不发光来显示输出的状态。用门电路来驱动 LED 是比较方便的，但是，设计 LED 驱动电路时须考虑门电路的输出特性及负载能力。下面我们先以图 3.5.1 中的门电路为例讲述门电路的输出特性，然后结合各种门电路的输出特性，设计合适的 LED 驱动电路。

1. HTTL 门电路的静态输出特性

静态输出特性反映了输出电压随负载（输出）电流的变化情况。

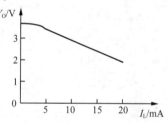

图 3.5.5　高电平输出特性曲线

高电平输出特性：与非门输出高电平时 T_4 截止，T_3 浅饱和，T_5 导通，负载电流为拉电流，由 $I_{R_4} \approx I_L$，$V_{OH} = V_{CC} - V_{ce3} - V_{be5} - I_L R_4$，得到高电平输出特性曲线如图 3.5.5 所示。可见，当拉电流 $I_L < 5\,mA$ 时，T_3、T_5 相当于射极跟随器，因而输出高电平 V_{OH} 变化不大。当 $I_L > 5\,mA$ 时，T_3 进入深饱和，V_{OH} 将随着 I_L 的增加而降低。因此，为了保证稳定地输出高电平，要求负载电流 $I_L \leqslant 14\,mA$，但考虑到功耗，实际使用时负载电流一般不能超过 $0.4\,mA$。

LED 发光需要几毫安的驱动电流，在白天发出明亮的光要 $10\,mA$ 以上的电流；LED 发光时其两端导通的最低工作电压分别为 $1.5\,V$（红色）、$1.7\,V$（绿色）、$2.1\,V$（蓝色）。如图 3.5.6（b）所示，用这个门的高电平直接驱动 LED 发光会导致门电路功耗过大，门电路不稳定，或有较大的限流电阻，LED 发光微弱。

低电平输出特性：与非门输出低电平时 T_4 饱和导通，T_5 截止，输出电流 I_L 从负载流入 T_4，形成灌电流，低电平电流特性如图 3.5.7 所示。当灌电流增加时，T_4 饱和程度减轻，因而 V_{OL} 随 I_L 增加略有增加。当 $I_L = 16\,mA$ 时，$V_{OL} = 0.2\,V$；若灌电流进一步加大，使 T_4 脱离饱和进入放大状态，V_{OL} 将很快增加，这是不允许的。通常为了保证 $V_{OL} \leqslant 0.3\,V$，应使 $I_L \leqslant 22\,mA$。

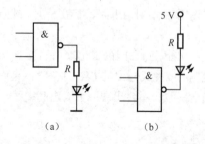

图 3.5.6　门电路驱动 LED 电路

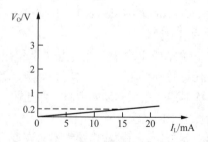

图 3.5.7　低电平输出电流特性

该门电路低电平输出时的灌电流比高电平输出时的拉电流大得多，我们可以利用灌电流点亮LED，如图3.5.6（b）所示。需要说明的是，以上的分析计算是根据HTTL电路进行的。对于FTTL、STTL、LSTTL等电路，表3.5.1中给出了它们的拉电流和灌电流的数值，普遍具有拉电流较小、灌电流相对较大的特点。可以说，对于TTL门电路用灌电流驱动更为合理。

CMOS门电路的拉电流和灌电流一般较为均衡，但电流较小，通常为数毫安，如表3.2.2所示。对LED发光明亮程度要求不高时，拉电流、灌电流驱动都可以使用，如图3.5.6所示。在需要的驱动电流较大时，可以考虑驱动电流较大的门电流如OD门，或使用多个门进行并联加大驱动电流，这一部分在下面详述。

2. OC门和OD门驱动LED

另一个可以选择的电路是用OC门或OD门的灌电流驱动LED发光，如图3.3.20（a）和图3.2.13（a）所示。输出灌电流时电流足够大，不发光时OC门的输出管截止，完全没有电流。

3. 增强负载驱动能力

以上讨论基于TTL门电路驱动LED。如果使用的门电路电流输出能力较弱或负载需要更大的电流，就要考虑如何增强驱动能力。

当某个门的输出需要驱动较多的负载门且带负载能力不够时，可分别进行驱动，如图3.5.8所示。

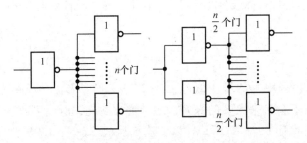

图 3.5.8　多负载门的分别驱动

当某个门的输出需要驱动负载电流较大的单一负载时，方法一是将逻辑门并联使用。例如TTL门的$I_{OLmax} = 8$ mA，现需要驱动5 V、12 mA的继电器，可将两个门并联，使总的输出$I_{OLmax} = 16$ mA，如图3.5.9（a）所示。方法二是利用晶体管实现驱动，如图3.5.9（b）所示，该方法不但能够解决电流驱动能力不足的问题，也可以实现负载对不同电压的需求，例如需要驱动12 V、20 mA的继电器。方法三是使用OC（或OD）门实现，如图3.3.20（b）所示。如果一个OC门的输出电流不够，则可以将多个门并联使用。一般继电器用线圈电感实现，它的电流突然中断时会产生很高的感应电压，这时可以使用和继电器并联的二极管为继电器电流提供通路，如图3.5.9和图3.3.20（b）所示。

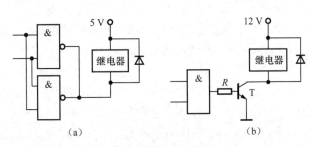

图 3.5.9　增强驱动能力的方法

3.5.3 逻辑电平及逻辑电平转换

逻辑电路按制作特点分为 CMOS、TTL、ECL 等几个类型，还可以用电路标准分为 74/54 系列 TTL、74/54 系列 CMOS、4000/14000 系列、PECL/LVPECL 系列等。74/54 系列早期是某公司的企业标准，从制作 TTL 电路开始，由于其应用于电路设计和制造的时间早，该系列成为后来者事实上的标准。74 系列一般是商用级标准，54 系列实现的逻辑功能一般与 74 系列的相同，但电气性能要求更高，如有更高的工作温度范围、抗辐射能力更强、电气指标更保守。CMOS 门电路的制作从 4000 系列开始，其具有宽电源电压范围、低功耗、门延迟大的特点，芯片的逻辑功能不与 74 系列的兼容。后发展出与 74 系列 TTL 竞争、兼容逻辑功能、门延迟与 74 系列 TTL 接近、继续保持低功耗特性的 CMOS 门电路，如 74HC、74HCT 系列。CMOS 门电路继续朝着低功耗（低电源电压）、低延迟的方向发展，发展出 LVC（low voltage CMOS，LVCMOS，低电压 CMOS）、AUC（超低压 CMOS）等系列。TTL 电路也朝同样方向发展，有 LVTTL（low voltage TTL，低电压 TTL）系列等。PECL（positive emitter-coupled logic，正射极耦合逻辑）、LVPECL（low voltage positive emitter-coupled logic，低电压正射极耦合逻辑）具有高速、高功耗的特点，一般被用在适合其特点的特殊场景。

这样，在实际应用中，可能同时使用多种电路，必须考虑它们的电平兼容性、驱动能力兼容性、时间响应兼容性、环境指标兼容性等问题。这里，先考虑各系列电路电平、驱动能力兼容的问题。

1. 逻辑电平

（1）LVTTL

因为 TTL 器件输出高电平的最小值 $V_{OHmin} \approx 2.7\text{ V}$（有些 $V_{OHmin} \approx 2.4\text{ V}$），高电平高于 2.7 V 对改善噪声容限不仅不会带来太多的好处，还会增大功耗，所以可改变电路设计，使用更低的电压对器件供电，故有了 LVTTL。LVTTL 又分 3.3 V、2.5 V、1.8 V 等系列。3.3 V LVTTL 的 $V_{OHmin} = 2.4\text{ V}$，$V_{OLmax} = 0.4\text{ V}$，$V_{IHmin} = 2\text{ V}$，$V_{ILmax} = 0.8\text{ V}$。2.5 V LVTTL 的 $V_{OHmin} = 2\text{ V}$，$V_{OLmax} = 0.2\text{ V}$，$V_{IHmin} = 1.7\text{ V}$，$V_{ILmax} = 0.7\text{ V}$。更低电压的 LVTTL 多被用在处理器等高速芯片中，如需要可查看相关手册。

（2）LVCMOS

LVCMOS 相对 LVTTL 来说有更大的噪声容限，其输入阻抗远大于 LVTTL 的输入阻抗。3.3 V LVCMOS 的 $V_{OHmin} = 3.2\text{ V}$，$V_{OLmax} = 0.1\text{ V}$，$V_{IHmin} = 2\text{ V}$，$V_{ILmax} = 0.7\text{ V}$。2.5 V LVCMOS 的 $V_{OHmin} = 2\text{ V}$，$V_{OLmax} = 0.1\text{ V}$，$V_{IHmin} = 1.7\text{ V}$，$V_{ILmax} = 0.7\text{ V}$。

（3）74/54 系列 CMOS

在 74/54 系列中 HC、HCT、ACT 等为 CMOS 工艺器件，HC 采用 CMOS 电平，当与 4000 系列使用同一电源时，可直接驱动。HCT 和 ACT 采用 TTL 电平，当与 TTL 器件使用 5 V 电源时可相互驱动。HC、HCT、ACT 的工作电源电压为 2 ～ 6 V，也就是说可以用 2.5 V、3.3 V、5 V 供电，在不同电源电压下的输出、输入电平值可查阅手册。

（4）PECL 和 LVPECL

PECL 是采用正电源供电的射极耦合逻辑电路。当 ECL 器件原应该接负电源的位置作为地，原接地的位置接正电源时，可作为 PECL 使用，这时逻辑电平值应该在原来电平值的基础上加上正电源的电压值，当供电电压为 5 V 时，输出电平约为 $V_{OHmin} = 4.12\text{ V}$，$V_{OLmax} = 3.28\text{ V}$。

LVPECL 为低电压的 PECL，供电电压为 3.3 V。输出电平约为 $V_{OHmin} = 2.42$ V，$V_{OLmax} = 1.58$ V。

（5）RS-232

RS-232 是被广泛用于计算机间通信的接口，接口标准定义了电气特性。RS-232 由数据的收、发信号线和若干控制线等组成，高电平范围为 3 ～ 15 V，低电平范围为 −15 ～ −3 V。数据的收、发采用负逻辑，即逻辑 1 对应输出范围为 −15 ～ −3 V，逻辑 0 对应输出范围为 3 ～ 15 V。多数情况下只使用数据发送端 TxD、接收端 RxD 以及地 GND 实现两个设备间的全双工通信。一般使用专用芯片实现 TTL 与 RS-232 间的电平转换，如 MAX232 等。

（6）RS-422

RS-422 由 RS-232 发展而来。与 RS-232 相比，RS-422 具有通信距离长、速率高的优势。RS-422 以差动方式发送和接收数据，即通过两对双绞线实现全双工工作，不需要数字地线。差动工作方式在同速率条件下比非差动工作方式（如 RS-232）能够传输更远的距离。定义发送端 A、B 两端的电平差 2 ～ 6 V 为逻辑 1，−6 ～ −2 V 为逻辑 0，输入两端大于 200 mV 时能够正确接收逻辑 1，为 −200 mV 时能够正确接收逻辑 0。一般使用专用芯片实现 TTL 与 RS-422 间的电平转换，如芯片 MC3486 和 MC3487。

（7）RS-485

RS-485 是工业领域应用广泛的一种通信接口，以差动方式发送和接收数据，其电平与 RS-422 的相同，但使用一条双绞线分时进行数据收发，实现半双工工作。RS-422 的优点在于可以将数据线并联，实现一个设备与多个设备的通信。一般使用专用芯片实现 TTL 与 RS-485 间的电平转换，如 SN65HVD20。

还有一些芯片既可以用于 RS-422，也可以用于 RS-485 接口，如 SN75172（RS-485/422 四差分线驱动器）和 SN75173（RS-485/422 四差分线接收器）。

2. 逻辑电平转换

使用不同逻辑系列的器件进行混合逻辑电路设计时，驱动门与负载门之间的接口应满足驱动电流的需求和驱动电平的需求。一个驱动门带 n 个负载门时，要求驱动门的最大低电平输出电流大于或等于 n 个负载门的最大低电平输入电流，即 $|I_{OLmax}| \geq n|I_{ILmax}|$，同时要求驱动门的最大高电平输出电流大于或等于 n 个负载门的最大高电平输入电流，即 $|I_{OHmax}| \geq n|I_{IHmax}|$。对于电平，要求驱动门高电平输出时的最小值不能低于负载门输入高电平的最小值，即 $V_{OHmin} \geq V_{IHmin}$，同时要求驱动门输出低电平的最大值不能大于负载门输入低电平的最大值，即 $V_{OLmax} \leq V_{ILmax}$。

表 3.5.2 中列出了一些常用的 TTL、ECL 和 CMOS 门的典型电平参数。下面我们只从电平配合的角度分析和介绍接口之间的连接与处理方式，能否满足电流的驱动要求还需要通过芯片手册给出的参数确定。

表 3.5.2　常用的 TTL、ECL 和 CMOS 门的典型电平参数

参数	符号	单位	4000	74HC	74HCT	74H	74LS	LVTTL 3.3 V	LVTTL 2.5 V	LVCMOS 3.3 V	ECL 10 k	PECL
输入低电平最大值	V_{ILmax}	V	1.5	1.35	0.8	0.8	0.8	0.8	0.7	0.7	−1.36	3.64
输入高电平最小值	V_{IHmin}	V	3.5	3.15	2	2	2	2	1.7	2	−1.24	3.78
输出低电平最大值	V_{OLmax}	V	0.05	0.1	0.1	0.4	0.5	0.4	0.2	0.1	−1.24	3.28
输出高电平最小值	V_{OHmin}	V	4.95	4.4	4.4.	2.4	2.7	2.4	2	3.2	−0.88	4.12

74系列门电路中TTL电平的门如74H、74LS、74S、74ALS与74HCT（CMOS工艺，TTL电平）、74ACT（CMOS工艺，TTL电平）以及3.3 V的LVTTL、LVCMOS门可以直接相互连接驱动，通常LVTTL、LVCMOS门的输入端能够接受TTL门的高电平值，但需要注意相互驱动时电流驱动能力的差别。

在使用相同电源（例如5 V）的情况下，CMOS电平的4000系列与74HC（也采用CMOS电平）系列可以相互连接驱动。

在使用相同电源（例如5 V）、驱动电流满足要求的情况下，CMOS门可以直接驱动TTL门，如图3.5.10（a）所示；但TTL门不能直接驱动CMOS门，这是由于TTL门输出的高电平的最小值（2.7 V或2.4 V）不满足CMOS门的输入高电平的最小值（3.5 V）的需求，需要对TTL输出的高电平进行拉升。方法是将TTL门的输出接一个上拉电阻，如图3.5.10（b）所示，原理是当TTL门接有上拉电阻时，门电路的输出端被等效为OC门，如图3.3.1所示，电路中的T_3、D_3在输出高电平时不再导通。当电阻R的值不是很大时，输出电平被上拉到接近5 V。R的值也不能太小，否则会对TTL输出的低电平产生影响，R的取值范围为1 kΩ ～ 5 kΩ为宜。当然设计时也可以直接使用TTL的OC门驱动CMOS器件，如图3.5.10（c）所示。

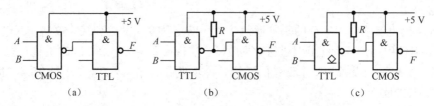

图 3.5.10　相同供电电源 TTL 与 CMOS 之间的驱动

当TTL和CMOS使用不同电源时（如TTL使用5 V、CMOS使用15 V），可使用OC门或晶体管进行电平转换。其电路如图3.5.11所示，这里不再详细分析原理。

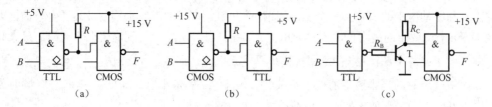

图 3.5.11　不同供电电源 TTL 与 CMOS 之间的驱动

ECL与TTL之间的电平转换通常使用专用电平转换芯片进行。例如MC10124可实现TTL电平到ECL电平的转换；MC10125可实现ECL电平到TTL电平的转换。其电路如图3.5.12所示。

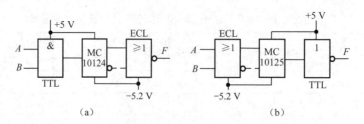

图 3.5.12　ECL 与 TTL 之间的电平转换

TTL/CMOS与RS-232接口之间的电平转换可直接采用转换芯片。现在多使用由单+5 V供电的器件，如MAX232、MAX233等。在这些电平转换器件的内部，可以利用+5 V电源产生约±10 V的RS-232输出电平，其应用电路如图3.5.13所示，具体使用方法参考器件手册。

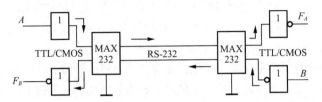

图 3.5.13　TTL/CMOS 与 RS-232 之间的电平转换

TTL与RS-422接口之间的电平转换可使用如MC3486（422—TTL）、MC3487（TTL—422）等芯片。RS-422接口采用差动方式发送和接收数据，通过两对双绞线实现全双工工作，不需要数字地线，能够传输较远的距离。其电路如图3.5.14所示。

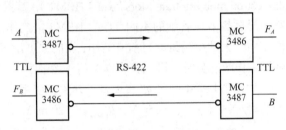

图 3.5.14　TTL 与 RS-422 之间的电平转换

用于TTL与RS-485接口的芯片SN65HVD20的内部结构如图3.5.15（a）所示。DE端用于控制器件在RS-485总线输出端是否为高阻，$\overline{RE}$用于控制器件TTL输出端是否为高阻。在RS-485总线上，只有被允许发送数据时，该器件（或设备）才能发送数据（低阻），其他器件（设备）必须为高阻。挂在RS-485总线上的设备可实现一个设备对多个设备的双向半双工通信。其总线结构如图3.5.15（b）所示。

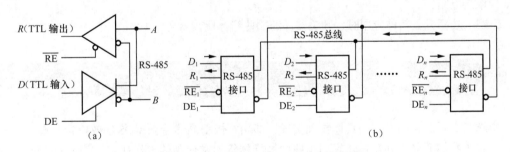

图 3.5.15　RS-485 内部结构及 RS-485 总线结构

除以上介绍的接口电平转换方法和转换电路外还有较多的电平转换芯片可用，如SY89321L可完成LVPECL到LVTTL之间的电平变换等，读者可根据设计需求参阅相关资料选用。

3.5.4　功率开关器件

以上所述的开关器件一般工作在小功率的情况。开关器件应用在大、中功率的场景越来越普遍，如电池的充放电、太阳能/风能电源变换及电池充放电、新能源汽车的电机控制及电池充放电、高铁电机驱动控制等。与小功率开关器件相比，大、中功率开关器件要求在开关导通时具有较小的导通电阻、开关关断时有较高的耐压、控制端使用方便、功率小、开关速度快、生产制造工艺简单、成本低等特点。基于硅材料的大功率开关器件常用的是 VDMOS（垂直扩散金属氧化物半导体）管和 IGBT（绝缘栅双极型晶体管），它们具有控制端使用简单、耐压高、开关速度快、导通电压低等优势。

新一代半导体器件主要是氮化镓、碳化硅和砷化镓材料半导体器件。砷化镓半导体常被用于射频器件、光器件等，目前有一定发展。碳化硅半导体器件具有开关速度快、低导通电阻、耐压高、耐高温、生产成本较高等特点，近些年处于快速发展之中。比如，某公司碳化硅 MOS 场效应管的某款产品，其参数值有：$V_{DSS} = 1200$ V，$I_D = 100$ A（25 ℃时），$R_{DS(on)} = 15$ mΩ（$V_{GS} = 18$ V 时），$V_T = 3.0 \sim 5.0$ V。

氮化镓半导体制作的开关器件开关速度快、通电电阻低，目前氮化镓器件称为氮化镓高电子迁移率晶体管（GaN high electron mobility transistors，GaN HEMT），其器件结构和用硅材料制作的 MOSFET（金属氧化物半导体场效应管）的不同。GaN HEMT 按制作工艺分为横向型和纵向型，横向型工艺器件适用于中、大功率场景，目前有商用；纵向型可用于高功率、高耐压场景，目前正逐步走向应用。其按工作状态分类，可以分为常关型（增强型）和常开型（耗尽型），常关型可以像硅材料制作的增强型 MOSFET 直接实现电子开关，应用较为方便。如某公司某款功率氮化镓晶体管产品，其参数指标有：$V_{DS} = 650$ V，$R_{DS(on)} = 120$ mΩ，$I_D = 15$ A，$V_{GS(th)} = 1.8$ V，$C_{iss} = 120$ pF，$t_{d(on)} = 4.1$ ns，$t_f = 9.7$ ns，$t_{d(off)} = 8.9$ ns，$t_r = 6.0$ ns。氮化镓器件除了作为开关器件，其主要的应用方向为超高频率、中大功率的射频应用，如雷达、航空航天电子、新一代移动通信等。

▶ **思考题**

3.5.1　将不同类型的逻辑门连接到一起时，我们应该注意什么？

3.5.2　用单个 CMOS 门电路驱动发光二极管，二极管发光较暗。如果要增强发光，我们可以如何改进电路？

3.5.3　功率开关器件应用时，开关器件的哪些指标比较重要？

3.6 本章小结

本章给出了逻辑门电路的具体物理实现，即用双极型晶体管和 MOS 场效应管实现常用的逻辑门。首先我们要熟悉和掌握逻辑门电路中半导体管通常使用的工作状态：二极管的开关特性、MOS 场效应管的截止区和可变电阻区（不饱和区）、双极型晶体管的截止区和饱和区。在此基础上，讲解了逻辑门电路的几种实现方式：二极管门电路、CMOS 门电路、TTL 门电路、ECL 门电路。对于每种类型电路，详细介绍它们的一个基础典型的电路：CMOS 非门、TTL 与非门、ECL 或门/或非门，需要掌握它们的基本逻辑功能的实现、电平特性、输入输出特性、时间特性等。然后，掌握这些逻辑门扩展实现其他种类的逻辑门，如 CMOS 的与非门、或非门、OD 门，TTL 或非门、与或非门、OC 门、三态门等。在进行电路设计时，根据设计目标选用其电气特性满足要求的器件。在扩展阅读章节中，讲解了门电路如何驱动较大电流负载、不同门电路系列的电平及其转换，介绍了有关功率开关器件的一些情况。

习题3

3.1 已知门电路的输入信号重复频率为100 MHz，输入信号和电路如题3.1图所示。试补画出下列两种情况下的输出信号波形。

（1）不考虑非门的延迟时间。

（2）设非门、与非门的延迟时间均为t_{pd}=10 ns。

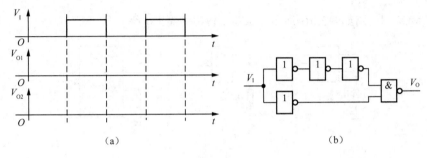

（a）　　　　　　　　　　　　　　　　　　　（b）

题 3.1 图

3.2 由CMOS门组成的电路如题3.2图所示。已知V_{DD} = 5 V，$V_{OH} \geqslant 3.5$ V，$V_{OL} \leqslant 0.5$ V，门的驱动电流$I_O = \pm 4$ mA。问某人根据给定电路写出的输出表达式是否正确？

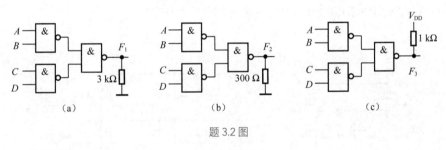

（a）　　　　　　　　　　（b）　　　　　　　　　　（c）

题 3.2 图

（a）$F_1 = \overline{\overline{AB} \cdot \overline{AB}}$；　　　　　　（b）$F_2 = AB + CD$；　　　　　　（c）$F_3 = AB + CD$。

3.3 CMOS门电路如题3.3图所示。分析此电路所完成的逻辑功能。

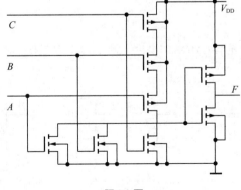

题 3.3 图

3.4 逻辑门电路如题3.4图所示，针对下面两种情况，分别讨论它们的输出与输入各是什么关系。

（1）两个电路均为CMOS电路，输出高电平5 V，输出低电平0 V。

（2）两个电路均为TTL电路，输出高电平3.6 V，输出低电平0.3 V，门电路的开门电阻为2 kΩ，关门电阻为0.8 kΩ。

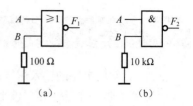

题 3.4 图

3.5 某CMOS门电路，它的电源电压为$V_{DD} = 3.3\,\text{V}$，$V_{ILmax} = 0.7\,\text{V}$，$V_{IHmin} = 2.0\,\text{V}$，$V_{OLmax} = 0.2\,\text{V}$，$V_{OHmin} = 3.2\,\text{V}$，求它的高电平噪声容限和低电平噪声容限。

3.6 CMOS门电路如题3.6图所示，试写出各门的输出电平。

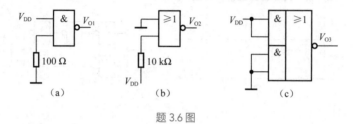

题 3.6 图

3.7 CMOS与或非门不使用的输入端应如何连接?

3.8 能否把与非门、或非门、异或门当作非门使用? 如果可以，这时各输入端应该如何连接?

3.9 写出题3.9图所示E/E MOS电路的输出F的逻辑表达式。

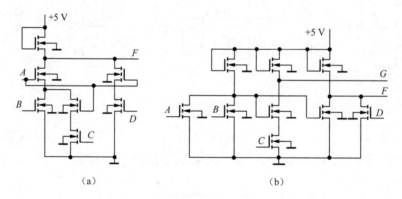

题 3.9 图

3.10 分析题3.10图所示各CMOS门电路，哪些能正常工作，哪些不能。写出能正常工作的输出信号的逻辑表达式。

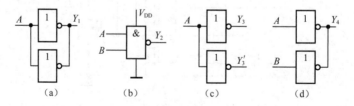

题 3.10 图

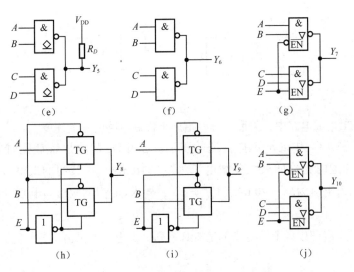

题 3.10 图（续）

3.11 在题 3.11 图所示的电路中，前级门电路 G_1、G_2 是两个 OD 输出的与非门 74HC03，它的输出端截止时的漏电流为 $I_{OHmax} = 5 \, \mu A$，导通时允许的最大负载电流（灌电流）为 $I_{OLmax} = 5.2 \, mA$，这时对应的输出电压为 $V_{OLmax} = 0.33 \, V$。后级门电路 G_3、G_4、G_5 是三输入端或非门 74HC27，每个输入端的高电平输入电流和低电平输入电流的分别为 $I_{IH} = 1 \, \mu A$ 和 $I_{IL} = -1 \, \mu A$。在 $V'_{DD} = 5 \, V$，并且满足 $V_{OH} \geqslant 4.4 \, V$、$V_{OL} \leqslant 0.33 \, V$ 的情况下，R_L 的取值范围是？在考虑输入端是高速的动态信号情况下，取哪个值更合适？

3.12 试分别画出实现逻辑函数 $F_1 = \overline{AB + CD + E}$、$F_2 = \overline{(A+B)D + C}$ 的 CMOS 电路图。

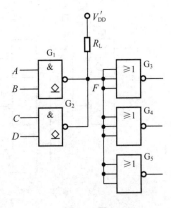

题 3.11 图

3.13 试说明在下列情况下，用万用表测量题 3.13 图中 V_{I2} 得到的电压各为多少？与非门为 74H 系列 TTL 电路，万用表使用 5 V 量程，内阻为 20 kΩ。

（1）V_{I1} 悬空；（2）$V_{I1} = 0.2 \, V$；（3）$V_{I1} = 3.2 \, V$；（4）V_{I1} 经 100 Ω 电阻接地；（5）V_{I1} 经 10 kΩ 电阻接地。

3.14 已知逻辑门的参数有 $V_{OH} = 3.5 \, V$，$V_{OL} = 0.1 \, V$，$V_{IHmin} = 2.4 \, V$，$V_{ILmax} = 0.3 \, V$，$I_{IH} = 20 \, \mu A$，$I_{IS} = 1.0 \, mA$，$I_{OH} = 360 \, \mu A$，$I_{OL} = 8 \, mA$，求题 3.14 图中 R 的取值范围。

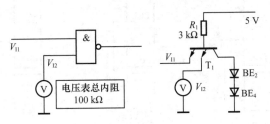

题 3.13 图

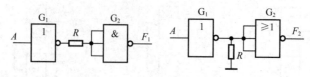

题 3.14 图

3.15 在 STTL 集成电路中，采取了哪些措施来提高电路的开关速度？

3.16 试为题 3.16 图中的 R_L 选择合适的阻值，已知 OC 门输出管截止时的漏电流为 $I_{OH} = 150\,\mu A$，输出管导通时允许的最大负载电流为 $I_{OL} = 16\,mA$，负载门的低电平输入电流为 $I_{IL} = -1\,mA$，高电平输入电流为 $I_{IH} = 40\,\mu A$，$V_{CC} = 5\,V$，要求 OC 门的输出高电平 $V_{OH} \geqslant 3\,V$，输出低电平 $V_{OH} \leqslant 0.3\,V$。

3.17 已知题 3.17 图中各个门电路都是 74H 系列 TTL 电路，试写出各门电路的输出状态（0、1 或 Z）。

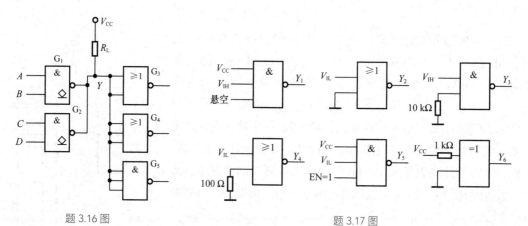

题 3.16 图

题 3.17 图

3.18 已知 TTL 三态门电路及控制信号 C_1、C_2 的波形如题 3.18 图所示，试分析此电路能否正常工作。

3.19 分析题 3.19 图所示 ECL 逻辑电路的逻辑功能，写出各输出的逻辑表达式（设输出端都有下拉电阻）。

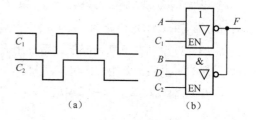

题 3.18 图

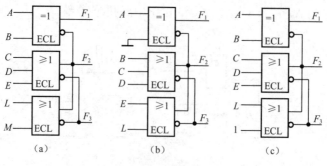

题 3.19 图

第 **4** 章

组合逻辑电路

数字逻辑电路按逻辑功能分为组合逻辑电路（combinational logic circuit）和时序逻辑电路（sequential logic circuit）。组合逻辑电路由逻辑门组成，是实现逻辑函数的基本电路，也是构成复杂数字系统的基本模块。

本章将介绍组合逻辑电路的特点以及组合逻辑电路的分析和设计方法。首先讲述基于逻辑门的组合逻辑电路的分析和设计，然后从物理概念上说明组合逻辑电路中可能存在的静态逻辑冒险与静态功能冒险现象及其成因，并讨论消除此类冒险现象的常用方法。本章还将讲述典型的中规模组合逻辑电路，如数码比较器、编码器、译码器、数据选择器、数据分配器等，为设计复杂数字系统和后续时序逻辑电路的学习奠定基础。

学习目标

（1）掌握小规模组合逻辑电路的分析与设计方法。

（2）熟悉产生静态逻辑冒险和静态功能冒险的原因，掌握消除不同冒险的方法。

（3）掌握典型中规模组合逻辑电路的原理与功能特点，并能灵活运用。

4.1 组合逻辑电路的特点

组合逻辑电路如图 4.1.1 所示，该图中 $X_1,X_2,\cdots,X_n$ 表示输入变量，$F_1,F_2,\cdots,F_m$ 表示输出函数。

图 4.1.1 组合逻辑电路

输出函数的一般逻辑表达式为

$$F_1 = f_1(X_1,X_2,\cdots,X_n)$$
$$F_2 = f_2(X_1,X_2,\cdots,X_n)$$
$$\vdots$$
$$F_m = f_m(X_1,X_2,\cdots,X_n)$$

简记为
$$F_i = f_i(X_1,X_2,\cdots,X_n) \qquad i = 1,2,\cdots,m$$

从电路结构上看，组合逻辑电路由逻辑门组成，不包含记忆器件，输出与输入之间没有反馈。这一结构决定组合逻辑电路有如下特点：任一时刻电路的输出只与当时的输入有关，而与电路过去的输入无关。

由此可知，前面所列举的逻辑电路都属于组合逻辑电路。关于时序逻辑电路将在以后各章详细讨论。

▶ 思考题

4.1.1 组合逻辑电路中包含记忆器件吗？

4.1.2 组合逻辑电路的输出与输入之间是否有反馈？

4.1.3 组合逻辑电路任一时刻的输出只与当时的输入有关，而与电路过去的输入无关。这种说法对吗？

4.2 组合逻辑电路的分析

分析组合逻辑电路一般是指根据逻辑图求出逻辑功能，即求出真值表与逻辑函数表达式等。分析的目的有时在于求出逻辑功能，有时在于证明给定的逻辑功能正确与否。

通常将分析步骤概括如下：

（1）分别用符号标注各级门的输出端，从输入到输出逐级写出输出函数的逻辑表达式，并将其化为最简式；

（2）需要时，列出真值表；

（3）根据函数表达式或真值表确定电路的逻辑功能，有时逻辑功能难以用简练的语言描述，列出真值表即可。

需要指出，上述步骤可根据具体情况进行灵活处理，步骤可适当取舍。下面举例说明。

【例 4.2.1】 分析图 4.2.1 所示逻辑电路。

解：图 4.2.1 所示为二级组合逻辑电路。组合逻辑电路的级数是指输入信号从输入端到输出端所经历的逻辑门的最大数量。这个电路简单，我们可以由输入到输出逐级写出逻辑门的输出表达式

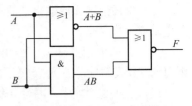

图 4.2.1 例 4.2.1 的逻辑电路

$$F(A,B) = \overline{\overline{A+B} + A \cdot B} = (A+B)(\overline{A \cdot B}) = (A+B)(\overline{A} + \overline{B})$$
$$= \overline{A}B + A\overline{B}$$

该函数表达式简单，不用列真值表，由表达式直接可以知道电路的逻辑功能。这是一个异或电路。

【例 4.2.2】 分析图 4.2.2 所示电路的逻辑功能。

解：这个电路较复杂，将各逻辑门的输出用一个代号来表示。根据各器件的逻辑功能，可以写出

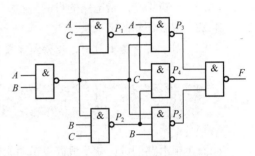

图 4.2.2 例 4.2.2 的逻辑电路

$$P_1 = \overline{AC\overline{AB}} = \overline{AC\overline{B}}$$

$$P_2 = \overline{\overline{AB}BC} = \overline{\overline{A}BC}$$

$$P_3 = \overline{AP_1\overline{AB}} = \overline{A \cdot \overline{AC\overline{B}} \cdot \overline{AB}} = \overline{\overline{A}BC}$$

$$P_4 = \overline{P_1C P_2} = \overline{\overline{AC\overline{B}}C \cdot \overline{ABC}} = \overline{AB\overline{C} + \overline{A}BC}$$

$$P_5 = \overline{\overline{AB}P_2B} = \overline{\overline{AB} \cdot \overline{\overline{A}BC}B} = \overline{AB\overline{C}}$$

则得输出函数为

$$F(A,B,C) = \overline{P_3P_4P_5} = \overline{\overline{A}\overline{B}\overline{C} \cdot \overline{AB\overline{C} + \overline{A}BC} \cdot \overline{AB\overline{C}}}$$

再进一步化简可得

$$F(A,B,C) = A\overline{B}\overline{C} + ABC + \overline{A}B\overline{C} + \overline{A}\overline{B}C = \Sigma m(1,2,4,7)$$

该表达式较复杂，为了分析电路的逻辑功能，需要根据表达式列出真值表，找出使函数等于 1 的条件，从而得知电路的逻辑功能。由表达式所得出的真值表如表 4.2.1 所示。从该真值表可知，输入变量取值的组合中，含 1 的个数为奇数时，输出 F 为 1；而对于其余输入变量取值组合，输出 F 为 0。因此，该组合逻辑电路为三变量输入的奇偶校验电路。

表 4.2.1 例 4.2.2 的真值表

A	B	C	F	A	B	C	F
0	0	0	0	1	0	0	1
0	0	1	1	1	0	1	0
0	1	0	1	1	1	0	0
0	1	1	0	1	1	1	1

【例 4.2.3】 分析图 4.2.3 所示混合逻辑电路，写出表达式。

解：电路只含一种逻辑称为单一逻辑，而在本题中既有正逻辑，又有负逻辑，称作混合逻

辑。对于混合逻辑分析，需要通过下列变换，写出表达式。

（1）将任何输入或输出端的小圈去掉（或加上），则相应变量或函数取非。

（2）在一个门的输入、输出端同时加上或消去小圈，则门的主体逻辑符号改变：与变或，或变与。

根据上述变换规律，可写出表达式如下。

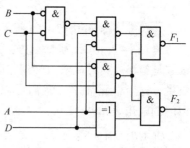

图 4.2.3　例 4.2.3 的混合逻辑电路

$$F_1(A,B,C,D)=\overline{\overline{(B+C)\overline{AD}\cdot\overline{BC}}}=\overline{AB}\,\overline{D}+\overline{AC}\,\overline{D}+\overline{BC}$$

$$F_2(A,B,C,D)=\overline{A\oplus D\cdot\overline{BC}}=\overline{A\oplus D}+\overline{BC}=\overline{AD}+AD+\overline{BC}$$

▶　思考题

4.2.1　分析组合逻辑电路的目的是？

4.2.2　混合逻辑的定义是？

4.2.3　对于混合逻辑分析，需要遵循哪两条变换原则？

4.3　小规模组合逻辑电路的设计

组合逻辑电路的设计就是根据逻辑功能的要求，设计出实现该功能的最优逻辑电路。从采用的器件来看，该设计可以分为用小规模集成电路（small scale integrated circuit，SSI）、中规模集成电路（medium scale integrated circuit，MSI）和大规模集成电路（large scale integrated circuit，LSI）的组合逻辑电路设计。前面介绍的逻辑函数简化方法，追求的目标是最少门数，这是在小规模集成电路的条件下较经济的指标。这些方法是数字电路逻辑设计的基础，是比较成熟的方法，本节仍以追求逻辑门数最少为目标来讨论逻辑设计。而对于中大规模集成电路，追求最少门数将不再成为最优设计的指标，而转为追求集成块数的减少，这一点将在后面讨论。

用小规模集成电路，即用基本逻辑门电路设计组合逻辑电路时，其一般步骤如下。

（1）列真值表。给出的设计要求，通常是用文字描述的具有一定因果的一个事件。这时必须运用逻辑抽象的方法，将其抽象成一个逻辑问题，即将起因作为逻辑变量，将结果定为输出函数，然后对逻辑赋值，规定 0、1 分别表示变量与函数的不同状态，最后列出真值表。

（2）根据真值表，写出逻辑函数标准表达式。

（3）对逻辑函数进行简化或变换。如果限定设计必须使用某种类型的门电路，还须进行相应的变换，写出与使用的逻辑门相对应的最简表达式。

（4）按简化逻辑表达式绘制逻辑图。

（5）选择逻辑门进行装配、调试。

但还存在几个实际问题，如下。

（1）输入变量的形式。输入变量有两种形式：一种是既提供原变量形式也提供反变量形式，称为双轨输入；另一种是只提供原变量而无反变量，称为单轨输入。

（2）多输出函数电路的设计。

（3）采用小规模集成电路芯片时的设计。

（4）指定门类型时的设计。

本节也将对这些情况分别进行相应的介绍。

4.3.1　由设计要求列真值表

关键是确定逻辑变量、逻辑函数，以及定义变量值与函数值分别代表的状态。

【例4.3.1】 有一火灾报警系统，设有烟感、温感和紫外光感3种类型的火灾探测器。为了防止误报警，只有当其中两种或两种以上的探测器发出火灾探测信号时，报警系统才产生报警控制信号。列出真值表。

解： 首先确定逻辑变量是烟感、温感和紫外光感3种火灾探测器，分别用符号 A、B、C 表示，它们的含义如下。

$A=1$，烟感探测器发出火灾探测信号。

$B=1$，温感探测器发出火灾探测信号。

$C=1$，紫外光感探测器发出火灾探测信号。

逻辑函数就是报警控制信号，用 F 表示，产生报警时 $F=1$。

然后按一定规律（通常采用自然二进制编码规律）取输入变量的组合，确定每个组合下函数 F 的值，得到真值表如表4.3.1所示。

表 4.3.1　例 4.3.1 的真值表

组合序号 i	输入			输出 F	组合序号 i	输入			输出 F
	A	B	C			A	B	C	
0	0	0	0	0	4	1	0	0	0
1	0	0	1	0	5	1	0	1	1
2	0	1	0	0	6	1	1	0	1
3	0	1	1	1	7	1	1	1	1

由该真值表可见，只有当其中两种或两种以上的探测器发出火灾探测信号时，报警系统才产生报警控制信号，即 $F=1$。

由真值表不难写出函数的表达式，得到最简式。

4.3.2　逻辑函数的门电路实现

在允许双轨输入时，可采用两级门电路来实现。

1. 两级与非门电路的实现

对于最简与或式，可用两级与非门电路实现。这时只需将函数的最简与或式两次取非，根据反演律，即可得到两级与非表达式。例如

$$F(A,B,\cdots,M,N) = AB+CD+\cdots+MN = \overline{\overline{AB+CD+\cdots+MN}} = \overline{\overline{AB}\cdot\overline{CD}\cdot\,\cdots\,\cdot\overline{MN}}$$

根据表达式画出逻辑图，如图4.3.1所示，即两级与非电路，因此两级与非电路的设计，就是求函数的最简与或式，再经两次取反将其变换成与非 - 与非式。

【例 4.3.2】 试用两级与非门实现下面函数。

$$F(A,B,C,D) = \sum m(0,1,4,5,8,9,10,11,14,15)$$

解： 首先画函数的卡诺图，如图 4.3.2（a）所示。由卡诺图化简得到最简与或式

$$F(A,B,C,D) = A\bar{B} + \bar{A}C + AC$$

将该式两次取反，便得与非 - 与非式

$$F(A,B,C,D) = \overline{\overline{A\bar{B} + \bar{A}C + AC}} = \overline{\overline{A\bar{B}} \cdot \overline{\bar{A}C} \cdot \overline{AC}}$$

按上述与非 - 与非式画出逻辑图，如图 4.3.2（b）所示。

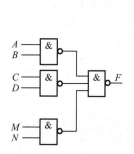

图 4.3.1　两级与非电路

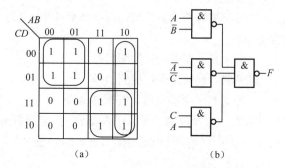

图 4.3.2　例 4.3.2 的卡诺图与逻辑图

2. 两级或非门电路的实现

对于最简或与式，可用两级或非门电路实现。由函数的或与表达式，运用反演律就可以得到两级或非式。例如

$$F(A,B,\cdots,M,N) = (A+B)(C+D)\cdots(M+N) = \overline{\overline{(A+B)(C+D)\cdots(M+N)}}$$

$$= \overline{\overline{A+B} + \overline{C+D} + \cdots + \overline{M+N}}$$

根据表达式画出逻辑图，如图 4.3.3 所示，即两级或非门电路。所以两级或非电路的设计是指求函数的最简或与式，再两次取非将其变换成或非 - 或非式。

对于例 4.3.2 中的函数，若用或非门实现，首先简化求得最简或与式，如图 4.3.4（a）所示，则

$$F(A,B,C,D) = (A+\bar{C})(\bar{A}+\bar{B}+C) = \overline{\overline{A+\bar{C}} + \overline{\bar{A}+\bar{B}+C}}$$

按照上式绘制逻辑图，如图 4.3.4（b）所示。将它与图 4.3.2（b）比较，可见该函数用或非门实现，使用门数更少，电路更简单。因此，有下列结论：同一函数既可用与非门实现，也可用或非门实现，复杂度可能有区别，实际中应根据已有器件、复杂度要求进行选择。

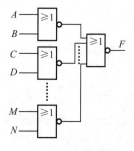

图 4.3.3　两级或非电路

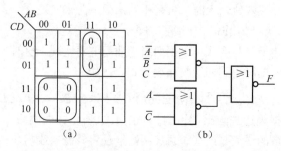

图 4.3.4　例 4.3.2 用或非门实现

4.3.3 组合逻辑电路设计中的实际问题

在进行组合逻辑电路设计时，经常会遇到多输出函数电路的设计、采用小规模集成电路芯片时的设计、指定门类型时的设计等实际问题，下面分别介绍。

1. 多输出函数电路的设计

前面所讨论的都是只有一个输出函数的组合逻辑电路，实际中常遇到具有多输出函数的电路，即对应一种输入组合下，有多个函数输出，如编码器、译码器、全加器等。多输出函数电路的设计以单输出函数电路的设计为基础，但目的是总体电路的简化而不是局部简化，所以设计原则为尽可能利用公用项。虽然每个函数表达式可能不是最简的，但利用公用项可使总体电路所用的门数减少，电路简化。

例如，用与非门实现下列多输出函数。

$$F_1(A,B,C) = \Sigma m(0,2,3)$$
$$F_2(A,B,C) = \Sigma m(3,6,7)$$
$$F_3(A,B,C) = \Sigma m(3,4,5,6,7)$$

先对 F_1、F_2、F_3 按单输出函数分别进行简化，其对应的卡诺图如图 4.3.5 所示。

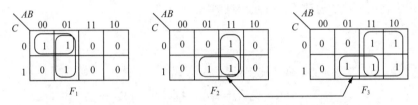

图 4.3.5 F_1、F_2、F_3 对应的卡诺图

表达式为

$$F_1(A,B,C) = \overline{A}B + \overline{A}\,\overline{C} \quad （3个与非门）$$
$$F_2(A,B,C) = AB + BC \quad （3个与非门）$$
$$F_3(A,B,C) = A + BC \quad （1个与非门）$$

由于在 F_2 和 F_3 的卡诺图上存在相同的圈 $\Sigma(3,7)$（以连线表示出），说明 F_2 和 F_3 有公用积项 BC，即 $\overline{BC}$ 与非门可为 F_2、F_3 公用，省去一个与非门，这样在允许双轨输入时，同时实现这3个函数共需7个与非门。

现在试着改圈法，找公用项。若将 F_1 的圈 $\Sigma m(2,3)$ 改成孤立的最小项 m_3，另一个最小项 m_2 被圈 $\Sigma m(0,2)$ 包含，同时将 F_2 的圈 $\Sigma m(3,7)$ 也改成孤立的最小项 m_3，另一个最小项 m_7 包含在圈 $\Sigma(6,7)$ 中，对 F_3 的 $\Sigma m(3,7)$ 也做同样修改，如图 4.3.6 所示，则 F_1、F_2 和 F_3 的两个不同的圈被改成一个相同的圈，使总体卡诺图不同的圈减少一个。由于一个圈对应一个与非门（单变量除外），因此总体电路的门也将减少一个，说明此改法可取。

由图 4.3.6 得函数的表达式为

$$F_1(A,B,C) = \overline{A}\,\overline{C} + \overline{A}BC$$
$$F_2(A,B,C) = AB + \overline{A}BC$$
$$F_3(A,B,C) = A + \overline{A}BC$$

多输出函数逻辑图如图 4.3.7 所示，共需6个与非门。虽然从单个函数看，电路变复杂了（因为增加一个输入端），但总体电路却因减少一个与非门和一个输入端而变得简单。

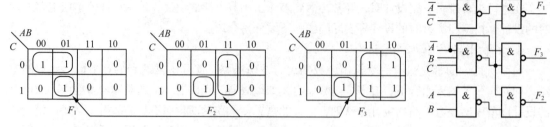

图 4.3.6 改变圈法的卡诺图　　　　图 4.3.7 多输出函数逻辑图

由此可得多输出函数电路的设计步骤如下。

（1）用卡诺图分别对每个函数进行化简，并用箭头连线表示出所有的公用项。

（2）从各个函数相同最小项出发，试图改变原来圈法，以求得更多的公用项。

原则：若改圈法后能使总圈数减少（指不同圈），则改；若使总圈数增加，则不改；若总圈数不变，则取大的合并圈，使变量输入端减少。这一工作可重复进行多次。注意不用修改单个变量的圈。

（3）写出多输出函数的表达式，并绘出逻辑图。

下面再看一个例子。

【例4.3.3】用与非门实现下列多输出函数。

$$F_1(A,B,C,D)=\Sigma m(2,4,5,10,11,13)$$

$$F_2(A,B,C,D)=\Sigma m(4,10,11,12,13)$$

$$F_3(A,B,C,D)=\Sigma m(2,3,7,10,11,12)$$

$$F_4(A,B,C,D)=\Sigma m(0,1,4,5,8,9,10,11,12,13)$$

解： 圈画卡诺图如图4.3.8所示。该图中虚线圈所示的3个圈 m_5、m_{12}、m_{13} 表示将 F_1 的 $\Sigma m(5,13)$ 圈与 F_2 的 $\Sigma m(12,13)$ 圈改小，但这种修改，总圈数不变，而合并圈变小，故是不可取的，最后化简结果如图4.3.8所示实线圈。

由图4.3.8写出各函数的表达式为

$$F_1(A,B,C,D)=\overline{A}B\overline{C}D+A\overline{B}C+\overline{B}C\overline{D}+B\overline{C}D$$

$$F_2(A,B,C,D)=\overline{A}B\overline{C}\overline{D}+AB\overline{C}+A\overline{B}C$$

$$F_3(A,B,C,D)=AB\overline{C}\overline{D}+A\overline{B}C+\overline{B}C\overline{D}+\overline{A}CD$$

$$F_4(A,B,C,D)=\overline{C}+A\overline{B}C$$

其逻辑图如图4.3.9所示，共需11个逻辑门，36个输入端。

多输出电路的设计不仅适用于小规模集成电路，对于大规模集成电路也具有应用价值。

上述介绍的逻辑设计方法是一种传统的、以门电路为基本单元的设计方法，是电路设计的基本方法，在实际设计中还应结合所使用的器件灵活应用。

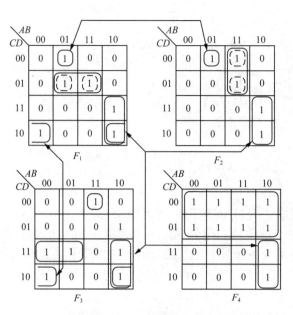

图 4.3.8　例 4.3.3 的卡诺图

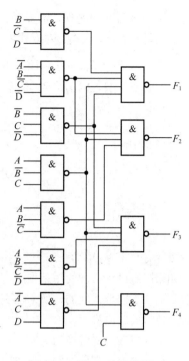

图 4.3.9　例 4.3.3 的逻辑图

2. 采用小规模集成电路芯片时的设计

在用小规模集成电路芯片实现逻辑函数时，由于芯片中封装的逻辑门数及每个门的输入端数是一定的，还须将函数表达式变换成与芯片种类相适应的形式，目的是使所用的芯片数量最少。表4.3.2所示为几种常用的74LS系列芯片，如74LS00有 4 个两输入端与非门，74LS10有 3 个三输入端与非门。

SSI引脚识别的方法

表 4.3.2　几种常用的 74LS 系列芯片

型号	芯片名称	型号	芯片名称
74LS00	两输入端四与非门	74LS12	三输入端三与门（OC）
74LS01	两输入端四与非门（OC）	74LS27	三输入端三或非门
74LS02	两输入端四或非门	74LS32	两输入端四或门
74LS04	六非门	74LS386	两输入端四异或门
74LS10	三输入端三与非门	—	—

【例4.3.4】▶ 试用74LS00实现下列函数。

$$F(A,B,C,D) = \Sigma m(2,3,6,7,8,9,10,11,12,13)$$

解： 由卡诺图得到最简与或式为

$$F(A,B,C,D) = A\overline{B} + A\overline{C} + \overline{A}C$$

若用两级与非门实现，需要4个与非门，但有1个与非门需要3个输入端。由于所使用的芯片每个门只有2个输入端，对上式做如下变换。

$$F(A,B,C,D) = A\overline{B} + A\overline{C} + \overline{A}C = A(\overline{B}+\overline{C}) + \overline{A}C = A\overline{BC} + \overline{A}C = \overline{\overline{A \cdot \overline{BC}} \cdot \overline{\overline{A}C}}$$

其逻辑图如图4.3.10所示，用了4个两输入端与非门，即一片74LS00芯片。

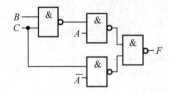

图 4.3.10　例 4.3.4 的逻辑图

3. 指定门类型时的设计（与非、或非、与或非等不同表达式的转换）

如果限定设计必须使用某种类型（例如与或非门）的门电路，还必须进行相应的变换。逻辑函数表达式不同形式间的转换，在实际设计数字系统时十分有用，读者应该熟悉相关内容。下面将讨论这方面的内容。

（1）与或表达式转换为与非‐与非表达式

这种转换方式在前面两级与非门电路的实现时已经讲过。只要将最简与或式两次求反，再使用反演律，就可得到与非‐与非表达式。

【例4.3.5】将 $F(A,B,C,D) = AB\overline{D} + AC + \overline{A}CD + AD$ 变为最简与非‐与非形式。

解： 用卡诺图化简法将 F 化简为 $F(A,B,C,D) = AB + AC + AD$

再对 F 两次求反，得

$$F(A,B,C,D) = \overline{\overline{F}} = \overline{\overline{AC} + \overline{BC} + \overline{CD}} = \overline{\overline{AC} \cdot \overline{BC} \cdot \overline{CD}}$$

（2）或与表达式转换为或非‐或非表达式

这种转换方式在前面两级或非门电路的实现时已经讲过。只要将最简或与式两次求反，再使用反演律，就可得到或非‐或非表达式。

【例4.3.6】将函数 $F(A,B,C,D) = (\overline{A}+\overline{B})(\overline{A}+\overline{C}+D)(A+C)(B+\overline{C})$ 变成或非‐或非表达式。

解： 求 F 的对偶式 $F'(A,B,C,D) = \overline{A}\overline{B} + \overline{A}\overline{C}D + AC + B\overline{C} = \overline{A}\overline{B} + AC + B\overline{C}$。

求 F' 的对偶式，得最简或与式 $F(A,B,C,D) = (\overline{A}+\overline{B})(A+C)(B+\overline{C})$。

对 F 两次求反，得

$$F(A,B,C,D) = \overline{\overline{(\overline{A}+\overline{B})(A+C)(B+\overline{C})}} = \overline{\overline{\overline{A}+\overline{B}} + \overline{A+C} + \overline{B+\overline{C}}}$$

（3）与或表达式转换为与或非表达式

变换方法如下。

① 画卡诺图，用圈0的方法先求反函数 $\overline{F}$ 的最简与或表达式。

② 再对 $\overline{F}$ 求反，直接可得函数 F 的与或非表达式。

【例4.3.7】 求$F(A,B,C) = \overline{ABC} + A\overline{B} + AC + \overline{B}C$的与或非表达式。

解：在函数的卡诺图中，圈0可得其反函数$\overline{F}$的表达式，如图4.3.11所示。

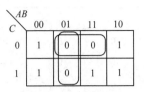

$$\overline{F}(A,B,C) = \overline{A}B + B\overline{C}$$

再对$\overline{F}$求反，可得

$$F(A,B,C) = \overline{\overline{A}B + B\overline{C}}$$

图 4.3.11　例 4.3.7 的卡诺图

（4）与或表达式转换为或与表达式

在卡诺图上圈0得到最简或与表达式，这一点在第2章讲过。

（5）与或表达式转换为或非-或非表达式

先将与或式变为最简或与式，再两次取反，用反演律将其转换为或非-或非式。这两步的具体操作见前面（4）和（2）。

4.3.4　组合逻辑电路设计实例

下面通过例子来说明如何应用前面介绍的方法设计常用的组合逻辑电路，同时了解常用组合逻辑电路的功能。

【例4.3.8】 半加器、全加器的设计。

解：

（1）半加器

半加器是指能实现两个一位二进制数相加求得和数及向高位进位的逻辑电路。设被加数、加数用变量A、B表示，求得的和、向高位进位用变量S、C表示，可得真值表如表4.3.3所示。

表 4.3.3　半加器真值表

A	B	S	C	A	B	S	C
0	0	0	0	1	0	1	0
0	1	1	0	1	1	0	1

写出输出函数表达式

$$S(A,B) = \overline{A}B + A\overline{B} = A \oplus B$$

$$C(A,B) = AB$$

用异或门及与门实现的半加器的逻辑图如图4.3.12（a）所示，图4.3.12（b）所示为其逻辑符号。

（2）全加器

全加器是指实现两个一位二进制数及低位来的进位相加（即将3个一位二进制数相加），求得和数及向高位进位的逻辑电路。

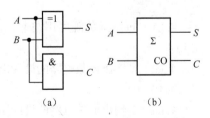

图 4.3.12　半加器的逻辑图及逻辑符号

根据全加器的功能，可得真值表如表4.3.4所示，其中A_i、B_i分别代表第i位的被加数、加数，

C_{i-1}代表低位向本位的进位，S_i代表本位和，C_i代表向高位的进位。

表 4.3.4　全加器真值表

A_i	B_i	C_{i-1}	S_i	C_i	A_i	B_i	C_{i-1}	S_i	C_i
0	0	0	0	0	1	0	0	1	0
0	0	1	1	0	1	0	1	0	1
0	1	0	1	0	1	1	0	0	1
0	1	1	0	1	1	1	1	1	1

化简与变换得出本位和S_i与进位C_i表达式。

$$S_i(A_i,B_i,C_{i-1}) = A_i \oplus B_i \oplus C_{i-1}$$

$$C_i(A_i,B_i,C_{i-1}) = (A_i \oplus B_i)C_{i-1} + A_iB_i$$

用异或门和与或非门实现的全加器的逻辑图如图4.3.13（a）所示，图4.3.13（b）所示为其逻辑符号。

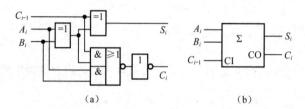

（a）　　　　　　　　　　　（b）

图 4.3.13　全加器的逻辑图及逻辑符号

一个全加器只能实现一位二进制数加法，若要实现多位二进制数相加，需要多个全加器。图4.3.14所示是用4个全加器实现两个4位二进制数相加的连接示意。

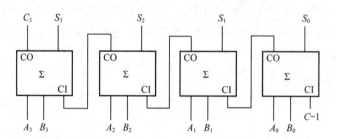

图 4.3.14　用 4 个全加器实现两个 4 位二进制数相加的连接示意

▶ **思考题**

4.3.1　同一函数既可用与非门实现，也可用或非门实现，复杂度可能有区别。这种说法对吗？

4.3.2　多输出函数电路的设计以单输出函数电路的设计为基础，目的是总体电路的简化还是局部简化？

4.3.3　多输出函数电路的设计原则是什么？

4.4 组合逻辑电路的冒险

前面组合逻辑电路设计是在理想情况下进行的，即认为电路中的连线及逻辑门没有延迟，电路中的多个输入信号发生变化时，都是同时瞬间完成的。但事实上信号的变化需要一定的过渡时间，信号通过逻辑门也需要一定的响应时间，多个信号发生变化时不可能完全同时。因此，理想情况下设计的逻辑电路在实际工作中，当输入信号发生变化时就可能出现瞬时错误。

例如，图4.4.1（a）所示电路，其输出函数$F = A \cdot \overline{A}$，G_2的输入是A和$\overline{A}$两个互反信号，由于G_1的延迟，$\overline{A}$的下降沿滞后于A的上升沿，因此在很短的时间间隔内，G_2的两个输入都会出现高电平，使输出产生了不应有的窄脉冲，如图4.4.1（b）所示，俗称毛刺，这种现象称为冒险。

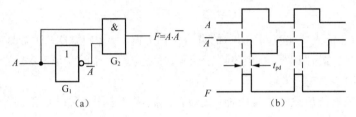

图 4.4.1 产生冒险的电路

要使设计的电路可靠地工作，必须考虑冒险现象。组合逻辑电路中的冒险分为逻辑冒险和功能冒险两类，下面将分别进行讨论。

4.4.1 逻辑冒险与消除方法

1. 逻辑冒险的定义及产生原因

在组合逻辑电路中，若某一个输入变量变化前后的输出相同，而在输入变量变化时可能出现瞬时错误输出，这种冒险称为静态逻辑冒险。下面以图4.4.2所示电路为例进一步分析产生冒险的原因。

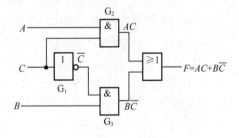

图 4.4.2 产生逻辑冒险的组合逻辑电路

由电路图写出函数表达式为$F(A,B,C)=AC+B\overline{C}$。

当输入变量ABC=111时，G_2的输出AC=1，则函数F=1；当ABC=110时，由于G_3输出$B\overline{C}$=1，则F=1。因此稳态时无论C为1还是为0，函数值相同。当变量C从1→0时，G_2、G_3的输出都发生变化，AC从1→0，$B\overline{C}$从0→1。由于逻辑门的延迟时间（忽略导线的传输时间）不同，G_2、G_3输出变化的先后顺序也不同。如果G_2的延迟时间大于G_1、G_3延迟时间的和，即$t_{pd2}>(t_{pd3}+t_{pd1})$，这时$AC$从1→0的变化滞后于$B\overline{C}$从0→1的变化，如图4.4.3（a）所示，不会有错误发生。但如果$t_{pd2}<(t_{pd3}+t_{pd1})$即$AC$从1→0的变化先于$B\overline{C}$从0→1的变化，则在变化的瞬间$AC$和$B\overline{C}$将同时出现0，函数$F$=0，如图4.4.3（b）所示，发生瞬时错误。由于逻辑门传输时间具有一定的离散性，在实际中这两种情况都可能发生，因此电路存在逻辑冒险现象，并且可知逻辑冒险产生的原因是门的延迟。

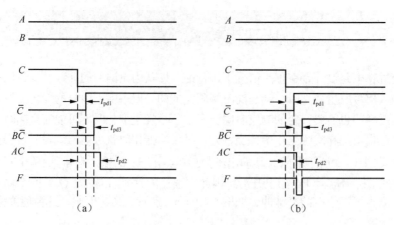

图 4.4.3　产生冒险的现象

稳态时输出 1、输入变化瞬间输出 0 的冒险，称为偏 1 型逻辑冒险；稳态时输出 0、输入变化瞬间输出 1 的冒险，称为偏 0 型逻辑冒险，图 4.4.1 所示电路产生的就是偏 0 型逻辑冒险。

2. 逻辑冒险的检查与消除

逻辑冒险的检查与消除方法有两种：代数化简法和卡诺图化简法。下面分别讨论这两种方法，并进行对比。

（1）代数化简法

代数化简法是指从表达式判断电路是否存在逻辑冒险。例如图 4.4.2 所示电路的输出表达式 $F(A,B,C)=AC+B\overline{C}$，将输入 AB=11 代入，则 $F(A,B,C)=C+\overline{C}$，在稳态时无论是 C=0 还是 C=1，函数值 F 都为 1；但在 C 变化瞬间，C 和 $\overline{C}$ 都可能为 0，使 F 瞬时为 0，存在偏 1 型逻辑冒险。

因此代数化简法的判断方法如下。

① 在函数表达式中找出既以原变量形式又以反变量形式出现的变量。

② 通过使其余变量为 0 或为 1（积项取 1，和项取 0），孤立出该变量，表达式形式如下：

$F=A+\overline{A}$，则存在偏 1 型逻辑冒险；

$F=A\cdot\overline{A}$，则存在偏 0 型逻辑冒险。

对于积之和式（只对两级）的电路，只存在偏 1 型逻辑冒险。这是因为在与或式中，若某变量 X 变化前后函数值为 0，则各积项值必须都为 0。既然无论 X 取 0 或取 1，含有 X 变量和 $\overline{X}$ 变量的积项都为 0，这些积项中必须都存在另一个值为 0 的因子。因此在 X 变化时，这些积项都不会瞬时为 1，故无偏 0 型逻辑冒险。

同理，对于或与式（只对两级）的电路，只存在偏 0 型逻辑冒险。

若判断电路存在逻辑冒险，为使电路可靠工作，必须消除冒险。方法是在产生冒险的表达式上，加上冗余项，使之不出现 $A+\overline{A}$ 或 $A\cdot\overline{A}$ 的形式。需要注意，先分析哪些变量可能造成冒险，再针对它们加冗余项。

例如上例加上冗余项变为 $F(A,B,C)=AC+B\overline{C}+AB$，此时令 $A=B=1$，得 $F=C+\overline{C}+1=1$，所以无冒险。这是因为在 $A=B=1$，C 变化时，AB 值一直是 1，使 F 值总保持为 1，不会有瞬时错误发生，故消除了冒险。

【例 4.4.1】判断表达式 $F(A,B,C,D)=\overline{AD}+\overline{\overline{AB}C}+ABC+ACD$ 是否存在逻辑冒险，若存在，设法消除。

解：A、B、C、D 均有互补形式，需要考虑各种情况。

对于 A，令 $D=0$，$B=C=1$，$F=\overline{A}+A$，存在偏 1 型逻辑冒险，加冗余项 $BC\overline{D}$；

对于 B，不存在逻辑冒险；

对于 C，不存在逻辑冒险；

对于 D，不存在逻辑冒险；

所以存在偏 1 型逻辑冒险，加冗余项 $BC\overline{D}$。

（2）卡诺图化简法

使用卡诺图化简法检查逻辑冒险：若在函数的卡诺图上存在相切的合并圈，则存在逻辑冒险。称两个合并圈之间存在不被同一个合并圈包含的相邻最小项的关系为相切。

这是因为由合并圈相切的概念，根据最小项的相邻性，相切意味着有些变量会同时以原变量和反变量的形式存在，且不能被消掉，就会以 $A+\overline{A}$ 或 $A\cdot\overline{A}$ 的形式出现在表达式中。

若相切的合并圈圈的是 1，就是偏 1 型逻辑冒险；圈的是 0，就是偏 0 型逻辑冒险。

仍以图 4.4.2 所示电路为例，其相应的卡诺图如图 4.4.4 所示。由卡诺图可见，两个合并圈相切，其相邻最小项是 m_7 和 m_6（见图 4.4.4 中箭头），说明在输入变量 ABC 从 111 变到 110 时，存在偏 1 型逻辑冒险，与代数化简法一致。

消除逻辑冒险的方法：加一个冗余圈（见图 4.4.4 中虚线圈），将相切的合并圈所相邻的最小项圈起来。这样可使原来以原变量和反变量的形式存在的变量在该冗余圈内被消掉，从而消除冒险。

图 4.4.4 中加的冗余圈对应的积项是 AB，与代数化简法一致，其实冗余圈对应的积项就是冗余项。

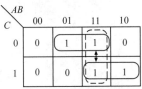

图 4.4.4 卡诺图化简法判断冒险与消除

【例 4.4.2】 用卡诺图化简法重做例 4.4.1。

解：函数 $F(A,B,C,D)=\overline{AD}+\overline{A}\,\overline{B}\,\overline{C}+ABC+ACD$ 的卡诺图如图 4.4.5 所示（注意积项与合并圈对应），积项 $\overline{AD}$ 和 ABC 对应的合并圈相切，且当 $ABCD$ 由 0110 变为 1110 时（见图 4.4.5 中箭头），存在偏 1 型逻辑冒险，故加冗余圈 $BC\overline{D}$，如图 4.4.5 中虚线所示，与代数化简法一致。

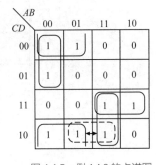

图 4.4.5 例 4.4.2 的卡诺图

【例 4.4.3】 将函数 $F(A,B,C,D)=A\overline{C}+\overline{A}BD+\overline{A}C\overline{D}$ 设计为无逻辑冒险的组合逻辑电路。

解：画函数 F 的卡诺图，如图 4.4.6（a）所示。由该图可见，相切的合并圈有两处，如图中箭头所示，故存在偏 1 型逻辑冒险。为了消除冒险需加两个冗余圈，如图中虚线所示。由图写出函数表达式为

$$F(A,B,C,D)=A\overline{C}+\overline{A}BD+\overline{A}C\overline{D}+\overline{B}C\overline{D}+\overline{A}\,\overline{B}C$$

其相应的逻辑图如图 4.4.6（b）所示。

如果该函数用或非门实现，其卡诺图如图 4.4.7（a）所示，用卡诺图化简法判别冒险的存在和消除冒险的方法与圈 1 的方法类似。由图 4.4.7（a）可知相切的合并圈有两处，存在偏 0 型逻辑冒险。需加两个冗余圈，如图中虚线所示。由图得函数表达式为

$$F(A,B,C,D)=(\overline{A}+\overline{C})(A+C+D)(A+\overline{B}+\overline{D})(A+\overline{B}+C)(\overline{B}+\overline{C}+\overline{D})$$

其逻辑图如图4.4.7（b）所示。

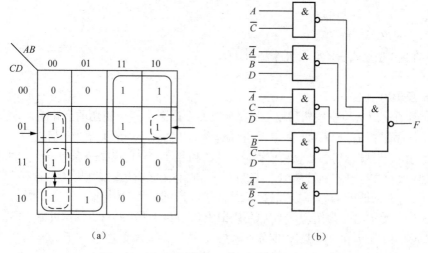

（a）　　　　　　　　　　　（b）

图 4.4.6　例 4.4.3 用与非门实现的卡诺图与逻辑图

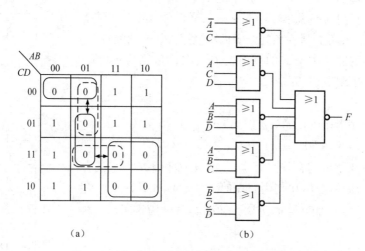

（a）　　　　　　　　　　　（b）

图 4.4.7　例 4.4.3 用或非门实现的卡诺图与逻辑图

（3）代数化简法和卡诺图化简法的比较

代数化简法使用较复杂，但适用范围广，对两级以上的电路均适用。注意不能化简函数表达式，否则对应的逻辑电路改变，由电路延迟造成的冒险随之改变。

使用卡诺图化简法检查和消除逻辑冒险都很直观、方便，但只能将其用于两级电路。函数表达式的积项或和项必须与合并圈一一对应。

代数化简法的冗余项与卡诺图化简法的冗余圈是对应的。由此可知函数的最简式不一定最佳，必要的冗余反而可使电路工作可靠性提高。

【例 4.4.4】 判断 $F(A,B,C,D) = (B+C)(\overline{B}D+A) + A\overline{B}C$ 是否存在冒险。

解: 由于是多级电路，而不是两级电路，只能用代数化简法，不能用卡诺图化简法，且不能化简。

对于 B，令 $C=0$，$A=0$，$D=1$，则 $F(A,B,C,D) = B \cdot \overline{B}$，所以存在偏0型逻辑冒险。

4.4.2 功能冒险与消除方法

1. 功能冒险的定义及产生原因

在组合逻辑电路中，当有两个或两个以上输入变量同时发生变化，变化前后电路的输出相同，而在输入变量发生变化时可能出现瞬时错误输出，这种现象称为静态功能冒险。

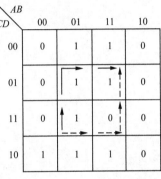

图 4.4.8 产生功能冒险的函数

产生功能冒险的原因：两个或两个以上输入变量实际上是不可能同时发生变化的，它们的变化总是有先有后。例如，在图 4.4.8 所示的卡诺图中，当输入变量 $ABCD$ 从 0111 变到 1101 时，A、C 两个变量要同时发生变化，且变化前后函数值相同，都为 1。如 C 先于 A 变化，则输入变量将由 0111→0101→1101，如图中实线箭头所示，所经路径函数值相同，不会发生错误。如果 A 先于 C 变化，输入将由 0111→1111→1101，如图中虚线箭头所示，所经路径函数值不相同，输出就会发生瞬时错误。由于变量变化的先后顺序是随机的，因而可能产生功能冒险。

如果输入变量 $ABCD$ 从 0101 变到 1100，A、D 两个变量同时发生变化，因为 4 格、13 格的函数值都是 1，所以无论是 A 先变，还是 D 先变都不会产生错误输出，没有冒险。

从以上分析可知，产生静态功能冒险必须具备以下 3 个条件：

（1）必须有 P（$P \geqslant 2$）个变量同时发生变化；

（2）输入变量变化前后函数值相同；

（3）由变化的 P 个变量组合所构成的 $2P$ 个格中，既有 1 又有 0。

【例 4.4.5】 判断图 4.4.9 所示卡诺图，当输入 $ABCD$ 从 0110→0111、0111→1011、0010→0101、0011→0110 变化时，是否存在功能冒险。

解:

① 当输入变量 $ABCD$ 从 0110→0111 时，只有 D 一个变量变化，不存在功能冒险；

② 当输入变量 $ABCD$ 从 0111→1011 时，A、B 两个变量同时变化，但变化前后的函数值不同，即 $F(7) \neq F(11)$，不存在功能冒险；

③ 输入 $ABCD$ 从 0010→0101，B、C、D 这 3 个变量同时发生变化，变化前后的函数值相同，即 $F(2)=F(5)=1$，不变量 $A=0$，其相应积项包含的 8 个格中既有 1 又有 0，故存在功能

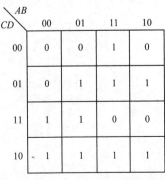

图 4.4.9 例 4.4.5 的卡诺图

冒险；

④ 输入 $ABCD$ 从 $0011 \rightarrow 0110$，B、D 两个变量同时发生变化，变化前后的函数值相同，$F(3)=F(6)=1$，对应于变量 AC 为 01 的积项圈所包含的 4 个格中全为 1，不存在功能冒险。

2. 功能冒险的消除

功能冒险是函数的逻辑功能决定的，如图 4.4.8 所示函数，只要输入是 1111（15），输出就为 0，这是该函数所具有的功能，因此不能在设计中将其消除，需外加选通脉冲。

由于冒险仅发生在输入信号变化的瞬间，只要使选通脉冲出现的时间与输入信号变化的时间错开，即可消除任何形式的冒险，此时输出不再是电位信号而是脉冲信号，如图 4.4.10 所示。需要指出，必须对选通脉冲的宽度及产生的时间有严格的要求。

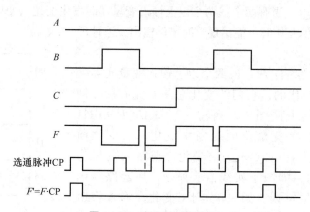

图 4.4.10　选通脉冲消除冒险

选通脉冲的加法（位置与极性）。

因为

$$F' = F \cdot CP$$

所以

① 若用与非门实现函数 $F(A,B,C,D) = AB + CD$，则

$$F'(A,B,C,D) = F \cdot CP = AB \cdot CP + CD \cdot CP = \overline{\overline{AB \cdot CP} \cdot \overline{CD \cdot CP}}$$

如图 4.4.11（a）所示，将正极性选通脉冲加在第 II 级（从输出端开始算起）。

② 若用或非门实现函数 $F(A,B,C,D) = (A+B)(C+D)$，则

$$F'(A,B,C,D) = F \cdot CP = (A+B)(C+D) \cdot CP = \overline{\overline{A+B} + \overline{C+D} + \overline{CP}}$$

如图 4.4.11（b）所示，将负极性选通脉冲加在第 I 级（从输出端开始算起）。

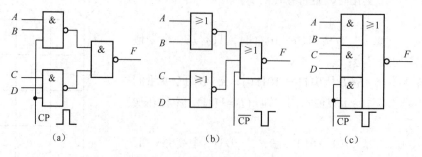

（a）　　　　　　　　（b）　　　　　　　　（c）

图 4.4.11　几种加选通脉冲电路

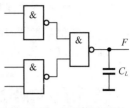

③ 若用与或非门实现函数 $F(A,B,C,D) = \overline{AB + CD}$，则

$$F'(A,B,C,D) = F \cdot \mathrm{CP} = \overline{\overline{AB + CD} \cdot \mathrm{CP}} = \overline{AB + CD + \overline{\mathrm{CP}}}$$

如图 4.4.11（c）所示，将负极性选通脉冲加在一个与门上。

图 4.4.12 用电容滤波器消除冒险

在对输出波形边沿要求不高时，还可在输出端接一个几十到几百皮法的滤波电容 C_L 消除冒险，如图 4.4.12 所示。但输出波形的边沿变坏，只适用于低速电路。

3. 冒险消除方法的比较

综上所述，消除冒险共有 3 种方法：增加冗余项或冗余圈只能消除逻辑冒险，而不能消除功能冒险；加滤波电容简单易行，但使输出波形变坏；加选通脉冲则是行之有效的方法，对逻辑冒险和功能冒险都有效。目前大多数中规模集成电路都设有使能端，其作用之一即作为选通脉冲输入端，待电路稳定后，才使输出有效。

4.4.3 动态冒险

上面两种冒险都是静态冒险，其特点是输入信号变化前后函数值相同。

实际还有另一种冒险：在输入信号变化前后函数值不同，而在输入信号变化瞬间，输出不是变化一次而是变化 3 次或

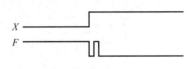

图 4.4.13 动态冒险现象

更多的奇数次，如图 4.4.13 所示，这种瞬时错误称为动态冒险。但由于逻辑门的延迟惯性，动态冒险很少发生，而且显然存在动态冒险的电路也存在静态冒险，消除了静态冒险，动态冒险也自然消除，故对动态冒险不再讨论。

▶ 思考题

4.4.1 组合逻辑电路中的冒险产生原因是什么？是在什么瞬间产生的？

4.4.2 静态逻辑冒险产生的原因是什么？

4.4.3 静态逻辑冒险的检查及消除方法有哪两种？这两种方法分别有哪些优缺点？

4.4.4 静态功能冒险产生的原因是什么？

4.4.5 静态功能冒险的检查及消除方法分别有哪些？

4.5 常用中规模组合逻辑器件

随着集成电路的不断发展，在单个芯片上集成的电子元件数量越来越多，形成了中规模集成电路（MSI）、大规模集成电路（LSI）和超大规模集成电路（VLSI）。中规模集成电路、大规模集成电路的特点如下：

（1）通用性、兼容性及扩展功能较强，其名称仅代表主要用途，不是全部用途；

（2）外接元件少，可靠性高，体积小，功耗低，使用方便；

（3）中规模集成电路、大规模集成电路被封装在一个标准化的外壳内，对内部电路的了解是次要的，需要关心的是外部功能，通过查器件手册中的引脚图、逻辑符号、功能表可了解其逻辑功能；

（4）用中规模集成电路、大规模集成电路进行设计时，如何设计电路与选用的器件有关。

有时选用不同的器件都可实现电路功能，就需进行比较，以芯片数最少、最经济为目标。因

此要求：①熟悉芯片的功能和使用方法；②会灵活使用。

下面介绍几种常用的中规模集成电路，如数码比较器、编码器、译码器、数据选择器、数据分配器等，以及它们的应用。

4.5.1 数码比较器

在计算机和许多数字系统中，经常需要对两个数进行比较。能对两组同样位数的二进制数进行数值比较且判断其大小的逻辑电路称为数码比较器。

1. 数码比较器的基本功能

TTL 中规模集成 4 位数码比较器 74LS85 的逻辑图如图 4.5.1（a）所示，图 4.5.1（b）所示为其逻辑符号。其中 a_3、a_2、a_1、a_0 和 b_3、b_2、b_1、b_0 分别代表被比较的两个 4 位二进制数，输出端有 3 个，分别为 $A<B$、$A=B$、$A>B$，另有 3 个级联输入端 $a<b$、$a=b$、$a>b$，作用是扩展功能，下面分别用 S'、E'、G' 表示。

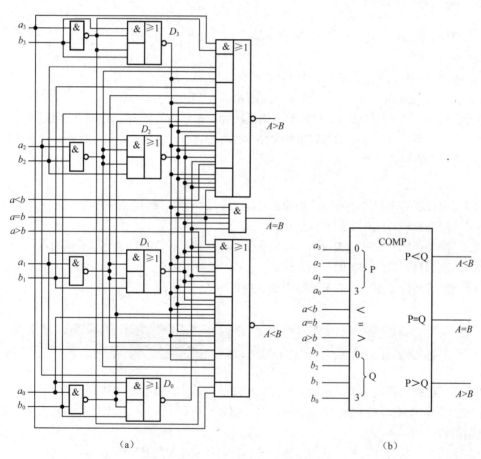

（a）   （b）

图 4.5.1　TTL 中规模集成 4 位数码比较器 74LS85 的逻辑图与其逻辑符号

由图 4.5.1（a）所示可推出表达式为

$$A>B = \overline{\overline{a_3 b_3} + \overline{a_2} b_2 D_3 + \overline{a_1} b_1 D_3 D_2 + \overline{a_0} b_0 D_3 D_2 D_1 + S' D_3 D_2 D_1 D_0 + E' D_3 D_2 D_1 D_0}$$

$$= \overline{(A<B) + A=B}$$

$$A<B = \overline{a_3\overline{b_3} + a_2\overline{b_2}D_3 + a_1\overline{b_1}D_3D_2 + a_0\overline{b_0}D_3D_2D_1 + G'D_3D_2D_1D_0 + E'D_3D_2D_1D_0}$$
$$= \overline{(A>B)} + \overline{A=B}$$
$$A = B = D_3D_2D_1D_0E'$$

式中：$D_3 = \overline{a_3 \oplus b_3} = a_3 \odot b_3$　　　$D_2 = \overline{a_2 \oplus b_2} = a_2 \odot b_2$

$D_1 = \overline{a_1 \oplus b_1} = a_1 \odot b_1$　　　$D_0 = \overline{a_0 \oplus b_0} = a_0 \odot b_0$

数码比较器功能表如表4.5.1所示，分析可知：①从高位开始比较，高位相同时，才比较低位；②比较结果与级联输入有关，当4位均相等时，看S'、E'、G'的级联输入；③只有当$A=B$，且$G'=S'=0$，$E'=1$时，相等输出才为1。所以只比较4位二进制数时，G'、S'均接地，E'接高电平。

表 4.5.1　数码比较器功能表

比较输入				级联输入			输出		
$a_3\,b_3$	$a_2\,b_2$	$a_1\,b_1$	$a_0\,b_0$	G'	S'	E'	$A>B$	$A<B$	$A=B$
$a_3>b_3$	×	×	×	×	×	×	1	0	0
$a_3<b_3$	×	×	×	×	×	×	0	1	0
$a_3=b_3$	$a_2>b_2$	×	×	×	×	×	1	0	0
$a_3=b_3$	$a_2<b_2$	×	×	×	×	×	0	1	0
$a_3=b_3$	$a_2=b_2$	$a_1>b_1$	×	×	×	×	1	0	0
$a_3=b_3$	$a_2=b_2$	$a_1<b_1$	×	×	×	×	0	1	0
$a_3=b_3$	$a_2=b_2$	$a_1=b_1$	$a_0>b_0$	×	×	×	1	0	0
$a_3=b_3$	$a_2=b_2$	$a_1=b_1$	$a_0<b_0$	×	×	×	0	1	0
$a_3=b_3$	$a_2=b_2$	$a_1=b_1$	$a_0=b_0$	1	0	0	1	0	0
$a_3=b_3$	$a_2=b_2$	$a_1=b_1$	$a_0=b_0$	0	1	0	0	1	0
$a_3=b_3$	$a_2=b_2$	$a_1=b_1$	$a_0=b_0$	0	0	1	0	0	1

2. 数码比较器的功能扩展

（1）单片扩展（自扩展）

利用级联输入端可将一片4位数码比较器74LS85扩展成5位数码比较器，将G'、S'作为最低位比较输入端，即a_0接G'，b_0接S'，E'不用接地，这时只能对5位二进制数进行大小的比较，比较相等的输出端不用。

其实当5位二进制数相等时，因为$A>B=\overline{S'}$，$A<B=\overline{G'}$，所以两个输出$A>B$、$A<B$同时为0或1。

（2）多片扩展

当比较的位数超过5位时，须对多片74LS85进行级联，级联有串行级联和并行级联两种方式。

① 串行级联：图4.5.2所示的是由两片4位数码比较器组成8位数码比较器的串行级联。将输入信号同时加到两个数码比较器的比较输入端，将低位片Ⅱ的输出接到高位片Ⅰ的级联输入端，比较结果由高位片Ⅰ的输出端输出。需要注意低位片Ⅱ的级联输入端必须存在$G'=S'=0$，$E'=1$，否则当两数相等时输出端"$A=B$"$\neq 1$。由此得出结论：在一个比较电路中，接最低位的数码比较器片子必须接成4位数码比较器，以保证相等的结果能正确输出。

同理可将3片或多片4位数码比较器串行级联，来比较更多位的二进制数。串行级联电路简单，但显然级数越多，速度越慢。

② 并行级联：即树状结构，图4.5.3所示是对两个24位二进制数进行比较的并行级联。该并行级联共用了6片4位数码比较器，将片2至片5接成5位数码比较器，将片1接成4位数码比较

器。将片 2～片 5 的输出端"$A>B$"和"$A<B$"分别接至片 6 的比较输入端，注意高位出接高位入，低位出接低位入。将片 1 的 3 个输出端接片 6 的级联输入端，比较结果由片 6 的输出端输出。显然输出结果仍决定于最高位。例如 $a_{23}>b_{23}$，片 5 的输出"$A>B$"=1，"$A<B$"=0，即片 6 的 $a_3>b_3$，因此输出"$A>B$"=1，输出"$A<B$"和"$A=B$"都为 0。

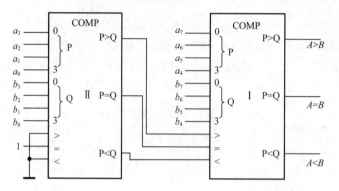

图 4.5.2　由两片 4 位数码比较器组成 8 位数码比较器的串行级联

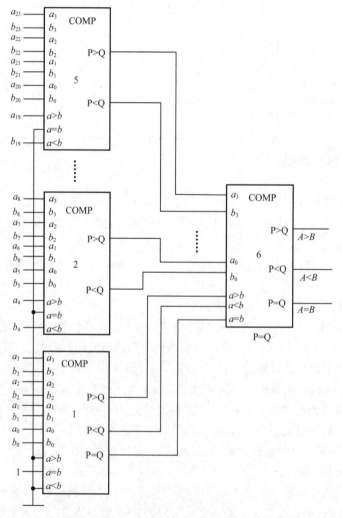

图 4.5.3　对两个 24 位二进制数进行比较的并行级联

并行级联的特点是速度快，只需经两级芯片的延迟就可得到输出。此例也可采用6片串行级联，但速度慢。因此在组成多位数码比较器时，常采用并行级联。

4.5.2　编码器与优先编码器

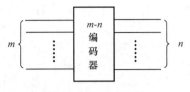

图 4.5.4　编码器框图

为所要处理的信息或数据赋予二进制代码的过程称为编码，实现编码功能的电路称为编码器（encoder），如图 4.5.4 所示。由于 n 位二进制代码有 2^n 个取值组合，可以表示 2^n 种信息，因此输出 n 位代码的编码器可有 $m \leqslant 2^n$ 个输入信号端，故编码器输入端比输出端多。

按照输出的代码种类不同，编码器可分为二进制编码器（$m=2^n$）和二-十进制编码器（$m < 2^n$）；按是否有优先编码权，编码器可分为普通编码器和优先编码器（priority encoder）。

1. 普通二-十进制编码器

C304 是一个8421码编码器，其逻辑电路如图 4.5.5 所示。写出其输出函数 D、B、C、A 的表达式为

$$D=8+9 \quad C=4+5+6+7 \quad B=2+3+6+7 \quad A=1+3+5+7+9$$

列出这4个函数的真值表，如表 4.5.2 所示。

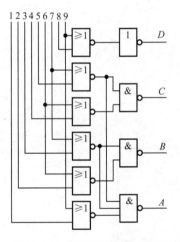

图 4.5.5　8421 码编码器的逻辑电路

表 4.5.2　编码器真值表

9	8	7	6	5	4	3	2	1	D	C	B	A
0	0	0	0	0	0	0	0	0	0	0	0	0
0	0	0	0	0	0	0	0	1	0	0	0	1
0	0	0	0	0	0	0	1	0	0	0	1	0
0	0	0	0	0	0	1	0	0	0	0	1	1
0	0	0	0	0	1	0	0	0	0	1	0	0
0	0	0	0	1	0	0	0	0	0	1	0	1
0	0	0	1	0	0	0	0	0	0	1	1	0
0	0	1	0	0	0	0	0	0	0	1	1	1
0	1	0	0	0	0	0	0	0	1	0	0	0
1	0	0	0	0	0	0	0	0	1	0	0	1

电路有9条输入线，每条输入线可以接收一个代表十进制符号的信号；有4条输出线，组成二进制数。由真值表可知，某条输入线上有信号1，电路就输出与该十进制数相应的二进制数。例如，第3线上有信号1，$DCBA$ 输出 0011；而当 $1 \sim 9$ 线上都没有信号，是0时，$DCBA$ 输出0000。因此该电路是8421码编码器电路。

该编码器对输入线是有限制的，在任何时刻只允许有一条输入线上有信号，否则编码器输出发生混乱。

2. 优先编码器

优先编码器各个输入端的优先级是不同的，若几个输入端同时有信号到来，输出端给出优先级较高的那个输入端信号所对应的代码。

（1）优先编码器的基本功能

74148 是8线至3线优先编码器，图 4.5.6 所示是其原理图、国标符号和简化符号。该图中

$\overline{I_0} \sim \overline{I_7}$ 分别代表十进制数 $0 \sim 7$，下标越大，优先级越高，$\overline{ST}$ 是使能输入端；$\overline{Y_2} \sim \overline{Y_0}$ 为编码输出端，Y_s 是使能输出端，$\overline{Y_{EX}}$ 是扩展输出端，此两端都用于扩展编码器功能。输入信号是低电平有效，输出为3位二进制反码，表4.5.3所示为其功能表。

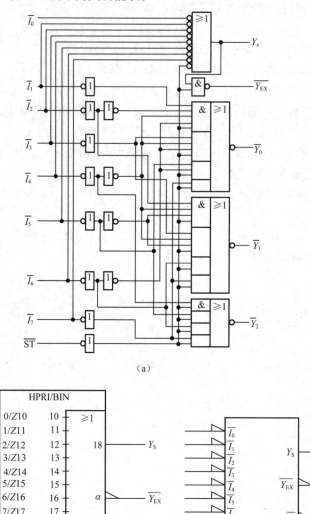

图 4.5.6　优先编码器 74148 原理图、国标符号和简化符号

由功能表可见，当 $\overline{I_7}$ =0时，不管其他端有无信号，输出只对 $\overline{I_7}$ 编码，即 $\overline{Y_2}\,\overline{Y_1}\,\overline{Y_0}$ =000；当 $\overline{I_7}$ =1，$\overline{I_6}$ =0，其他端任意，输出按 $\overline{I_6}$ 编码得 $\overline{Y_2}\,\overline{Y_1}\,\overline{Y_0}$ =001，其余类推。

进一步分析，当使能输入端 $\overline{ST}$ =0时，编码器正常工作；$\overline{ST}$ =1时，输出均为1，编码器不工作。

Y_s 为使能输出端，由电路图可知 $Y_s = \overline{\overline{ST} \cdot \overline{I_0} \cdot \overline{I_1} \cdot \overline{I_2} \cdot \overline{I_3} \cdot \overline{I_4} \cdot \overline{I_5} \cdot \overline{I_6} \cdot \overline{I_7}}$。

可见，当 $\overline{ST}$ =0时，只有在 $\overline{I_0} \sim \overline{I_7}$ 均为1（无信号输入）情况下，才使 Y_s =0。所以若两片串联应用时，应将高位片的 Y_s 和低位片的 $\overline{ST}$ 相连，在高位片无信号输入时，启动低位片正常工作。

表 4.5.3 优先编码器 74148 功能表

$\overline{ST}$	$\overline{I_0}$	$\overline{I_1}$	$\overline{I_2}$	$\overline{I_3}$	$\overline{I_4}$	$\overline{I_5}$	$\overline{I_6}$	$\overline{I_7}$	$\overline{Y_2}$	$\overline{Y_1}$	$\overline{Y_0}$	Y_{EX}	Y_s
1	×	×	×	×	×	×	×	×	1	1	1	1	1
0	1	1	1	1	1	1	1	1	1	1	1	1	0
0	×	×	×	×	×	×	×	0	0	0	0	0	1
0	×	×	×	×	×	×	0	1	0	0	1	0	1
0	×	×	×	×	×	0	1	1	0	1	0	0	1
0	×	×	×	×	0	1	1	1	0	1	1	0	1
0	×	×	×	0	1	1	1	1	1	0	0	0	1
0	×	×	0	1	1	1	1	1	1	0	1	0	1
0	×	0	1	1	1	1	1	1	1	1	0	0	1
0	0	1	1	1	1	1	1	1	1	1	1	0	1

扩展输出端 $\overline{Y_{EX}}$ 的表达式为 $\overline{Y_{EX}} = \overline{ST(I_0 + I_1 + I_2 + I_3 + I_4 + I_5 + I_6 + I_7)}$。

当 $\overline{ST}=0$ 时，只要输入端有信号存在，则 $\overline{Y_{EX}}=0$。因此，$\overline{Y_{EX}}$ 的低电平表示该片编码器有输入信号；相反，$\overline{Y_{EX}}=1$ 表示无输入信号。利用这一标志，其在多片编码器串联应用中可作输出位的扩展端。

根据逻辑图和功能表，写出 3 位编码输出表达式为

$$\overline{Y_0} = \overline{ST(I_1\overline{I_2}\,\overline{I_4}\,\overline{I_6} + I_3\overline{I_4}\,\overline{I_6} + I_5\overline{I_6}I_7)}$$

$$\overline{Y_1} = \overline{ST(I_2\overline{I_4}\,\overline{I_5} + I_3\overline{I_4}\,\overline{I_5} + I_6 + I_7)}$$

$$\overline{Y_2} = \overline{ST(I_4 + I_5 + I_6 + I_7)}$$

（2）优先编码器的功能扩展

用两片 74148 可扩展成 16 线至 4 线的优先编码器，如图 4.5.7 所示。编码器输入信号为 $\overline{I_0} \sim \overline{I_{15}}$，低电平有效，而且 $\overline{I_{15}}$ 优先级最高，$\overline{I_0}$ 最低；编码器输出 F_3、F_2、F_1、F_0 为 4 位二进制反码。

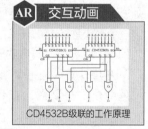
CD4532B级联的工作原理

接法：①片 I 的 $\overline{ST}$ 作为这个扩展的 16 线至 4 线编码器的使能输入端，片 II 的 Y_s 作为 16 线至 4 线编码器的使能输出端，将两片的 $\overline{Y_{EX}}$ 相与作为 16 线至 4 线的扩展输出端 F_{EX}；②片 I 的使能输出端 Y_s 接至片 II 的 $\overline{ST}$ 端；③片 I 扩展输出 $\overline{Y_{EX}}$ 作为 4 位码最高位 F_3 输出，将两片对应位 $\overline{Y_2} \sim \overline{Y_0}$ 相与作为低 3 位 $F_2 \sim F_0$ 输出。

工作过程：①片 I 的 $\overline{ST}=0$，允许编码，当 $\overline{I_{15}} \sim \overline{I_8}$ 中有信号时，片 I 正常编码，由于片 I 的 $Y_s=1$，则片 II 的 $\overline{ST}=1$ 禁止编码，片 II 输出全为 1，不影响片 I 的编码，且片 I 的 $\overline{Y_{EX}}=0$（即最高位），此时输出 $F_3 \sim F_0$ 就是片 I 有效输入的优先编码；②片 I 的 $\overline{I_{15}} \sim \overline{I_8}$ 均无信号输入时，$Y_s=0$，片 II 允许编码，当 $\overline{I_7} \sim \overline{I_0}$ 中有信号时，片 II 正常编码，片 I 除了 $\overline{Y_{EX}}=1$（即最高位），其余输出为 1，不影响片 II 的编码，此时输出 $F_3 \sim F_0$ 就是片 II 有效输入的优先编码。例如，$\overline{I_{15}} = \overline{I_{14}} =1$，$\overline{I_{13}} = 0$，其余输入任意，片 I 编码输出 $\overline{Y_2} \sim \overline{Y_0} =010$，且片 I 的 $\overline{Y_{EX}}=0$，同时由于片 I 的 $Y_s=1$，则片 II 不工作，输出 $F_3F_2F_1F_0=0010$ 是 $\overline{I_{13}}$ 的编码。故完成了 16 线至 4 线优先编码器的功能。

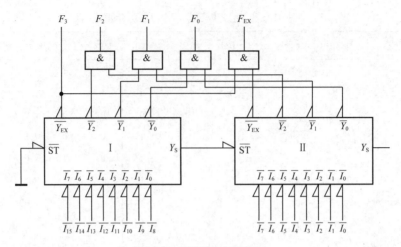

图 4.5.7　编码器扩展逻辑图

4.5.3　译码器

译码是编码的逆操作，是将每个代码所代表的信息翻译过来，还原成相应的输出信息。实现译码功能的逻辑电路称作译码器（decoder），如图 4.5.8 所示，满足关系式：$m \leqslant 2^n$。常用的译码器有二进制译码器（$m=2^n$）、二-十进制译码器（$m < 2^n$）和数字显示译码器 3 种。

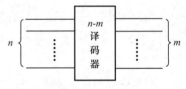

图 4.5.8　译码器框图

1. 二进制译码器

二进制译码器满足关系式 $m=2^n$，即完全译码，输出是输入变量的各种组合，因此一个输出对应一个最小项，又称为最小项译码器。若输出 1 有效，称作高电平译码，一个输出就是一个最小项；若输出 0 有效，称作低电平译码，一个输出对应一个最小项的非。

（1）二进制译码器的基本功能

图 4.5.9 所示是一个 2 线至 4 线译码器电路，输入是两位二进制数，有 4 条输出线。由逻辑图写出输出表达式 $F_0(B,A) = \overline{B}\,\overline{A}$，$F_1(B,A) = \overline{B}A$，$F_2(B,A) = B\overline{A}$，$F_3(B,A) = BA$。

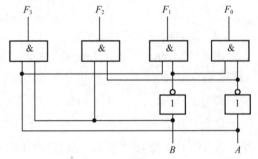

图 4.5.9　2 线至 4 线译码器电路

可见输出就是 4 个最小项，其真值表如表 4.5.4 所示。对应每个输入状态仅有一个输出为 1，其余皆为 0，是高电平译码。例如当输入 $BA=00$ 时，仅 $F_0=1$，即 F_0 是输入代码 00 的译码输出，因而实现了译码器功能。

表 4.5.4　2 线至 4 线译码器真值表

B	A	F_0	F_1	F_2	F_3	B	A	F_0	F_1	F_2	F_3
0	0	1	0	0	0	1	0	0	0	1	0
0	1	0	1	0	0	1	1	0	0	0	1

图4.5.10所示为一种3线至8线译码器TTL 74LS138，输入为3位二进制数$A_2A_1A_0$，输出有8个，由图4.5.10（a）所示写出输出表达式$Y_i = \overline{S_A S_B S_C m_i} = \overline{S_A \overline{\overline{S_B}} + \overline{S_C} m_i}$，当$S_A = 1,\overline{S_B} = \overline{S_C} = 0$时，$\overline{Y_i} = \overline{m_i}$，$i = 0\sim7$，即每个输出是输入变量所对应的最小项的非，是低电平译码。为了实现功能扩展，还设有使能输入端S_A、$\overline{S_B}$、$\overline{S_C}$，只有当$S_A=1$，$\overline{S_B} = \overline{S_C} = 0$时，译码器工作，否则译码器不实现译码，输出全为1。表4.5.5所示是其功能表。

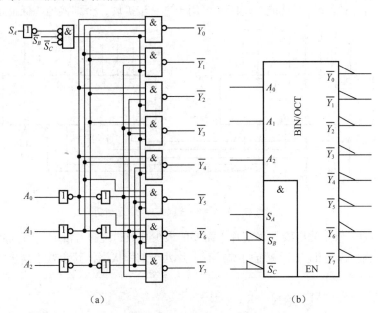

（a）　　　　　　　　　（b）

图 4.5.10　3 线至 8 线译码器 TTL 74LS138 的逻辑图及其符号

表 4.5.5　3 线至 8 线译码器 TTL 74LS138 功能表

输入					输出							
S_A	$\overline{S_B}+\overline{S_C}$	A_2	A_1	A_0	$\overline{Y_0}$	$\overline{Y_1}$	$\overline{Y_2}$	$\overline{Y_3}$	$\overline{Y_4}$	$\overline{Y_5}$	$\overline{Y_6}$	$\overline{Y_7}$
0	×	×	×	×	1	1	1	1	1	1	1	1
×	1	×	×	×	1	1	1	1	1	1	1	1
1	0	0	0	0	0	1	1	1	1	1	1	1
1	0	0	0	1	1	0	1	1	1	1	1	1
1	0	0	1	0	1	1	0	1	1	1	1	1
1	0	0	1	1	1	1	1	0	1	1	1	1
1	0	1	0	0	1	1	1	1	0	1	1	1
1	0	1	0	1	1	1	1	1	1	0	1	1
1	0	1	1	0	1	1	1	1	1	1	0	1
1	0	1	1	1	1	1	1	1	1	1	1	0

（2）二进制译码器的功能扩展

在中规模译码器中，一般都设置有使能端。使能端有两个用途：其一是作选通脉冲输入端，消除冒险脉冲的发生；其二是用于功能扩展。

① 串行扩展

【例4.5.1】▶ 用3线至8线译码器组成4线至16线译码器。

解：显然一片3线至8线译码器不够，必须两片，其连接如图4.5.11所示。输入4位码为$DCBA$，片Ⅰ的$\overline{S_C}$和片Ⅱ的$\overline{S_B}$连在一起作为外部使能端。由于片Ⅰ的$\overline{S_B}$与片Ⅱ的S_A并联在一起，作为最高位D的输入端，当$D=0$时，片Ⅰ正常译码，而片Ⅱ被禁止译码，$\overline{Y_0} \sim \overline{Y_7}$有信号输出，$\overline{Y_8} \sim \overline{Y_{15}}$均为1。当$D=1$时，片Ⅰ被禁止译码，片Ⅱ正常译码，$\overline{Y_8} \sim \overline{Y_{15}}$有信号输出，$\overline{Y_0} \sim \overline{Y_7}$均为1，从而实现了4线至16线译码器功能，使能端可用于进一步扩展，否则接地，保证正常工作。

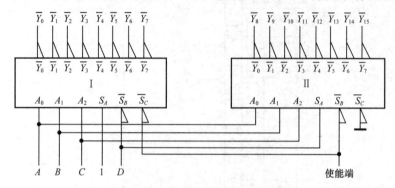

图4.5.11　4线至16线译码器扩展逻辑图

所以扩展方法：根据输出线数确定片Ⅰ需要的最少片数，连接片Ⅱ时，将同名地址端相连作低位输入，高位输入接使能端，保证每次只有一片处于工作状态，其余处于禁止状态。

② 并行扩展（树状结构）

【例4.5.2】▶ 用3线至8线译码器组成6线至64线译码器。

解：由输出线数可知，至少需要8片3线至8线译码器，这时使能端本身已经不能完成高位控制了，常采用树状结构扩展，再加1片译码器对高3位译码，其8个输出分别控制其余8片的使能端，选择其中一个工作，其连接如图4.5.12所示。

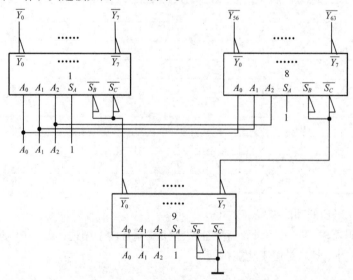

图4.5.12　6线至64线译码器扩展逻辑图

（3）二进制译码器的应用

① 在存储器中的应用：用作地址译码器或指令译码器，输入为地址代码，输出是存储单元的地址，n 位地址线可以寻址 2^n 个单元。

【例4.5.3】 用3线至8线译码器74LS138组成图4.5.13所示电路，说明 $\overline{Y_0}$、$\overline{Y_1}$……$\overline{Y_7}$ 分别被译中时，相应的地址线 $A_7 \sim A_0$ 的状态是什么？用十六进制数表示。若改用10位地址线 $A_9 \sim A_0$ 和74LS138相连，且要求 $\overline{Y_0}$、$\overline{Y_1}$……$\overline{Y_7}$ 被译中时，$A_9 \sim A_0$ 的状态分别为340H、341H……347H，电路连线应如何改动？画出相应的接线图。

解： 74LS138芯片要实现译码，要求 A_3、A_6、A_7 为高电平，同时 A_4、A_5 为低电平，即地址线 $A_7A_6A_5A_4A_3$=11001时芯片才能正常工作，此时输出通道的选择取决于 $A_2A_1A_0$ 的状态，在 $A_2A_1A_0$=000时，$\overline{Y_0}$ 被译中，$A_2A_1A_0$=001时，$\overline{Y_1}$ 被译中，依此类推，$A_2A_1A_0$=111时，$\overline{Y_7}$ 被译中。不难得到 $\overline{Y_0}$、$\overline{Y_1}$……$\overline{Y_7}$ 分别被译中时，相应的地址线 $A_7 \sim A_0$ 的状态应为C8H、C9H、CAH、CBH、CCH、CDH、CEH、CFH。

要满足 $\overline{Y_0}$、$\overline{Y_1}$……$\overline{Y_7}$ 被译中时，地址线 $A_9 \sim A_0$ 的状态分别为340H、341H……347H，高7位的地址线 $A_9A_8A_7A_6A_5A_4A_3$ 应被设定为1101000，电路的连线应保证 A_9、A_8、A_6 为高电平，A_7、A_5、A_4、A_3 为低电平，可考虑采用图4.5.14所示的连接。该图中连接表明，当 A_9、A_8、A_6 为高电平时，$\overline{S_C}$=0；A_7、A_5、A_4、A_3 为低电平时，$\overline{S_B}$=0，S_A=1。在使能端条件满足的情况下，$A_2A_1A_0$=000时，$\overline{Y_0}$ 被译中，$A_2A_1A_0$=001时，$\overline{Y_1}$ 被译中，依此类推，$A_2A_1A_0$=111时，$\overline{Y_7}$ 被译中。

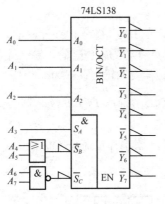

图 4.5.13 例 4.5.3 的电路

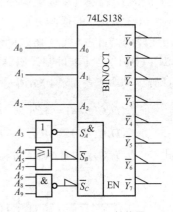

图 4.5.14 74LS138 接线图

② 作数据分配器：具有使能端的译码器可将数据按要求分配到不同地址的通道上去。如图4.5.15所示，其中 $\overline{Y_i}$ 为输出，地址输入为控制信号，决定此时将输入数据 D 分配到哪一路输出。

令 $S = S_A \cdot \overline{\overline{S_B} + \overline{S_C}}$，则 $\overline{Y_i} = \overline{S \cdot m_i}$，若使能 $S_A = 1$，可得 $\overline{Y_i} = \overline{\overline{D} \cdot m_i}$。

显然当 $m_i = 1$ 时，$\overline{Y_i} = D$，即选中哪一路，输入数据 D 就

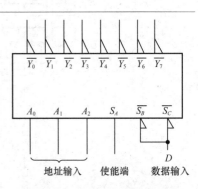

图 4.5.15 译码器用作数据分配器

被送到哪一路，而其余路保持为1。

③ 作函数发生器：因为译码器的输出分别对应一个最小项（高电平译码）或一个最小项的非（低电平译码），所以附加适当门，可实现任意函数。

特点：方法简单，无须简化，工作可靠。

【例4.5.4】用3线至8线译码器实现函数$F(A,B,C)=\Sigma m(0,3,4,7)$。

解：如图4.5.16所示，可得

$$F(A,B,C)=\overline{\overline{Y_0}\,\overline{Y_3}\,\overline{Y_4}\,\overline{Y_7}}=Y_0+Y_3+Y_4+Y_7=m_0+m_3+m_4+m_7=\Sigma m(0,3,4,7)$$

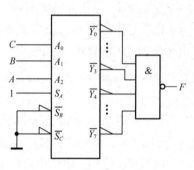

图 4.5.16　译码器实现函数

---

2. 二-十进制译码器（4线至10线译码器）

（1）二-十进制译码器的基本功能

4线至10线译码器可由4线至16线译码器构成，也有专用的4线至10线译码器。图4.5.17所示为CMOS型（C301）二-十进制译码器的逻辑图，它只有4位BCD码输入端，无使能端，输出为高电平译码，其功能表如表4.5.6所示。由逻辑图可以直接写出表达式为

$$f_0(D,C,B,A)=\overline{A}\,\overline{B}\,\overline{C}\,\overline{D}=m_0,\quad\cdots\cdots,\quad f_7(D,C,B,A)=\overline{D}\,C\,B\,A=m_7$$

$$f_8(D,C,B,A)=\overline{A}D,\ f_9(D,C,B,A)=AD$$

可见输出$f_0\sim f_7$为对应的最小项，f_8和f_9则由10～15这6个任意项化简而来。

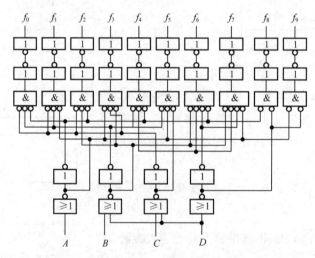

图 4.5.17　CMOS 型（C301）二-十进制译码器的逻辑图

表 4.5.6　CMOS 型（C301）二 - 十进制译码器功能表

输入				输出									
D	C	B	A	f_0	f_1	f_2	f_3	f_4	f_5	f_6	f_7	f_8	f_9
0	0	0	0	1	0	0	0	0	0	0	0	0	0
0	0	0	1	0	1	0	0	0	0	0	0	0	0
0	0	1	0	0	0	1	0	0	0	0	0	0	0
0	0	1	1	0	0	0	1	0	0	0	0	0	0
0	1	0	0	0	0	0	0	1	0	0	0	0	0
0	1	0	1	0	0	0	0	0	1	0	0	0	0
0	1	1	0	0	0	0	0	0	0	1	0	0	0
0	1	1	1	0	0	0	0	0	0	0	1	0	0
1	0	0	0	0	0	0	0	0	0	0	0	1	0
1	0	0	1	0	0	0	0	0	0	0	0	0	1

（2）二 - 十进制译码器的功能扩展

二 - 十进制译码器可以构成带有使能端的 3 线至 8 线译码器，只需将最高位输入端 D 当作使能端，不用输出端 f_8、f_9 即可。如图 4.5.18 所示，当 $D=0$ 时，由 C、B、A 输入决定 $f_0 \sim f_7$ 中某一个输出为 1，其余输出为 0；若 $D=1$，则 $f_0 \sim f_7$ 输出均为 0，处于禁止状态。

3. 数字显示译码器

在数字系统中，常常需要将测量或数值运算结果用十进制数显示出来，数字显示电路包括译码驱动电路和数码显示器，如图 4.5.19 所示。

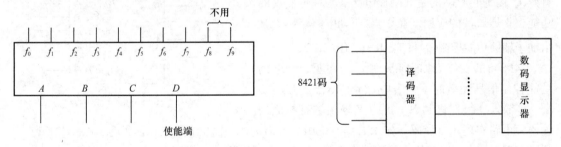

图 4.5.18　二 - 十进制译码器用作 3 线至 8 线译码器　　　　图 4.5.19　数字显示电路框图

数字显示器有多种类型的产品，如发光二极管、荧光数码管、液晶数字显示器等。由于显示器件和显示方式不同，其译码电路也不相同。下面介绍常用的七段荧光数码管显示器及其译码驱动电路。

（1）七段荧光数码管

七段荧光数码管是分段式半导体显示器件，7 个发光段就是 7 个发光二极管，它的 PN 结由特殊的半导体材料磷砷化镓制成。当外加正向电压时，发光二极管可以将电能转化为光能，从而发出清晰醒目的光线。发光二极管显示电路有共阳极和共阴极两种连接方式：共阳极是指将 7 个发光二极管的阳极接在一起并接到正电源上，阴极接到译码器的各输出端，哪个发光二极管的阴极为低电平哪一个发光二极管就亮；共阴极是指将7个发光二极管的阴极接在一起并接地，阳极接到译码器的各输出端，哪一个阳极为高电平，哪一个发光二极管就亮。若用共阴极电路，译码器的输出经输出驱动电路被分别加到7个阳极上，当给其中某些段加上驱动信号时，则这些段发光，显示出相应的十进制数。图4.5.20（a）所示是一种共阴极荧光数码管BS201A（还带一个小数点），图4.5.20（b）所示为其显示的十进制数。

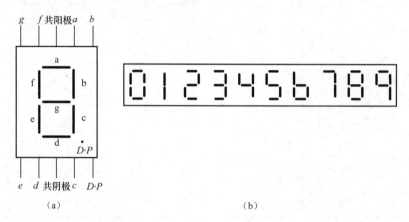

图 4.5.20　共阴极荧光数码管 BS201A 及显示的十进制数

（2）译码驱动电路

七段荧光数码管工作时需要分段式译码驱动电路相配合。下面介绍一种中规模二-十进制七段显示译码/驱动器74LS48，图4.5.21所示是它的逻辑符号，其中A_3、A_2、A_1、A_0为BCD码输入信号，Y_a、Y_b、Y_c、Y_d、Y_e、Y_f、Y_g为译码器的7个输出（高电平有效），因为它驱动的是共阴极电路。为增加器件的功能，扩展器件的应用，在译码/驱动电路基础上又附加了辅助功能控制信号$\overline{LT}$、$\overline{RBI}$、$\overline{BI/RBO}$。

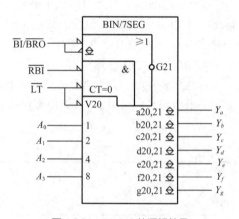

图 4.5.21　74LS48 的逻辑符号

74LS48的功能表如表4.5.7所示。可见，当辅助功能控制信号无效时，即表中1行至16行，A_3、A_2、A_1、A_0输入一组二进制数，$Y_a \sim Y_g$输出端有相应的输出，电路实现正常译码。如$A_3A_2A_1A_0=0001$，只有Y_b、Y_c输出1，b、c字段亮，显示数字1。由于已接有上拉电阻，使用时可用输出$Y_a \sim Y_g$直接驱动BS201A的输入。

下面介绍辅助功能控制信号$\overline{LT}$、$\overline{RBI}$、$\overline{BI/RBO}$的作用。

$\overline{BI}$为熄灭信号。当$\overline{BI}=0$时，不论$\overline{LT}$、$\overline{RBI}$及输入$A_3A_2A_1A_0$为何值，输出$Y_a \sim Y_g$均为0，使7段显示都处于熄灭状态，不显示数字，优先级最高。

$\overline{LT}$为试灯信号，用来检查七段显示器件是否能正常显示。当$\overline{BI}=1$，$\overline{LT}=0$时，不论输入$A_3A_2A_1A_0$为何值，输出$Y_a \sim Y_g$均为1，使7段显示都亮，优先级次之。

$\overline{RBI}$为灭0输入信号，当不希望0（例如小数点前后多余的0）显示出来时，可以用$\overline{RBI}$信号将其灭掉。当$\overline{LT}=1$、$\overline{RBI}=0$时，只有当输入$A_3A_2A_1A_0=0000$时，$Y_a \sim Y_g$输出均为0，7段显示都熄灭，不显示数字0，而输入$A_3A_2A_1A_0$为其他组合时能正常显示。故$\overline{RBI}=0$，只能熄灭0，优先级最低。

表 4.5.7　74LS48 功能表

输入						$\overline{BI}/\overline{RBO}$	输出						
$\overline{LT}$	$\overline{RBI}$	A_3	A_2	A_1	A_0		Y_a	Y_b	Y_c	Y_d	Y_e	Y_f	Y_g
1	1	0	0	0	0	1	1	1	1	1	1	1	0
1	×	0	0	0	1	1	0	1	1	0	0	0	0
1	×	0	0	1	0	1	1	1	0	1	1	0	1
1	×	0	0	1	1	1	1	1	1	1	0	0	1
1	×	0	1	0	0	1	0	1	1	0	0	1	1
1	×	0	1	0	1	1	1	0	1	1	0	1	1
1	×	0	1	1	0	1	0	0	1	1	1	1	1
1	×	0	1	1	1	1	1	1	1	0	0	0	0
1	×	1	0	0	0	1	1	1	1	1	1	1	1
1	×	1	0	0	1	1	1	1	1	0	0	1	1
1	×	1	0	1	0	1	0	0	0	1	1	0	1
1	×	1	0	1	1	1	0	0	1	1	0	0	1
1	×	1	1	0	0	1	0	1	0	0	0	1	1
1	×	1	1	0	1	1	1	0	0	1	0	1	1
1	×	1	1	1	0	1	0	0	0	1	1	1	1
1	×	1	1	1	1	1	0	0	0	0	0	0	0
×	×	×	×	×	×	0	0	0	0	0	0	0	0
1	0	0	0	0	0	0	0	0	0	0	0	0	0
0	×	×	×	×	×	1	1	1	1	1	1	1	1

　　$\overline{RBO}$ 为灭 0 输出信号。当 $\overline{LT}=1$，$\overline{RBI}=0$ 时，若输入 $A_3A_2A_1A_0=0000$，不仅本片灭 0，而且输出 $\overline{RBO}=0$。将这个 0 送到另一片七段译码器的 $\overline{RBI}$ 端，可以使这两片的 0 都熄灭。

　　注意：熄灭信号 $\overline{BI}$ 和灭 0 输出信号 $\overline{RBO}$ 是电路的同一点，故标示 $\overline{BI}/\overline{RBO}$，即该端口是具有双重功能的端口，既可作为输入信号 $\overline{BI}$ 端口，又可作为输出信号 $\overline{RBO}$ 端口。

　　将灭 0 输入 $\overline{RBI}$ 与灭 0 输出 $\overline{RBO}$ 配合使用，可实现多位数码显示系统的灭 0 控制。图 4.5.22 所示为灭 0 控制的连接方法。只需在整数部分把高位的 $\overline{RBO}$ 与低位的 $\overline{RBI}$ 相连，在小数部分将低位的 $\overline{RBO}$ 与高位的 $\overline{RBI}$ 相连，就可以把前后多余的 0 熄灭了。这样在整数部分，由于百位（片 I）的 $\overline{RBI}=0$，当百位输入 $A_3A_2A_1A_0=0000$ 时，百位不会显示 0，如果十位（片 II）的输入 $A_3A_2A_1A_0$ 和百位输入 $A_3A_2A_1A_0$ 同时都为 0000 时，使十位也处于灭 0 状态。若百位输入 $A_3A_2A_1A_0 \neq 0000$，则片 I 输出 $\overline{RBO}=1$，使片 II 的 $\overline{RBI}=1$，则十位（片 II）不会灭 0。在小数部分，最低位 1/1000 位（片 VI）的输入 $\overline{RBI}$ 接地，所以 1/1000 位显示器灭 0，而当 1/1000 位的输入和 1/100 位（片 V）的输入同时为 0000 时，则会实现 1/1000 和 1/100 同时灭 0。例如当各片输入为 002.800 时，由于 $\overline{RBO}$ 和 $\overline{RBI}$ 的配合，直接显示 2.8。这样，既看起来清晰，又可以减少功耗。

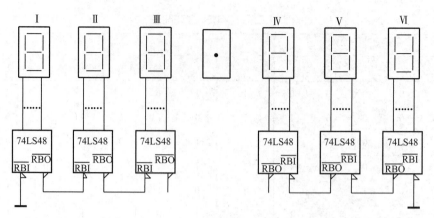

图 4.5.22　灭 0 控制的连接方法

4.5.4　数据选择器

数据选择器（multiplexer，MUX）又称为多路选择器，它能够从多路输入数据中选择一路输出，选择哪一路由当时的控制信号决定，其功能类似于单刀多掷开关，如图 4.5.23 所示。

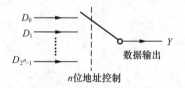

图 4.5.23　数据选择器示意图

1. 数据选择器的基本功能

74LS151 是一种 TTL 型 8 选 1 数据选择器，如图 4.5.24 所示，

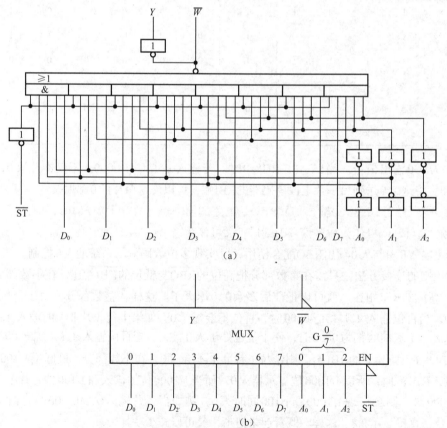

（a）

（b）

图 4.5.24　TTL 型 8 选 1 数据选择器逻辑图及逻辑符号

其中 $D_7 \sim D_0$ 为数据输入端，A_2、A_1、A_0 为地址控制端，$\overline{\text{ST}}$ 为使能输入端，Y 和 W 为两个互补输出端。当 $\overline{\text{ST}}=0$ 时，由图可写出输出的逻辑表达式为

$$Y = \overline{A_2}\,\overline{A_1}\,\overline{A_0}D_0 + \overline{A_2}\,\overline{A_1}A_0 D_1 + \overline{A_2}A_1\overline{A_0}D_2 + \overline{A_2}A_1A_0 D_3 + A_2\overline{A_1}\,\overline{A_0}D_4 + A_2\overline{A_1}A_0 D_5 + A_2 A_1\overline{A_0}D_6 + A_2 A_1 A_0 D_7$$

$$= \sum_{i=0}^{2^3-1} m_i D_i \,(\,m_i \text{为地址变量} A_2 A_1 A_0 \text{构成的最小项}\,)$$

由上式可知，当 $A_2 A_1 A_0=000$ 时，$Y=D_0$；当 $A_2 A_1 A_0=001$ 时，$Y=D_1$，依此类推。即在 $A_2 A_1 A_0$ 的控制下，从 8 路数据中选择 1 路送至输出端。

当 $\overline{\text{ST}}=1$ 时，输出 $Y=0$，处于禁止状态。表 4.5.8 所示是其功能表。

同理，可推出 2^n 选 1 数据选择器的输出表达式为

$$Y = \sum_{i=0}^{2^n-1} m_i D_i \,(\,n\text{为地址端数}，m_i\text{为地址变量构成的最小项}\,)$$

表 4.5.8　74LS151 的功能表

使能输入 $\overline{\text{ST}}$	地址控制			数据输入 $D_7 \sim D_0$	互补输出	
	A_2	A_1	A_0		Y	$\overline{W}$
1	×	×	×	×	0	1
0	0	0	0	$D_7 \sim D_0$	D_0	$\overline{D_0}$
0	0	0	1	$D_7 \sim D_0$	D_1	$\overline{D_1}$
0	0	1	0	$D_7 \sim D_0$	D_2	$\overline{D_2}$
0	0	1	1	$D_7 \sim D_0$	D_3	$\overline{D_3}$
0	1	0	0	$D_7 \sim D_0$	D_4	$\overline{D_4}$
0	1	0	1	$D_7 \sim D_0$	D_5	$\overline{D_5}$
0	1	1	0	$D_7 \sim D_0$	D_6	$\overline{D_6}$
0	1	1	1	$D_7 \sim D_0$	D_7	$\overline{D_7}$

74LS153 是双 4 选 1 数据选择器，在一个芯片上集成了两个完全相同的 4 选 1 数据选择器，如图 4.5.25 所示。其中 A_1、A_0 为两个地址输入端，被两个选择器所共用，每个选择器各有一个使能输入端。

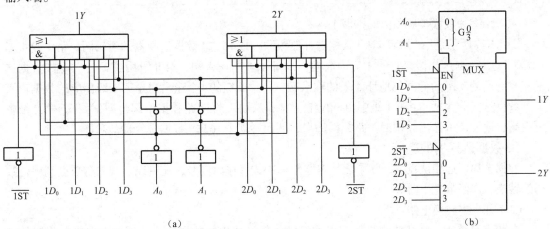

（a）　　　　　　　　　　　　　　　　（b）

图 4.5.25　双 4 选 1 数据选择器 74LS153

表4.5.9所示是其功能表，对芯片中的任意一个都适用。

当 $\overline{ST}$ =0时，其输出表达式为 $Y=\sum_{i=0}^{3}m_iD_i=m_0D_0+m_1D_1+m_2D_2+m_3D_3$。

表 4.5.9　74LS153 功能表

| 使能输入 | 地址输入 | | 数据输入 | 输出 |
$\overline{ST}$	A_1	A_0	$D_3\sim D_0$	Y
1	×	×	×	0
0	0	0	$D_3\sim D_0$	D_0
0	0	1	$D_3\sim D_0$	D_1
0	1	0	$D_3\sim D_0$	D_2
0	1	1	$D_3\sim D_0$	D_3

2. 数据选择器的功能扩展

利用使能端或多片级联可以扩展功能。

（1）用使能端扩展

【例4.5.5】 用双4选1数据选择器构成8选1数据选择器。

解： 如图4.5.26所示，将双4选1数据选择器的使能端 $1\overline{ST}$ 和 $2\overline{ST}$ 通过一个反相器接在一起作地址的最高位 A_2。当 A_2=0时，低位片（1）工作而高位片（2）不工作， Y_1 按地址输入000～011选中数据 $D_0\sim D_3$ 中的某一个输出，此时 Y_2=0；当 A_2=1时，两片选择器工作情况正好相反，此时 Y_2 按地址输入100～111选中数据 $D_4\sim D_7$ 中的某一个输出，而 Y_1=0，故8选1数据选择器的输出 $Y=Y_1+Y_2=D_i$ （ i=0～7）。

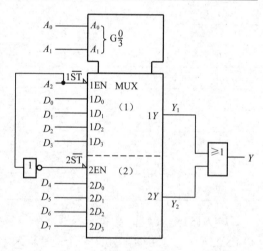

图4.5.26　利用使能端扩展的8选1数据选择器

（2）用多片级联扩展（树形扩展）

图4.5.27所示是用3片双4选1数据选择器级联构成16选1数据选择器的逻辑图。第Ⅰ级用了1片双4选1数据选择器，它的 A_1A_0 为高两位地址 A_3A_2 的输入端，第Ⅱ级用了2片双4选1数据选择器，它们的 A_1A_0 为低两位地址 A_1A_0 的输入端，将第Ⅱ级的4个输出送至第Ⅰ级相应的数据输入端。数据选择分为两步：第Ⅰ级中由低位地址 A_1A_0 从输入的16路数据中选出4路数据，第Ⅱ级中再由高位地址 A_3A_2 选出其中的一路数据输出，从而实现了16选1数据选择器的功能。

3. 数据选择器的应用

数据选择器通用性较强，除了能从多路数据中选择输出信号，还可以实现并行数据到串行数据的转换，作函数发生器等。

（1）并－串转换电路

在数字系统中，往往要求将输入的并行数据转换成串行数据输出，用数据选择器很容易完成这种转换。例如，将4位的并行数据送到4选1数据选择器的数据端上，然后在 A_1、 A_0 地址输

端周期性顺序给出 $00 \rightarrow 01 \rightarrow 10 \rightarrow 11$，则在输出端将输出串行数据，先是 D_0，而后是 D_1、D_2、D_3，之后又按该顺序不断重复，如图 4.5.28 所示。

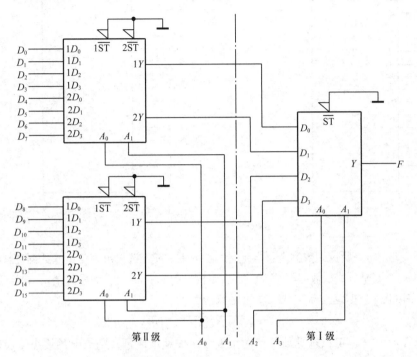

图 4.5.27　4 选 1 数据选择器级联构成 16 选 1 数据选择器的逻辑图

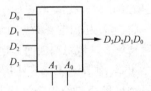

图 4.5.28　并 - 串转换电路

（2）实现逻辑函数

将 2^n 选 1 数据选择器的输出表达式 $Y = \sum_{i=0}^{2^n-1} m_i D_i$（其中 n 为地址端数，$m_i D_i$ 为地址变量对应的最小项）与 $F = \sum m_i$ 对比可见，D_i 相当于最小项表达式中的系数，当 $D_i = 1$ 时，对应的最小项列入函数式；当 $D_i = 0$ 时，对应的最小项不列入函数式。所以将逻辑变量从数据选择器的地址端输入，而在数据端加上适当的 0 或 1，就可以实现逻辑函数。

① 逻辑变量数 ≤ 所选用数据选择器地址端数时：列出真值表，直接在数据选择器的数据输入端加上与真值表对应的值。

【例 4.5.6】 用 8 选 1 数据选择器实现三变量的奇校验函数。

解： 其真值表如表 4.2.1 所示，在数据选择器的数据输入端加上与真值表对应的值，即 $D_1 = D_2 = D_4 = D_7 = 1$，其余为 0，如图 4.5.29 所示。输出函数表达式为

连接时注意：① 使能端；② 高低位；③ 若变量数 < 选用数据选择器地址端数，不用的地址端和数据端均接地。如图 4.5.30 所示，用 8 选 1 数据选择器实现异或函数和同或函数。

$$F(A,B,C) = m_1 + m_2 + m_4 + m_7 = \overline{A}\overline{B}C + \overline{A}B\overline{C} + A\overline{B}\overline{C} + ABC$$

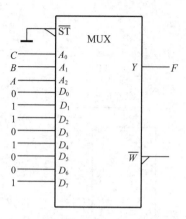

图 4.5.29　8 选 1 数据选择器实现函数

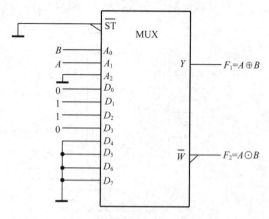

图 4.5.30　用 8 选 1 数据选择器实现异或函数和同或函数

② 逻辑变量数 n＞所选用数据选择器地址端数 m 时：首先选出 m 个变量从数据选择器地址端输入，其余 $(n-m)$ 个变量只能从数据端输入，故 D_i 不再是简单的 0 或 1，而是其余 $(n-m)$ 个变量的函数。

例如，用 4 选 1 数据选择器实现三变量函数为

$$F(A,B,C) = \overline{A}\overline{B}C + \overline{A}BC + A\overline{B}\overline{C} + ABC$$

若选变量 A、B（也可以选其他任何两个变量）作地址变量，则从上述最小项表达式中提取地址变量最小项的公共因子，整理后如下：

$$F(A,B,C) = A\overline{B}(C+\overline{C}) + \overline{A}BC + ABC = m_0 + m_2\overline{C} + m_3C$$

即得 4 选 1 数据选择器数据输入 $D_3 \sim D_0$。D_0 为 m_0 的系数，$D_0=1$；D_1 为 m_1 的系数，$D_1=0$。同理可得 $D_2=\overline{C}$，$D_3=C_0$，D_2、D_3 是变量 C 的函数，其逻辑图如图 4.5.31 所示。

上例采用代数化简法进行设计，更常用卡诺图化简法进行设计，简便、直观。使用卡诺图化简法按 m 个地址变量的组合将原卡诺图划分为 2^m 个区域，称为子卡诺图，由 2^m 个子卡诺图求出各个 D_i 的值。我们必须先解决一个问题：如何选择合适的地址变量？所谓合适是指能使 D_i 的表达式简单，电路实现经济。用 4 选 1 数据选择器实现函数有以下两种方法：

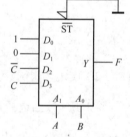

图 4.5.31　4 选 1 数据选择器实现函数的逻辑图

① 选函数最简式中出现最多的变量作地址变量，它能使剩余变量组成的函数最简；

② 可先假设一种选法，在卡诺图上看一下它的子卡诺图情况，再决定是否这样选。

经常采用第一种方法，下面举例说明。

【例 4.5.7】　用 4 选 1 数据选择器实现函数 $F(A,B,C,D)=\Sigma m(1,2,4,9,10,11,12,14,15)$。

解：首先由函数的卡诺图求出最简式 $F(A,B,C,D) = \overline{B}C\overline{D} + AC + B\overline{C}D + \overline{B}C\overline{D}$。

统计变量出现的次数，A 为 1 次，B 为 3 次，C 为 4 次，D 为 3 次，所以选择 BC 或 CD 作地址变量均可，在此选 BC。

其次按 BC 组合将原卡诺图划分为 4 个子卡诺图，如图 4.5.32（a）中虚线所示。子卡诺图是

两维的（两个变量），故又称为降维卡诺图。各子卡诺图内所示的函数就是与其地址码 m_i 对应的数据输入 D_i。由于一个数据输入对应一个地址码，因此求 D_i 时只能在相应的子卡诺图内化简。分别化简 4 个子卡诺图，如图中实线圈所示。标注这些圈的积项时应去掉所有地址变量，即可得到各个 D_i 的函数表达式：$D_0 = D$，$D_1 = A + \overline{D} = \overline{\overline{AD}}$，$D_2 = \overline{D}$，$D_3 = A$。其逻辑图如图 4.5.32（b）所示，只附加一个与非门。

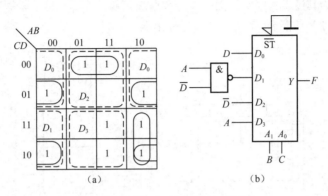

图 4.5.32 例 4.5.9 的卡诺图与逻辑图

上述函数如果选用 AB 作地址变量，相应的子卡诺图、逻辑图如图 4.5.33 所示，各 D_i 为 $D_0 = \overline{C}D + C\overline{D}$，$D_1 = \overline{C}\overline{D}$，$D_2 = C + D = \overline{\overline{C}\overline{D}}$，$D_3 = C + \overline{D} = \overline{\overline{C}D}$，需加 5 个与非门。

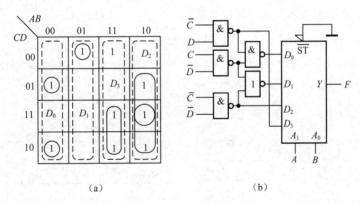

图 4.5.33 例 4.5.7 的另一个方案

显然用 BC 作地址变量时电路更简单，读者可自己验证用 CD 作地址变量时电路也简单。当然，数据输入 D_i 的函数表达式也可以用数据选择器来实现。

数据选择器实现函数与译码器实现函数相比，在一个芯片前提下，译码器必须外加门才能实现变量数不大于其输入端数的函数，不能实现变量数大于其输入端数的函数，但可同时实现多个函数；数据选择器不用外加门就能实现变量数不大于其地址端数的函数，在外加门时还能实现变量数大于其地址端数的函数，但只能实现一个函数。

4.5.5 数据分配器

数据分配器的功能与数据选择器的功能相反，将一个输入数据分配到多路输出中的某一路，从哪一路输出由当时的地址变量决定，也等效为单刀多掷开关，如图4.5.34所示，只是方向相反，故称DMUX。

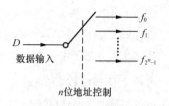

图 4.5.34　数据分配器框图

1. 数据分配器的基本功能

74LS155为TTL型双1线至4线数据分配器，这两个1线至4线数据分配器不完全相同，图4.5.35（a）所示是其中一个的逻辑图，图4.5.35（b）所示为其逻辑符号。该图中D为数据输入端，A_1A_0为公用地址输入端，ST为使能端，$f_0 \sim f_3$为数据输出端。

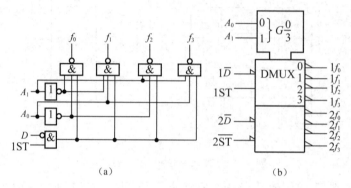

图 4.5.35　数据分配器的逻辑图与逻辑符号

由图4.5.35（a）可以看出，数据分配器的核心部分是一个2线至4线译码器，比译码器多了一个数据端，所以数据分配器是译码器加数据端构成的。当1ST=0时，$f_0 \sim f_2=1$，输出与输入无关，为禁止态；当1ST=1时，写出输出表达式$f_0 = \overline{\overline{D}m_0}$，$f_1 = \overline{\overline{D}m_1}$，$f_2 = \overline{\overline{D}m_2}$，$f_3 = \overline{\overline{D}m_3}$，$m_i(i=0 \sim 3)$为地址变量$A_1A_0$的最小项，故$m_i=1$时，则$f_i=D$，即根据地址不同，将$D$送到不同的输出端。其功能表如表4.5.10所示。

表 4.5.10　数据分配器功能表

（a）

输入			输出			
1ST	$1A_1$	$1A_0$	$1f_0$	$1f_1$	$1f_2$	$1f_3$
0	×	×	1	1	1	1
1	0	0	$1\overline{D}$	1	1	1
1	0	1	1	$1\overline{D}$	1	1
1	1	0	1	1	$1\overline{D}$	1
1	1	1	1	1	1	$1\overline{D}$

（b）

输入			输出			
2ST	$2A_1$	$2A_0$	$2f_0$	$2f_1$	$2f_2$	$2f_3$
1	×	×	1	1	1	1
0	0	0	$2\overline{D}$	1	1	1
0	0	1	1	$2\overline{D}$	1	1
0	1	0	1	1	$2\overline{D}$	1
0	1	1	1	1	1	$2\overline{D}$

2. 数据分配器的功能扩展

直接利用使能端进行扩展。如果将双1线至4线数据分配器的使能端1ST与2$\overline{\text{ST}}$并联作为高位地址变量A_2输入端，两个数据输入端并联作为数据输入，则可扩展为1线至8线的数据分配器。

3. 数据分配器的应用

（1）作译码器

由于数据分配器是译码器加数据端构成的，若将数据输入端接地，则图4.5.35（a）所示电路就变成2线至4线的译码器，令$D=0$，表4.5.10就变成译码器的功能表。反之，具有使能端的译码器也可用作数据分配器，将输入数据D从使能端输入即可，在译码器部分已有介绍。

【**例4.5.8**】 使用一片74LS155，请附加最少的门实现如下两个输出函数（在给出的图4.5.36上完成设计，A为高位）。

$$f_1(A,B,C) = A \cdot \overline{B} \cdot C + \overline{A} \cdot \overline{B} \cdot \overline{C} + B \cdot C \qquad f_2(A,B,C) = \Sigma m(0,1,2,3,5,6,7)$$

解：首先将74LS155双1线至4线数据分配器扩展为1线至8线数据分配器，即将使能端1ST与2$\overline{ST}$并联作为高位地址变量A输入端，两个数据输入端并联作为数据输入端$\overline{D}$。

然后将此1线至8线数据分配器变成3线至8线译码器，即将数据输入端$\overline{D}$接地。注意：此时8条输出线（即8个最小项的非）的排列如图4.5.37所示。

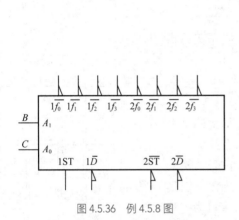

图 4.5.36 例 4.5.8 图

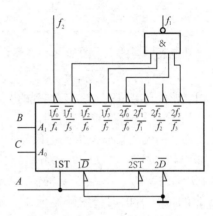

图 4.5.37 8 条输出线的排列

再将F_1转换为最小项表达式为$F_1(A,B,C) = A \cdot \overline{B} \cdot C + \overline{A} \cdot \overline{B} \cdot \overline{C} + B \cdot C = \Sigma m(0,3,5,7)$，外加一个与非门即可实现；$F_2$转换为$F_2(A,B,C) = \Sigma m(0,1,2,3,5,6,7) = M_4 = \overline{m_4}$，不用外加门，直接引出即可，如图4.5.37所示。

（2）多路分配器

将数据选择器与数据分配器配合使用，就可以实现多路数据的传输。图4.5.38所示的是8路数据传输，受地址输入ABC的控制。例如，当$ABC=001$时，实现$D_1 \rightarrow f_1$的传输，在此强调指出，收发两端的地址要严格同步。

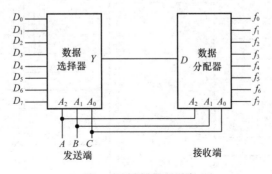

图 4.5.38 8 路数据传输

4.6 拓展阅读与应用实践

1. 函数发生器

译码器、数据选择器、数据分配器都可以实现函数，下面举例说明用与非门设计一个函数发生器电路，它的功能表如表4.6.1所示。

表 4.6.1　函数发生器电路功能表

S_1	S_0	Y	S_1	S_0	Y
0	0	$\overline{A}\,\overline{A}$	1	0	$\overline{AB}$
0	1	$A+B$	1	1	$A\oplus B$

由功能表填写的卡诺图如图4.6.1所示，化简后的与或表达式为

$$Y = S_1\overline{S_0}\,\overline{A} + S_0\overline{A}B + \overline{S_1}S_0A + S_1A\overline{B}$$

由此即可画出用9个与非门实现的电路图（此处省略）。

2. 组合逻辑电路的工程应用

下面举例说明集成BCD码七段显示译码器74LS48的测试电路，如图4.6.2所示。74LS48与共阴极数码管相连，通过$S_1 \sim S_4$这4个开关改变A_0、A_1、A_2、A_3的输入状态，当输入信号的输入组合为0000 ～ 1001时，数码显示器所显示的十进制数分别是0 ～ 9。该图中显示的是输入BCD码为0011时，显示字符为"3"的情况。

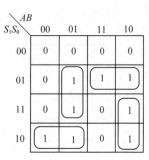

图 4.6.1　卡诺图

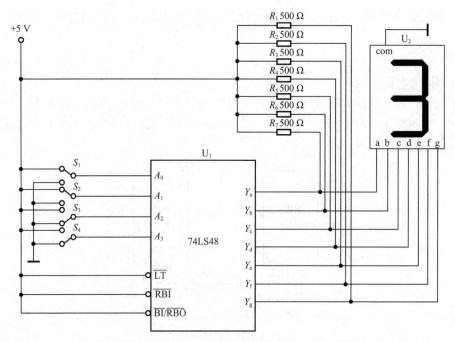

图 4.6.2　集成 BCD 码七段显示译码器 74LS48 的测试电路

4.7 本章小结

本章主要介绍小规模组合逻辑电路的分析和设计方法，以及组合逻辑电路中的冒险现象，并介绍常用的几种中规模组合逻辑电路，为后续时序逻辑电路的分析与设计、大规模逻辑电路的设计打下基础。

组合逻辑电路在逻辑功能上的特点是任意时刻的输出仅仅取决于该时刻的输入，而与电路的过去状态无关。它在电路结构上的特点是只包含门电路，而没有存储（记忆）单元。

冒险是组合逻辑电路工作状态转换过程中经常出现的一种现象。如果负载是一些对尖峰脉冲敏感的电路，则必须采取措施防止由冒险产生尖峰脉冲。如果负载电路对尖峰脉冲不敏感（例如负载为光电显示器件），就不必考虑这个问题。

常用的中规模组合逻辑电路为了提高使用的灵活性，也为了便于功能扩展，都设置了附加的控制端（或称为使能端、选通输入端、片选端、禁止端等），合理地运用这些控制端能最大限度地发挥电路的潜力。在使用大规模集成的可编程逻辑器件设计组合逻辑电路以及设计大规模集成电路芯片的过程中，也经常把这些常用的组合逻辑电路作为典型的模块电路，用来构建所需要的逻辑电路。

📝 习题 4

4.1 试分析题4.1图所示逻辑电路的功能。

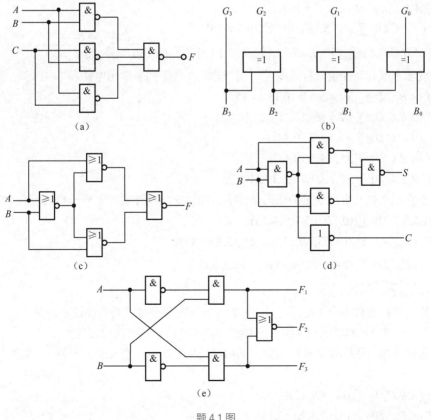

题 4.1 图

4.2 试分析题4.2图所示逻辑电路，列出真值表，并说明其逻辑功能。

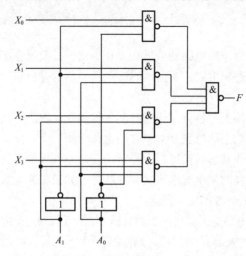

题 4.2 图

4.3 在输入既有原变量又有反变量的条件下，用与非门实现下列函数。

（1）$F(A,B,C)=\sum_m(2,3,4,5,7)$；

（2）$F(A,B,C,D)=\sum_m(0,2,6,7,10,12,13,14,15)$；

（3）$F(A,B,C,D)=\sum_m(0,4,5,6,7,10,11,13,14,15)$；

（4）$F(A,B,C,D,E)=A\bar{B}+\bar{A}C+B\bar{C}D+BCE+B\overline{DE}$；

（5）$F(A,B,C,D)=AB+\overline{\overline{\bar{A}+C}\cdot BD}+B\overline{CD}$；

（6）$F(A,B,C,D)=\sum_m(2,4,5,6,7,10)+\sum_\varphi(0,3,8,15)$；

（7）$F(A,B,C,D,E)=\sum_m(0,1,3,6,7,13,15,20,23,28,31)+\sum_\varphi(10,12,16,18,25,27,29)$。

4.4 设输入既有原变量又有反变量，用与非门实现下列多输出电路。

（1）$F_1(A,B,C,D)=\sum_m(2,4,5,6,7,10,13,14,15)$，

　　$F_2(A,B,C,D)=\sum_m(2,5,8,9,10,11,12,13,14,15)$；

（2）$F_1(A,B,C,D)=\sum_m(0,4,8,9,10,14)$，

　　$F_2(A,B,C,D)=\sum_m(1,2,4,5,10,11)$，

　　$F_3(A,B,C,D)=\sum_m(0,1,3,5,7,8,9,10,11,14)$。

4.5 在有原变量又有反变量的输入条件下，用或非门设计实现下列函数的组合逻辑电路：

（1）$F(A,B,C,D)=\sum_m(0,1,2,4,5,10,14,15)$；

（2）$F(A,B,C,D)=\Pi_M(0,1,3,7,9,11,14)\cdot\Pi_\varphi(5,8,10,12)$；

（3）$F(A,B,C,D)=\sum_m(2,4,6,10,14,15)+\sum_\varphi(0,3,9,11)$；

（4）$F=\overline{\overline{\overline{A+B}+\overline{B}+C}\cdot\overline{AB}}$。

4.6 用与非门设计一个4人表决器，多数人赞成决议通过，否则决议不通过。

4.7 设计一个4位格雷码至4位二进制数的转换电路，用异或门实现。

4.8 设输入既有原变量又有反变量，试用两块74LS10（3输入端3与非门）实现下列多输出函数。

（1）$F_1(A,B,C,D)=\sum_m(6,7,8,9,12)$；

（2）$F_2(A,B,C,D)=\sum_m(5,6,7,8,10,13,15)$。

4.9 用两个半加器和一个或门构成一个全加器。

4.10 判断下列表达式是否存在逻辑冒险，如有，则说明是什么类型的冒险。

（1）$F(A,B,C)=A\overline{B}+\overline{A}C+B\overline{C}$；

（2）$F(A,B,C)=\overline{\overline{A}C}+\overline{A}B+AC$；

（3）$F(A,B,C)=(A+B)(\overline{B}+C)$；

（4）$F(A,B,C)=(A+\overline{B})(\overline{A}+C)(B+\overline{C})$。

4.11 用卡诺图化简法消除函数 $F=\overline{A}C+B\overline{C}D+A\overline{B}C$ 的冒险。

4.12 某逻辑函数的卡诺图如题 4.12 图所示，试判断当输入信号做如下变化时，是否存在功能冒险。

AB CD	00	01	11	10
00	0	0	1	0
01	0	1	1	1
11	1	1	0	1
10	1	1	1	1

题 4.12 图

（1）$ABCD$ 从 0011→0100；

（2）$ABCD$ 从 0110→0111；

（3）$ABCD$ 从 1010→1100；

（4）$ABCD$ 从 0010→1110；

（5）$ABCD$ 从 1001→1100。

4.13 已知逻辑函数 $F(A,B,C,D)=\sum_m(1,3,4,5,6,8,9,12,14)$，试判断当输入变量变化按自然二进制编码的顺序变化时，是否存在静态功能冒险，如果存在，请用选通脉冲法消除。画出用与非门实现的逻辑图。

4.14 试用中规模集成 4 位数码比较器扩展成 18 位数码比较器。

4.15 设 A、B、C 为 3 个互不相等的 4 位二进制数，试用 4 位数码比较器和 2 选 1 数据选择器，设计一个能在 3 个数中选出最小数的逻辑电路。

4.16 试用两个 4 位数码比较器组成 3 个数的判断电路。要求能够判别 3 个 4 位二进制数 $A(a_3a_2a_1a_0)$、$B(b_3b_2b_1b_0)$、$C(c_3c_2c_1c_0)$ 是否相等，A 是否最大、A 是否最小，并分别给出"3 个数相等""A 最大""A 最小"的输出信号，可以附加必要的门电路。

4.17 试用 74148 组成 24 线至 5 线优先编码器。

4.18 设计一个 4 线至 2 线优先编码器，要求输入、输出均为高电平有效，试写出用与非门实现的编码器输出的逻辑表达式。

4.19 用一片 3 线至 8 线译码器和与非门构成一位全加器。

4.20 试用 4 片二-十进制译码器和一个两输入变量的译码器，组成一个 5 线至 32 线的译码器。

4.21 试用 3 片 3 线至 8 线译码器组成一个 5 线至 24 线译码器。

4.22 写出题 4.22 图所示电路输出 Y_1、Y_2 的逻辑函数式。

4.23 用 3 线至 8 线译码器设计一个路灯控制电路，要求在 4 个不同的地方都能独立地开灯和关灯。

4.24 写出题 4.24 图所示的地址译码器的选通信号 $\overline{CS_1}$、$\overline{CS_2}$、$\overline{CS_3}$ 所选中的地址空间范围（以十六进制数表示，若不连续，分别写出），地址线为 $A_7 \sim A_0$。

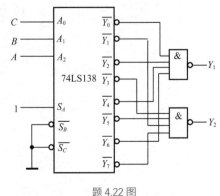

题 4.22 图

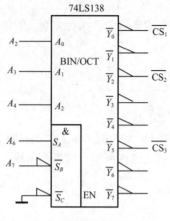

题 4.24 图

4.25 用一片双4选1数据选择器实现一位全加器。

4.26 用8选1数据选择器实现下列函数（输入提供原变量和反变量）。

（1）$F(A,B,C)=AB+BC+AC$；

（2）$F(A,B,C)=A \oplus B \oplus AC \oplus BC$；

（3）$F(A,B,C)=\sum_m(0,2,3,6,7)$；

（4）$F(A,B,C,D)=\sum_m(0,4,5,8,12,13,14)$；

（5）$F(A,B,C,D)=\sum_m(0,3,5,8,11,14)+\sum_\varphi(1,6,12,13)$；

（6）$F(A,B,C,D,E)=\sum_m(0,2,4,10,11,15,18,20,25,26,28,29)+\sum_\varphi(5,6,14,17,22,24)$。

4.27 用双4选1数据选择器实现题4.26中各函数。

4.28 试用6个8路数据选择器连接一个40路数据选择器。

4.29 用8选1数据选择器产生10110011序列信号。

4.30 由8选1数据选择器实现的函数 F 如题4.30图所示。

（1）写出 F 的表达式；

（2）用3线至8线译码器74LS138实现函数 F。

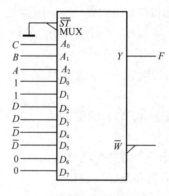

题 4.30 图

第 **5** 章

触发器

在数字系统中，除了需要实现逻辑运算和算术运算的组合逻辑电路，还需要具有存储功能的电路，触发器（flip-flop）就是实现这种功能的电路。触发器具有两个稳定状态，在外部激励信号的作用下，能从一种稳态变到另一种稳态，故称为双稳态触发器。组合逻辑电路与触发器相结合可构成时序逻辑电路。

本章将介绍各类集成触发器的原理、功能及描述方法。RS 触发器是构成各种触发器的基本单元，在此基础上产生了 JK 触发器、D 触发器和 T 触发器等，不同的触发器具有不同的特征方程。钟控触发器引入了时钟信号，分为时钟电平触发和时钟边沿触发两类。只有当时钟信号有效时，触发器才能在输入信号激励下发生状态转换。TTL 主从触发器具有边沿触发特性，但存在"一次翻转"现象。

⚙ 学习目标

（1）掌握基本 RS 触发器、D 触发器、JK 触发器的功能表和特征方程。

（2）掌握时钟电平触发与边沿触发的区别，熟悉 TTL 主从 JK 触发器的一次翻转现象。

（3）熟悉各种常用触发器的状态图。

5.1 触发器的基本特性

集成触发器的种类很多，但所有的双稳态触发器都具备以下特性。

（1）有两个互补的输出 Q 和 $\bar{Q}$。当 $Q=1$ 时，$\bar{Q}=0$，而当 $Q=0$ 时，$\bar{Q}=1$。

（2）有两种稳态。若输入不变，触发器必处于其中一种稳态，且保持不变。将 $Q=1$ 和 $\bar{Q}=0$ 称为 "1" 状态；而把 $Q=0$ 和 $\bar{Q}=1$ 称为 "0" 状态。

（3）在输入信号的作用下，可以从一种稳态转换到另一种稳态并保持，直到下一次输入发生变化时，才可能再次改变状态。

设输入信号没有到来时（即发生变化之前，t_n 时刻），触发器的输出状态称为现在状态、原状态或当前状态，用 Q^n 和 $\overline{Q^n}$ 表示；输入信号到来后（即发生变化之后，t_{n+1} 时刻），触发器达到稳定时的输出状态称为下一状态、新状态或次态，用 Q^{n+1} 和 $\overline{Q^{n+1}}$ 表示。若用 X 表示输入信号的集合，则触发器的下一状态是它的现在状态和输入信号的函数，即

$$Q^{n+1} = f(Q^n, X) \qquad (5.1.1)$$

这个式子称为触发器的下一状态方程，简称状态方程，是描述时序逻辑电路的基本表达式。每种触发器都有自己特定的状态方程，因此也称为特征方程。

现在状态和下一状态是相对输入变化而言的，在某一个时刻输入变化后电路进入的下一状态，对于下一次输入变化而言，就是触发器的现在状态。即下一状态是对某一时刻而言的，过了这个时刻就应将其看作现在状态。

双稳态触发器有两种稳态，所以能记忆一位二进制数的两种状态。实际只记忆两种状态是不够的，可以通过多个触发器的连接来获得多种记忆状态。

▶ 思考题

5.1.1　双稳态触发器具备哪些特性？

5.1.2　当前状态、次态的定义分别是什么？

5.1.3　一个双稳态触发器有两种稳态，所以能记忆几位二进制数的不同状态？

5.2 基本 RS 触发器

基本 RS 触发器是一切触发器构成的基础，在此基础上产生了 JK 触发器、D 触发器和 T 触发器等，不同的触发器具有不同的特征方程。

5.2.1 电路结构及工作原理

下面先介绍基本 RS 触发器的两种电路结构，从结构出发分析两种结构构成的基本 RS 触发器的工作原理，得到其约束条件。

1. 基本 RS 触发器的结构

基本 RS 触发器由两级或非门或两级与非门交叉形成，如图 5.2.1 所示。其中 S 表示 Set，置位端；R 表示 Reset，复位端。图 5.2.1（a）的等效图如图 5.2.2 所示。

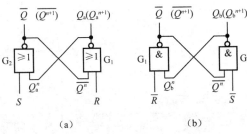

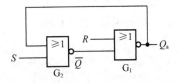

图 5.2.1　基本 RS 触发器的两种结构　　　图 5.2.2　图 5.2.1（a）的等效图

两种结构均反映了一个基本特点：时序逻辑电路的下一状态是其输入和现在状态的函数。

由于或非门有 1 就输出 0，1 信号起作用，1 有效；与非门有 0 就输出 1，0 信号起作用，0 有效。为统一两者取值关系，在与非门组成的触发器输入信号上加非号变成 $\bar{S}$、$\bar{R}$，逻辑符号上 R、S 端加一小圆圈，表示 0 有效。因此，图 5.2.1（a）所示为 RS 触发器，图 5.2.1（b）所示为 $\overline{RS}$ 触发器。

2. 基本 RS 触发器的原理

由图 5.2.1（a）、图 5.2.1（b）不难得出对于两种结构的触发器具有下面相同的结论。

（1）当 $\left.\begin{array}{l}S=0,R=0\\\bar{S}=1,\bar{R}=1\end{array}\right\}$ 时，$Q^{n+1}=Q^n$，触发器保持原状态。

（2）当 $\left.\begin{array}{l}S=0,R=1\\\bar{S}=1,\bar{R}=0\end{array}\right\}$ 时，$Q^{n+1}=0$，复位，触发器置 0。

（3）当 $\left.\begin{array}{l}S=1,R=0\\\bar{S}=0,\bar{R}=1\end{array}\right\}$ 时，$Q^{n+1}=1$，置位，触发器置 1。

（4）当 $\left.\begin{array}{l}S=1,R=1\\\bar{S}=0,\bar{R}=0\end{array}\right\}$ 时，或非门 $Q^{n+1}=\overline{Q^{n+1}}=0$，与非门 $Q^{n+1}=\overline{Q^{n+1}}=1$，输出不满足互补条件，是触发器的禁止状态。此时情况如下。

① 输出 $Q=\bar{Q}$ 相等，破坏了输出端互补的逻辑关系。

② 若以此时的状态作为现在状态，则当 S、R 同时由 $1\to0$（$\bar{S}$、$\bar{R}$ 由 $0\to1$），由于两个门的延迟时间不同（$t_{pd1}\neq t_{pd2}$），且谁大谁小具有随机性，当 $t_{pd1}<t_{pd2}$ 时，$Q^{n+1}=1$，当 $t_{pd1}>t_{pd2}$ 时，$Q^{n+1}=0$，因此新状态不确定；而当 R、S 非同时由 $1\to0$ 时，若 S 先由 $1\to0$，$Q^{n+1}=0$，若 R 先由 $1\to0$，$Q^{n+1}=1$，新状态同样不确定。

故综合以上情况，基本 RS 触发器不允许 $S=R=1$ 出现，这称为约束条件，即 $RS=0$。

5.2.2　描述触发器的方法

描述触发器（时序逻辑电路）有 6 种方法，这些描述方法可以互相转换，下面以基本 RS 触发器为例分别介绍这些方法的定义及使用。

1. 状态表

在状态表中，将输入信号称为外输入，触发器的原状态 Q^n 称为内输入。状态表是指用表格形式表示所有可能的输入与输出的对应关系，类似于真值表，常以卡诺图（二维真值表）的形式出现。由此可以得到基本 RS 触发器的状态表如图 5.2.3 所示。

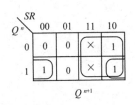

图 5.2.3　基本 RS 触发器的
　　　　　状态表

$S=R=1$ 为不允许输入，在表中表现为任意项。

2. 功能表

功能表为简化的状态表，只列出外输入与输出 Q^{n+1} 的对应关系，多用于器件手册。基本 RS 触发器的功能表如表 5.2.1 所示。

表 5.2.1　基本 RS 触发器的功能表

S	R	Q^{n+1}	功能说明	S	R	Q^{n+1}	功能说明
0	0	Q^n	保持	1	0	1	置1
0	1	0	置0	1	1	×	不允许

功能表在形式上与组合逻辑电路的真值表相似，左边是输入状态的各种组合；右边是相应的输出状态。但这时输出取值中除了 0 和 1 还有反映过去输入结果的 Q^n，这正体现出时序逻辑电路的特性。

3. 状态方程

将输入 S、R、Q^n 和 Q^{n+1} 之间的关系用函数式表示出来，有以下两种方法。

（1）化简图 5.2.3 所示基本 RS 触发器的状态表，可得

$$\begin{cases} Q^{n+1} = S + \overline{R}Q^n \\ R \cdot S = 0 \end{cases} \tag{5.2.1}$$

（2）由图 5.2.1（a）求得 $Q^{n+1} = \overline{\overline{R} + \overline{\overline{S} + Q^n}} = \overline{R}(\overline{S} + Q^n) = \overline{S}\overline{R} + \overline{R}Q^n$，由于有约束条件 $\overline{R} \cdot \overline{S} = 0$，可在式（5.2.1）中加入一项 $\overline{R}\overline{S}$，得

$$\begin{cases} Q^{n+1} = \overline{S}\overline{R} + \overline{R}Q^n + \overline{R}\overline{S} = \overline{S} + \overline{R}Q^n \\ \overline{R} \cdot \overline{S} = 0 \text{（或非门）或 } \overline{R} + \overline{S} = 1 \text{（与非门）} \end{cases} \tag{5.2.2}$$

可见两种方法的结论相同，$\overline{\text{RS}}$ 触发器的状态方程和 RS 触发器的是一致的，仅约束条件的形式有所不同，以后统一采用式（5.2.1）。

4. 波形图

触发器输入信号和其输出 Q 之间对应关系的工作波形图称作时序图，可直观地说明触发器的特性。根据功能表就可由触发器的现在状态及输入来决定触发器的下一状态，图 5.2.4 所示为基本 RS 触发器的波形图，设初始状态为 $Q_0 = 0$，图中虚线部分表示状态不确定。

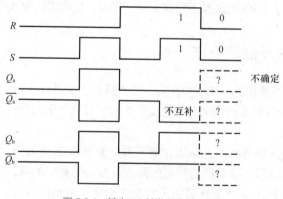

图 5.2.4　基本 RS 触发器的波形图

正像所有逻辑电路都有延迟，RS 触发器的输出对输入也有一定的延迟。设每个或非门（与非门）的延迟时间为 t_{pd}，则可以得到图 5.2.5 所示的波形图，图 5.2.5（a）所示是带延迟的或非门基本 RS 触发器的输出波形，图 5.2.5（b）所示是带延迟的与非门基本 RS 触发器的输出波形。在图 5.2.5（a）中当 S 变为 1 时，经过一个 t_{pd} 后引起 $\overline{Q}$ 的变化，再经过一个 t_{pd} 引起 Q 的变化。在图 5.2.5（b）中，则是 $\overline{S}$ 变为低电平后先引起 Q 的变化（延迟 t_{pd}），再经过一个 t_{pd} 后才引起 $\overline{Q}$ 的变化。所以考虑到门延迟的影响，要保证基本 RS 触发器有稳定的输出，输入信号的持续时间应大于 $2t_{pd}$。

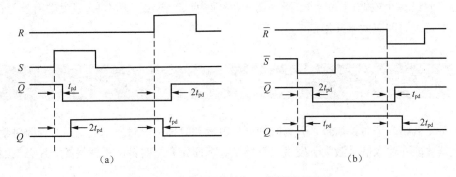

图 5.2.5　考虑延迟的基本 RS 触发器波形图

5. 状态图

状态图以图形方式表示输出状态转换的条件和规律。用圆圈表示各状态，圈内注明状态名或取值、用箭头表示状态的转移，箭头指向新状态，线上注明状态转换的条件/输出，条件可以有多个。基本 RS 触发器的状态图如图 5.2.6 所示。

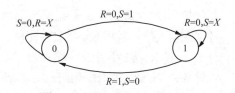

图 5.2.6　基本 RS 触发器的状态图

6. 激励表

列出已知的状态转换和所要求的输入条件的表格称为激励表。它是以当前状态 Q^n 和下一状态 Q^{n+1} 为变量，以对应的输入变量 R、S 为函数的关系表，即在什么样的激励下，才能使 $Q^n \to Q^{n+1}$。表 5.2.2 所示为基本 RS 触发器的激励表。

表 5.2.2　基本 RS 触发器的激励表

Q^n	Q^{n+1}	S	R	Q^n	Q^{n+1}	S	R
0	0	0	×	1	0	0	1
0	1	1	0	1	1	×	0

显然以上各种描述方法可以互相转换。

对于触发器，重要的是掌握它们的特征方程和约束条件。

5.2.3　基本 RS 触发器的特点

（1）状态转换的时刻和方向（即变成哪种状态）同时受输入信号 S、R 控制，因此基本 RS 触发器为异步时序逻辑电路。

（2）基本 RS 触发器是组成各类触发器的基础（R、S 输入有限制，使用不便）。

在一些数字系统中，往往要求触发器的状态不是在输入信号变化时立即转换，而是等待一个控制脉冲到达时才转换，这个控制脉冲就是时钟脉冲（clock pulse，CP），简称时钟（clock，CLK）。

用一个时钟信号保持整个时序系统协调工作的电路称为同步时序逻辑电路。

转换时刻受CP控制的触发器称为钟控触发器，是同步时序逻辑电路的基础。

▶ **思考题**

5.2.1 基本RS触发器由两级什么门交叉形成？

5.2.2 基本RS触发器的约束条件是什么？

5.2.3 假设每个或非门（与非门）的延迟时间为t_{pd}，要保证基本RS触发器有稳定的输出，输入信号的持续时间应大于几倍t_{pd}？

5.3 钟控触发器

钟控触发器引入了时钟信号，分为时钟电平触发和时钟边沿触发两类。只有当时钟信号有效时，触发器才能在输入信号激励下发生状态转换。下面先介绍时钟电平触发的钟控触发器。

5.3.1 钟控 RS 触发器

钟控RS触发器是在基本RS触发器的基础上引入了时钟信号，只有当时钟信号有效时，触发器才能在输入信号激励下发生状态转换。

1. 钟控RS触发器的结构

钟控RS触发器逻辑图如图5.3.1所示，由4个与非门构成，与非门G_3、G_4构成基本$\overline{RS}$触发器。

2. 钟控RS触发器的原理

电路的工作分为以下两种情况。

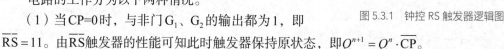

图 5.3.1 钟控 RS 触发器逻辑图

（1）当CP=0时，与非门G_1、G_2的输出都为1，即$\overline{RS}$=11。由$\overline{RS}$触发器的性能可知此时触发器保持原状态，即$Q^{n+1}=Q^n \cdot \overline{CP}$。

（2）当CP=1时，G_1、G_2打开，输入信号RS通过G_1、G_2作用到$\overline{RS}$触发器的输入端，实现基本RS触发器的功能，即$Q^{n+1}=(S+\overline{R}Q^n)\cdot CP$。

综合以上两种情况，可以得出钟控RS触发器的状态方程为

$$Q^{n+1}=(S+\overline{R}Q^n)\cdot CP+Q^n \cdot \overline{CP}$$

对于有时钟的电路，其状态方程中应该有CP这个输入变量。但由于在CP=0时，触发器只是维持原状态，因此，一般列状态方程时只考虑CP=1的情况，省去CP这个变量$Q^{n+1}=S+\overline{R}Q^n$（此时CP=1），其功能表如表5.3.1所示。

表 5.3.1 钟控 RS 触发器功能表

CP	S	R	Q^{n+1}	功能说明	CP	S	R	Q^{n+1}	功能说明
0	×	×	Q^n	保持	1	1	0	1	置1
1	0	0	Q^n	保持	1	1	1	×	不允许
1	0	1	0	置0					

钟控RS触发器在CP=0时，维持原状态；在CP=1时，输出随输入按基本RS触发器的特性变化，这种钟控触发方式称为电平触发。

钟控RS触发器的缺点是输入有限制，使用不方便。

5.3.2　钟控 D 触发器

在钟控RS触发器的输入部分加一个反相器，将两个输入端减为一个，就构成了钟控D触发器，其逻辑图如图5.3.2所示。从图5.3.2中可以看出，钟控D触发器用$S=D$和$R=\overline{D}$来代替S、R，因此可利用RS触发器的状态方程得出钟控D触发器的状态方程，即当CP=1时

$$Q^{n+1} = S + \overline{R}Q^n = D + \overline{\overline{D}}Q^n = D \tag{5.3.1}$$

由状态方程可以立即得出钟控D触发器的功能表，如表5.3.2所示。可见其逻辑功能十分简单，就是在时钟信号作用下，将输入的数据接收并保存。由于钟控D触发器只有一个输入端，在许多情况下，可使触发器之间的连接变得简单，因此使用十分广泛。

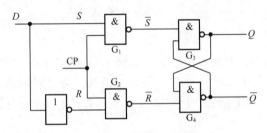

图 5.3.2　钟控 D 触发器的逻辑图

表 5.3.2　钟控 D 触发器的功能表

CP	D	Q^{n+1}	功能说明
0	×	Q^n	保持
1	0	0	置0
1	1	1	置1

在实际中，有些数据出现时间很短，但使用的时间比较长，就需要在数据出现时，将数据存储起来，以便以后使用。完成这种功能的部件称为锁存器（latch）。

由于钟控D触发器有直接存储数据的功能，一般用钟控D触发器构成锁存器。一位钟控D触发器只能传输或存储一位数据，而在实际工作中往往希望一次传输或存储多位数据。为此可以把若干个钟控D触发器的控制端CP连接起来，用一个公共的控制信号来控制，而各个数据端仍然独立地接收数据。

集成锁存器的品种很多，位数有2位、4位和8位等，输出有单输出Q、反相输出$\overline{Q}$，以及互补输出Q和$\overline{Q}$。常用的8位D锁存器74LS373带有输出三态控制，使输出可以呈现0、1或高阻3种状态，表5.3.3所示是其功能表。注意：其无时钟信号CP，而采用电位信号G。

表 5.3.3　8 位 D 锁存器 74LS373 功能表

输出控制 OE	G	D	Q^{n+1}	输出控制 OE	G	D	Q^{n+1}
0	1	1	1	0	0	×	Q^n
0	1	0	0	1	×	×	高阻

利用这种锁存器，可以构成双向数据锁存器，其逻辑图如图5.3.3所示。当输出控制信号$OE_1=0$和$OE_2=1$时，锁存器Ⅱ为高阻态输出，锁存器Ⅰ工作，数据可以从左边传输到右边，当$OE_1=1$和$OE_2=0$时，锁存器Ⅰ为高阻态输出，锁存器Ⅱ工作，数据可以从右边传输到左边，从而完成了双向数据传输和锁存的功能。

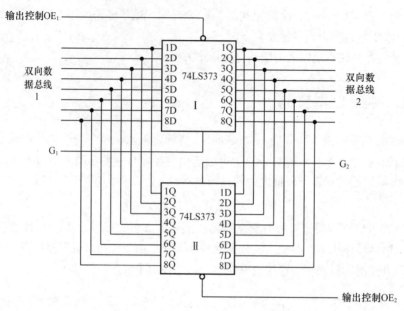

图 5.3.3　由 74LS373 构成的双向数据锁存器的逻辑图

　　锁存器仍然是一种电位控制的触发器，在控制信号有效时，输出是随输入数据的变化而变化的，故有时又称为透明式锁存器，因为当控制信号有效时，从输出端可以看到数据输入端的值。

　　锁存器在实践中有广泛的应用，但它们不能被用在同步时序系统中构成计数器、移位寄存器或其他同步电路。

5.3.3　钟控 JK 触发器

　　钟控 JK 触发器有两个输入端，但输入的取值不再受限制，即可以取 00、01、10 和 11 这 4 种组合的任何一种。钟控 JK 触发器的逻辑图如图 5.3.4 所示，是由钟控 RS 触发器加上两条反馈线构成的：从 $\overline{Q}$ 反馈到原 S 信号输入门，从 Q 反馈到原 R 信号输入门，并把 S 输入端改为 J，R 输入端改为 K。这样，实际的 R 和 S 信号为

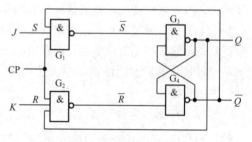

图 5.3.4　钟控 JK 触发器

$$S = J\overline{Q^n}, \quad R = KQ^n$$

把它们代入钟控 RS 触发器的状态方程可得

$$Q^{n+1} = S + \overline{R}Q^n = J\overline{Q^n} + \overline{KQ^n} \cdot Q^n = J\overline{Q^n} + \overline{K}Q^n \tag{5.3.2}$$

由状态方程可列出钟控 JK 触发器的功能表，如表 5.3.4 所示。

表 5.3.4　钟控 JK 触发器的功能表

CP	J	K	Q^{n+1}	功能说明	CP	J	K	Q^{n+1}	功能说明
0	×	×	Q^n	保持	1	1	0	1	置 1
1	0	0	Q^n	保持	1	1	1	$\overline{Q^n}$	翻转
1	0	1	0	置 0					

由表5.3.4可见，钟控RS触发器对输入11组合不允许出现的限制，在这里不再存在，从而使钟控JK触发器的使用比钟控RS触发器广泛得多。

将钟控JK触发器的两个输入端连接在一起，构成了另一种只有一个输入端的触发器，称为钟控T触发器。采用与钟控JK触发器同样的分析方法，可知这时的等效R、S输入信号为

$$S = T\overline{Q^n}, \quad R = TQ^n$$

因此，钟控T触发器的状态方程为

$$Q = S + RQ = T\overline{Q^n} + \overline{TQ^n} \cdot Q^n = T\overline{Q^n} + \overline{T}Q^n = T \oplus Q^n \qquad (5.3.3)$$

其逻辑功能也很简单，当$T=0$时，触发器状态不变，而当$T=1$时，触发器状态就翻转一次。表5.3.5所示是钟控T触发器的功能表。

表5.3.5　钟控 T 触发器的功能表

CP	T	Q^{n+1}	功能说明
0	×	Q^n	保持
1	0	Q^n	保持
1	1	$\overline{Q^n}$	翻转

当$T \equiv 1$或没有T输入端（对TTL电路来说，这隐含$T \equiv 1$），则来一个时钟脉冲，触发器就改变一次状态，这种触发器称为T'触发器或计数触发器，其状态方程为

$$Q^{n+1} = \overline{Q^n} \qquad (5.3.4)$$

5.3.4　各种触发器的转换

对于目前市场上出售的集成触发器，从功能上看，大多是钟控JK触发器和钟控D触发器。这是因为钟控JK触发器的逻辑功能较为完善，而钟控D触发器对于单端信号输入时使用较为方便。在实际工作中，若需要利用手中现有的触发器完成其他触发器的逻辑功能，就需要对不同功能的触发器进行转换。图5.3.5所示为触发器逻辑功能转换的框图。

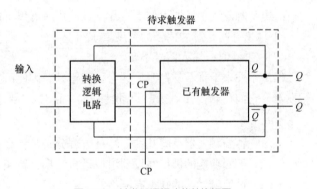

图 5.3.5　触发器逻辑功能转换框图

该图中已有触发器是给定的，与转换逻辑电路一起构成待求功能的触发器，转换的关键是转换逻辑电路。转换逻辑电路的输入端为转换后触发器的输入端，而其输出端为已有触发器输入端。同时应注意，转换前后的触发方式不变。

转换依据是转换前后的状态方程相等，转换方法有两种：公式法和真值表法。如将钟控D触发器转换为钟控T触发器。

1. 公式法

因为在CP=1时，钟控D触发器中$Q^{n+1} = D$，钟控T触发器中$Q^{n+1} = T \oplus Q^n$，所以$D = T \oplus Q^n$，得到转换，如图5.3.6所示。

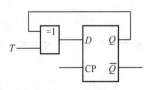

图 5.3.6　由钟控 D 触发器到钟控 T 触发器的转换

2. 真值表法

将 Q^n、T 作为输入变量，先得到 Q^{n+1} 的值，再根据 Q^n 到 Q^{n+1} 的状态转移求出此时所需的激励信号 D，即得到以 Q^n、T 为输入变量的函数 D 的真值表，如表5.3.6所示。中间一列 Q^{n+1} 只起过渡作用。

表 5.3.6 函数 D 的真值表

Q^n	T	Q^{n+1}	D	Q^n	T	Q^{n+1}	D
0	0	0	0	1	0	1	1
0	1	1	1	1	1	0	0

由真值表可以求出 D 的表达式：$D = \overline{Q^n} \cdot T + Q^n \cdot \overline{T} = T \oplus Q^n$。

公式法简单，但适用范围窄；真值表法适用范围广。

5.3.5 钟控触发器的缺点

以上钟控触发器均采用电平触发，即在CP=1时触发器状态随输入信号变化而改变，所以为了使这类触发器稳定、可靠工作，要求在CP=1期间，输入信号不变，这就限制了它们的应用，同时也说明这类触发器的抗干扰能力较差。

另外，在CP=1时，即使输入信号不变，对于T'触发器及钟控JK触发器J=K=1时，触发器的状态转移均为 $Q^{n+1} = \overline{Q^n}$，因此，若CP=1的脉冲宽度较宽，超过组成触发器的门的延迟时，触发器将会出现连续不停的多次翻转，这种现象叫作空翻。如果要求每来一个CP脉冲，触发器仅发生一次翻转，则对脉冲信号的宽度要求极其苛刻。

故电平触发式触发器工作不可靠，在使用时有以下两个限制。

（1）CP=1时，脉冲信号的宽度要求窄。

（2）CP=1时，输入信号不变。

但由于外来干扰不易控制，还会引起错翻，因此产生了主从触发器和边沿触发器两种实用的触发器。它们在1个CP到来时只翻转一次，且对CP要求不高。

▶ **思考题**

5.3.1 钟控触发器有哪几种？特征方程分别是什么？

5.3.2 不同功能的钟控触发器可以进行转换，转换依据是什么？转换方法有哪两种？

5.3.3 钟控触发器的缺点有哪些？

5.4 TTL 主从触发器

实际用于同步时序逻辑电路的触发器应该在一个时钟周期中只能翻转一次，并且对于时钟的宽度不应有苛刻的要求。主从触发器可以满足这些要求。

5.4.1 基本工作原理

图5.4.1所示是TTL主从触发器的原理逻辑图，它由两个钟控RS触发器构成：与输入相连的

称为主触发器（master flip-flop），与输出相连的称为从触发器（slave flip-flop），两条反馈线由从触发器的输出接到主触发器的输入，从而使整个电路具有JK触发器的特性而不具有RS触发器的特性。时钟CP直接作用于主触发器，经反相后再作用于从触发器。

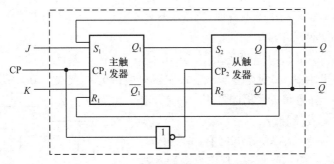

图 5.4.1　TTL 主从 JK 触发器的原理逻辑图

其工作原理依据主、从触发器的时钟反相的特点容易理解。先假设在CP=1期间，输入J、K不变。其工作分为以下两个阶段。

（1）当CP=0时，$CP_1=0$，$CP_2=1$，使主触发器封锁，保持原状态，从触发器工作，其输入信号为$S_2=Q_1^n$，$R_2=\overline{Q_1^n}$，所以

$$Q^{n+1}=S_2+\overline{R_2}Q^n=Q_1^n+\overline{\overline{Q_1^n}}\cdot Q^n=Q_1^n \qquad (5.4.1)$$

从触发器重复主触发器的状态。即将主触发器的状态传送给从触发器，并且在整个CP=0期间，由于主触发器状态不变，因此从触发器状态也不再改变。

（2）当CP=1时，$CP_1=1$，$CP_2=0$，使从触发器封锁，保持原状态，主触发器工作，其输入信号为$S_1=J\overline{Q^n}$，$R_1=KQ^n$，所以

$$Q_1^{n+1}=S_1+\overline{R_1}Q_1^n=J\overline{Q^n}+\overline{KQ^n}\cdot Q_1^n=J\overline{Q^n}+\bar{K}Q_1^n+\overline{Q^n}Q_1^n \qquad (5.4.2)$$

由于在时钟出现之前，主触发器的状态和从触发器状态是一致的，即$Q_1^n=Q^n$，则式（5.4.2）可改写为

$$Q_1^{n+1}=J\overline{Q_1^n}+\bar{K}Q_1^n=J\overline{Q^n}+\bar{K}Q^n$$

这是JK触发器的状态方程，即主触发器的状态按JK触发器的功能发生变化。

故主从JK触发器的工作过程：在CP=1时，主触发器的状态由JK触发器特性决定，然后在CP从1→0时，再将此状态传送到从触发器输出，由于此时主触发器封锁，因此输出不随输入变化，只在CP下降沿改变一次输出状态。

由此可知，主从JK触发器输出变化的时刻在时钟的下降沿，输出变化的方向由时钟脉冲下降时的J、K值和JK触发器的特性决定。

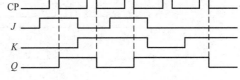

图 5.4.2　主从 JK 触发器的波形图

图5.4.2所示为主从JK触发器的波形图，设初始状态$Q=0$。

5.4.2　主从 JK 触发器的一次翻转

若在CP=1期间，J、K信号发生了变化，由于主触发器工作，虽然从触发器封锁，输出不变，但对主触发器的输出是有影响的，当CP=0时，这个影响会被传到输出。问题是主触发器是否也

会像钟控触发器那样随输入J、K变化发生多次翻转？答案是否定的，主触发器只可能发生一次翻转，这就是所谓的主从JK触发器的一次翻转现象。

一次翻转的根本原因是主触发器的反馈线取自从触发器的输出，而不是自己的输出。当CP=1时，从触发器封锁，输出不变，即Q^n、$\overline{Q^n}$不变，由式（5.4.1）可知，主触发器的输入总有一个为0，这时有以下两种情况。

（1）若$Q^n=0$，由式（5.4.1）可得$S_1=J$，$R_1=0$，S_1R_1只有10（置1）、00（保持）两种组合，而不能为置0状态；即使J、K变化多次，主触发器只能由0到1变化一次，而不可能再返回到0状态，即一次翻转。并且可知K不起作用，由J决定是否翻转，$J=1$，主触发器翻转。

（2）若$Q^n=1$，$S_1=0$，$R_1=K$，S_1R_1只有01（置0）、00（保持）两种组合，而不能为置1状态，主触发器只能由1到0翻转一次。由K决定是否翻转，$K=1$，主触发器翻转。

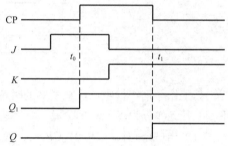

图 5.4.3　主从 JK 触发器的一次翻转

如图5.4.3所示，在t_0时刻，由于$J=1$，因此Q_1翻转，并在时钟的下降沿t_1时刻，将其传给从触发器，使Q翻转。

所以主从JK触发器有如下特点。

（1）输出变化的时刻在时钟的下降沿（用↓表示）。

（2）输出变化的方向，若在CP=1期间，J、K信号不变，由CP下降沿的J、K值决定输出状态；若在CP=1期间，J、K信号发生了变化，这时可按以下方法处理。

①CP=1以前，若$Q=0$，则看CP=1期间的J信号，若J有1出现，则CP下降时Q一定为1；否则，Q保持为0。

②CP=1以前，若$Q=1$，则看CP=1期间的K信号，若K有1出现，则CP下降时Q一定为0；否则，Q保持为1。

如图5.4.4（a）所示的波形图，Q原状态为0。在CP为1期间，在t_1时刻$J=1$，所以在CP下降沿，Q变为1。在图5.4.4（b）所示波形图中，在CP=1期间，没有出现$J=1$，所以在CP下降沿，Q仍为0。

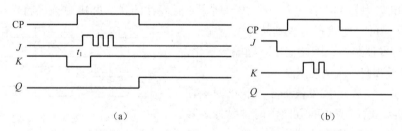

|（a）|（b）|

图 5.4.4　考虑一次翻转的输出波形

一次翻转是主从JK触发器所特有的现象，其他的集成触发器都无一次翻转现象。

5.4.3　异步置 0、置 1 输入

对于集成JK触发器，状态转换的时刻除了受时钟控制，还受异步置0、置1输入的控制。异

步置0端是R_D，异步置1端是S_D，其作用是使触发器在任何时刻都被强迫置0或置1，而与当时的CP、J、K值无关，因此又称为直接置0、置1端。由于它们的作用与时钟是否到来无关，因此称为异步置位输入。

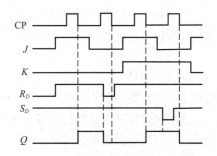

R_D和S_D均是低电平有效，当$R_D=0$，$S_D=1$时，JK触发器置0；当$S_D=0$，$R_D=1$时，JK触发器置1。但须注意，不允许R_D和S_D同时为0，否则会使Q和$\overline{Q}$都为高电位。在不需要置位功能时，R_D和S_D都应该为1。图

图 5.4.5　带有异步置0、置1输入信号的波形图

5.4.5所示是带有异步置0、置1输入信号的波形图，可见，当$R_D=0$时，输出Q立刻变为0，而当$S_D=0$时，由于Q已经是1，因此不影响Q的输出。

表5.4.1所示是带有异步置0、置1输入的JK触发器功能表。前两行为异步置位功能，"×"表示该信号可为任意值，第三行是不允许状态。下面4行反映JK触发器特性，此时$R_D=S_D=1$。也有手册用H代表1，L代表0。

表 5.4.1　具有异步置 0、置 1 输入的 JK 触发器功能表

S_D	R_D	CP	J	K	Q	$\overline{Q}$	S_D	R_D	CP	J	K	Q	$\overline{Q}$
0	1	×	×	×	1	0	1	1	↓	0	1	0	1
1	0	×	×	×	0	1	1	1	↓	1	0	1	0
0	0	×	×	×	1*	1*	1	1	↓	1	1	$\overline{Q^n}$	Q^n
1	1	↓	0	0	Q^n	$\overline{Q^n}$	1	1	1	×	×	Q^n	$\overline{Q^n}$

注：* 表示此状态不使用。

5.4.4　TTL 主从触发器的特点

TTL主从JK触发器虽然只在时钟的下降沿改变一次状态以满足来一个时钟只翻转一次的要求，用于同步时序逻辑电路，但在CP=1期间，主触发器对外是开放的，所以也容易受干扰信号的影响。在使用时，应该减少CP=1的宽度，缩短触发器可能接收干扰的时间。

对于主从触发器的符号，在其输出端的前面有一个直角符号，称之为延时输出指示器（postponed output indicator），这个符号表示输出信号在脉冲的结尾发生改变。

▶ 思考题

5.4.1　TTL主从JK触发器存在一次翻转现象吗？若存在，一次翻转的根本原因是什么？

5.4.2　TTL主从JK触发器输出变化的时刻是时钟的什么时刻？

5.4.3　异步置0、置1端又称为直接置0、置1端，它们的作用与时钟是否到来有关吗？

5.5　边沿触发器

前面介绍了时钟电平触发的钟控触发器，下面介绍时钟边沿触发的钟控触发器，称为边沿触发器（edge triggered flip-flop）。

边沿触发器不仅在时钟信号的某一边沿（上升沿或下降沿）才改变一次状态，而且状态转换方向仅取决于转换前（$CP\uparrow$ 或 $CP\downarrow$）一瞬间的数据输入，故此命名。

边沿触发器的特点：只在时钟信号的某一边沿（$CP\uparrow$ 或 $CP\downarrow$）对输入信号做出响应并引起状态转换。即只有时钟有效边沿附近的输入信号才是真正有效的，其他时间的输入不影响触发器的输出，因而提高了抗干扰能力，工作更可靠。

边沿触发器从电路结构上可分成两类：一类利用门的延迟，另一类用门电路构成维持-阻塞电路，以实现边沿触发的功能。

5.5.1 负边沿 JK 触发器

边沿触发器应用广泛，下面先介绍利用门的延迟构成的负边沿 JK 触发器，从其结构出发分析其工作原理，从而得到其特征方程。

1. 负边沿 JK 触发器的电路结构

图 5.5.1 所示是利用门的延迟构成的负边沿 JK 触发器逻辑图。两个与或非门构成基本 RS 触发器，两个与非门 G_7、G_8 用来接收 J、K 信号。将时钟信号一路送给 G_7、G_8，另一路送给 G_2、G_6，注意 CP 信号经 G_7、G_8 延时，所以送到 G_3、G_5 的时间比到达 G_2、G_6 的时间晚一个与非门的延迟时间（t_{pd}），这样就保证了触发器的翻转对准的是 CP 的负边沿。

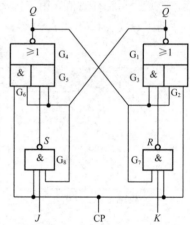

图 5.5.1　负边沿 JK 触发器逻辑图

2. 负边沿 JK 触发器的工作原理

下面分 3 个阶段分析负边沿 JK 触发器的工作原理。

（1）当 CP=0 时，与门 G_2、G_6 的输出为 0，与非门 G_7、G_8 封锁，不接收 J、K 输入，输出 $S=R=1$，使触发器的输出保持不变。

（2）当 CP=1 时，与非门 G_7、G_8 打开，接收 J、K 输入，由图可得输出表达式

$$Q^{n+1} = \overline{\overline{Q^n \cdot CP + \overline{Q^n} \cdot S}} = \overline{\overline{Q^n} + \overline{\overline{Q^n} \cdot S}} = Q^n \qquad (5.5.1)$$

$$\overline{Q^{n+1}} = \overline{\overline{Q^n} \cdot CP + Q^n \cdot R} = \overline{Q^n + Q^n \cdot R} = \overline{Q^n} \qquad (5.5.2)$$

可知触发器的输出仍保持不变。

（3）在 CP 由 1→0 的瞬间，CP 信号被直接加到与门 G_2、G_6 输入端，但 G_7、G_8 的输出 S 和 R 需要经过一个与非门延迟 t_{pd} 才能变为 1。设 $\overline{Q^{n'}}$ 为 G_1 在这一瞬间的输出，则 S、R 在没有变为 1 以前，仍维持 CP 下降前的值。

$$S = \overline{J\overline{Q^n}} \qquad R = \overline{KQ^n}$$

由式（5.5.1），可得
$$Q^{n+1} = \overline{\overline{Q^{n'}} \cdot 0 + \overline{Q^{n'}} \cdot S} = \overline{\overline{Q^{n'}} \cdot S} \qquad (5.5.3)$$

由式（5.5.2），可得 $\overline{Q^{n'}} = \overline{Q^n \cdot 0 + Q^n \cdot R} = \overline{Q^n \cdot R}$，将其代入式（5.5.3），可得

$$Q^{n+1} = \overline{\overline{Q^n \cdot R} \cdot S}$$

将 S、R 代入可得
$$= \overline{\overline{Q^n \cdot \overline{KQ^n}} \cdot \overline{J\overline{Q^n}}} = J\overline{Q^n} + \overline{K}Q^n$$

显然，这是 JK 触发器的特征方程。

由以上分析可知，只有时钟下降前的 J、K 值才能对触发器起作用并引起翻转，实现了负边沿 JK 触发器的功能。

5.5.2　维持－阻塞 D 触发器

前面介绍了利用门的延迟构成的负边沿 JK 触发器，下面介绍正边沿触发维持－阻塞 D 触发器。

1.维持－阻塞 D 触发器的电路结构

图 5.5.2 所示是正边沿触发维持－阻塞 D 触发器的逻辑图，其由 6 个与非门构成，门 1 ～ 4 构成 RS 钟控触发器，门 5 ～ 6 为信号接收门。它利用电路的内部反馈构成维持－阻塞电路来实现正边沿触发功能。

2.维持－阻塞 D 触发器的工作原理

下面分 3 个阶段分析维持-阻塞 D 触发器的工作原理。

（1）当 CP=0 时，如图 5.5.2（a）所示，门 3 和门 4 的输出都是 1，使触发器的输出维持原状态。

（2）当 CP=1 时，如图 5.5.2（b）所示，输入的 D 信号经过门 6 ～ 3 被加到由门 1 和门 2 构成的 $\overline{RS}$ 触发器的输入端，有 $\overline{S} = \overline{D}$、$\overline{R} = D$ 即 $S = D$、$R = \overline{D}$，使电路的输出为

$$Q^{n+1} = S + \overline{R}Q^n = D + \overline{\overline{D}}Q^n = D$$

此式是 D 触发器的特征方程。

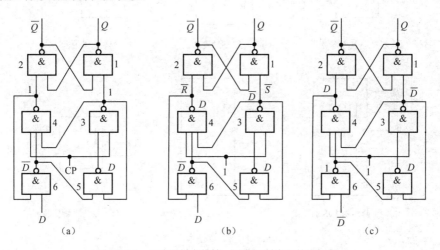

图 5.5.2　正边沿触发维持－阻塞 D 触发器的逻辑图

（3）在 CP=1 期间，如果输入信号 D 发生变化，如图 5.5.2（c）所示，将输入信号改为 $\overline{D}$，以表示 D 信号发生了变化，其结果只使门 6 的输出变为 1，而其他各门的输出仍然与图 5.5.2（b）所示相同，输出当然不会改变。

在 CP=1 期间，触发器输出保持不变的原因是门 4 输出到门 6 输入，门 3 输出到门 5 输入的反馈。如果没有门 4 到门 6 的反馈，输入由 D 变为 $\overline{D}$ 后，变化的结果会被传递到门 2 的输入。现在由于有了这条反馈线，使门 6 的输出为 1，这就阻塞了输入变化所产生的作用。在门 6 输出变为 1 后，通过门 3 输出到门 5 输入的反馈，门 5 的输出维持为原来的 D 不变。可见正是这些反馈线起了维持和阻塞作用，因此称这种电路为维持－阻塞电路。

由以上分析可知，只有在时钟上升前的 D 信号才能进入触发器并引起翻转，故称为边沿触发器，常称为正边沿型 D 触发器。

3. 触发维持–阻塞 D 触发器的功能表

表 5.5.1 是正边沿型 D 触发器功能表。其中 S_D 和 R_D 为异步置 1 和置 0 输入信号，均为 0 有效，非置位工作时都应为 1，注意两个置位输入不能同时为 0。

表 5.5.1　正边沿型 D 触发器功能表

S_D	R_D	CP	D	Q	$\bar{Q}$	S_D	R_D	CP	D	Q	$\bar{Q}$
0	1	×	×	1	0	1	1	↑	1	1	0
1	0	×	×	0	1	1	1	↑	0	0	1
0	0	×	×	1*	1*	1	1	0	×	Q^n	$\overline{Q^n}$

注：*表示此状态不使用。

5.5.3　触发器的逻辑符号

图 5.5.3 所示是上述各种触发器的逻辑符号。

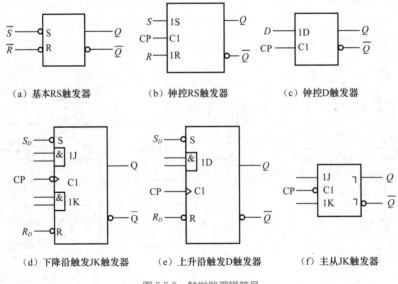

（a）基本 RS 触发器　　（b）钟控 RS 触发器　　（c）钟控 D 触发器

（d）下降沿触发 JK 触发器　　（e）上升沿触发 D 触发器　　（f）主从 JK 触发器

图 5.5.3　触发器逻辑符号

▶ **思考题**

　5.5.1　边沿触发器的特点是什么？

　5.5.2　边沿触发器的抗干扰能力如何？

　5.5.3　为实现边沿触发的功能，边沿触发器从电路结构上可分成哪两类？

5.6　CMOS 触发器

从基本工作原理而言，CMOS 触发器和 TTL 触发器是相同的，但从具体构成和使用来看，两者还是有不少差别的。TTL触发器以钟控RS触发器为基础，而CMOS触发器以钟控D触发器为基础。

5.6.1 CMOS 钟控 D 触发器

CMOS钟控D触发器是CMOS触发器的基础。下面介绍其电路结构，从结构出发分析其工作原理，了解其功能，并需要注意其功能与TTL钟控D触发器功能的不同之处。

1. CMOS钟控D触发器的电路结构

图5.6.1所示是CMOS钟控D触发器的逻辑结构，由两个传输门TG_1、TG_2和两个反相器1、2组成，反相器3为传输门提供反相控制信号。

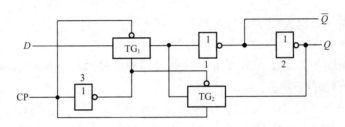

图 5.6.1 CMOS 钟控 D 触发器的逻辑结构

2. CMOS钟控D触发器的工作原理

CMOS钟控D触发器的工作可分为以下两个阶段。

（1）当CP=0时，TG_1导通，TG_2截止，使输入D与输出Q之间形成通路，输出到反相器1的反馈被切断。电路实际按组合逻辑电路工作，因此有

$$Q=D \qquad \bar{Q}=\bar{D}$$

（2）当CP=1时，TG_1截止，TG_2导通，使输入与输出之间的通路被切断，但连通了输出到反相器1的反馈通路。触发器封锁，即保持原状态，维持CP=1之前的D输入。

由以上分析可知，在CP=1时，触发器保持原状态；在CP=0时，具有D触发器功能，其功能表如表5.6.1所示。

表 5.6.1 CMOS 钟控 D 触发器功能表

CP	D	Q^{n+1}
0	1	1
0	0	0
1	×	Q^n

5.6.2 CMOS 主从 D 触发器

CMOS主从D触发器由两个CMOS钟控D触发器构成。下面介绍其电路结构，从结构出发分析其工作原理，了解其功能，并需要注意其与TTL主从D触发器功能的差别。

1. CMOS主从D触发器的电路结构

图5.6.2所示是带有异步置0、置1输入的主从D触发器逻辑图。R是异步置0端，S是异步置1端，由于R、S是1有效，将图5.6.1中的反相器改为或非门，这样在非置位工作时，置位输入$R=S=0$，图5.6.2中的或非门就相当于反相器。

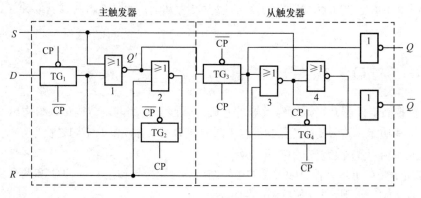

图 5.6.2　CMOS 主从 D 触发器逻辑图

2. CMOS 主从 D 触发器的工作原理

在置位输入 $R=S=0$ 时，电路的工作可分为以下 3 个阶段。

（1）当 CP=0 时，TG_1 导通，TG_2 截止，主触发器接收输入端 D 的数据，$Q' = \bar{D}$；TG_3 截止，TG_4 导通，从触发器保持原状态，输出不变。

（2）当 CP 由 $0 \rightarrow 1$ 时，TG_1 截止，TG_2 导通，主触发器封锁，Q' 保持 CP 上升前一瞬间的输入信号，$Q' = \bar{D}$；同时 TG_3 导通，TG_4 截止，从触发器开放，因此 $Q' = \bar{D}$ 就进入从触发器，输出为 $Q = \overline{Q'} = D$，$\bar{Q} = \bar{D}$。这样就实现了主触发器状态向从触发器的转移。

（3）在 CP=1 期间，主触发器封锁，从触发器的输出不再变化。

由以上分析可知，虽然在 CP=0 期间，主触发器是开放的，但只有 CP 上升前一瞬间的输入信号 D 进入从触发器，影响输出，从而实现了上升沿触发的边沿 D 触发器功能。

3. 置位信号的功能实现

由于是异步置位，因此要保证无论在什么状态下，置位信号都能起作用。

当 $SR=10$，若 CP=0，从触发器的或非门 4 输出为 0，再经 TG_4 和反相器使输出 Q=1；若 CP=1，主触发器的或非门 1 输出 $Q' = 0$，再经 TG_3 和反相器也使 Q=1。可见 S 端实现了异步置 1 功能，且 1 有效。

对 $SR=01$ 进行类似分析，可以证明 R 端能实现异步置 0 功能，且 1 有效。

4. CMOS 主从 D 触发器的特点

表 5.6.2 所示是 CMOS 主从 D 触发器功能表。

表 5.6.2　CMOS 主从 D 触发器功能表

S	R	CP	D	Q^{n+1}	$\overline{Q^{n+1}}$	S	R	CP	D	Q^{n+1}	$\overline{Q^{n+1}}$
0	1	×	×	0	1	0	0	↑	0	0	1
1	0	×	×	1	0	0	0	↑	1	1	0
1	1	×	×	1*	1*	0	0	0	×	Q^n	$\overline{Q^n}$

注：*表示此状态不使用。

该功能表与 TTL 主从 D 触发器功能表的差别有以下 3 点。

（1）异步置 0、置 1 信号是高电平有效，而不是低电平有效。

（2）状态翻转的时刻是时钟的上升沿，而不是下降沿。

（3）不存在一次翻转现象，为边沿触发器，只根据CP上升前的输入信号就可以决定输出。这是因为其主触发器是D触发器，只有置0或置1功能，而没有保持功能。CMOS主从D触发器尽管在结构上属于主从触发器，但功能上属于边沿触发器。只是一般的器件手册还是从结构着眼，称之为主从触发器，这是应该特别注意的。

5.6.3　CMOS 主从 JK 触发器

CMOS主从JK触发器是在CMOS主从D触发器的基础上增加转换电路构成的。采用公式法，可得转换电路的表达式为

$$D = J\overline{Q^n} + \overline{K}Q^n$$

在具体实现时，再对表达式进行一些变换：

$$D = J\overline{Q^n} + \overline{K}Q^n = (J + Q^n)(\overline{Q^n} + \overline{K}) = (J + Q^n) \cdot \overline{KQ^n}$$
$$= \overline{\overline{J + Q^n} + KQ^n}$$

这样得到CMOS主从JK触发器的逻辑图如图5.6.3所示。它具有CMOS主从D触发器的所有特点，也是边沿触发器，只是实现了JK触发器的功能。

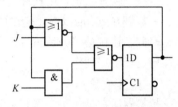

图 5.6.3　CMOS 主从 JK 触发器的逻辑图

▶ 思考题

5.6.1　TTL触发器以钟控RS触发器为基础，而CMOS触发器以哪种钟控触发器为基础？

5.6.2　CMOS主从D触发器在结构上属于主从触发器，但功能上属于边沿触发器。这种说法对吗？

5.6.3　CMOS主从D触发器存在一次翻转现象吗？为什么？

5.7　拓展阅读与应用实践

1. 按键消抖电路设计

按键是仪器仪表中普遍采用的人机输入接口电路。在实际应用中，很大一部分的按键所用的开关都是机械弹性开关，当机械触点断开、闭合时，由于机械触点的弹性作用，一个按键开关在闭合时不会马上稳定地接通，在断开时也不会一下子彻底断开，而是在闭合和断开的瞬间伴随一连串的抖动。

机械按键的触点闭合和断开时都会产生抖动。为了保证系统能正确识别按键的开关，我们就必须对按键的抖动进行处理。

按键消抖可分为硬件消抖和软件消抖。按键较少时可采用硬件消抖，采用RS触发器可构成常用的硬件消抖电路。用基本RS触发器构成的消除机械开关抖动的消抖电路如图5.7.1（a）所示，图5.7.1（b）所示为输入波形。

不论触发器原来处于什么状态，当开关倒向$\overline{S}$端时，就使输入置为$\overline{S} = 0$，$\overline{R} = 1$，从而使输出$Q = 1$，$\overline{Q} = 0$。若开关存在抖动，则使输入状态的变化为$\overline{S}\,\overline{R} = 01 \rightarrow 11 \rightarrow 01 \rightarrow 11 \cdots$直至稳定于01。在这个过程中输出始终保持$Q = 1$，$\overline{Q} = 0$，不会发生抖动，输出$Q$的波形如图5.7.2所示，

从而实现了消抖。

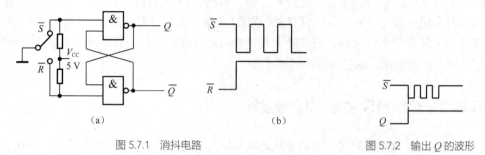

图 5.7.1 消抖电路 　　　　　　　　　　　　　图 5.7.2 输出 Q 的波形

此外，也可利用电容的充放电特性来对抖动过程中产生的电压毛刺进行平滑处理，从而实现硬件消抖。但实际应用中，这种方式的效果往往不是很好，而且增加了成本和电路复杂度，所以实际中使用并不多。

若按键较多，则可用软件消抖，通过延时程序过滤抖动。抖动时间是由按键的机械特性决定的，一般都在 10 ms 以内。简单的消抖原理就是当检测到按键状态变化后，先等待 10 ms 左右的延迟时间，让抖动消失后再进行一次按键状态检测；如果其与刚才检测到的状态相同，就可以确认按键已经稳定动作了。

2. 竞赛抢答器

抢答器通常被用于专项知识竞赛，其主要功能有两个：一是分辨出选手按键的先后顺序，锁定首先抢答选手的状态；二是要使其他选手的按键操作无效。

3 人抢答器的原理图如图 5.7.3 所示，其中 74LS20 内部有 2 个 4 输入与非门，74LS00 内部有 4

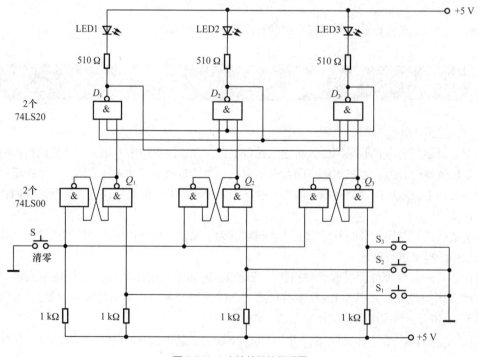

图 5.7.3 3 人抢答器的原理图

个2输入与非门。主持人掌握S按键，3位选手分别掌握S_1、S_2、S_3按键，3个发光二极管LED1、LED2、LED3分别为其状态指示灯。

当主持人按下S时，S_1、S_2、S_3都断开，$Q_1=Q_2=Q_3=0$，$D_1=D_2=D_3=1$，因此3个发光二极管均不亮，抢答器清零。

主持人松开S，抢答开始，3个开关中若S_1抢先被按下，则$Q_1=1$，$Q_2=Q_3=0$，$D_1=0$，$D_2=D_3=1$，故LED1亮，LED2、LED3不亮；若S_2再被按下，则$Q_2=1$，但由于$D_1=0$，经过与非门后$D_2=1$，LED2还是不亮；同理S_3再被按下，则$Q_3=1$，同样由于$D_1=0$，经过与非门后$D_3=1$，LED3还是不亮。故只有先按开关的那个灯会亮，实现了抢答的效果。

当抢答完后，主持人按下S，S_1、S_2、S_3都断开，$Q_1=Q_2=Q_3=0$，$D_1=D_2=D_3=1$，指示灯全部熄灭，抢答器清零，准备下一轮抢答。

5.8 本章小结

触发器按逻辑功能分为RS触发器、D触发器、JK触发器和T触发器，不同的触发器具有不同的特征方程。触发器按时钟触发方式分为时钟电平触发和时钟边沿触发，两种钟控触发器有各自的特点，当前用的比较多的是时钟上升沿触发的D触发器。寄存器由多个触发器构成，触发器也可构成静态存储器的基本单元电路。组合逻辑电路与触发器结合便可构成时序逻辑电路。

在复杂的数字电路中，不仅需要对各种数字信号进行算术运算和逻辑运算，而且需要在运算过程中不断地将运算数据和运算结果保存起来。因此存储电路就成为计算机以及所有复杂数字系统不可缺少的组成部分。

触发器是具有存储功能的逻辑电路，是构成时序逻辑电路的基本逻辑单元。每个触发器能存储1位二进制信息，所以又称为存储单元或记忆单元。

寄存器和半导体存储器中都包含许多存储单元，寄存器由一组触发器组成；半导体存储电路中使用的存储单元可以分为静态存储单元和动态存储单元两大类，静态存储单元由门电路连接而成，其中包括各种电路结构形式的锁存器和触发器。

习题5

5.1 由或非门构成的触发器电路如题5.1图（a）所示，请写出输出Q的下一状态方程。已知输入信号a、b、c的波形如题5.1图（b）所示，画出输出Q的波形（设触发器的初始状态为1）。

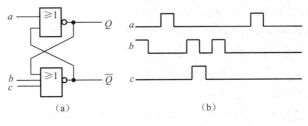

题5.1图

5.2 由与非门构成的触发器电路如题5.2图（a）所示，请写出输出Q的下一状态方程，并根据题5.2图（b）所示的输入波形，画出输出 Q 的波形（设初始状态 Q 为1）。

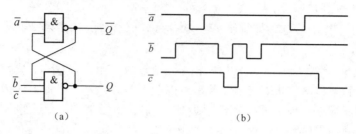

题 5.2 图

5.3 由与或非门构成的触发器如题5.3图所示，当 $G=1$ 时，触发器处于什么状态？当 $G=0$ 时，触发器的功能等效于哪一种触发器的功能？

5.4 用基本RS触发器构成一个消除机械开关抖动的消抖电路如题5.4图（a）所示，画出对应于题5.4图（b）输入波形的输出 Q 的波形，并说明其工作原理。

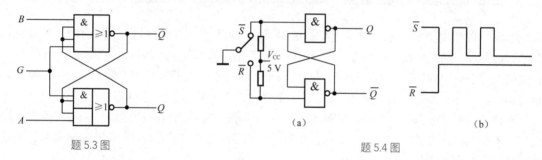

题 5.3 图　　　　　　　　　　　　　　　　　　题 5.4 图

5.5 写出题5.5图（a）所示钟控触发器的状态方程和功能表（以CP和 U_i 为外部输入变量），并画出在题5.5图（b）所示输入波形作用下的输出 Q 的波形（设初始状态 Q 为0）。

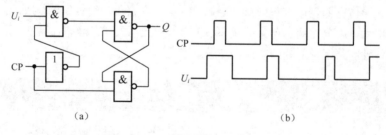

题 5.5 图

5.6 列表总结RS触发器、D触发器、JK触发器和T触发器的状态方程、状态表以及功能表。

5.7 将JK触发器分别转换为D触发器和T触发器，画出逻辑图。

5.8 将D触发器分别转换为JK触发器和T触发器，画出逻辑图。

5.9 将T触发器分别转换为JK触发器和D触发器，画出逻辑图。

5.10 用JK触发器构成一个可控的D/T触发器，画出逻辑图。

5.11 用JK触发器和D触发器（可外加门）实现特征方程为 $Q^{n+1}=A \oplus B \oplus Q^n$ 的触发器。

5.12 已知TTL主从JK触发器的输入波形如题5.12图所示，画出输出 Q 的波形。

5.13 题5.13图（a）所示是用TTL主从JK触发器构成的信号检测电路，用来检测CP高电平期间 u 是否有输入脉冲。若CP、u 的波形如题5.13图（b）所示，画出输出 Q 的波形。

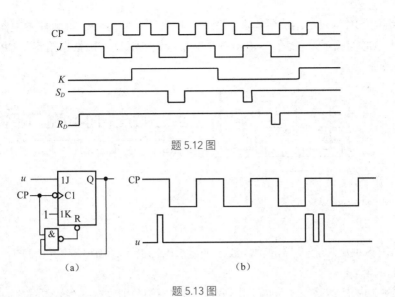

题 5.12 图

题 5.13 图

5.14 已知J、K信号如题5.14图所示，请分别画出TTL主从JK触发器和负边沿JK触发器的输出Q的波形（设触发器的初始状态为0）。

5.15 负边沿JK触发器组成的电路如题5.15图（a）所示，输入波形如题5.15图（b）所示，画出输出Q的波形（设触发器的初始状态为0）。

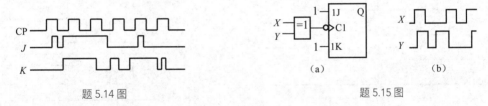

题 5.14 图

题 5.15 图

5.16 写出题5.16图所示各触发器的下一状态方程。

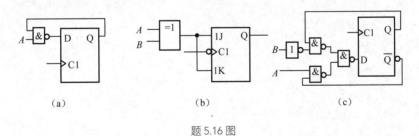

题 5.16 图

5.17 题5.17图（a）所示是由D触发器和JK触发器构成的电路，题5.17图（b）所示是输入波形，画出输出Q_1、Q_2的波形。

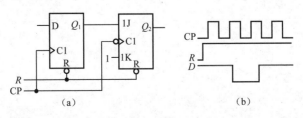

题 5.17 图

5.18 负边沿JK触发器组成的电路如题5.18图所示，它是一个单脉冲发生器。按键S每被按下一次（不论时间长短），就在Q_1输出一个宽带一定的脉冲。试根据给定的CP和J_1的波形画出Q_1和Q_2的波形。

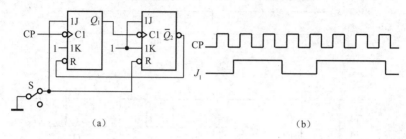

(a)　　　　　　　　　　　　　　　　　(b)

题 5.18 图

5.19 CMOS主从JK触发器的输入波形如题5.19图所示，画出输出Q的波形（设触发器的初始状态为0）。

5.20 题5.20图所示是一种两拍工作寄存器的逻辑图，即每次在存入数据之前，必须先加入置0信号，然后"接收"信号有效，数据被存入寄存器。①若不按两拍工作方式来工作，即置0信号始终无效，则当输入数据$D_2D_1D_0=100\rightarrow001\rightarrow010$时，输出数据$Q_2Q_1Q_0$将如何变化？②为使电路正常工作，置0信号和接收信号应如何配合？画出这两种信号的正确时间关系。

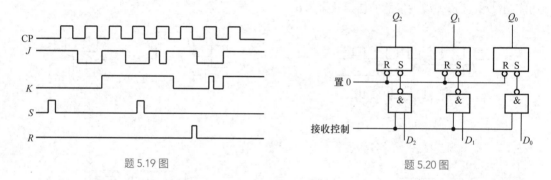

题 5.19 图　　　　　　　　　　　　　　题 5.20 图

第 **6** 章

时序逻辑电路

在组合逻辑电路中，任一时刻的输出信号仅取决于当时的输入信号，这是组合逻辑电路在逻辑功能上的主要特点。然而，在很多情况下，电路需要记忆之前的输入及状态，并根据当前状态和输入进行输出，这种电路被称为时序逻辑电路（简称时序逻辑电路）。为记忆电路状态，时序逻辑电路必须包含记忆器件，本书第5章介绍的触发器便是构成存储电路的基本记忆器件。

本章将以计数器、移位寄存器和序列信号发生器等基本时序逻辑电路为例，讲解时序逻辑电路的分析与设计方法。在分析时序逻辑电路时只要把状态变量和输入信号一样当作逻辑函数的输入变量处理，则第4章中分析组合逻辑电路的一些运算方法仍然可以被使用在时序逻辑电路的分析中。掌握时序逻辑电路的设计方法，就可以根据自己的需要，设计常用时序逻辑电路。通过介绍一般时序逻辑电路的设计方法，给出如何根据具体的逻辑问题，实现对应的逻辑电路的设计方法，真正解决实际问题。

中规模集成器件具有多功能的特点，即经过外部简单的连接或增加少数门电路，一片芯片可以完成很多不同的功能。本章以中规模计数器和中规模移位寄存器为例，介绍中规模时序集成电路及其典型应用。

📖 学习目标

（1）掌握利用激励方程、状态方程、输出方程分析同步和异步时序逻辑电路的方法。

（2）掌握计数器等常用同步时序逻辑电路的设计方法，了解异步时序逻辑电路的设计。

（3）掌握一般时序逻辑电路的设计方法；掌握常见中规模时序集成电路及其应用。

6.1 时序逻辑电路概述

6.1.1 时序逻辑电路模型

时序逻辑电路框图如图6.1.1所示，其中，存储电路可由触发器等基本记忆器件构成。时序逻辑电路通过存储电路实现输出与过往状态有关。

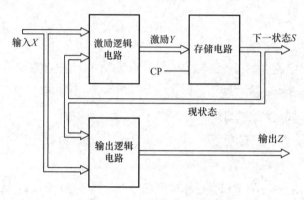

图 6.1.1 时序逻辑电路框图

如果时序逻辑电路中触发器的时钟来源都相同且触发时刻相同，则称为同步时序逻辑电路。如果存储电路中一个或多个触发器时钟来源不同，触发时刻不同，则称为异步时序逻辑电路。

在有些具体的时序逻辑电路中，并不都具备图6.1.1所示的完整形式。例如，有的时序逻辑电路中没有激励或输出逻辑电路部分，而有的时序逻辑电路又可能没有输入逻辑变量，但它们在逻辑功能上仍具有时序逻辑电路的基本特征。

l 个输入、k 个触发器和 m 个输出的时序逻辑电路可用3组方程来表示。

1. 激励方程

$$Y = f(\text{输入信号}X, \text{现状态}S^n)$$

即

$$Y_i = f_i(X_0, X_1, \cdots, X_{l-1}, Q_0^n, Q_1^n, \cdots, Q_{k-1}^n) \quad (i = 0, \cdots, k-1) \tag{6.1.1}$$

式（6.1.1）中 $X_0, X_1, \cdots, X_{l-1}$ 表示 l 个输入信号，$Q_0^n, Q_1^n, \cdots, Q_{k-1}^n$ 表示现状态集合 S^n 所包括的 k 个触发器的现状态。

激励方程是触发器的输入方程，它是输入信号和现状态的函数。对于D触发器，激励方程应为各触发器 D 输入端函数的集合，即 $Y = \{D_0, D_1, \cdots, D_{k-1}\}$；对于JK触发器，激励方程应为各触发器 J、K 输入端函数的集合，即 $Y = \{J_0, J_1, \cdots, J_{k-1}, K_0, K_1, \cdots, K_{k-1}\}$。

2. 状态方程

$$S^{n+1} = h(\text{输入信号}X, \text{现状态}S^n)$$

现状态 S^n 包含 k 个触发器的现状态，即 $S^n = \{Q_0^n, Q_1^n, \cdots, Q_{k-1}^n\}$，$S^{n+1}$ 表示下一状态（次状态）的集合，Q_i^{n+1} 表示第 i 个触发器的下一状态，所以每个触发器的下一状态与现状态、输入信号间的逻辑关系用式（6.1.2）表示。

$$Q_i^{n+1} = h_i(X_0, X_1, \cdots, X_{l-1}, Q_0^n, Q_1^n, \cdots, Q_{k-1}^n) \quad (i = 0, \cdots, k-1) \tag{6.1.2}$$

触发器的特征方程和状态方程没有实质的不同，只是特征方程是用触发器的直接输入（如 R、S、D、J、K）等表示的，而状态方程是用时序逻辑电路中输入和现状态表示的。

3. 输出方程

$$Z = g(输入信号X, 现状态S^n)$$

即

$$Z_j = g_j(X_0, X_1, \cdots, X_{l-1}, Q_0^{\,n}, Q_1^{\,n}, \cdots, Q_{k-1}^{\,n}) \quad (j = 0, \cdots, m-1) \tag{6.1.3}$$

根据输出信号的特点，时序逻辑电路可划分为米里（Mealy）型和摩尔（Moore）型两种。

（1）米里型时序逻辑电路

输出信号不仅取决于存储电路的状态，而且取决于输入变量。即

$$Z_i = g_i(X_0, X_1, \cdots, X_{l-1}, Q_0^{\,n}, Q_1^{\,n}, \cdots, Q_{k-1}^{\,n}) \quad (i = 0, \cdots, m-1) \tag{6.1.4}$$

（2）摩尔型时序逻辑电路

输出信号仅仅取决于存储电路的状态，与输入信号无关。即

$$Z_i = g_i(Q_0^{\,n}, Q_1^{\,n}, \cdots, Q_{k-1}^{\,n}) \quad (i = 0, \cdots, m-1) \tag{6.1.5}$$

由式（6.1.5）可见，摩尔型时序逻辑电路只是米里型时序逻辑电路的一种特例。

为了进一步说明时序逻辑电路的特点，下面先来分析图 6.1.2 所示的串行加法器。串行加法是指将两个多位二进制数相加时，采取从低位到高位逐位相加的串行方式完成相加运算，输出也为串行输出。

对于两个 n 位二进制数（$a_0, a_1, \cdots, a_{n-1}$ 和 $b_0, b_1, \cdots, b_{n-1}$），由于每一位（例如第 i 位）相加的结果不仅取决于本位的加数 a_i 和被加数 b_i，还与低一位是否有进位有关，因此完整的串行加法器电路除了应该具有将加数、被加数以及来自低位的进位相加的能力，还必须具备记忆功能，要把本位相加后的进位结果保存下来，以备进行高一位相加时使用。

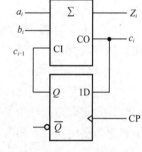

图 6.1.2　串行加法器

因此，图 6.1.2 所示的串行加法器包含两个部分：一部分是全加器 Σ，另一部分是由 D 触发器构成的存储电路。全加器完成 a_i、b_i 和 c_{i-1} 这 3 个数的相加运算，D 触发器记录每次相加后的进位结果，供高一位运算使用。

通过这个简单的例子可以看出，时序逻辑电路在电路结构上有两个显著的特点。

① 时序逻辑电路通常包含组合逻辑电路和存储电路两个部分。一个时序逻辑电路可以没有组合逻辑电路部分，但存储电路是必不可少的。

② 存储电路的输出状态通常被反馈到组合逻辑电路的输入端，与输入信号一起，共同决定组合逻辑电路的输出（Z_i 是输入 a_i、b_i 以及触发器现状态 Q^n 的函数）和触发器的下一状态（Q^{n+1} 也是 a_i、b_i 和 Q^n 的函数）。

6.1.2　基本时序逻辑电路

基本时序逻辑电路包括计数器、移位寄存器等。

1. 计数器

计数器是通过电路的状态来反映输入脉冲数量的电路。只要电路的状态和输入脉冲的数量有固定的对应关系，这样的电路就可以作为计数器来使用。一个计数器可以计数的最大值，称为计

数器的模值，一般用 M 表示。在最简单情况下，一位触发器有 0、1 两个状态，就可以构成模值 $M=2$ 的计数器。

计数器是应用非常广泛的一种时序逻辑电路，我们可以用不同的方法对计数器进行分类。

（1）按计数模值分类

① 二进制计数器：计数器的模值 M 和触发器数 k 的关系满足 $M=2^k$。例如 4 位二进制计数器的模值为 16，计数状态为 0000 到 1111。

② 十进制计数器：计数器的模值是 10，当采用不同的 BCD 码时，会有不同的十进制计数器。常用的 8421 码计数器的计数状态为 0000 到 1001。

③ 任意进制计数器：计数器有一个最大的计数模值。由于该类集成计数器有比较丰富的控制端，具体使用时可以进行简单的连接（一般不需要附加门电路），所以计数模值可以在最大值范围内任意设置，使一种计数器芯片有多种计数范围。

（2）按计数值变化的方式分类

① 加法计数器：每输入一次时钟，计数值加 1，加到最大值后，再从初始状态继续。

② 减法计数器：每输入一次时钟，计数值减 1，减到最小值后，再从初始状态继续。

③ 可逆计数器：在加/减控制端或不同时钟端的控制下，可以进行加、减选择的计数器。

（3）按时钟控制方式分类

① 同步计数器：各级触发器的时钟都由同一外部时钟提供，触发器在时钟有效边沿同时翻转，工作速度较快。

② 异步计数器：计数器内一部分触发器的时钟由前级触发器的输出提供，触发器本身的延迟，使后级触发器要等到前级触发器翻转后，才可能获得有效时钟产生状态翻转，速度相对较慢。

2. 移位寄存器

移位寄存器（简称移存器）是由触发器构成的一类专用的、具有特殊信号传递寄存方式的常用时序逻辑电路。移位寄存器具有寄存和移位两重功能，即除了寄存数据，还可以在时钟的控制下，将数据向左或者向右移位。一般移位寄存器有一个串行的数据输入端、一个串行的数据输出端。双向移存器则有两个数据输入端、一个移存方向控制端，在移存方向控制端的控制下实现数据的左移或右移。

集成移位寄存器还有并行数据输入端和并行数据输出端。因此，移位寄存器有 4 种工作方式：串行输入串行输出、并行输入并行输出、串行输入并行输出及并行输入串行输出，简称串入串出、并入并出、串入并出、并入串出。

▶ **思考题**

6.1.1　时序逻辑电路和组合逻辑电路在电路结构上有何区别？

6.1.2　时序逻辑电路有几种分类方法？

6.1.3　仅由逻辑门构成的电路一定是组合逻辑电路吗？

6.2　时序逻辑电路分析

6.2.1　时序逻辑电路分析方法

时序逻辑电路的分析就是对给定的时序逻辑电路的逻辑图进行分析，得出电路的逻辑功能。

时序逻辑电路可以用3组方程式来描述，即激励方程、状态方程和输出方程。在时序逻辑电路分析和设计中，通常将状态方程和输出方程结合在一起用矩阵的形式表示，构成同步时序逻辑电路的状态表。用输入信号和电路状态（状态变量）的逻辑函数描述时序逻辑电路逻辑功能的方法也叫时序机。

表6.2.1所示为某米里型时序逻辑电路状态表。该表描述的时序逻辑电路有一个输入信号（X）和6个状态（A ~ F）。下一状态S^{n+1}与输出Z用斜线"/"隔开，斜线左边为下一状态，右边为输出。也就是说，状态表是用来表示下一状态及输出与电路的输入和现状态的关系的表格。

表 6.2.1　某米里型时序逻辑电路状态表

S^n	S^{n+1}/Z		S^n	S^{n+1}/Z	
	$X=0$	$X=1$		$X=0$	$X=1$
A	C/1	D/1	D	D/0	C/0
B	B/0	C/1	E	E/0	C/0
C	C/1	A/0	F	F/0	C/1

状态表主要描述状态的转换，状态表中的状态一般都用文字、字母（如A,B,C,……或$S_1, S_2, \cdots\cdots$）表示。本书中，仅讨论状态的数量有限可数的情况，称为有限状态机（finite state machine，FSM）。

表6.2.2所示为某摩尔型时序逻辑电路状态表。从该表中可以看出，这是一个摩尔型时序逻辑电路，输出仅与现状态有关。

表 6.2.2　某摩尔型时序逻辑电路状态表

S^n	S^{n+1}		Z	S^n	S^{n+1}		Z
	$X=0$	$X=1$			$X=0$	$X=1$	
A	A	B	0	D	D	E	0
B	B	C	0	E	A	B	1
C	C	D	0				

在具体实现这个状态表时，需要进行状态编码，也就是用字母表示的状态需要改用二进制代码表示。这种经过状态编码的、用二进制代码表示状态的状态表称为状态转移表。表6.2.3所示为表6.2.2所示对应的状态转移表。

表 6.2.3　某摩尔型时序逻辑电路状态转移表

S^n	S^{n+1}		Z	S^n	S^{n+1}		Z
	$X=0$	$X=1$			$X=0$	$X=1$	
000	000	001	0	011	011	100	0
001	001	010	0	100	000	001	1
010	010	011	0				

进行时序逻辑电路分析时，为了以更加形象的方式直观地显示出时序逻辑电路的逻辑功能，有时还进一步把状态表的内容表示成状态图的形式。状态图是状态表的图形化表示，在状态图中用圆圈表示状态，用带方向的弧线（或直线）表示状态的转移方向，在弧线上标明状态转换的输入条件和转换时得到的输出。通常将输入变量取值写在斜线左边，将输出值写在斜线右边。就像

状态表和状态转移表一样，状态图圆圈内的状态用二进制代码表示，即构成状态转移图，如图 6.2.1 所示。当输出与输入无关时，也可把输出写在圆圈内，用斜线与状态隔离。通常将状态写在斜线左边，将输出值写在斜线右边。

这些分析方法可以用来分析同步和异步时序逻辑电路。只不过在异步时序逻辑电路的分析中，需要额外考虑时钟的有效性。这一点将在后文中进一步阐述。

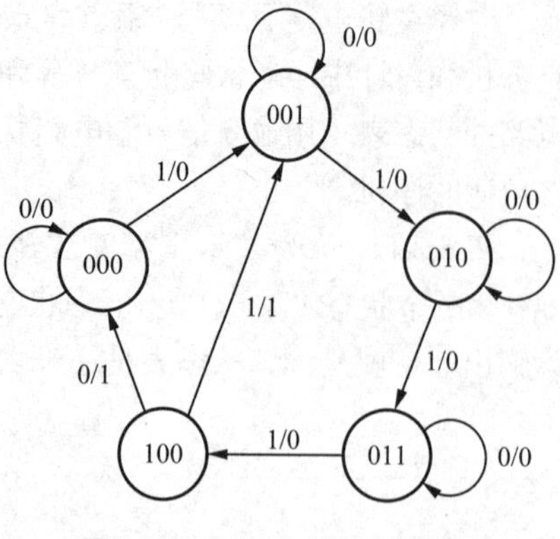

图 6.2.1　表 6.2.3 的状态转移图

6.2.2　常用同步时序逻辑电路分析

同步时序逻辑电路的分析可按以下步骤进行。

（1）根据给定的时序逻辑电路，写出每个触发器的输入激励方程；

（2）根据电路，写出时序逻辑电路的输出方程；

（3）由激励方程和触发器的特征方程写出触发器的状态方程（即下一状态方程）；

（4）由触发器的状态方程和时序逻辑电路的输出方程，绘制电路的状态转移表和状态转移图；

（5）根据要求和电路状态特点，分析电路完成的具体逻辑功能。

对于具体的时序逻辑电路，以上分析过程的某些步骤可能有所简化。例如，有的时序逻辑电路的输出就是触发器的输出，这样就没有电路的输出方程。

1. 计数器

计数器可由触发器组合构成。这类计数器的分析需要分析触发器状态的变化，从而得到计数器的模值等信息。

【例 6.2.1】 分析图 6.2.2 所示的同步计数器电路。

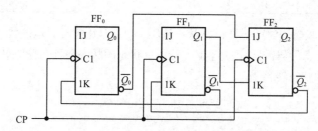

图 6.2.2　例 6.2.1 的同步计数器电路

解：这个计数器没有输出电路。分析时，将直接用触发器的输出作为时序逻辑电路的输出。分析和列表时，省略与输出有关的部分，分析其状态变化即可。

（1）列写激励方程。

$$\begin{cases} J_2 = \overline{Q_0^n}, K_2 = Q_1^n \\ J_1 = 1, K_1 = \overline{Q_2^n} \\ J_0 = 1, K_0 = \overline{Q_1^n} \end{cases} \qquad (6.2.1)$$

（2）根据激励方程列写状态方程。

$$\begin{cases} Q_2^{n+1} = \overline{Q_0^n \cdot Q_2^n} + \overline{Q_1^n} Q_2^n \\ Q_1^{n+1} = 1 \cdot \overline{Q_1^n} + Q_2^n Q_1^n = \overline{Q_1^n} + Q_2^n \\ Q_0^{n+1} = 1 \cdot \overline{Q_0^n} + Q_1^n Q_0^n = \overline{Q_0^n} + Q_1^n \end{cases} \tag{6.2.2}$$

（3）根据状态方程绘制状态转移表和状态转移图。由于没有专门的输出函数，因此状态转移表中也就不需要表示输出的列。我们可先在 Q^n 列中按顺序写出状态组合，然后根据状态方程得到各触发器的下一状态。所得到的状态转移表如表6.2.4所示。

表 6.2.4 例 6.2.1 计数器的状态转移表

Q_2^n	Q_1^n	Q_0^n	Q_2^{n+1}	Q_1^{n+1}	Q_0^{n+1}	Q_2^n	Q_1^n	Q_0^n	Q_2^{n+1}	Q_1^{n+1}	Q_0^{n+1}
0	0	0	1	1	1	1	0	0	1	1	1
0	0	1	0	1	0	1	0	1	1	1	0
0	1	0	1	0	1	1	1	0	0	1	1
0	1	1	1	0	1	1	1	1	0	1	1

从这个状态转移表到绘制状态转移图需要一个一个状态地进行跟踪。例如，从0（000）状态开始，下一状态是7（111），再从7（111）到下一状态3（011），直到把所有的状态和它们的转移关系都在状态转移图中表示清楚为止。例6.2.1的状态转移图如图6.2.3所示。

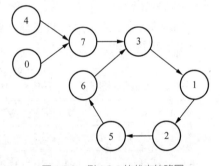

图 6.2.3 例 6.2.1 的状态转移图

（4）分析和说明。从状态转移图可以清楚看到，计数器在5种状态中进行循环，是模值等于5的五进制计数器。不过，计数状态不是二进制的递增或递减，而属于任意编码计数器的范畴。

对于 k 个触发器，计数模值小于 2^k 的计数器，定有若干状态不在计数循环内，需要分析计数器是否可以自启动。自启动就是要求计数器不管由于什么进入了这些不使用状态，也能够在几个周期的时钟后，重新进入正常的计数循环。

例6.2.1的五进制计数器有3个不使用状态：000、100和111。从状态转移图上可以看出，如果进入这些状态，最多经过2个时钟周期，就可以重新进入计数循环，所以该计数器可自启动。

【例 6.2.2】 分析图6.2.4所示时序逻辑电路的逻辑功能，写出电路的激励方程、状态方程和输出方程，画出电路的状态转移图并分析电路完成的功能。

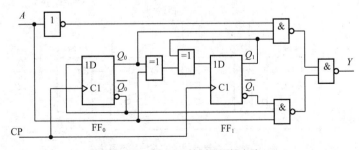

图 6.2.4 例 6.2.2 的时序逻辑电路

解：

（1）从给定的电路图写出激励方程。

$$\begin{cases} D_0 = \overline{Q_0^n} \\ D_1 = A \oplus Q_0^n \oplus Q_1^n \end{cases} \tag{6.2.3}$$

（2）将式（6.2.3）代入 D 触发器的特征方程，得到电路的状态方程。

$$\begin{cases} Q_0^{n+1} = D_0 = \overline{Q_0^n} \\ Q_1^{n+1} = D_1 = A \oplus Q_0^n \oplus Q_1^n \end{cases} \tag{6.2.4}$$

（3）从图 6.2.4 所示的电路写出输出方程。

$$Y = \overline{\overline{\overline{A Q_0^n Q_1^n} \cdot \overline{\overline{A} \cdot \overline{Q_0^n} \cdot \overline{Q_1^n}}}} = \overline{A} Q_0^n Q_1^n + A \overline{Q_0^n} \cdot \overline{Q_1^n} \tag{6.2.5}$$

（4）通过输出方程和状态方程，可以得到状态转移表及状态转移图，如表 6.2.5 和图 6.2.5 所示。

（5）根据状态转移表和状态转移图对电路进行分析。可以看出，图 6.2.4 所示电路是可逆计数器电路，输入信号 $A = 0$ 时为加计数，且状态为 11 时输出为 1；输入信号 $A = 1$ 时为减计数，状态为 00 时输出为 1。

因为两个触发器的 4 个状态都已被使用，所以不需要分析不使用状态。由状态转移图可知，该计数器可自启动。

表 6.2.5　图 6.2.4 所示电路的状态转移表

A	$Q_1^{n+1} Q_0^{n+1} / Y$			
	$Q_1^n Q_0^n = 00$	$Q_1^n Q_0^n = 01$	$Q_1^n Q_0^n = 11$	$Q_1^n Q_0^n = 10$
0	01/0	10/0	00/1	11/0
1	11/1	00/0	10/0	01/0

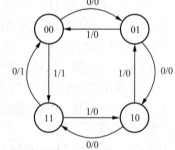

图 6.2.5　图 6.2.4 所示电路的状态转移图

2. 移位寄存器

移位寄存器除了具有存储代码的功能，还具有移位功能。所谓移位功能，是指寄存器里存储的代码能在移位脉冲的作用下依次左移或右移。因此，移位寄存器不但可以用来寄存代码，还可以用来实现数据的串行–并行转换、数值的运算以及数据处理等。

图 6.2.6 所示是由边沿触发的 D 触发器组成的 4 位移位寄存器。

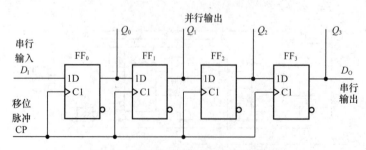

图 6.2.6　D 触发器组成的 4 位移位寄存器

其中第一个触发器FF_0的输入端接收输入信号D_1，其余的每个触发器输入端均与前边一个触发器的Q端相连，输出为D_0（串行输出）或输出为$Q_3Q_2Q_1Q_0$（并行输出）。

因为从CP上升沿到达触发器的时钟输入端开始，到输出端新状态的建立，需要经过一段传输延迟时间，所以当CP的上升沿同时作用于所有触发器的瞬间，输入端（D端）的输入信号为前一个触发器原来的输出状态，即维持在时钟沿到达时刻前的状态，前一级状态还没有改变。总的效果相当于移位寄存器里原有的代码依次右移了一位。

例如，在4个时钟周期内输入代码依次为1011，设移位寄存器的初始状态为$Q_3^nQ_2^nQ_1^nQ_0^n=0000$，那么在移位脉冲（也就是触发器的时钟脉冲）的作用下，移位寄存器里代码的移动情况如表6.2.6所示。

表6.2.6　移位寄存器里代码的移动情况

CP序号	Q_3^n	Q_2^n	Q_1^n	Q_0^n	输入D_1
	0	0	0	0	1
1	0	0	0	1	0
2	0	0	1	0	1
3	0	1	0	1	1
4	1	0	1	1	

经过4个CP信号以后，串行输入的4位代码全部被移入了移位寄存器中，同时在4个触发器的输出端可以得到并行输出的代码，实现代码的串行-并行转换。

如果首先将4位代码并行输入移位寄存器的4个触发器中，然后连续加入4个移位脉冲，则移位寄存器里的4位代码将从串行输出端Q_3依次送出，从而实现数据的并行-串行转换。

图6.2.7所示是用JK触发器组成的4位移位寄存器，与图6.2.6所示移位寄存器具有同样的逻辑功能。

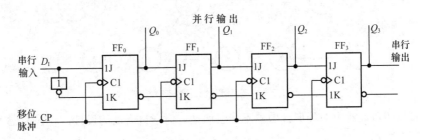

图6.2.7　用JK触发器组成的4位移位寄存器

为便于扩展逻辑功能和提高使用的灵活性，有些集成移位寄存器电路中附加了左/右移控制、数据并行输入、保持、异步清零（复位）等功能。

3. 两种特殊的计数器

环形计数器和扭环计数器是两种特殊结构的、由移位寄存器构成的计数器。根据需要，合理设计反馈函数可以构成具有其他模值的移存型计数器。

（1）环形计数器

图6.2.8所示是3位环形计数器的逻辑图。环形计数器的特点是输入级的信号（称作反馈信号）直接取自最后一级的Q端。

在图 6.2.8 中，反馈信号是

$$D_0 = Q_2^n \qquad (6.2.6)$$

各个触发器的状态方程为

$$\begin{cases} Q_0^{n+1} = Q_2^n \\ Q_1^{n+1} = Q_0^n \\ Q_2^{n+1} = Q_1^n \end{cases} \qquad (6.2.7)$$

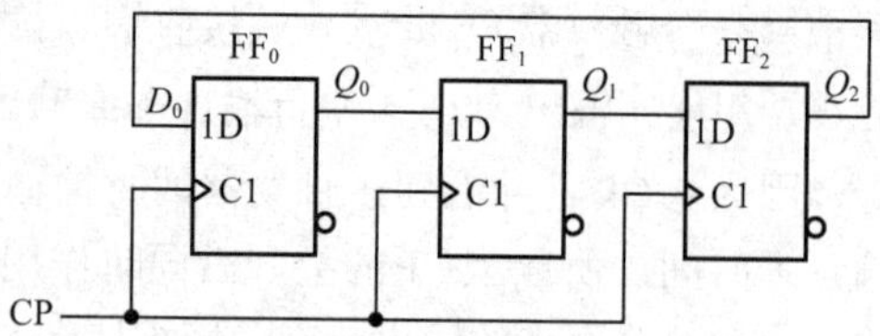

图 6.2.8　3 位环形计数器的逻辑图

由这些状态方程可以得到表 6.2.7 所示的 3 位环形计数器状态转移表与图 6.2.9 所示的 3 位环形计数器状态转移图。由表 6.2.7 和图 6.2.9 可以对 3 位环形计数器进行分析，并得到环形计数器的一般特点如下。

① 由 k 位触发器构成的环形计数器反馈连接的方式是 $D_0 = Q_{k-1}^n$，其内部连接方式为 $D_i = Q_{i-1}^n$。

② k 位移位寄存器构成的环形计数器可以计 k 个数，即计数模值是 k。

③ 通常选用的工作计数循环是：计数状态中只有一位触发器是 1 的循环，也可以只有一位触发器是 0 的循环。由于有效工作状态都只含有一位 1，根据 1 的位置就可以区分不同状态，用计数器的输出控制其他电路时可以不要译码电路，例如将发光二极管直接接到各个触发器的输出端，根据发光二极管发光的位置，就可以知道计数器的状态，即计数的结果。

表 6.2.7　3 位环形计数器状态转移表

Q_2^n	Q_1^n	Q_0^n	Q_2^{n+1}	Q_1^{n+1}	Q_0^{n+1}	Q_2^n	Q_1^n	Q_0^n	Q_2^{n+1}	Q_1^{n+1}	Q_0^{n+1}
0	0	0	0	0	0	1	0	0	0	0	1
0	0	1	0	1	0	1	0	1	0	1	1
0	1	0	1	0	0	1	1	0	1	0	1
0	1	1	1	1	0	1	1	1	1	1	1

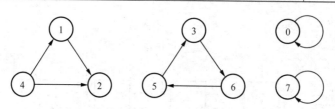

图 6.2.9　3 位环形计数器状态转移图

从状态转移图可以看出，环形计数器不能自启动。对于自启动的设计，将在 6.3.3 小节阐述。

（2）扭环计数器

环形计数器是反馈逻辑函数中较简单的一种，即 $D_0 = Q_{k-1}^n$。若将反馈逻辑函数取为 $D_0 = \overline{Q_{k-1}^n}$，则得到扭环计数器电路。4 位扭环计数器的电路如图 6.2.10 所示。

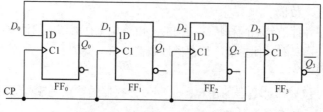

图 6.2.10　4 位扭环计数器的电路

扭环计数器也称为约翰逊计数器，其状态转移图如图6.2.11所示。

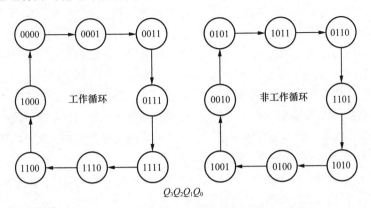

图 6.2.11　图 6.2.10 所示电路的状态转移图

从图6.2.11可以看出，它有两个状态循环，若取该图中左边的状态循环为有效工作循环，则另一个就是非工作循环。显然，这个计数器不能自启动。

从以上分析可以看出，用k个触发器构成的扭环计数器可以得到$2k$个有效工作状态的循环，触发器的使用状态比环形计数器的提高了1倍。而且，如采用图6.2.11中的有效工作循环，由于电路在每次状态转换时只有一位触发器改变状态，因而在对电路状态进行译码时不会产生竞争型冒险现象（功能冒险）。

从以上分析可以得到扭环计数器有以下特点。

① 不考虑自启动时，k位触发器构成的扭环计数器反馈连接的方式是$D_0 = \overline{Q_{k-1}^n}$，其内部仍然是移位寄存器的连接方式$D_i = Q_{i-1}^n$。

② k个触发器构成的扭环计数器由$2k$个状态构成工作循环，模值$M = 2k$，比环形计数器多一倍。

③ 一般选取包含全0状态和全1状态的$2k$个工作循环，我们可以从全0状态或全1状态中的一个推导出全部的计数状态。

为了在不改变移位寄存器内部结构的条件下提高环形计数器的电路状态利用率，我们可以改变反馈电路，从而获得更多的使用状态。实际上任何一种移位寄存器型计数器的结构均可表示为图6.2.12所示的一般形式。

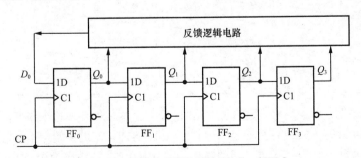

图 6.2.12　移位寄存器型计数器结构的一般形式

4. 序列信号发生器

序列信号发生器是产生一组循环长度为M的、有规律的串行序列信号的时序逻辑电路。

使用计数器和组合逻辑电路可以构成序列信号发生器。序列信号周期与计数器模值相等，或为计数器模值的因子。如例6.2.2中的输出即周期为4的序列信号。

使用移存器和适当的反馈逻辑电路可以构成移存器型序列信号发生器。电路的组成方式及分析方法都与前面分析的环形和扭环计数器的类似。只是电路的作用更强调能够得到一定长度和规律的序列信号（强调输出为串行序列），而不是像计数器那样只要求有一定数量的循环状态（强调输出并行状态）。

序列信号发生器与移存型计数器的电路构成和分析方法都是相同的。如果对于计数状态没有特别的要求，只要循环状态的数量相同，序列信号发生器就可以作为计数器使用。但是，循环长度相同的移存器型计数器一般不能直接用作特定序列的序列信号发生器。此时，尽管序列的长度满足要求，但是序列的排列顺序并不一定满足要求。

【例6.2.3】分析图6.2.13所示的序列信号发生器，说明序列信号长度M和序列码。

解： 由于电路属于反馈移位寄存器应用，因此用移位的方法来构成状态转移表。

（1）写出反馈信号D_0的逻辑表达式。

$$D_0 = Q_0^n \oplus Q_2^n \qquad (6.2.8)$$

（2）先选择000为起始状态，并通过式（6.2.8）

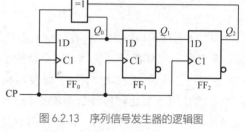

图 6.2.13　序列信号发生器的逻辑图

算出D_0的值：$D_0 = 0$。显然，它的下一状态还是000，所以确定000不是工作循环中的状态。

（3）再选择一个状态，如001，算出$D_0 = 1$。用移位的方法得到下一状态是011。再计算D_0，得到新的状态，如此重复，直到出现状态的循环（即下一状态是001）为止。构成的状态转移表如表6.2.8所示。

表 6.2.8　例 6.2.3 的状态转移表

Q_2^n	Q_1^n	Q_0^n	D_0
0	0	0	0
0	**0**	**1**	1
0	1	1	1
1	1	1	0
1	1	0	1
1	0	1	0
0	1	0	0
1	0	0	1
0	**0**	**1**	1

（4）分析和说明。状态转移表显示了电路由7个状态构成循环。这个序列信号发生器的特性是：①序列的长度M等于7；②序列码是1110100（由于可能选定的初始点不同，序列的形式会有差别，例如以001状态作为开始点，Q_0的输出为1110100，Q_1的输出为0111010等，但首尾相接后的序列循环顺序相同）；③不能自启动，000状态构成非工作循环。

如果序列信号发生器由D触发器构成，同时反馈逻辑电路也比较简单时，则可以不列出状态转移表，而直接从起始状态（全1状态）开始，逐位写出全部的序列信号。图6.2.14所示为直接写出图6.2.13所示序列信号发生器的输出序列的过程。

① 从起始状态111开始，根据$D_0 = Q_0^n \oplus Q_2^n$计算出0、2位产生的反馈值是0，将这个0直接写到序列的后面，成为1110。

② 向后移一位，从状态110开始，继续完成上述的过程，使序列变为11101。

③ 重复以上两个步骤，直到重新出现起始状态111为止。

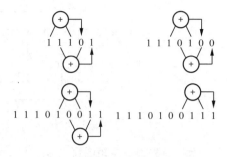

图 6.2.14　直接写出输出序列的过程

6.2.3　异步时序逻辑电路分析

异步时序逻辑电路的分析方法与同步时序逻辑电路的分析方法有所不同。在同步时序逻辑电路中，只要时钟沿有效，所有的触发器都将根据当时的激励信号进行状态转换。在异步时序逻辑电路中，某些触发器获得有效的时钟沿发生电路状态转换时，另外一些触发器可能没有获得有效时钟沿。因此在某一时刻，只有那些获得有效时钟脉冲的触发器才需要用特征方程去计算其下一状态，而没有获得有效时钟脉冲的触发器将保持原来的状态不变。

在分析异步时序逻辑电路时需要以外加时钟为参考，找出每次外部时钟沿有效时，哪些触发器有有效时钟脉冲，哪些触发器没有有效时钟脉冲。所以分析异步时序逻辑电路要比分析同步时序逻辑电路复杂。

异步时序逻辑电路的一般分析步骤如下。

（1）写出激励方程、状态方程和输出方程。

（2）由外部时钟提供时钟沿触发的触发器，各个时钟沿均有效。

（3）设定电路的初始状态（例如0000），填入状态表的"现状态"列的第一行。根据激励方程和状态方程求出由外部时钟提供触发的触发器的下一状态，并将其填入"下一状态"列的第一行。

（4）对于某一级触发器取自前级的输出作为时钟时，需要根据前级时钟的变化，确定是否有有效时钟。如果有有效时钟，则根据激励方程和状态方程求其新状态。没有有效时钟时，状态不变。

（5）将求得的新状态作为现状态，重复第（4）步，依次求取各触发器的下一状态，直到状态转移表出现重复状态。

（6）如果某些状态不在上述循环中，则可设某一不在循环中的状态作为现状态，重复上述步骤，最终完成状态转移表。

（7）绘制状态图/状态转移图。

（8）分析其功能。

下面通过一个例子具体说明分析的方法和步骤。

【例6.2.4】 已知异步时序逻辑电路的逻辑图如图6.2.15所示，试分析它的逻辑功能，画出电路的状态转移图。

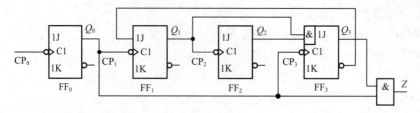

图 6.2.15　例 6.2.4 的异步时序逻辑电路的逻辑图

解：首先根据逻辑图写出激励方程。

$$\begin{cases} J_0 = K_0 = 1 \\ J_1 = \overline{Q_3^n}, K_1 = 1 \\ J_2 = K_2 = 1 \\ J_3 = Q_1^n Q_2^n, K_3 = 1 \end{cases} \tag{6.2.9}$$

将式（6.2.9）代入 JK 触发器的特征方程后得到状态方程。

$$\begin{cases} Q_0^{n+1} = \overline{Q_0^n} \cdot \mathrm{CP}_0 \\ Q_1^{n+1} = \overline{Q_3^n} \cdot \overline{Q_1^n} \cdot \mathrm{CP}_1 \\ Q_2^{n+1} = \overline{Q_2^n} \cdot \mathrm{CP}_2 \\ Q_3^{n+1} = Q_1^n Q_2^n \overline{Q_3^n} \cdot \mathrm{CP}_3 \end{cases} \tag{6.2.10}$$

式（6.2.10）中以 CP 表示时钟脉冲，它不是一个逻辑变量。对下降沿触发的触发器而言，CP = 1 仅表示时钟输入端有下降沿到达；对于上升沿触发的触发器而言，CP = 1 表示时钟输入端有上升沿到达。CP = 0 表示没有时钟脉冲到达，触发器保持原来的状态不变。

根据逻辑图写出输出方程。

$$Z = Q_0^n Q_3^n \tag{6.2.11}$$

接下来绘制状态转移表，设定 $Q_3^n Q_2^n Q_1^n Q_0^n = 0000$ 为初始状态。因为只有触发器 FF$_0$ 使用外部时钟，所以先求 Q_0^{n+1}。根据状态方程，得到 $Q_0^{n+1} = 1$。由于使用下降沿触发的触发器，Q_0 的输出（0→1）没有给后面的触发器有效时钟沿，$Q_3^n Q_1^n$ 不变；由于 Q_1^n 不变，因此 Q_2^n 不变。于是得到新状态为 0001。将 0001 作为现状态，可以求得新的 $Q_0^{n+1} = 0$。由于 FF$_0$ 从 1 变为 0，因此为 FF$_1$ 和 FF$_3$ 提供了有效时钟，可根据激励方程和状态方程求得 FF$_1$ 和 FF$_3$ 的新状态 $Q_3^n = 0$，$Q_1^n = 1$。由于 Q_1^n 从 0 变为 1，没有下降沿，因此 FF$_2$ 不变。故得到新的状态为 0010。依次计算下去，可得到表 6.2.9 所示的状态转移表。

由于电路中有 4 个触发器，它们的状态组合有 16 种，而表 6.2.9 中只包含 10 种，因此需要分别求出其余 6 种状态下的输出和下一状态。将这些计算结果补充到表 6.2.9 中，构成完整的状态转移表。完整的状态转移图如图 6.2.16 所示。状态转移图表明，当电路处于表 6.2.9 中所列 10 种状态以外的任何一种状态时，都会在时钟脉冲作用下最终进入表 6.2.9 的状态循环中。即该时序逻辑电路能够自启动。

从图 6.2.16 所示的状态转移图还可以看出，图 6.2.15 所示是一个异步十进制加法计数器。

表6.2.9　例6.2.4 的状态转移表

CP$_0$序号	Q_3^n	Q_2^n	Q_1^n	Q_0^n	Q_3^{n+1}	Q_2^{n+1}	Q_1^{n+1}	Q_0^{n+1}	Z
1	0	0	0	0	0	0	0	1	0
2	0	0	0	1	0	0	1	0	0
3	0	0	1	0	0	0	1	1	0
4	0	0	1	1	0	1	0	0	0
5	0	1	0	0	0	1	0	1	0
6	0	1	0	1	0	1	1	0	0
7	0	1	1	0	0	1	1	1	0
8	0	1	1	1	1	0	0	0	0
9	1	0	0	0	1	0	0	1	0
10	1	0	0	1	0	0	0	0	1
11	0	0	0	0	0	0	0	1	0

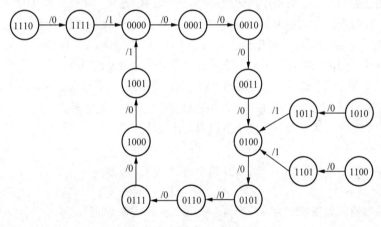

图 6.2.16　例 6.2.4 的状态转移图

▶ 思考题

6.2.1　时序逻辑电路逻辑功能的描述方式有哪几种?

6.2.2　如何检查设计的时序逻辑电路能否自启动?

6.2.3　移位寄存器如何实现串并转换? 有哪些限制条件?

6.3 时序逻辑电路设计

6.3.1　常用时序逻辑电路设计方法

对于一般计数器、序列信号发生器等常用时序逻辑电路,都可以直接根据设计要求列出状态转移表,继而根据状态转移表设计时序逻辑电路激励和输出。

其具体步骤如下。

(1)根据设计要求,列出状态转移表。

（2）根据状态转移表，画出以现状态为输入、以下一状态为输出的卡诺图，从卡诺图求出电路的状态方程。同时，画出电路输出的卡诺图，求出输出方程。

（3）由状态方程直接求出触发器的输入激励方程，完成触发器输入逻辑的设计。

（4）根据设计结果，画出状态转移图。由于一般设计要求中只指定了工作状态的转移关系，因此要将所有状态的转移关系表示清楚。检查是否能自启动，若不能自启动，还要重新修改某个触发器的激励方程。

（5）根据激励方程和输出方程，选择器件，完成具体的逻辑设计。画出最后得到的逻辑图。

以上的设计步骤，将在设计举例中详细说明。

6.3.2　计数器设计

1. 同步计数器设计

设计同步计数器时，往往会根据系统需求给出计数器的模值和编码。因此，很容易列出状态转移表，再使用适当的方法，就可以得到触发器的输入激励方程，完成计数器的设计。使用触发器设计计数器，计数模值 M 与触发器数量 k 之间一定满足 $2^{k-1} < M \leqslant 2^k$ 的关系。

在使用 JK 触发器进行时序逻辑电路设计时，为了使写出的状态方程和触发器的特征方程在形式上一致，直接获得激励方程，可将卡诺图分为两个子卡诺图，即将每个卡诺图都用粗黑线分为 $Q_i^n = 0$ 和 $Q_i^n = 1$ 两个子卡诺图。在卡诺图中合并相邻项时，必须只在子卡诺图中进行，不允许超越粗黑线。这样合并写出的状态方程将与 JK 触发器的特征方程的形式一致，进而就可以直接写出触发器输入的激励方程。以下的例子将说明具体设计方法。

【例 6.3.1】 用 JK 触发器设计一个 8421 码十进制同步计数器。

解：

（1）确定触发器的数量。因为计数模值 $M = 10$，所以需要 4 个触发器。

（2）列出状态转移表。根据设计要求中给出的条件，可以知道计数的状态转移关系。在状态转移表中，可在现状态栏中先写一个初始现状态（如 0000），在下一状态栏中写出相应的下一状态（即 0001）；到下一行，再以上一行的下一状态（0001）为现状态，写出本行的下一状态（0010）。一直写到下一状态中出现重复状态为止，如表 6.3.1 所示。

表 6.3.1　8421 码十进制计数器状态转移表

Q_3^n	Q_2^n	Q_1^n	Q_0^n	Q_3^{n+1}	Q_2^{n+1}	Q_1^{n+1}	Q_0^{n+1}
0	0	0	0	0	0	0	1
0	0	0	1	0	0	1	0
0	0	1	0	0	0	1	1
0	0	1	1	0	1	0	0
0	1	0	0	0	1	0	1
0	1	0	1	0	1	1	0
0	1	1	0	0	1	1	1
0	1	1	1	1	0	0	0
1	0	0	0	1	0	0	1
1	0	0	1	0	0	0	0

（3）画出下一状态的卡诺图，写出每个触发器的状态方程。

先将卡诺图按照 $Q_i^n = 0$ 和 $Q_i^n = 1$ 分为两个子卡诺图，在子卡诺图中进行相邻项的合并，这样获得的触发器状态方程在形式上与触发器的特征方程一致，以便直接获得触发器的激励方程。例 6.3.1 计数器下一状态的卡诺图如图 6.3.1 所示。

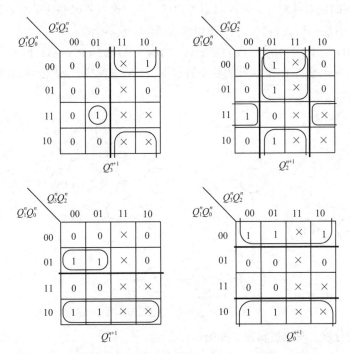

图 6.3.1　例 6.3.1 计数器下一状态的卡诺图

在写每个触发器的状态方程过程中，对于 Q_3^{n+1} 来说，如果按照一般的做法，位于 0111 的 1 方格应该与相邻的任意项合并，但是这样的合并跨越了图中的粗黑线，所得到的方程式中与项将不包含 Q_3^n 或 $\overline{Q_3^n}$，即与 JK 触发器的特征方程形式上不一致，也就不能直接写出输入激励方程。不跨越图中粗黑线，简化后写出的触发器状态方程如式（6.3.1）所示。

$$\begin{cases} Q_3^{n+1} = Q_2^n Q_1^n Q_0^n \overline{Q_3^n} + \overline{Q_0^n} Q_3^n \\ Q_2^{n+1} = Q_1^n Q_0^n \overline{Q_2^n} + (\overline{Q_1^n} + \overline{Q_0^n}) Q_2^n \\ Q_1^{n+1} = \overline{Q_3^n} Q_0^n \overline{Q_1^n} + \overline{Q_0^n} Q_1^n \\ Q_0^{n+1} = \overline{Q_0^n} \end{cases} \tag{6.3.1}$$

式（6.3.1）所示状态方程的形式与 JK 触发器的特征方程形式一致。$\overline{Q_i^n}$ 的系数就是 J_i 的输入激励方程，Q_i^n 的系数就是 $\overline{K_i}$ 的输入激励方程，因此，可以直接进入下一步。

（4）直接写出各触发器的输入激励方程。

$$\begin{cases} J_3 = Q_2^n Q_1^n Q_0^n & K_3 = Q_0^n \\ J_2 = Q_1^n Q_0^n & K_2 = \overline{Q_1^n} + \overline{Q_0^n} \\ J_1 = \overline{Q_3^n} Q_0^n & K_1 = Q_0^n \\ J_0 = 1 & K_0 = 1 \end{cases} \tag{6.3.2}$$

（5）检查不在计数循环中的状态的转移关系。检查不使用状态的转移方向有以下两种方法。

方法一：将需要检查的状态代入式（6.3.1），求出下一状态。

方法二：从图 6.3.1 中直接观察 6 个不使用状态，从而得到其下一状态。即凡在简化时被圈入的任意项，其下一状态的取值为 1，没有被圈入的任意项取值为 0。例如，对于 1100 状态，其 Q_3^{n+1}、Q_2^{n+1}、Q_1^{n+1} 在简化时被圈入，下一状态为"1"，可以得到 1100 的下一状态为 1101。

通过以上两种方法均可以得到 6 个不使用状态的下一状态。

$$1010 \rightarrow 1011 \quad 1011 \rightarrow 1000 \quad 1100 \rightarrow 1101 \quad 1101 \rightarrow 0100 \quad 1110 \rightarrow 1111 \quad 1111 \rightarrow 0000$$

这样，就可以画出全部 16 个状态的状态转移图，如图 6.3.2 所示。由该图可以看出，这个计数器是可以自启动的。

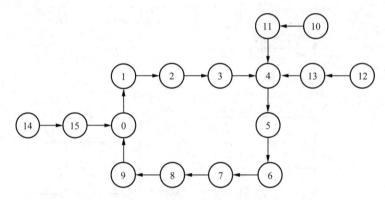

图 6.3.2　例 6.3.1 的状态转移图

（6）基于上述分析，画出逻辑图，如图 6.3.3 所示。

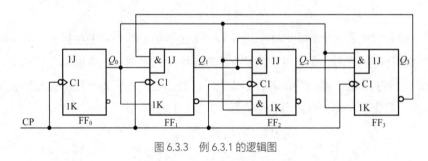

图 6.3.3　例 6.3.1 的逻辑图

2. 异步计数器设计

异步计数器的设计步骤与同步计数器的设计步骤有所不同。由于它进行的是异步工作，因此就必须合理地选择各级触发器的时钟脉冲。下面通过例题来说明具体的设计步骤。

【例 6.3.2】 设计二-十进制异步计数器。采用 8421 码，即 $S_0 = 0000$，$S_1 = 0001$，$S_2 = 0010$，$S_3 = 0011$，$S_4 = 0100$，$S_5 = 0101$，$S_6 = 0110$，$S_7 = 0111$，$S_8 = 1000$，$S_9 = 1001$，当处于 S_9 状态时输出 1。

解：

原始状态图如图 6.3.4 所示。

根据原始状态图可以得到状态转移表，如表 6.3.2 所示。

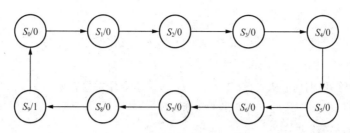

图 6.3.4 例 6.3.2 的原始状态图

表 6.3.2 例 6.3.2 的状态转移表

序号	Q^n				Q^{n+1}				Z
	Q_3^n	Q_2^n	Q_1^n	Q_0^n	Q_3^{n+1}	Q_2^{n+1}	Q_1^{n+1}	Q_0^{n+1}	
0	0	0	0	0	0	0	0	1	0
1	0	0	0	1	0	0	1	0	0
2	0	0	1	0	0	0	1	1	0
3	0	0	1	1	0	1	0	0	0
4	0	1	0	0	0	1	0	1	0
5	0	1	0	1	0	1	1	0	0
6	0	1	1	0	0	1	1	1	0
7	0	1	1	1	1	0	0	0	0
8	1	0	0	0	1	0	0	1	0
9	1	0	0	0	0	0	0	0	1

其设计步骤如下。

（1）根据状态转移表，选择各级触发器的时钟脉冲

选择各级触发器时钟脉冲的原则是：在该级触发器的状态需要发生变化（即由 0 至 1 或由 1 至 0）时，必须有时钟脉冲触发沿到达；其他时刻到达该级触发器的时钟脉冲触发沿越少越好，这样有利于该级触发器的激励方程的简化。

对于第 1 级触发器（FF_0），一般使用外部的时钟脉冲 CP。对于第 2 级触发器（FF_1）的时钟脉冲信号，先看第 1 级的输出 Q_0 能否满足要求，即第 2 级触发器的状态需要发生变化时，Q_0 是否有有效时钟脉冲触发沿，如果没有，则选外部的时钟脉冲。对于第 3 级触发器（FF_2）的时钟脉冲信号，先选第 2 级输出 Q_1 作为时钟脉冲信号，如果不满足要求则选第 1 级的输出 Q_0 作为时钟脉冲信号，如果还不满足要求，只能选择外部的时钟脉冲 CP 作为时钟脉冲。依此类推，第 i 级触发器的时钟脉冲信号可以在外部时钟脉冲 CP 和第 i 级以前的所有各级触发器的输出中选取。优先考虑前一级输出作为时钟脉冲信号。

根据上述时钟脉冲的选取原则，选取本例中各级触发器的时钟。

第 1 级触发器 FF_0 的时钟：CP_0 为输入时钟脉冲 CP。

第 2 级触发器 FF_1 的时钟：从表 6.3.2 可见，Q_1 的状态变化发生在序号为 1、3、5、7 的时刻。在这些时刻，计数脉冲和 Q_0 输出有下降沿产生（$\overline{Q_0}$ 有上升沿产生，本例中设定采用下降沿触发器），因此可选择 Q_0 作为触发器的时钟。当然也可以使用输入的时钟脉冲作为触发脉冲，但在 Q_1 的状态不发生变化的时刻有"多余"的触发脉冲，这样会使激励方程变得比较复杂。因此选 Q_0

的输出作为CP_1。

第3级触发器FF_2的时钟：从表6.3.2可见，Q_2的状态变化发生在序号为3、7的时刻，在这些时刻Q_1有下降沿产生。因此选择$CP_2 = Q_1$。

第4级触发器FF_3的时钟：从表6.3.2可见，Q_3的状态变化发生在序号为7、9的时刻，在序号9时刻Q_1、Q_2没有下降沿产生，Q_0满足要求，所以选Q_0作为CP_3。

（2）列简化状态转移表

在选择了各级触发器的时钟脉冲后，由于在某些时刻，没有有效时钟触发沿的触发器，其状态将不会发生变化，因此可以根据各个触发器的时钟脉冲，列出适合求解激励方程的新的状态转移表，如表6.3.3所示。

将外部输入时钟脉冲作为触发器FF_0的时钟脉冲，每一个外部计数脉冲的下降沿对FF_0均有效，触发器FF_0状态的变化与否将依据其激励输入。所以表6.3.3中的Q_0^{n+1}列与表6.3.2中的相同，无须修改。

Q_0下降沿作为触发器FF_1和触发器FF_3的时钟脉冲信号。在序号为1、3、5、7、9的时刻Q_0会产生下降沿触发触发器FF_1和触发器FF_3，因此，可以在序号为1、3、5、7、9的时刻写出触发器FF_1和触发器FF_3的下一状态Q_1^{n+1}、Q_3^{n+1}，即在这些时刻，表6.3.3中的Q_1^{n+1}、Q_3^{n+1}与表6.3.2中的相同。而在其余时刻，由于Q_0不产生下降沿，因此无论加什么样的激励信号，触发器FF_1和触发器FF_3不会发生状态的变化，可以将其转移状态作为任意项处理，如表6.3.3中Q_1^{n+1}和Q_3^{n+1}列中的"×"符号。

同样，Q_1下降沿作为时钟触发触发器FF_2，在序号为3和7的时刻，产生有效时钟沿，因此可写出在序号为3和7时刻的Q_2^{n+1}。在其余时刻，将Q_2转移状态作为任意项处理，如表6.3.3中Q_2^{n+1}列下的"×"符号。

表6.3.3　例6.3.2的简化状态转移表

序号	Q^n				Q^{n+1}				Z
	Q_3^n	Q_2^n	Q_1^n	Q_0^n	Q_3^{n+1}	Q_2^{n+1}	Q_1^{n+1}	Q_0^{n+1}	
0	0	0	0	0	×	×	×	1	0
1	0	0	0	1	0	×	1	0	0
2	0	0	1	0	×	×	×	1	0
3	0	0	1	1	0	1	0	0	0
4	0	1	0	0	×	×	×	1	0
5	0	1	0	1	0	×	1	0	0
6	0	1	1	0	×	×	×	1	0
7	0	1	1	1	1	0	0	0	0
8	1	0	0	0	×	×	×	1	0
9	1	0	0	1	0	×	0	0	1

（3）根据表6.3.3画出各级触发器的下一状态卡诺图

如图6.3.5所示，卡诺图中所有的空格表示不使用状态，均按任意项处理。

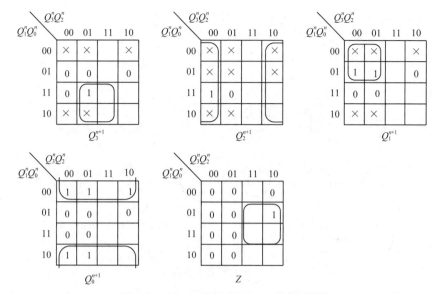

图 6.3.5　例 6.3.2 各触发器的下一状态卡诺图

当使用下降沿触发的 D 触发器设计电路时，可写出状态方程和激励方程：

$$\begin{cases} Q_3^{n+1} = D_3 = Q_2^n Q_1^n \\ Q_2^{n+1} = D_2 = \overline{Q_2^n} \\ Q_1^{n+1} = D_1 = \overline{Q_3^n} \cdot \overline{Q_1^n} \\ Q_0^{n+1} = D_0 = \overline{Q_0^n} \end{cases} \qquad (6.3.3)$$

输出函数：

$$Z = Q_3^n Q_0^n \qquad (6.3.4)$$

（4）检验是否具有自启动特性

本例中有 1010、1011、1100、1101、1110、1111 共 6 个不使用状态，由于 FF_0（Q_0）使用外部时钟，每个时钟沿均有效，因此可根据状态方程先求出 Q_0^{n+1}，如表 6.3.4 所示的最后一列。由于将 Q_0 的输出作为 FF_1 和 FF_3 的时钟，在没有时钟沿的位置，输出保持不变，例如计数器处于 1010 状态，外部时钟到达后，Q_0 的变化为 0→1，没有时钟沿，因此 Q_1^{n+1} 和 Q_3^{n+1} 保持不变（表 6.3.4 中的第一行），又由于 Q_1 没有变化，因此 Q_2^{n+1} 也不变，电路进入 1011 状态。当计数器处于状态 1011，在外部计数脉冲作用下，Q_0 由 1→0，Q_0 的下降沿触发触发器 FF_1 和触发器 FF_3，使 Q_1 由 1→0，Q_3 由 1→0；而 Q_1 的下降沿触发触发器 FF_2，使 Q_2 由 0→1。这样在输入计数脉冲后，不使用状态由 1011 转移为状态 0100，0100 为有效状态。其余类同，如表 6.3.4 所示。

表 6.3.4　例 6.3.2 的不使用状态检验

Q_3^n	Q_2^n	Q_1^n	Q_0^n	Q_3^{n+1}	Q_2^{n+1}	Q_1^{n+1}	Q_0^{n+1}
1	0	1	0	1	0	1	1
1	0	1	1	0	1	0	0
1	1	0	0	1	1	0	1
1	1	·0	1	0	1	0	0
1	1	1	0	1	1	1	1
1	1	1	1	1	0	0	0

由表6.3.2和表6.3.4可以画出状态转移图，如图6.3.6所示。

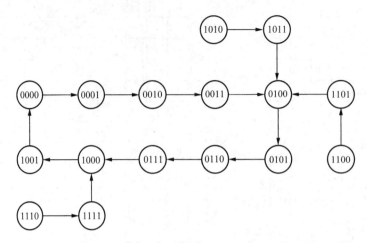

图 6.3.6　例 6.3.2 的状态转移图

由状态转移图可以看出电路可自启动。

（5）画逻辑图

如果采用D触发器，由时钟脉冲下降沿触发，其逻辑图如图6.3.7所示。

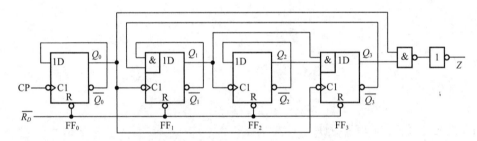

图 6.3.7　例 6.3.2 采用 D 触发器的逻辑图

如果利用JK触发器构成计数器，其逻辑图如图6.3.8所示。

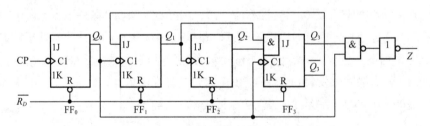

图 6.3.8　例 6.3.2 采用 JK 触发器的逻辑图

由此例可以看出，异步计数器的设计步骤和同步计数器的设计步骤有所不同。由于在选择各级触发器时钟时，可能有不同的方案，因此电路结构不同（主要是各级触发器激励方程不同）。对于这种异步时序逻辑电路，时钟的选择除影响电路结构外，如果触发器的时钟和激励输入同时发生变化，还要防止可能出现的竞争型冒险现象。

6.3.3 自启动设计

对于时序逻辑电路的设计，需要在最后进行自启动检查。如果发现电路不能自启动，则需要对电路进行修改以满足自启动要求。

【例6.3.3】 对图6.2.8所示3位环形计数器的逻辑图进行修改，使电路能够自启动。

解： 该环形计数器有效工作循环是100、010、001。在这3个状态中，应有确定的转移方向，而处于其他状态时，对于转移到什么状态我们并不关注，即可将其设为任意状态（用×表示）。其原卡诺图和反馈函数圈法如图6.3.9所示。通过增加或减少任意项的圈入，可改变其任意状态的转移方向，新的卡诺图和圈法如图6.3.10所示。这时，反馈函数被修改为 $D_0 = \overline{Q_1^n} \cdot \overline{Q_0^n}$，解决了不能自启动的问题。新的状态转移图如图6.3.11所示。

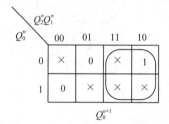

图 6.3.9　环形计数器的原卡诺图和反馈函数圈法

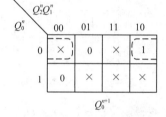

图 6.3.10　新的卡诺图和圈法

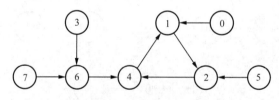

图 6.3.11　新的状态转移图

4位可以自启动的环形计数器逻辑图如图6.3.12所示。

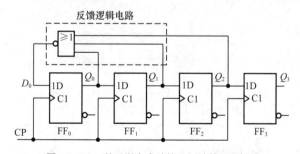

图 6.3.12　4位可以自启动的环形计数器逻辑图

将这种可以自启动的环形计数器的连接方法推广到一般情况：对于由 $Q_0, \cdots, Q_{k-1}$ 共 k 个 D 触发器构成的环形计数器，反馈的逻辑函数应为

$$D_0 = \overline{Q_0^n} \cdot \overline{Q_1^n} \cdots \overline{Q_{k-2}^n} \tag{6.3.5}$$

【例6.3.4】 对4位扭环计数器的电路（见图6.2.10）进行修改，使其能够自启动。

解：从 6.2.2 小节可以看出，扭环计数器有两个状态循环，若取图中左边的状态循环为有效工作循环，则余下的一个就是非工作循环。直接按 $D_0 = \overline{Q_{k-1}^n}$ 方式连接的扭环计数器是不能自启动的。如果要求电路能够自启动，则必须另外采取措施。

根据 $D_0 = \overline{Q_{k-1}^n}$ 的反馈连接方式，对应反馈函数的圈法如图 6.3.13 所示。

解决扭环计数器不能自启动的方法之一是改变圈法，即减少"×"的圈入个数或增加"×"的圈入个数，使非工作循环进入工作循环。被圈过的"×"对应输出函数值"1"，没有被圈过的"×"对应"0"。图 6.3.14 所示为增加"×"的圈入个数实现电路自启动。

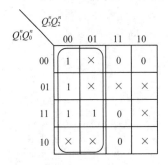

图 6.3.13　反馈函数的圈法

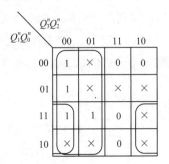

图 6.3.14　增加"×"的圈入个数实现电路自启动

对于反馈逻辑函数 $D_0 = Q_1^n \overline{Q_2^n} + \overline{Q_3^n}$，图 6.3.15 所示为修改后的状态转移图，可以实现电路自启动。

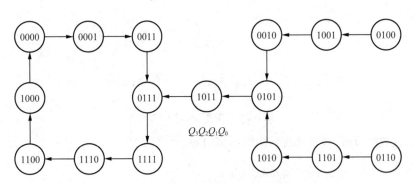

图 6.3.15　修改后的状态转移图

修改后，能自启动的 4 位扭环计数器的逻辑图如图 6.3.16 所示。

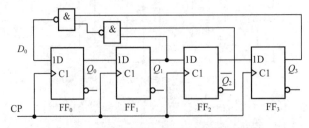

图 6.3.16　能自启动的 4 位扭环计数器的逻辑图

解决扭环计数器不能自启动的另一方法是利用组合逻辑电路检测非工作循环的某一状态，在该状态下强制修改其反馈输出，使其能够进入工作状态。

例如，图6.3.15中，$Q_3''Q_2''Q_1''Q_0''$=1011是非工作循环的一个状态，它的下一状态应为0110，在该状态下强制修改1011状态下的反馈输出，使反馈值不是0，而是1，即将状态变为0111，就可以进入有效工作循环。也就是可以用对1011译码后的输出与原来的$\overline{Q_3''}$进行异或（即当检测电路在非需要检测的状态时，输出为0，此时异或输出为原来的$\overline{Q_3''}$；当检测电路在需要检测的状态时输出为1，异或输出为$\overline{\overline{Q_3''}} = Q_3''$），异或的结果作为新的反馈输入（$D_0$的输入）。

另外，在触发器的复位端没有被使用的情况下，也可以将某不使用状态译码后接到触发器的异步复位端。即在检测到该状态时复位，直接进入0000状态，因为0000为有效使用状态。

扭环计数器构成脉冲分配器时的译码电路也是比较简单的。不论k等于多少，每个状态的译码输出函数都是两变量函数。

脉冲分配器是指使用模值为M的计数器和译码电路产生M个输出，即每个状态对应一个输出，且只在该状态下输出为1（或为0），其他状态时该输出为0（或为1）。

以图6.2.10所示的扭环计数器电路为例，例如0000状态对应输出F_0，该状态下的译码输出为$F_0 = 1$，输出F_0的卡诺图如图6.3.17所示。卡诺图中"×"表示非工作循环对应的状态，在正常工作循环中不会出现。由卡诺图可见，"1"所在的位置有3个任意项可以与其圈在一起，消去两个变量，即可以用一个两变量函数表示F_0。

实际上，图6.3.17所示的卡诺图中每个非任意项的位置都在计数器工作循环中对应一个状态和脉冲分配器中的一个输出，且在该状态时，输出为1，其他状态下输出为0。也就是脉冲分配器中的8个输出共有8幅如图6.3.17所示的卡诺图与其对应。由于每幅卡诺图中只有一个1且在不同的位置（对应不同状态），可将8幅卡诺图合成1幅卡诺图，如图6.3.18所示。

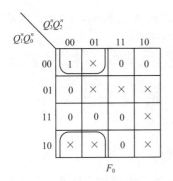

图 6.3.17　输出 F_0 的卡诺图

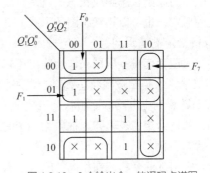

图 6.3.18　8 个输出合一的译码卡诺图

图6.3.18所示的卡诺图标出了F_0、F_1和F_7的译码简化方法，其他输出与其类似。从该图中可以看出，每个1均可与3个任意项合并实现简化，成为两变量函数。如果触发器的个数为5，每个输出的"1"可与7个任意项合并，消去3个变量。

▶ 思考题

6.3.1　试分析同步时序逻辑电路与功能相同的异步时序逻辑电路的复杂度。

6.3.2　怎样设计才能保证时序逻辑电路一定能够自启动？

6.3.3　当采用具有预置端或复位端的触发器时，还有哪些可能的自启动设计方法？

6.4 一般时序逻辑电路设计

6.4.1 时序逻辑电路设计步骤

在设计时序逻辑电路时，要求设计者根据给出的具体逻辑问题，求出实现这一逻辑功能的逻辑电路，同时对所得到的设计结果应力求简单。

当选用小规模集成电路做设计时，电路最简的标准是所用的触发器和门电路的数量最少，并且触发器和门电路的输入端数量也最少。而当使用中、大规模集成电路时，电路最简的标准则是使用的集成电路数量及外围所需要的门电路最少，器件种类最少，而且互相间的连线也最少。

设计同步时序逻辑电路时，一般按如下步骤进行。实际应用时，可根据设计需求进行步骤合并或简化。时序逻辑电路的设计过程如图6.4.1所示。

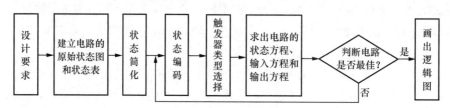

图 6.4.1 时序逻辑电路的设计过程

（1）建立电路的原始状态图或状态表。

建立电路的原始状态图或状态表就是把要求实现的时序逻辑功能表示为时序逻辑函数，可以用状态表的形式，也可以用状态图的形式。其具体实现步骤如下。

① 分析给定的逻辑问题，确定输入变量、输出变量以及电路的状态数。通常取原因（或条件）作为输入逻辑变量，取结果作为输出逻辑变量。

② 定义输入、输出逻辑状态和每个电路状态的含义，并将电路状态按顺序编号。

③ 按照题意列出电路的原始状态表或画出电路的原始状态图。

这样，就把给定的逻辑问题抽象为一个时序逻辑函数了。

（2）状态简化。

若设计中出现两个状态在相同的输入下有相同的输出，并且转换到同样的下一状态，则称这两个状态为等价状态。显然等价状态是重复的，可以将其合并为一个。电路的状态数越少，设计出来的电路也越简单，使用触发器的数量也越少。

状态简化的目的就在于将等价状态合并，以求得最简的状态转换图。

（3）状态编码。

状态编码是指为简化后的状态表中各个状态赋予二进制代码，又称状态分配。时序逻辑电路的状态是用触发器状态的不同组合来表示的。

首先，需要确定触发器的数量k。因为k个触发器共有2^k种状态组合，所以为获得时序逻辑电路所需的M个状态，应该取

$$2^{k-1} < M \leqslant 2^k \tag{6.4.1}$$

其次，要给每个电路状态规定对应的触发器状态组合。每组触发器的状态组合都是一组二进

制代码，又将这项工作称为状态编码。在$M<2^k$的情况下，从2^k个状态中取M个状态的组合有多种方案，每个方案中M个状态的排列顺序又有许多种。如果编码方案选择得当，设计结果可以很简单。反之，编码方案选得不好，设计出来的电路就会复杂得多，这里面需要一定的方法和技巧。

此外，为便于记忆和识别，一般选用的状态编码和它们的排列顺序都遵循一定的规律。

（4）选择触发器的类型，求出电路的状态方程、输入方程和输出方程。

因为逻辑功能不同的触发器激励方式不同，所以用不同类型触发器设计出的电路也不一样。为此，在设计具体的电路前必须选定触发器的类型。选择触发器类型时应考虑到器件的供应情况、时序要求（例如是上升沿触发还是下降沿触发），并应力求减少系统中使用的触发器种类。

编码以后可以得到状态转移表和状态转移图，根据状态转移表和状态转移图以及选定的触发器的类型，可以写出电路的状态方程、激励方程和输出方程。

（5）判断电路是否最佳。

根据电路设计要求判断电路是否最佳。此环节需要重点检查电路能否自启动。如果电路不能自启动，则需采取措施加以解决。一种解决办法是在电路开始工作时通过预置值将电路的状态预置成有效状态循环中的某一状态或通过修改逻辑设计加以解决。

（6）画出逻辑图。

异步时序逻辑电路的设计也遵循上述流程，主要区别体现在第（3）、（4）步。第（3）步状态编码，对于异步时序逻辑电路来说，有时需要考虑电路的冒险，是否会影响电路正常工作。第（4）步中在得到状态转移表和状态转移图后，通过合理地选择各级触发器的时钟脉冲，可以实现异步电路设计。有关一般异步时序逻辑电路设计，请参阅有关资料。

6.4.2　时序逻辑电路设计举例

下面通过例题来深入理解上述设计步骤。

【例6.4.1】 设计一个用来检测二进制输入序列的电路，当输入序列中连续输入的4位数码均为1时，电路输出1（可重叠，即当连续输入第五个1时也输出1）。

解：

第一步，建立原始状态图和状态表。

画出原始状态图，如图6.4.2所示。根据要求，该电路有一个输入端（X），用于接收被检测的二进制序列串行输入，有一个输出端（Z）。为了正确接收输入序列，整个电路的工作与输入序列必须同步。根据检测要求，当连续输入4个1时，输出1，其余情况下均输出0。所以该电路必须"记忆"3位连续输入序列。

设A状态为初始状态，当第一个输入信号为0时，因为不是所需要检测的输入数据，电路状态仍返回A状态，若第一个输入为1，则进入B状态。在B状态下有两个分支，即第二个输入分别为0和

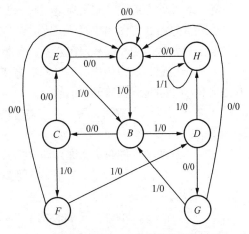

图 6.4.2　例 6.4.1 的原始状态图

1，分别进入C状态（记忆收到10）和D状态（记忆收到11）。在C状态下对应两个分支，表示第三个输入为0或1，分别进入E状态和F状态。同理，在D状态下输入0和1时分别进入G和H状态。这时E、F、G、H分别对应100、101、110和111状态。在E状态下再输入0，应该回到A状态，输入1，进入B状态（记忆收到第一个1）。在F状态下输入0，回到A状态，输入1应该进入D状态（因为在101后面又收到一个1，即连续两个1，而D状态表示连续收到两个1）。同理，在G状态（110）收到0和1后分别进入A状态和B状态。在H状态下收到0，回到A状态，若为1，则表示已有连续4位输入1，电路状态仍保持为H状态（111），且输出1，等待下面连续检测。

根据原始状态图列出表格，即表6.4.1所示的原始状态表。

表6.4.1 例6.4.1的原始状态表

S^n	S^{n+1}		Z		S^n	S^{n+1}		Z	
	$X=0$	$X=1$	$X=0$	$X=1$		$X=0$	$X=1$	$X=0$	$X=1$
A	A	B	0	0	E	A	B	0	0
B	C	D	0	0	F	A	D	0	0
C	E	F	0	0	G	A	B	0	0
D	G	H	0	0	H	A	H	0	1

状态表有两种类型：一种是在所有的输入条件下，都有确定的状态转移和确定的输出，这种状态表称为完全规定型状态表，如本例表6.4.1为完全规定型状态表；另一种是在有些输入条件下，下一状态或输出为任意的、不确定的，称为非完全规定型状态表，例如表6.4.2所示的是非完全规定型状态表。

表6.4.2 非完全规定型状态表

S^n	S^{n+1}		Z	
	$X=0$	$X=1$	$X=0$	$X=1$
A	A	B	X	0
B	C	X	0	0
C	B	A	1	0

在本书中主要介绍完全规定型状态表的简化，非完全规定型状态表简化可参阅其他资料。

第二步，状态简化（完全规定型状态表简化）。

在构成原始状态图和原始状态表时，为了充分、如实地描述其功能，根据设计要求，列了许多状态。这些状态之间都有内在联系，有些状态可以合并。

在完全规定型状态表中，两个状态如果"等价"，则这两个状态可以合并为一个状态。两个状态等价必须同时满足如下两个条件。

① 在所有输入条件下，两个状态对应的输出完全相同。

② 在所有输入条件下，两个状态的下一状态完全相同或在满足一定条件时下一状态相同。

满足上述两个条件的状态称为等价状态，等价状态可以合并。

因此，比较两个状态时，如果不满足第一个条件，则肯定不是等价状态；如果满足第一个条件，则还要满足第二个条件。第二个等价条件有下面3种情况。

① 在所有输入条件下，S_1和S_2的下一状态一一对应、完全相同（例如在只有一个输入信号，输入X为0和1时，S_1的下一状态对应S_3和S_4，S_2的下一状态也是S_3和S_4），则状态等价。

② 在有些输入条件下，状态转移的下一状态虽然不相同（例如，在输入 $X=0$ 时，S_1 转移到 S_3，S_2 转移到 S_4，$X=1$ 时转移状态相同），但如果证明 S_3 和 S_4 两个状态是等价状态，则 S_1 和 S_2 也是等价状态；如果 S_3 和 S_4 不是等价状态，则 S_1 和 S_2 也不等价。即 S_3 和 S_4 是否等价是 S_1 和 S_2 是否等价的条件，称 S_3 和 S_4 是 S_1 和 S_2 的等价隐含条件。

③ 在有些输入条件下，S_1 和 S_2 状态对与 S_3 和 S_4 状态对互为隐含条件，则 S_1 和 S_2 等价，S_3 和 S_4 也等价。

此外，等价状态有传递性。例如，S_1 和 S_2 等价，S_2 和 S_3 等价，则 S_1 和 S_3 也等价。

一般采用列表比较的方法找出所有等价状态对，其步骤如下。

（1）寻找全部等价状态对

寻找全部等价状态对采用列表法，如表6.4.3所示。表6.4.3呈现直角形网格形式，称为隐含表。其中每一个方格代表一个状态对。根据等价条件将各列状态与各行状态一一进行比较，将比较结果填入对应的方格中。对两个状态进行比较时，有以下3种情况。

① 原始状态表中，两个状态输出 Z 不相同，则这两个状态不是等价状态，不能合并，则在对应的方格中填×。

② 比较状态表中两个状态，如果在任何输入条件下，输出值 Z 都相同，且在任何输入条件下所对应的下一状态都相同或为原状态对（比较的两个状态本身），则这两个状态满足等价条件，可以合并，在对应的方格中记√。

③ 状态表中的两个状态，如果在任何输入条件下，输出值 Z 都相同，但在有些输入条件下，下一状态不相同，则将这些不相同的下一状态对作为等价条件填入相应的方格中，如表6.4.1中状态 A 和状态 B 在所有输入条件下，对应输出均相同，但下一状态在输入 $X=0$ 时，分别为 A 和 C，在输入 $X=1$ 时，分别为 B 和 D，则在表6.4.3相应的方格中填 AC、BD，表示 AC、BD 两对状态是 A 和 B 两状态等价的隐含条件。

依照上述3种情况比较结果，完成表6.4.3所示的隐含表。然后通过表6.4.3所示进行状态简化。一般从不等价的状态对出发，例如表中 AH 不等价，在所有可能条件等价的方格中找到有 AH 组合的条件，将有 AH 组合的方格用一条斜线划去，表示该状态对中的隐含条件有一个不满足等价条件，所以该状态对不满足等价条件。这样逐次逐格判断，直至将所有不等价的状态对都排除为止。

由于用一条斜线划去的方格对应的状态对也是不等价状态，因此从新出现不等价的状态对出发，例如 AD 不等价，在剩下的方格中找到有 AD 组合的条件，将该方格用两条斜线划去，表示该状态不满足等价条件，直至将所有不等价的状态对都排除为止。

再从用两条斜线划去的新的不等价的状态对出发，重复以上过程，直至不再出现新的不等价的状态为止。

剩下的状态对将都满足等价条件，所以 AE、AG、CE、EG、BF 状态对均为等价状态。这样，就寻找到所有等价状态对。

（2）寻找最大等价类

等价类是多个等价状态组的集合，在等价类中任意两个状态都是等价的。如果一个等价类中的各个状态都不出现在任何别的等价类中，则这个等价类叫作最大等价类。

在上述 AE、AG、CE、EG、BF 等价对中，由于等价状态的传递性，AE、AG 形成等价类 AEG，但不是最大等价类，因为 E 和 G 状态还包含在别的状态对中。实际上，AE、AG、CE、EG 可以合并成最大等价类 $ACEG$。BF 也不包含在任何别的等价类中，所以也是最大等价类。

表 6.4.3　例 6.4.1 的隐含表

B	AC BD						
C	AE BF	CE DF					
D	AG BH	CG DH	EG FH				
E	√	AC BD	AE BF	AG BH			
F	BD	AC	AE DF	AG DH	BD		
G	√	AC BD	AE BF	AG BH	√	BD	
H	×	×	×	×	×	×	×
	A	B	C	D	E	F	G

（3）选择最大等价类组成最大等价类集合

最大等价类集合要满足以下两个条件。

① 最大等价类集合中包括原始状态表中所有状态，称为"覆盖"性。

② 最大等价类中任一等价状态的隐含条件都包含在最大等价类集合中，称为"封闭"性。

满足上述两个条件的最大等价类集合称为具有"闭覆盖"的最大等价类集合。在本例中由 $ACEG$、BF、D、H 组成具有最小闭覆盖性质的最大等价类集合。

（4）将最大等价类集合中的各等价状态合并，最后得到原始状态表的简化状态表

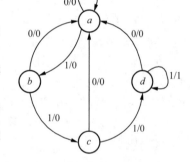

图 6.4.3　例 6.4.1 的简化状态图

令 $ACEG$ 合并为状态 a，BF 合并为状态 b，D 为状态 c，H 为状态 d，得到最简状态表，如表 6.4.4 所示。这样，表 6.4.1 中原始状态表的 8 个状态被简化为 4 个状态。简化后的状态图如图 6.4.3 所示。

第三步，状态编码。

经状态编码后，状态表就改称状态转移表。

表 6.4.4　例 6.4.1 的最简状态表

S^n	S^{n+1}		Z		S^n	S^{n+1}		Z	
	$X=0$	$X=1$	$X=0$	$X=1$		$X=0$	$X=1$	$X=0$	$X=1$
a	a	b	0	0	c	a	d	0	0
b	a	c	0	0	d	a	d	0	1

为 a 分配编码 00，b 分配编码 01，c 分配编码 11，d 分配编码 10。根据已选择好的状态编码，可以将表 6.4.4 所示改写成表 6.4.5 所示的形式。此表即简化后的状态转移表。

第四步，选择触发器的类型，确定存储电路的激励方程。

表 6.4.5　例 6.4.1 简化后的状态转移表

S^n		S^{n+1}				Z	
		$X=0$		$X=1$		$X=0$	$X=1$
Q_1^n	Q_0^n	Q_1^{n+1}	Q_0^{n+1}	Q_1^{n+1}	Q_0^{n+1}		
0	0	0	0	0	1	0	0
0	1	0	0	1	1	0	0
1	1	0	0	1	0	0	0
1	0	0	0	1	0	0	1

先确定使用触发器的类型，例如确定使用 JK 触发器，可通过卡诺图求出触发器的激励方程。由表 6.4.5 可分别画出 Q_1^{n+1}、Q_0^{n+1} 以及输出 Z 的卡诺图，如图 6.4.4 所示。

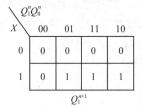 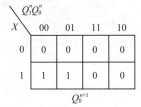 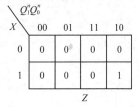

图 6.4.4　例 6.4.1 的下一状态卡诺图

由卡诺图可求出状态方程为

$$\begin{cases} Q_1^{n+1} = X Q_0^n \overline{Q_1^n} + X Q_1^n \\ Q_0^{n+1} = X \overline{Q_1^n} \cdot \overline{Q_0^n} + X \overline{Q_1^n} Q_0^n \end{cases} \quad (6.4.2)$$

JK 触发器的激励方程分别为

$$\begin{cases} J_1 = X Q_0^n ; K_1 = \overline{X} \\ J_0 = X \overline{Q_1^n} ; K_0 = \overline{X \overline{Q_1^n}} \end{cases} \quad (6.4.3)$$

因为两个触发器的 4 个状态均为工作状态，所以该电路可以自启动。

第五步，求输出函数。

由图 6.4.4 所示输出函数 Z 的卡诺图得到

$$Z = X Q_1^n \overline{Q_0^n} \quad (6.4.4)$$

第六步，画逻辑图。

采用 JK 触发器及与非门等，根据激励方程和输出方程，可以画出例 6.4.1 的逻辑图，如图 6.4.5 所示。

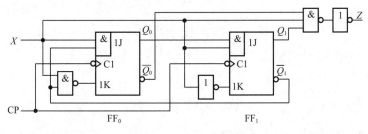

图 6.4.5　例 6.4.1 的逻辑图

【例6.4.2】 设计一个同步时序逻辑电路对输入序列进行检测，凡收到输入序列101时，就输出1，并规定检测的101序列不重叠。

输入X：$0\,1\,0\,1\,0\,1\,1\,0\,1\,0\,0\,1\,0\,1$。

输出Z：$0\,0\,0\,1\,0\,0\,0\,0\,1\,0\,0\,0\,0\,1$。

解：

（1）根据设计要求建立状态表

绘制原始状态图和状态表的方法是，首先根据设计要求，分析电路的输入和输出，确定有多少种输入信息需要"记忆"，对每一种需"记忆"的输入信息规定一种状态来表示，根据输入的条件和输出要求确定各状态之间的关系，从而构成原始状态图。本例中，状态图如图6.4.6所示。状态A表示初始状

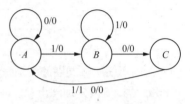

图 6.4.6　例 6.4.2 的状态图

态，状态B表示输入1个或多个连续1状态，状态C表示连续输入10状态。在C状态如果再输入1，则输出1并返回状态A；输入0，则输出0并返回A状态。所以该电路必须"记忆"2位连续输入的序列。

通过分析，所设计的状态已经为最简状态，因此无须简化，状态表如表6.4.6所示。

（2）状态编码

因为状态比较简单，这里直接令$A=00$，$B=01$，$C=10$，得到状态转移表如表6.4.7所示。

表 6.4.6　例 6.4.2 的状态表

S	X	
	$X=0$	$X=1$
A	$A/0$	$B/0$
B	$C/0$	$B/0$
C	$A/0$	$A/1$

表 6.4.7　例 6.4.2 的状态转移表

$Q_1^n Q_0^n$	X	
	$X=0$	$X=1$
00	00/0	01/0
01	10/0	01/0
10	00/0	00/1

（3）由状态转移表求出下一状态方程

由表6.4.7可以分别画出下一状态的卡诺图，如图6.4.7所示。

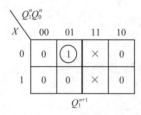
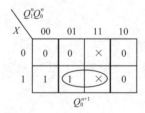

图 6.4.7　例 6.4.2 下一状态的卡诺图

由卡诺图可求出状态方程为

$$\begin{cases} Q_1^{n+1} = \bar{X} Q_0^n \bar{Q}_1^n \\ Q_0^{n+1} = X\bar{Q}_0^n \bar{Q}_1^n + X Q_0^n \end{cases} \tag{6.4.5}$$

如采用JK触发器，可求出触发器的激励方程为

$$\begin{cases} J_1 = XQ_0^n, & K_1 = 1 \\ J_0 = X\overline{Q_1^n}, & K_0 = \overline{X} \end{cases} \qquad (6.4.6)$$

由激励方程可以得到输出卡诺图，如图6.4.8所示。

由输出卡诺图可得输出函数为

$$Z = XQ_1^n \qquad (6.4.7)$$

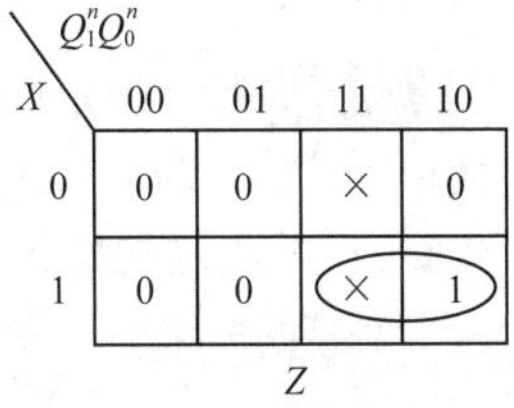

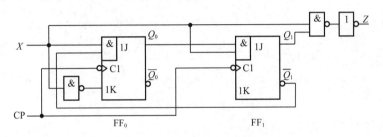

图 6.4.8 例 6.4.2 的输出卡诺图

（4）判断自启动

未使用状态为11。由图6.4.7可知，下一状态均为工作状态，电路可以自启动。

（5）画出逻辑图，实现整个设计

采用JK触发器及与非门等，根据激励方程和输出方程，可以画出逻辑图，如图6.4.9所示。

图 6.4.9 例 6.4.2 的逻辑图

原始状态图和原始状态表是用图形和表格的形式将设计要求描述出来的。这是设计时序逻辑电路关键的一步，是完成后面具体设计的依据。因此，本节将再通过两个例题，进一步讲解状态图和状态表的设计。

【例6.4.3】 设计一个串行数码比较器，用以比较两组二进制数的大小，其中，$A = a_{n-1}a_{n-2}\cdots a_0$，$B = b_{n-1}b_{n-2}\cdots b_0$。若规定低位先入，当$A>B$时，输出$F_1F_2 = 10$；当$A<B$时，输出$F_1F_2 = 01$；当$A = B$时，输出$F_1F_2 = 00$。绘制该时序逻辑电路的状态图与状态表。

解： 分别用状态P、Q和R表示$A=B$、$A>B$和$A<B$。

（1）根据设计要求绘制状态图，如图6.4.10所示。

（2）由状态图可得状态表，如表6.4.8所示。

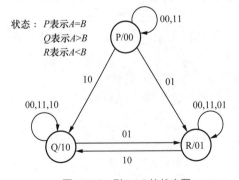

图 6.4.10 例 6.4.3 的状态图

表 6.4.8 例 6.4.3 的状态表

S	a_ib_i					
	00	01	11	10	F_1	F_2
P	P	R	P	Q	0	0
Q	Q	R	Q	Q	1	0
R	R	R	R	Q	0	1

【例6.4.4】 用同步时序逻辑电路来对串行二进制输入进行奇偶校验，当输入序列中1的数量为奇数时输出为1，绘制该电路的状态图和状态表。

解：设电路的初始状态为P，表示偶数个1，另设状态Q表示奇数个1。

（1）根据要求可画出状态图，如图6.4.11所示。

（2）由状态图可得状态表，如表6.4.9所示。

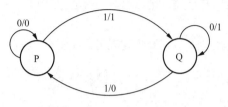

图 6.4.11　例 6.4.4 的状态图

表 6.4.9　例 6.4.4 的状态表

S^n	S^{n+1}		Z	
	$X=0$	$X=1$	$X=0$	$X=1$
P	P	Q	0	1
Q	Q	P	1	0

▶ 思考题

6.4.1　如何判断两个状态"等价"？

6.4.2　检测电路，当输入序列中连续输入的4位数码均为1时，电路输出1（不可重叠），状态图应该怎么修改？

6.4.3　如何在进行时序逻辑电路设计时防止出现功能冒险？

6.5 中规模时序集成电路及其应用

6.5.1 若干典型中规模集成电路

1. 中规模异步计数器74LS90

为了满足不同用途的需求，达到多功能的目的，中规模异步计数器通常采用组合式的结构形式，即由两个独立的计数器来构成整个计数器芯片。

以74LS90为例，图6.5.1（a）所示是74LS90计数器的逻辑图，图6.5.1（b）所示是74LS90的逻辑符号，图6.5.1（c）所示为简化的逻辑符号，较常用。

从图6.5.1（a）所示74LS90计数器的逻辑图可以看到它的结构和功能特性。

74LS90由一个模2计数器（Q_A端输出）和一个模5计数器（输出端为$Q_D Q_C Q_B$）构成，两个计数器分别有自己的时钟输入端：CLK_A和CLK_B。

从CLK_A输入外部时钟，Q_A端输出，实现模2计数；从CLK_B输入外部时钟，输出端为$Q_D Q_C Q_B$时，实现模5计数；从CLK_A输入外部时钟，且将Q_A接到CLK_B（用Q_A作为CLK_B的时钟），实现8421码十进制计数；从CLK_B输入外部时钟，且将Q_D接到CLK_A，实现5421码十进制计数。

74LS90有两个置0输入端：$R_{0(1)}$和$R_{0(2)}$，当两个置0输入端都是高电平时，计数器进入0000的状态（异步置0，此时要求$R_{9(1)}$和$R_{9(2)}$中至少应有一个为0）。

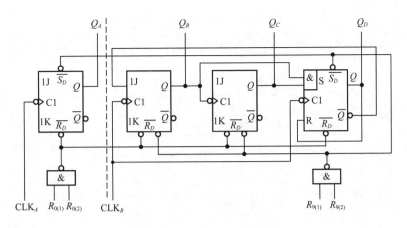

（a）74LS90的逻辑图

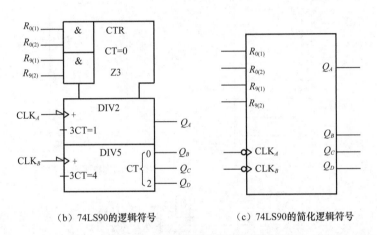

（b）74LS90的逻辑符号　　　　（c）74LS90的简化逻辑符号

图 6.5.1　74LS90 的逻辑图和逻辑符号

74LS90还有两个置9输入端：$R_{9(1)}$和$R_{9(2)}$，当两个置9输入端都是高电平时，计数器进入1001的状态（此时要求$R_{0(1)}$和$R_{0(2)}$中至少应有一个为0）。74LS90的置0和置9都是异步输入。

74LS90计数器中设置两个置0端和两个置9端，目的是构成其他模值的计数器时比较方便。只要充分利用这几个输入端，74LS90可以构成模值为2到10的计数器，而不需要添加任何外部逻辑电路。

数字逻辑集成电路的使用手册中通常有内部结构图，除对功能进行文字描述外，还会给出功能表。通过功能表，我们可以比较清楚地了解逻辑器件的功能。表6.5.1所示为74LS90的逻辑功能表。

类似的异步计数器还有74LS92，由模2和模6计数器组成；74LS93由模2和模8计数器组成。此外，还有4位二进制异步计数器74LS197、74LS293，双4位二进制异步计数器74LS393，7位二进制异步计数器CC4024，12位二进制异步计数器CC4040等。

2. 中规模同步计数器

（1）同步4位二进制（十六进制）计数器74LS161

图6.5.2所示为中规模集成的同步4位二进制计数器74LS161的逻辑图和逻辑符号。74LS161除了具有二进制加法计数功能，还具有预置数、保持和异步复位等功能。该图中$\overline{\text{LOAD}}$为预置数控制端；$A \sim D$为数据输入端，RCO为进位输出端，$\overline{\text{CLR}}$为异步复位（清零）端，ENP和ENT为计数控制端。

表 6.5.1　74LS90 的逻辑功能表

$R_{0(1)}$	$R_{0(2)}$	$R_{9(1)}$	$R_{9(2)}$	CLK_A	CLK_B	Q_D	Q_B	Q_C	Q_A
1	1	0	×	×	×	0	0	0	0
1	1	×	0	×	×	0	0	0	0
0	×	1	1	×	×	1	0	0	1
×	0	1	1	×	×	1	0	0	1
×	0	×	0	↓	0	二进制计数			
×	0	0	×	0	↓	五进制计数			
0	×	×	0	↓	Q_A	8421 码十进制计数			
0	×	0	×	Q_D	↓	5421 码十进制计数			

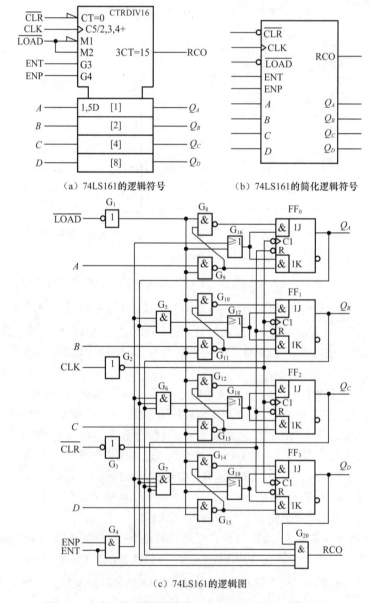

（a）74LS161的逻辑符号　　　（b）74LS161的简化逻辑符号

（c）74LS161的逻辑图

图 6.5.2　同步 4 位二进制计数器 74LS161 的逻辑图及逻辑符号

图6.5.3所示为74LS161的时序图。

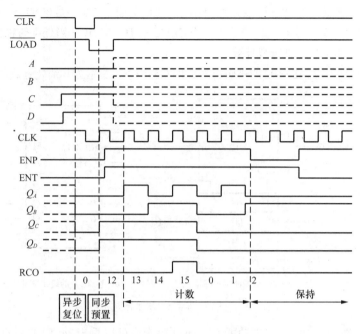

图 6.5.3　74LS161 的时序图

表6.5.2所示为74LS161的功能表。由表6.5.2和图6.5.3可见，当$\overline{CLR}=0$时所有内部触发器将同时被复位，$Q_DQ_CQ_BQ_A$=0000，而且复位操作不受其他输入端状态的影响，与时钟的边沿有否无关，计数器采用异步复位，且优先级最高。

表 6.5.2　74LS161 的功能表

CLK	$\overline{CLR}$	$\overline{LOAD}$	ENP	ENT	工作状态
×	0	×	×	×	复位
↑	1	0	×	×	预置数
×	1	1	0	1	保持
×	1	1	×	0	保持（但RCO=0）
↑	1	1	1	1	十六进制计数

当$\overline{CLR}=1$而$\overline{LOAD}=0$时，电路工作在预置状态，并在下一个上升沿出现时实现数据预置，由于$DCBA=1100$，因此$Q_DQ_CQ_BQ_A$=1100，显然该计数器实现的是同步预置。

当$\overline{CLR}=\overline{LOAD}=1$，且$ENP=ENT=1$时，电路工作在计数状态；当电路出现1111状态时$RCO=1$，电路从1111状态返回0000状态，RCO端从高电平跳变至低电平。我们可以利用RCO端输出的高电平、上升沿或下降沿等作为进位输出信号。

当$\overline{CLR}=\overline{LOAD}=1$，而$ENP=0$，$ENT=1$时，无论有无时钟，它们保持原来的状态不变，同时RCO的状态也得到保持。如果$ENT=0$，则ENP不论为何状态，计数器的状态也将保持不变，但这时进位无论在什么输出状态下，RCO都等于0。

与74LS161相似的器件有74LS160，它是十进制计数器，在内部电路结构形式上与74LS161有些区别，但引脚排列和各控制端功能均相同。

（2）可预置十进制可逆计数器 74LS192

74LS192 是十进制计数器，计数的编码采用 8421 码，计数循环是 0000 ～ 1001。74LS192 是采用双时钟方式的可逆计数器，时钟输入端为 CLKUP 和 CLKDW。当外部时钟接到 CLKUP 时进行加计数，接到 CLKDW 时进行减计数。

图 6.5.4（a）所示为 74LS192 的逻辑符号，图 6.5.4（b）所示为其简化逻辑符号。

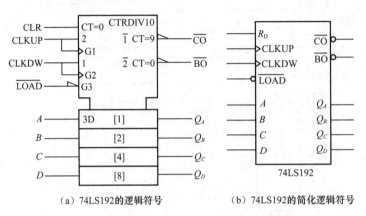

(a) 74LS192 的逻辑符号　　　　　　　(b) 74LS192 的简化逻辑符号

图 6.5.4　74LS192 的逻辑符号和简化逻辑符号

表 6.5.3 所示为 74LS192 的逻辑功能表。通过功能表可以看出 74LS192 具有预置功能，当预置控制输入 $\overline{\text{LOAD}}$ 有效时，将预置的数据输入 A、B、C、D 置位到 4 个触发器。74LS192 的预置控制属于异步预置，低电平有效。

表 6.5.3　74LS192 的逻辑功能表

CLKUP	CLKDW	$\overline{\text{LOAD}}$	CLR	D	C	B	A	Q_D	Q_C	Q_B	Q_A
×	×	×	1	×	×	×	×	0	0	0	0
×	×	0	0	d	c	b	a	d	c	b	a
↑	1	1	0	×	×	×	×	十进制加计数			
1	↑	1	0	×	×	×	×	十进制减计数			
1	1	1	0	×	×	×	×	保持原状态			

74LS192 复位输入是 CLR，为异步控制，高电平产生复位，优先级最高；预置为异步预置。

74LS192 的进位/借位输出是分开的，进位输出是 $\overline{\text{CO}}$，加法计数进入状态 1001 时产生一个周期宽度的负脉冲输出。借位输出是 $\overline{\text{BO}}$，减法计数进入状态 0000 时产生一个周期宽度的负脉冲输出。

74LS192 没有计数控制输入，即没有 ENP 和 ENT（或 $\overline{\text{ENP}}$、$\overline{\text{ENT}}$）控制输入端。表 6.5.3 比较简洁地给出了 74LS192 的大多数功能，但是进位、借位的特性还是不能通过功能表来表示，因此许多手册中还需要对这部分功能进行文字性的描述。

（3）可预置 4 位二进制可逆计数器 74LS169

74LS169 是 4 位二进制计数器，计数循环为 0000 ～ 1111，共 16 个状态。74LS169 采用加/减控制方式实现可逆计数，当控制端 $U/\overline{D} = 1$ 时为加计数，$U/\overline{D} = 0$ 时为减计数。图 6.5.5（a）所示为 74LS169 的逻辑符号，图 6.5.5（b）所示为其简化逻辑符号。

图 6.5.6 所示为 74LS169 的时序图。

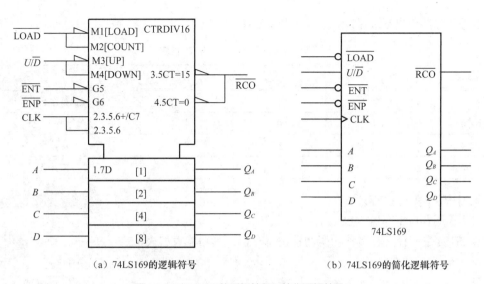

（a）74LS169的逻辑符号　　　　　　　　　　（b）74LS169的简化逻辑符号

图 6.5.5　74LS169 的逻辑符号和简化逻辑符号

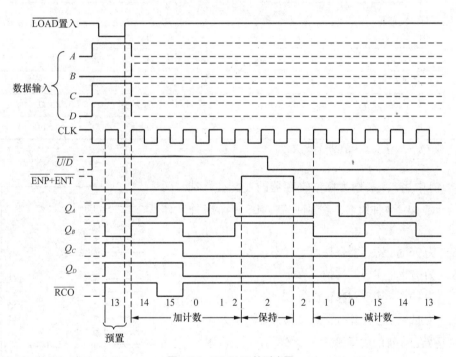

图 6.5.6　74LS169 的时序图

表6.5.4所示为74LS169的功能表。从该功能表和时序图可以看出，预置功能由$\overline{\text{LOAD}}$端控制，低电平有效，是同步预置，必须在$\overline{\text{LOAD}}$有效后的下一个时钟有效边沿到来时，才能实现预置。

74LS169的进位和借位输出使用同一个输出端，为$\overline{\text{RCO}}$。当加计数状态为1111或减计数达到0000状态时，$\overline{\text{RCO}}$端输出宽度为一个时钟周期的负脉冲。

74LS169没有复位输入，只能通过预置的方式使计数器回到计数的初始状态0000或者1111。

74LS169有两个计数控制输入：$\overline{\text{ENP}}$和$\overline{\text{ENT}}$。这两个输入都是低电平时计数器才可以进行正常计数。$\overline{\text{ENT}}$还会影响进位的保持，当计数器在1111状态时$\overline{\text{ENT}}$=1，计数器的输出状态得到保持，但进位脉冲输出不被保持。这一点与74LS161类似。

表 6.5.4　74LS169 的功能表

$\overline{ENT} + \overline{ENP}$	$U / \overline{D}$	$\overline{LOAD}$	CLK	Q_D Q_C Q_B Q_A
1	×	1	×	保持原状态
0	×	0	↑	预置
0	1	1	↑	加计数
0	0	1	↑	减计数

3. 中规模移位寄存器

（1）通用移位寄存器74LS194

74LS194是一种具有多种功能的移位寄存器，其功能表如表6.5.5所示。

表 6.5.5　74LS194 功能表

$\overline{CLR}$	S_1	S_0	CLK	S_L	S_R	Q_A	Q_B	Q_C	Q_D
0	×	×	×	×	×	0	0	0	0
1	1	1	↑	×	×	A	B	C	D
1	0	1	↑	×	S_R	S_R	Q_A	Q_B	Q_C
1	1	0	↑	S_L	×	Q_B	Q_C	Q_D	S_L
1	0	0	×	×	×	Q_A	Q_B	Q_C	Q_D

注：表中A、B、C、D为4个数据并行置入端。

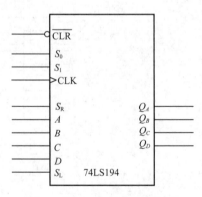

图 6.5.7　74LS194 的逻辑符号

74LS194中用S_0、S_1作为移位寄存器的功能控制端。两个控制信号有以下4种组合，分别控制74LS194的4种工作方式。

①S_1S_0为00时：寄存器保持原来状态。

②S_1S_0为01时：实现右移位。

③S_1S_0为10时：实现左移位。

④S_1S_0为11时：进行并行预置，预置是同步方式的。

$\overline{CLR}$是74LS194的清零输入，清零采用异步清零。

图 6.5.7所示是74LS194的逻辑符号。

（2）JK输入的移位寄存器74LS195

74LS195实现的是单向移位，只能右移。它有并行同步预置和异步复位功能。

74LS195是由JK触发器构成的移位寄存器，它有两个移位信号的输入端：J和$\overline{K}$。使用J、$\overline{K}$的输入方式主要是便于构成D触发器的输入方式：只要将J和$\overline{K}$连接在一起，就可以将其作为D触发器的输入端来使用。74LS195的功能表如表6.5.6所示。其中A、B、C、D是并行输入端。

74LS195的SH/$\overline{LD}$为移位和数据置入控制端，低电平时为数据置入。74LS195有两个串行输出端Q_D和$\overline{Q_D}$，即提供最后一级触发器的反相输出，这对于构成反馈移位寄存器的应用方式是很有用的，例如无须增加外部器件实现M序列信号发生器等。

图6.5.8所示为74LS195的逻辑符号。

表6.5.6　74LS195 的功能表

$\overline{CLR}$	SH/$\overline{LD}$	CLK	J	$\overline{K}$	Q_A	Q_B	Q_C	Q_D
0	×	×	×	×	0	0	0	0
1	0	↑	×	×	A	B	C	D
1	1	↑	0	1	Q_A	Q_A	Q_B	Q_C
1	1	↑	0	0	0	Q_A	Q_B	Q_C
1	1	↑	1	1	1	Q_A	Q_B	Q_C
1	1	↑	1	0	$\overline{Q_A}$	Q_A	Q_B	Q_C

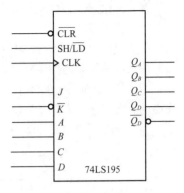

图 6.5.8　74LS195 的逻辑符号

6.5.2　中规模集成电路应用

1. 中规模计数器的复位与预置

从前面对几种中规模计数器的介绍中可以知道，多数计数器有预置功能和复位功能。充分利用预置和复位控制端，通过适当地连接或加入简单的门电路，几乎所有的中规模计数器都可以构成小于其最大计数周期的任意进制计数器。

（1）复位法

使用复位法的前提是计数器本身具有复位控制端。

复位法的基本思想是计数器从被复位后的初始状态开始计数，到达满足模值等于M的终止状态时，产生复位信号，将此复位信号加到计数器的复位输入，使计数器回到初始状态，然后重复进行，实现模值为M的计数。

复位法又有异步复位和同步复位之分，两种复位方法应用时有一些差别。例如，如果计数器采用异步复位，只要复位端出现有效电平，就能使计数器复位到初始状态，而若计数器采用同步复位，复位端出现有效电平后还需等到有效沿到达时才能使计数器复位到初始状态。

① 异步复位。

如果计数器为最大模值为N、具有异步复位功能的计数器，要求设计一个计数模值是M（$M<N$）的计数器时，可设初始状态是第一个状态（通常是0000，如果使用74LS90，也可使用1001作为初始状态），当计数到第$(M+1)$对应加计数时，对应状态M）个状态时产生复位信号。由于复位是异步的，复位信号将立即起作用，第$(M+1)$个状态只会存在非常短的时间，然后就回到初始状态，也就是初始状态和第$(M+1)$状态在一个时钟周期中。因此计数循环只有M个状态。

② 同步复位。

如果计数器采用同步复位，要求计数模值是M，则要求从初始状态开始，计数到第M个状态产生复位信号。这个复位信号产生后，只是为复位准备了复位的条件，要到下一次时钟有效边沿到来时，才能实现复位。也就是第M个状态也占一个时钟周期。例如，74LS162（可自行查看数据手册了解其功能）是同步复位的计数器，如果也要实现模6计数，加计数从0000状态开始，则应该在进入状态0101时产生复位控制信号。

【例6.5.1】 用74LS192和复位法实现 $M = 6$ 的计数器。

解： 74LS192采用高电平异步复位，所以计数从0000状态开始，在进入状态0110时产生复位信号 R_D。74LS192只有一个复位端，外部需要增加一个与门，其逻辑图如图6.5.9所示。

使用这种简单的异步复位方式可能会面临一个问题，由于复位信号随着计数器中触发器清零而立即消失，因此复位信号持续时间极短。如果计数器中触发器的复位速度有快有慢，则可能动作慢的触发器还未来得及复位，复位信号已经消失，导致计数器发生错误。

为了解决这个问题，经常采用图6.5.10所示的改进电路。

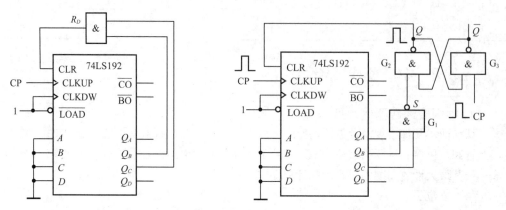

图 6.5.9　基于 74LS192 计数器的异步复位信号电路逻辑图　图 6.5.10　基于 74LS192 计数器的异步复位信号改进电路

图6.5.10中的与非门 G_1 起译码器的作用，当电路进入0110状态时，它输出低电平信号。与非门 G_2 和 G_3 组成了基本RS触发器，以其输出的高电平作为计数器的复位信号。若计数器从0000状态开始计数，则第六个计数输入脉冲上升沿到达时计数器进入0110状态，G_1 输出低电平，将基本RS触发器置1，Q 端的高电平立刻将计数器复位。一旦计数器中有触发器被复位（如某个触发器从高电平变为低电平），G_1 输出的低电平信号随之变为高电平，但在CP为高电平期间，基本RS触发器的输入为11，输出状态仍保持不变，因此计数器的复位信号得以维持，直到计数脉冲CP回到低电平。时钟出现下降沿后，基本RS触发器被复位，Q 端的高电平信号才消失。可见，加到计数器复位端的复位信号宽度与输入计数脉冲CP高电平持续时间相等。

利用触发器展宽复位信号的宽度可提高电路的可靠性，这种方法可以用在所有异步复位计数器的设计中。

（2）预置法

预置法的设计方式与复位法的基本相同。首先根据计数模值确定预置值（状态），从预置值开始计数到所需模值时产生预置控制信号，将预置控制信号加到预置输入端，使计数又从预置值重新开始，从而实现模值为 M 的计数器。

如果采用异步预置，预置状态作为第一个状态，则应该在第 $(M+1)$ 个状态产生预置控制信号，并连接到预置输入端，实现模 M 计数。如果采用同步预置，则应该在第 M 个状态产生预置控制信号。

使用预置法实现任意进制计数器时，选择预置信号可以很灵活。例如当进行加计数时，可以利用进位脉冲作为预置信号，即当计数到达最大值时，利用芯片提供的进位输出实现预置；也可以在减计数时利用借位脉冲信号实现预置；还可以利用组合逻辑电路将输出的某一状态译码后作为预置信号。

　　例如，用74LS192（异步预置）通过预置法实现模8计数，若预置状态是0001，则应该在状态1001产生预置控制信号，从而实现状态从0001到1000的8个状态的循环。1001状态仅仅是一个极为短暂的状态。计数的过程是

$$1\rightarrow2\rightarrow3\rightarrow4\rightarrow5\rightarrow6\rightarrow7\rightarrow8\rightarrow9\,（1）$$

　　同样，如果采用同步预置，选定预置状态后，则应该在第 M 个状态产生预置控制信号。例如，用74LS169通过预置法实现模8计数，若预置状态也是0001，则应在进入状态1000时产生预置控制信号，实现的也是从0001到1000的8个状态的循环。计数的过程是

$$1\rightarrow2\rightarrow3\rightarrow4\rightarrow5\rightarrow6\rightarrow7\rightarrow8$$

　　为了简化设计，如果不要求确定使用哪几个状态，在按预置法构成模 M 计数器时，可以充分利用计数器的进位/借位信号，将计数的终止状态定为加计数时的最大状态，或者减计数时的最小状态。在这些状态时，计数器会自动产生一个进位脉冲或借位脉冲，可将这个进位或借位脉冲作为预置控制信号，也就不再需要通过组合逻辑电路来产生预置控制信号了。

　　【例6.5.2】使用同步十进制计数器74LS160构成模值 $M=6$ 的计数器（要求使用预置法）。
74LS160为十进制同步计数器，其他功能与74LS161的相同，其功能表参见74LS161的功能表（见表6.5.2）。

　　解：同步预置方法一，即如没有规定使用哪几个状态，可任意选取一个预置值，例如1000。由于74LS160的预置为同步预置，因此从1000开始的第6个状态就是所要检测并产生预置控制信号的状态，所使用的状态为8、9、0、1、2、3。在0011状态下产生预置控制信号，使用了一个正负混合逻辑的与非门G来检测，当该与非门的输入为0011时G输出低电平。图6.5.11（a）所示为使用同步预置方法一构成六进制计数器的逻辑图。

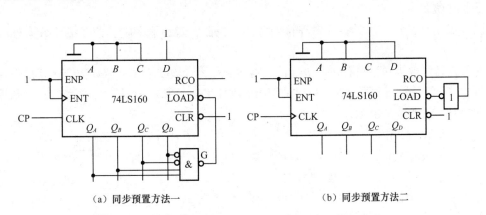

（a）同步预置方法一　　　　　　　　　　（b）同步预置方法二

图 6.5.11　用74LS160同步预置方法构成六进制计数器的逻辑图

　　同步预置方法二，即使用进位输出端RCO进行预置。74LS160是十进制计数器，且在状态1001时RCO＝1，所以预置值＝4。使用状态为4、5、6、7、8、9。由于RCO进位输出为高电平，因此需要使用一个非门。图6.5.11（b）所示为使用同步预置方法二构成六进制计数器的逻辑图。

2. 中规模计数器的级联

如果想要得到大于单片中规模计数器的最大计数周期的计数值，则可通过多片计数器级联获得。

集成计数器74LVC161异步级联的工作原理

（1）根据在级联时使用时钟的方式不同，有异步级联和同步级联。

① 异步级联。

异步级联是指用前级计数器的输出作为后一级计数器的时钟脉冲。前级计数器的输出可以是触发器的输出，也可以是前级的进位、借位输出。

74LS160是同步的十进制计数器。它也可以通过将前级的输出作为后级的时钟，从而整体构成异步计数器。图6.5.12所示是使用进位输出端给第二片提供时钟的级联方式，实现的计数周期为100的计数器。两片74LS160（片Ⅰ和片Ⅱ）的ENP和ENT恒为1，都工作在计数状态。片Ⅰ每计数到9（1001）时RCO端输出变为高电平，经反相器后使片Ⅱ在片Ⅰ最后一个状态（1001）结束的时刻获得有效时钟（上升沿）。

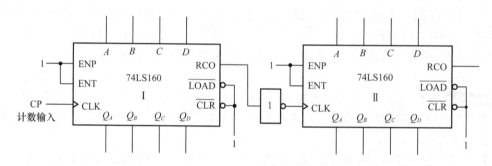

图 6.5.12　74LS160 构成的计数周期为 100 的计数器

异步级联必须保证连接到后一级的时钟输入可以使后级有效工作。异步计数器的主要缺点是延迟比较大。对于异步中规模计数器及没有 $\overline{ENP}$ 和 $\overline{ENT}$（或 ENP 和 ENT）的同步中规模计数器，只能采用异步级联。

② 同步级联。

同步级联是指将外部时钟同时连接到各片计数器的时钟输入端，使各级计数器可以同步工作。

为了正确实现级联，只有在前级加计数器达到最大计数状态（或减计数器达到最小计数状态）后，后一级计数器才可以在外部时钟作用下改变状态。在这种情况下，必须使用计数控制端 $\overline{ENP}$ 和 $\overline{ENT}$（或者是 ENP 和 ENT）。

图6.5.13所示是用3片74LS169级联构成的周期为4096的同步计数器。除了第一级计数器的 $\overline{ENP}$ 和 $\overline{ENT}$ 固定接地，始终处于有效计数状态，后两级计数器的 $\overline{ENP}$ 和 $\overline{ENT}$ 都连接到前级计数器的进位输出。只有前级计数器进入1111状态时，进位输出才是低电平，后级计数器的 $\overline{ENP}$ 和 $\overline{ENT}$ 才能进入计数工作状态；在下一次时钟到来时，后级计数器改变一次状态，也就是前级计数器计数16次，后一级计数器计数1次。使用3片74LS169级联实现了最大模值等于4096的计数器。

（2）当所需计数模值大于单片计数器的最大模值时，构成方式有以下两种。

① 如果所需计数模值不是质数，可以拆分，例如 $M = 54 = 6 \times 9$，可以先构成 $M = 6$ 和 $M = 9$ 的两个计数器，然后进行级联，得到所需要的模值。

② 通过计数器的级联先得到一个计数周期较大的计数器，然后通过复位或预置方法实现所

需要的计数周期。

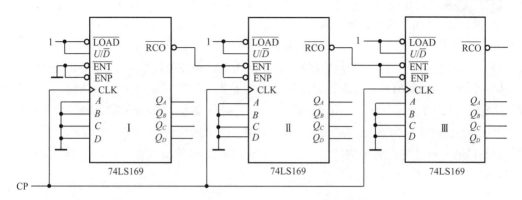

图 6.5.13　3 片 74LS169 构成的周期为 4096 的同步计数器

当所需计数模值为质数不能拆分时，只能使用第二种方法获得。

【例6.5.3】 用两片 74LS169 计数器，并使用预置法构成模值为 101 的计数器。

解： 因为模值 101 不能被分解，只能先级联，然后通过预置的方法（或复位法）实现。采用加计数先将两片 74LS169 直接级联，构成模值等于 256 的计数器。采用 $\overline{RCO}$ 作为预置信号，可以算出预置值=256−101=155（74LS169 采用同步预置）。

将预置值 155 变为等值的二进制数。155 的等值二进制数是 10011011，注意要将高位的预置值接入第二级计数器的预置输入端，即片 Ⅰ 的预置值为 1011，片 Ⅱ 的预置值为 1001。预置后，片 Ⅱ 状态为 1001 时，片 Ⅰ 的状态从 1011 至 1111，共 5 个状态；对应片 Ⅱ 的状态 1010 至 1111 时，片 Ⅰ 都是 16 个状态，因此共 5+6×16=101 个状态。

模值为 101 的计数器的逻辑图如图 6.5.14 所示。

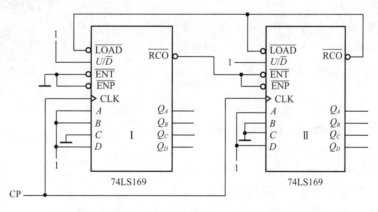

图 6.5.14　两片 74LS169 构成模值为 101 的计数器的逻辑图

3. 脉冲分配器

脉冲分配器是将输入时钟脉冲按一定的规律周期性地分配到各路输出，用于控制被控对象的一种逻辑部件。脉冲分配器有多个输出，在任一时刻，只有一路输出出现有效脉冲。脉冲分配器常被用于控制系统，使各路的输出脉冲依次控制多个部件轮流工作。脉冲分配器由计数器和译码器组成。计数器的计数周期决定产生几路输出脉冲，输出脉冲由译码器的各个输出分别产生。

【例6.5.4】 用74LS161计数器和译码器构成8路输出的脉冲分配器。

解： 因为要产生8路输出脉冲，应将计数器设计成模8计数器。74LS161为十六进制计数器，当仅使用$Q_CQ_BQ_A$作为输出时，就是八进制计数器。译码器可采用3线至8线译码器74LS138，它的输入是3位二进制数000～111，与计数器的输出一一对应，可在8个输出端分别输出译码结果。

如果输出少于8路信号，则需要对计数器进行设计，例如，如果只需要6路输出，可设计计数器的使用状态为000～101，对应译码器用$\overline{Y_0}～\overline{Y_5}$进行输出，实现6路输出的脉冲分配器。

图6.5.15所示是用74LS161和3线至8线译码器74LS138构成的脉冲分配器。其中非门的作用是使输出的脉冲宽度为时钟周期的一半，如果将74LS138的S_A端接"1"，输出的脉冲宽度将增加一倍。

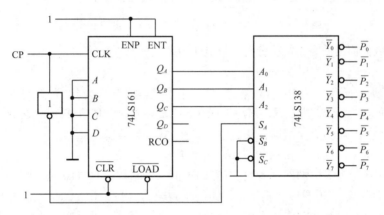

图6.5.15 用74LS161和3线至8线译码器74LS138构成的脉冲分配器

4. 分频器

分频器是指使输出信号频率为输入信号频率整数（N）分之一的电路，也就是输出信号的周期是输入信号的整数（N）倍，即N分频是指每输入N个时钟脉冲，输出1个脉冲。

【例6.5.5】 用74LS169计数器实现10分频，并且要求分频后的输出是方波。

解： 本题要求输出的脉冲是方波。74LS169是同步预置的4位二进制计数器，如果使用加计数，从0000到1111的16个状态中，最高位的前8个状态为0，后8个状态为1。去掉前3个和最后3个状态时刚好有10个状态，且最高位作为输出时形成方波。因此应检测1100状态产生预置脉冲，预置值为0011。

图6.5.16所示是用74LS169（同步预置）构成的10分频电路。其中的与非门用来检出状态1100，并产生一个低电平的预置控制信号，将其加到预置输

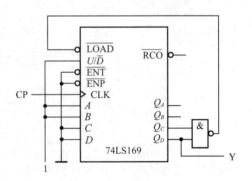

图6.5.16 用74LS169（同步预置）
构成的10分频电路

入端$\overline{\text{LOAD}}$，重新从0011状态开始计数，从而在Q_D端实现输出10分频方波。

5. 序列信号发生器

（1）基于计数器的序列信号发生器设计

计数器加译码器构成的序列信号发生器框图如图6.5.17所示。

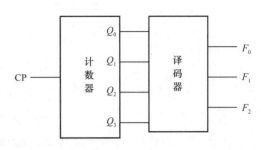

该类序列信号发生器的设计主要分为两个部分：计数器和译码电路。计数器的设计一般需要根据序列信号的长度确定计数周期，其设计方法在前面已经介绍，在这里不再介绍。译码电路设计也很简单，将计数器的输出作为译码电路的输入，按照计数器的状态顺序和所要求的序列信号列出真值表并求解输出即可。

图6.5.17　计数器和译码器构成的序列信号发生器框图

【**例6.5.6**】用中规模计数器和数据选择器设计一个序列信号发生器，输出序列为1011100110。

解：

① 由6.3.2小节可知，对于计数器来说，计数模值M和触发器数量k之间一定满足以下关系。

$$2^{k-1}<M \leqslant 2^k \tag{6.5.1}$$

由于序列的长度是10，先选计数器最小位数，$M=10<2^4$，故我们选择4。

选用同步4位二进制计数器74LS161，它是具有异步清零、同步预置功能的计数器。选用8选1数据选择器74LS151（芯片功能可查阅相关技术手册）实现数据输出。

② 列出状态转移表，如表6.5.7所示。F是需要输出的序列。

表6.5.7　例6.5.6的状态转移表

Q_D	Q_C	Q_B	Q_A	F	Q_D	Q_C	Q_B	Q_A	F
0	0	0	0	1	0	1	0	1	0
0	0	0	1	0	0	1	1	0	0
0	0	1	0	1	0	1	1	1	1
0	0	1	1	1	1	0	0	0	1
0	1	0	0	1	1	0	0	1	0

③ 画出输出序列F的卡诺图，如图6.5.18所示。

使用数据选择器来实现组合逻辑电路。数据选择器的输出为

$$Y=\overline{A_2}\,\overline{A_1}\,\overline{A_0}D_0+\overline{A_2}\,\overline{A_1}A_0D_1+\overline{A_2}A_1\overline{A_0}D_2+\overline{A_2}A_1A_0D_3+ \\ A_2\overline{A_1}\,\overline{A_0}D_4+A_2\overline{A_1}A_0D_5+A_2A_1\overline{A_0}D_6+A_2A_1A_0D_7 \tag{6.5.2}$$

首先选择计数器输出$Q_CQ_BQ_A$作为数据选择器的地址输入$A_2A_1A_0$，然后确定数据选择器的8个数据输入，可从输出Y获得输出序列。

$D_0=1 \quad D_1=0 \quad D_2=1 \quad D_3=1$

$D_4=1 \quad D_5=0 \quad D_6=0 \quad D_7=1$

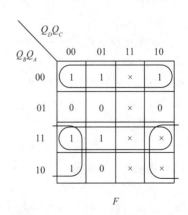

图6.5.18　例6.5.6输出序列F的卡诺图

计数器输出的子卡诺图如图6.5.19所示。

$Q_C Q_B Q_A$

Q_D	000	001	011	010	110	111	101	100
0	1	0	1	1	0	1	0	1
1	1	0	×	×	×	×	×	×

图 6.5.19　计数器输出的子卡诺图

此外，也可使用组合逻辑电路实现译码电路。根据卡诺图，写出输出 F 的方程，这里不再详述。

$$F = \overline{Q}_B \overline{Q}_A + Q_B Q_A + \overline{Q}_C Q_B \tag{6.5.3}$$

④ 画出逻辑图，如图6.5.20所示。

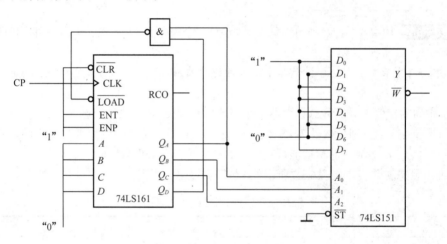

图 6.5.20　例 6.5.6 的逻辑图

（2）基于移位寄存器的序列信号发生器设计

由于移位寄存器的内部结构是固定的，内部连接不需要再设计，因此在设计序列信号发生器时，需要设计的只是反馈电路。其设计的依据就是要产生的序列信号，这样会给我们的设计带来一些变化。

如果由移存器构成的序列信号长度也用 M 表示，此时 M 和 k 的关系不一定满足式（6.5.1）中的关系。例如要求序列信号的长度是5，k 值取决于序列信号的具体形式，也许3个触发器就够了，也可能要4个触发器才能实现。

因此，序列信号发生器的设计步骤应该有所变化，如下。

① 根据给定序列信号的长度 M，依据式（6.5.1）初步确定所需要的最少触发器数量 k。

② 验证并确定实际需要的触发器数量 k。方法是对给定的序列信号，先取所需要的最少触发器数量 k 位为一组，作为触发器的第一组状态，第一组确定后，向后移1位，按 k 位再取一组，总共取 M 组。如果这 M 组状态都不重复，就可以使用已经选择的 k；否则，就使 k 增加1位。再重复以上的过程，直到 M 组状态不再重复时，k 值就可以被确定下来。

③ 最后得到的 M 组状态，就是序列信号发生器的状态转移关系，将它们依次排列，构成这

个序列信号发生器反馈函数的真值表。真值表的左边为按状态转移顺序纵向排列的转移状态，表的右边是状态对应的反馈信号值。在使用D触发器的情况下，这个反馈值D_0就是FF_0触发器的下一状态Q_0^{n+1}。

④ 由反馈函数的真值表求出反馈函数D_0。

⑤ 检查不使用状态的状态转移关系，检查自启动。

⑥ 画出逻辑图。

【例6.5.7】 设计一个移存器型序列信号发生器，产生序列信号10100,10100,…

解：

① 序列信号长度是5（10100），先设最少触发器数量是3。

② 根据序列信号，取前3位为第一组触发器的状态，每取一组向后移1位，共取5组。

```
1010010100
101
 010
  100
   001
    010
```

5组中出现了两次010，说明$k=3$不能满足设计要求。再取$k=4$，重新以4位一组作为触发器的状态，也取5组：1010、0100、1001、0010、0101。没有重复，确定$k=4$。

③ 根据序列信号，列写反馈函数的真值表，如表6.5.8所示。

表 6.5.8 例 6.5.7 的反馈函数的真值表

Q_D^n	Q_C^n	Q_B^n	Q_A^n	D_0	Q_D^n	Q_C^n	Q_B^n	Q_A^n	D_0
1	0	1	0	0	0	0	1	0	1
0	1	0	0	1	0	1	0	1	0
1	0	0	1	0					

④ 根据真值表，画出D_0的卡诺图，如图6.5.21所示。
由卡诺图写出D_0的表达式

$$D_0 = \overline{Q_A^n} \cdot \overline{Q_D^n} \qquad (6.5.4)$$

⑤ 检查自启动。在图6.5.21所示卡诺图中，没有被圈入任意项格的D_0值都是0，从而可以确定不使用状态的下一状态。如状态1101的下一状态是1010。确定所有状态的转移关系后，画出状态转移图，如图6.5.22所示。根据状态转移图可以看出，该电路可以自启动。

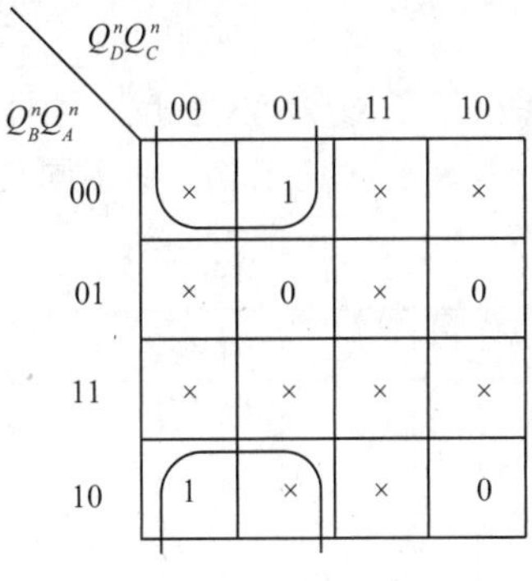

⑥ 选取通用移位寄存器74LS194进行设计。

由步骤③可得，移位方向为右移，因此$\overline{CLR}=1$，$S_1S_0=01$。由步骤④可得，$S_R = \overline{Q_A^n} \cdot \overline{Q_D^n} = \overline{Q_A^n + Q_D^n}$。画出图6.5.23所示的逻辑图。

图 6.5.21 例 6.5.7 中 D_0 的卡诺图

通过比较计数器型序列信号发生器和移存器型序列信号发生器，可以看出以下两点。

① 计数器型序列信号发生器中的计数器相当于组合逻辑电路的输入源，决定序列信号的长度。组合逻辑电路在这个输入源的作用下，产生序列信号。这时，计数器的输出可以供给几个组合逻辑电路，产生几种长度相同（计数周期可以被循环序列长度整除时，循环序列长度也可以短于计数周期）但是序列内容不同的序列信号。

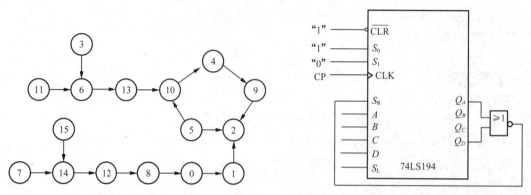

图 6.5.22　例 6.5.7 的状态转移图　　图 6.5.23　基于 74LS194 移存器的序列信号发生的逻辑图

② 在用计数器型序列信号发生器产生序列信号时，触发器的数量 k 与计数模值 M 之间一定符合 $2^{k-1} < M \leqslant 2^k$ 的关系，而移存器型序列信号发生器则不一定满足。

（3）M 序列信号发生器设计

在实际的数字通信中，0、1 信号的出现是随机的，但是从统计的角度来看，0 和 1 出现的概率应该是接近的。所以在测试通信设备或通信系统时，经常需要一种称为"伪随机信号"的序列信号。"伪随机信号"就是用来模拟实际数字信号的测试信号。因此，它应该有各种 0、1 组合，而且 0 和 1 的总数接近相等。

M 序列发生器就是用来产生这种伪随机信号的发生器，也称为最长线性序列发生器。这种发生器所产生的序列长度都是 $(2^k - 1)$，其中 k 是移位寄存器的位数。

M 序列发生器是由移位寄存器和反馈电路构成的，但是反馈电路一般都是异或电路，异或电路的构成方式随着 M 序列信号长度不同而不同。

由于 M 序列使用非常普遍，M 序列发生器的设计也都已经被规格化。也就是在应用时，如果决定了 M 序列的长度，则可以通过查表来决定异或门的输入是从哪些触发器的输出获得的。

表 6.5.9 所示是一些不同长度 M 序列发生器的长度和相应的反馈函数。

表 6.5.9　不同长度 M 序列发生器的长度和相应反馈函数

k	$M = 2^k - 1$	反馈函数 F	k	$M = 2^k - 1$	反馈函数 F
3	7	$Q_0 \oplus Q_2$ 或 $Q_1 \oplus Q_2$	9	511	$Q_3 \oplus Q_8$
4	15	$Q_0 \oplus Q_3$ 或 $Q_2 \oplus Q_3$	10	1023	$Q_6 \oplus Q_9$
5	31	$Q_1 \oplus Q_4$ 或 $Q_2 \oplus Q_4$	11	2047	$Q_1 \oplus Q_{10}$
6	63	$Q_0 \oplus Q_5$	12	4095	$Q_0 \oplus Q_3 \oplus Q_5 \oplus Q_{11}$
7	127	$Q_0 \oplus Q_6$ 或 $Q_2 \oplus Q_6$	15	32767	$Q_0 \oplus Q_{14}$ 或 $Q_{13} \oplus Q_{14}$
8	255	$Q_0 \oplus Q_1 \oplus Q_2 \oplus Q_7$	21	2097151	$Q_1 \oplus Q_{20}$

图 6.5.24 所示是用 74LS194 实现的长度 $M = 7$ 的序列信号发生器。首先根据 $M = 2^k - 1$，确定 $k = 3$，再查表可得反馈函数，利用全 0 状态重新预置，从而实现自启动，该电路输出的 M 序列为 0011101。

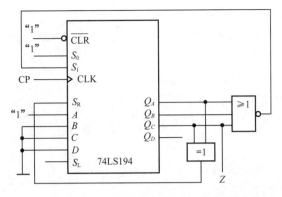

图 6.5.24　用 74LS194 实现的长度 $M=7$ 的序列发生器

图 6.5.24 所示序列发生器利用全 0 状态重新预置实现自启动。当电路处于全 0 状态时，通过或非门电路的作用，将 S_1 置高电平，这时候 S_1 和 S_0 均为高电平，即 $S_1S_0 = 11$，74LS194 处于预置状态，自动把输入端的初始状态 0001 传到输出端。通过或非门电路的作用，S_1 处于低电平状态，即 $S_1S_0 = 01$，74LS194 处于右移状态，在时钟作用下通过不断移位产生 M 序列。

若需要一个序列信号长度短于 $(2^k - 1)$ 的序列信号发生器或计数器，而对输出什么样的序列没有特殊要求时，可通过缩短 M 序列的方法构成。其具体方法如下。

① 以触发器为全 "1" 开始写出 M 序列发生器的输出序列。

② 如果需要输出序列的长度（或计数周期）为 L，则以全 "1" 为第一个状态，找到第 $(L+1)$ 状态，将该状态译码输出到触发器的置位端，使全部触发器置 "1"，从而跳过后面的所有状态，即电路在全 "1" 状态到第 L 个状态间循环。由于一般触发器采用异步置位，因此第 $(L+1)$ 个状态只有短暂的持续时间，与全 "1" 状态在同一个时钟周期。

在设计 M 序列信号发生器时也需要进行自启动检查，表 6.5.9 所示的反馈电路构成的 M 序列信号不包括 k 个 0 的组合。一旦进入全 0 状态就会一直保持下去，不能自启动。

▶ 思考题

6.5.1　计数器的同步清零/预置和异步清零/预置在方式上有什么不同？

6.5.2　74LS90 如何构成模值为 2 到 10 的计数器，且不需要添加任何外部逻辑电路？

6.5.3　在使用计数器 74LS161 构成进制小于十六进制的计数器时，什么情况下可以使用 74LS161 原有的进位输出端产生进位信号，什么情况下不行？

6.6 拓展阅读与应用实践

1. 自动售货机

【例 6.6.1】　设计一个自动售货机。它的投币口只能投入 5 角或 1 元的硬币，投入 1 元 5 角硬币后机器自动给出一杯饮料；投入两元（两枚 1 元）硬币后在给出饮料的同时找回一枚 5 角硬币。请画出原始状态图，并给出一种基于 D 触发器的电路设计。

解：取投币信号为串行输入的逻辑变量，输入变量为 X 与 Y，$X = 1$ 表示投入一枚 5 角硬币，未投入时 $X = 0$；$Y = 1$ 表示投入一枚 1 元硬币，未投入时 $Y = 0$。给出饮料和找钱为两个输出变量，输出变量为 Z_0 和 Z_1，给出饮料时 $Z_0 = 1$，不给时 $Z_0 = 0$；找回一枚 5 角硬币时 $Z_1 = 1$，不找时 $Z_1 = 0$。画出图 6.6.1 所示的状态图。

取触发器的数量 $n = 2$，满足 $2^1 < M < 2^2$。以触发器的状态 $Q_1 Q_0$ 为 00、01、10 分别代表 S_0、S_1、S_2，则从状态转移图可画出电路的下一状态/输出（$Q_1^{n+1} Q_0^{n+1} / Z_0 Z_1$）的卡诺图，如图 6.6.2 所示。因为正常工作时不会出现 $Q_1^n Q_0^n = 11$ 的状态，且只有一个投币口，不会出现 X、Y 同时为 1 的情况，所以均将其作为任意项处理。

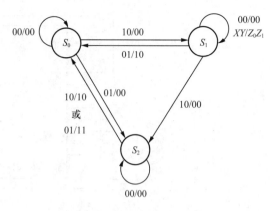

图 6.6.1　例 6.6.1 的状态图

能自启动的卡诺图如图 6.6.2 所示。当电路进入无效状态 11 以后，在无输入信号的情况下（$XY = 00$）能自行返回状态 $Q_1^n Q_0^n = 00$，该电路能够自启动。

当 $XY = 01$ 或 $XY = 10$ 时，电路在时钟脉冲的作用下虽然能返回有效循环，但输出结果是错误的。不过，这种情况并不会出现。这是因为系统启动后，未投币时，$XY = 00$，在时钟驱动下，会回到状态 $Q_1^n Q_0^n = 00$。但是，为了保证电路工作正常稳定，在工作开始时应在异步清零端加上低电平信号将电路置为初始状态。

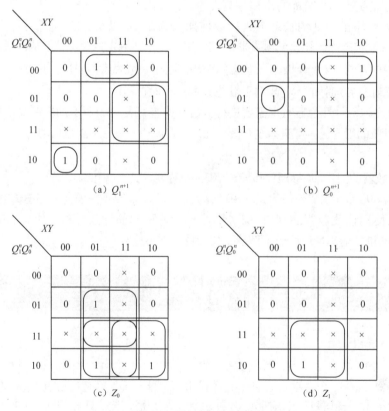

图 6.6.2　能自启动的卡诺图

从图 6.6.2 所示的卡诺图可以写出电路的状态方程。

$$\begin{cases} Q_1^{n+1} = Q_1^n \overline{Q_0^n}\, \overline{X}\overline{Y} + \overline{Q_1^n}\, Q_0^n Y + Q_0^n X \\ Q_0^{n+1} = \overline{Q_1^n}\, \overline{Q_0^n}\, X + \overline{Q_1^n}\, Q_0^n \overline{X}\overline{Y} \end{cases} \tag{6.6.1}$$

由状态方程得到输入方程，并写出输出方程。

$$\begin{cases} D_1 = Q_1^n \overline{Q_0^n}\, \overline{X}\overline{Y} + \overline{Q_1^n}\, Q_0^n Y + Q_0^n X \\ D_0 = \overline{Q_1^n}\, \overline{Q_0^n}\, X + \overline{Q_1^n}\, Q_0^n \overline{X}\overline{Y} \end{cases} \tag{6.6.2}$$

$$\begin{cases} Z_0 = Q_1^n Y + Q_1^n X + Q_0^n Y \\ Z_1 = Q_1^n Y \end{cases} \tag{6.6.3}$$

根据式（6.6.2）和式（6.6.3）可画出逻辑图，如图6.6.3所示。

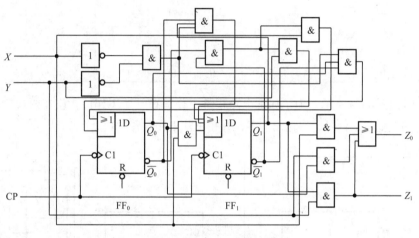

图 6.6.3　例 6.6.1 的逻辑图

2. 十字路口信号灯

【例6.6.2】 设计一个十字路口信号灯，要求实现以下功能：单独一个方向上的亮灯顺序为红灯熄灭后绿灯亮，绿灯熄灭后黄灯亮，黄灯熄灭后红灯亮，依此顺序一直循环。东西方向亮红灯时间等于南北方向亮绿、黄灯时间之和；南北方向亮红灯时间等于东西方向亮绿、黄灯时间之和。红灯、绿灯和黄灯的亮灯时间比例为 6：5：1，要求基于通用移位寄存器 74LS194 设计。

解： 设一个亮灯周期内，红灯发光 $6t$，绿灯发光 $5t$，黄灯发光 $1t$。信号灯完整工作循环周期为 $12t$，所以可以采用十二进制计数器控制。表 6.6.1 所示为状态转换与输出的关系。通过观察 Q_A、Q_B、Q_C、Q_D、Q_E、Q_F 状态变化规律，可以选用十二进制扭环计数器实现。十二进制扭环计数器需要 6 个寄存器，因此可由两片 74LS194 级联构成。

取东西方向的红灯、绿灯、黄灯为 Z_1、Z_2、Z_3，南北方向的红灯、绿灯、黄灯为 Z_4、Z_5、Z_6。输出数值"1"表示灯亮，输出数值"0"表示灯灭。由计数器输出 Q_A、Q_B、Q_C、Q_D、Q_E、Q_F 控制 6 盏灯的亮灭。在东西方向红灯发光的 $6t$ 内，南北方向由绿灯切换为黄灯。在南北方向红灯发光的 $6t$ 内，东西方向也由绿灯切换为黄灯。由表 6.6.1 可得到东西和南北两个方向的红、黄、绿灯的控制信号输出。

$$Z_1 = \overline{Q_F}, \ Z_2 = Q_E Q_F, \ Z_3 = \overline{Q_E} Q_F, \ Z_4 = Q_F, \ Z_5 = \overline{Q_E}\,\overline{Q_F}, \ Z_6 = Q_E \overline{Q_F}$$

表 6.6.1　例 6.6.2 的状态转换与输出的关系

CLK	Q_A	Q_B	Q_C	Q_D	Q_E	Q_F	Z_1	Z_2	Z_3	Z_4	Z_5	Z_6
0	0	0	0	0	0	0	1	0	0	0	1	0
1	1	0	0	0	0	0	1	0	0	0	1	1
2	1	1	0	0	0	0	1	0	0	0	1	0
3	1	1	1	0	0	0	1	0	0	0	1	1
4	1	1	1	1	0	0	1	0	0	0	1	1
5	1	1	1	1	1	0	1	0	0	0	0	0
6	1	1	1	1	1	1	0	1	0	0	0	0
7	0	1	1	1	1	1	0	1	0	0	0	0
8	0	0	1	1	1	1	0	1	0	0	0	0
9	0	0	0	1	1	1	0	1	0	0	0	0
10	0	0	0	0	1	1	0	1	0	0	0	0
11	0	0	0	0	0	1	0	0	1	1	0	0

　　其逻辑图如图 6.6.4 所示。为了保证电路正常工作，在开始工作前，应在两片 74LS194 异步清零端 $\overline{\text{CLR}}$ 加上低电平信号，将输出清零，并在正常工作时置 "1"。

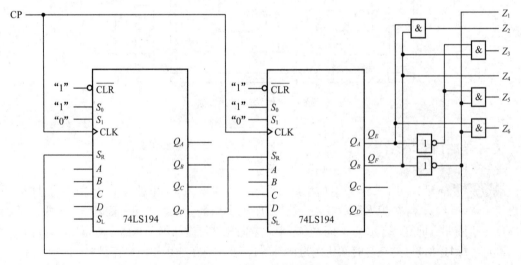

图 6.6.4　例 6.6.2 的逻辑图

6.7　本章小结

　　本章主要讲述时序逻辑电路的分析、设计方法以及典型应用。时序逻辑电路的输出不仅与当时的输入有关，而且与过往输入有关，可以通过 3 组方程（激励方程、状态方程和输出方程）表述，也可以通过状态（转移）表、状态（转移）图和时序图等方式表述。其中，3 组方程与电路结构具有直接的对应关系，是表述时序逻辑电路的主要方法。本章通过对计数器、移位寄存器、序列信号发生器等几种典型同步时序逻辑电路进行分析，讲述了同步时序逻辑电路的分析方法。在异步时序逻辑电路中，某些触发器获得有效时钟沿发生电路状态转换时，另外一些触发器可能没有获得有效时钟沿。因此在某一时刻，只有那些具有有效时钟脉冲的触发器才需要用特征方程去计算其下一状态，而没有有效时钟脉冲的触发器将保持原来的状态不变。

本章给出了一般时序逻辑电路的设计步骤和方法。复杂的时序逻辑电路设计都遵循这些步骤和方法，这些步骤和方法是用时序逻辑电路解决实际应用的基础。其中，原始状态图的建立是将逻辑问题转换为电路设计问题的关键。完全规定型状态表的简化方法对简化电路设计具有现实意义。

本章最后介绍了几种典型的中规模时序集成电路及其综合应用。需要重点掌握同步级联和异步级联方法，能够使用同步复位法、同步预置法、异步复位法、异步预置法等构成任意进制计数器、序列信号发生器、脉冲分配器、分频器等，做到举一反三。

📝 习题 6

6.1　如果一个时序逻辑电路在时钟作用下，状态的变化是 $000 \to 010 \to 011 \to 001 \to 101 \to 010 \to 011 \to 101 \to 110 \to 010 \to 011 \to 001 \to \cdots \cdots$ 那么这样的电路能否作为计数器？为什么？如果可以作为计数器，计数模值为多少？

6.2　分析题 6.2 图所示时序逻辑电路的逻辑功能，写出电路激励方程、状态转移方程和输出方程，画出状态转移图，说明电路是否具有自启动特性。

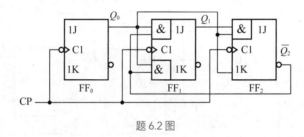

题 6.2 图

6.3　分析题 6.3 图所示两个同步计数器电路，绘制状态转移表和状态转移图。计数器是几进制计数器？能否自启动？画出在时钟作用下的各触发器输出波形。

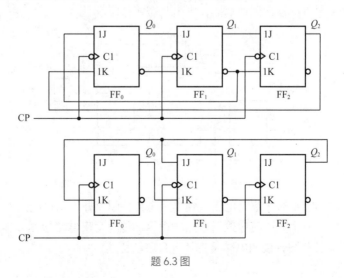

题 6.3 图

6.4 分析题6.4图所示的同步计数器电路，绘制状态转移表和状态转移图，并分析电路能否自启动。通过分析，试找出这种结构的计数器电路状态变化的规律，设初始状态为全0。

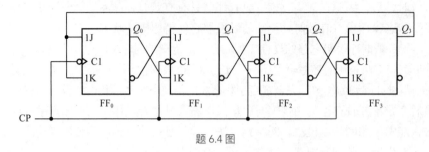

题 6.4 图

6.5 题6.5图所示是一序列信号发生器电路，它由一个计数器和一个4选1数据选择器构成。

（1）分析计数器的工作原理，确定其模值和状态转换关系。

（2）确定数据选择器的输出序列。

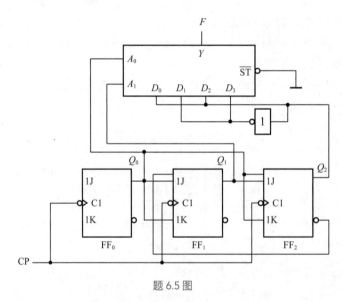

题 6.5 图

6.6 分析题6.6图所示移存型计数器，画出状态转移图。

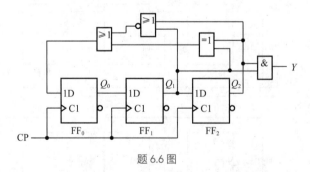

题 6.6 图

6.7 分析题6.7图所示时序逻辑电路，画出状态转移图，并说明该电路的逻辑功能。

6.8 分析题6.8图所示异步时序逻辑电路的逻辑功能，写出电路激励方程、状态转移方程和输出方程，画出状态转移图，说明电路是否具有自启动特性。

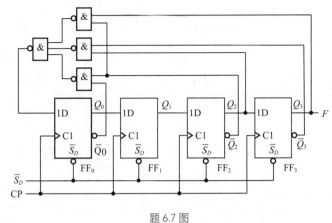

题 6.7 图

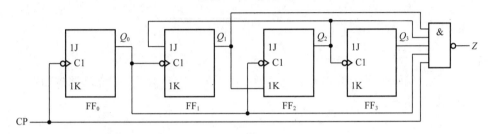

题 6.8 图

6.9 分析题6.9图所示异步时序逻辑电路，写出状态转移方程，并画出在时钟CP的作用下，输出 a、b、c、d、e、f及 F 的各点波形，说明该电路完成什么逻辑功能。

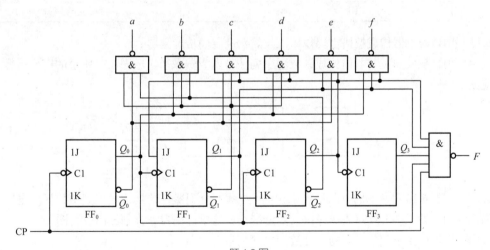

题 6.9 图

6.10 分析题6.10图所示的异步计数器，绘制其状态转移表和状态图，说明各是几进制计数器。

6.11 已知一触发器的特征方程为 $Q^{n+1} = M \oplus N \oplus Q^n$，要求：

（1）用JK触发器实现该触发器的功能；

（2）用该触发器构成模4同步计数器。

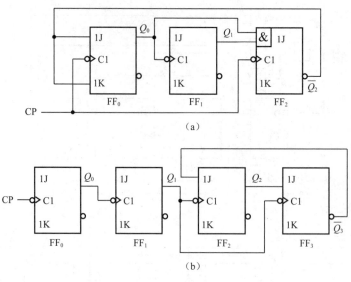

（a）

（b）

题 6.10 图

6.12 采用 JK 触发器设计具有自启动特性的同步五进制计数器，状态转移表如题 6.12 表所示，画出计数器逻辑图。

题 6.12 表

序号	状态1	状态2	状态3	序号	状态1	状态2	状态3
1	110	110	011	4	100	001	010
2	101	011	110	5	001	101	101
3	011	100	001	—	—	—	—

6.13 用 D 触发器构成按格雷码规律工作的六进制同步计数器。

6.14 用 D 触发器及与非门构成计数型序列信号发生器来产生题图 6.14 所示的序列信号。画出相应的逻辑图。

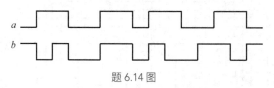

题 6.14 图

6.15 用题 6.15 图所示的电路结构来构成 5 路脉冲分配器，请具体设计其中的译码电路。试用最简与非门电路及 74LS138 集成译码器来分别构成这个译码器，分别画出逻辑图。

6.16 设计产生下列信号序列的计数型序列信号发生器。

（1）11110000,…

（2）1111001000,…

6.17 设计一个可控同步计数器，M_1、M_2 为控制信号，要求：

（1）M_1M_2=00 时，维持原状态；

（2）M_1M_2=01 时，实现模 2 计数；

（3）M_1M_2=10 时，实现模 4 计数；

（4）M_1M_2=11 时，实现模 8 计数。

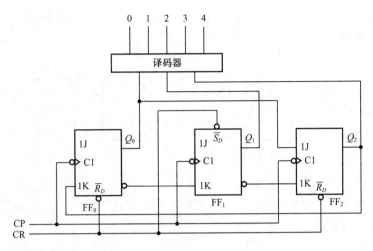

题 6.15 图

6.18 设计一个具有两种功能的五进制计数器：当控制信号 $E=0$ 时，每输入一个时钟脉冲加 1，即 $0000→0001→0010→0011→0100→0000$。当控制信号 $E=1$ 时，每输入一个时钟脉冲加 2，也就是状态变化为 $0000→0010→0100→0110→1000→0000$。触发器使用 JK 触发器。

6.19 用 JK 触发器设计具有以下特点的计数器。

（1）计数器有两个控制输入 C_1 和 C_2，C_1 用以控制计数器的模数，C_2 用以控制计数的增减。

（2）若 $C_1=0$，则计数器的 $M=3$；如果 $C_1=1$，则计数器的 $M=4$。

（3）若 $C_2=0$，则为加法计数；若 $C_2=1$，则为减法计数。列出状态表，并画出计数器逻辑图。

6.20 采用 D 触发器设计移存型具有自启动特性的同步计数器。

（1）模 5；（2）模 12。

6.21 若用移位寄存器构成的序列信号生器产生序列 0100101，则

（1）需要几个触发器？列出状态转移表。

（2）画出实现的逻辑图。

6.22 采用 4 级 D 触发器构成移存型序列信号发生器，要求：

（1）当初始状态预置为 $Q_3Q_2Q_1Q_0=0110$ 时，产生序列信号 011,011,…

（2）当初始状态顶置为 $Q_3Q_2Q_1Q_0=1111$ 时，产生序列信号 1111000,1111000,…

（3）当初始状态预置为 $Q_3Q_2Q_1Q_0=1000$ 时，产生序列信号 100010,100010,…

（4）当初始状态预置为 $Q_3Q_2Q_1Q_0=0000$ 时，产生全 0 序列信号。

6.23 分析题 6.23 图所示的同步时序逻辑电路，绘制状态转移表和状态图，说明这个电路能对何种输入序列进行检测。

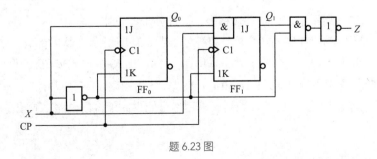

题 6.23 图

223

6.24 分析题6.24图所示同步时序逻辑电路，绘制状态转移表和状态图。当输入序列X为01011010时，写出相应的输出序列。设初始状态为000。

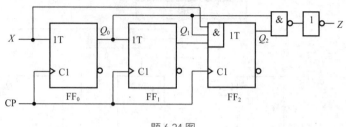

题 6.24 图

6.25 列出序列信号检测器的状态表，凡收到输入序列为 "001" 或 "011" 时输出就为1，规定被检测的序列不重叠，如下。

X: 10011011。

Z: 00010001。

6.26 同步时序逻辑电路有一个输入端和一个输出端，输入为二进制序列$X_0 X_1 X_2 \cdots$当输入序列中1的数量为奇数时输出为1，绘制这个时序奇偶校验电路的状态图和状态表。

6.27 用同步时序逻辑电路对串行二进制输入进行奇偶校验，每检测5位输入，输出一个结果；当5位输入中1的数量为奇数时，在最后一位的时刻输出1。绘制状态图和状态表。

6.28 设计一个时序逻辑电路，只有在连续两个或两个以上时钟作用期间，两个输入信号X_1和X_0一致时，输出信号才是1，其余情况输出信号为0。

6.29 对题6.29表所示原始状态表进行简化，并设计其时序逻辑电路（如不能简化，直接设计电路）。

题 6.29 表

（a）

S^n	S^{n+1}		Z	
	$X=0$	$X=1$	$X=0$	$X=1$
A	A	B	0	0
B	C	A	0	1
C	B	D	0	1
D	D	C	0	0

（b）

S^n	S^{n+1}		Z	
	$X=0$	$X=1$	$X=0$	$X=1$
A	B	H	0	0
B	E	C	0	1
C	D	F	0	0
D	G	A	0	1
E	A	H	1	0
F	E	B	1	1
G	C	F	0	1
H	G	D	1	1

6.30 按题6.30表所示给定的状态转移表，设计异步计数器。

6.31 中规模计数器74LS92的示意图和符号如题6.31图所示。其内部有一个模2计数器和一个模6计数器（000～101），有两个异步置0端，当$R_{0(1)} = R_{0(2)} = 1$时$DCBA=0000$。

（1）试用该计数器连接成$M=5$和$M=10$的计数器，分别画出逻辑图。

（2）用该计数器连接成$M=11$的计数器，采用尽可能少的外接门电路，画出逻辑图。

题 6.30 表

序号	A	B	C	D		序号	A	B	C	D
0	0	0	0	0		0	0	0	0	0
1	0	0	0	1		1	1	1	1	1
2	0	0	1	0		2	1	1	1	0
3	0	0	1	1		3	1	1	0	1
4	0	1	0	0		4	1	1	0	0
5	0	1	0	1		5	0	1	1	1
6	0	1	1	0		6	0	1	1	0
7	1	0	0	0		7	1	0	0	0
8	1	0	0	1		8	0	0	1	0
9	1	0	1	0		9	0	0	0	1

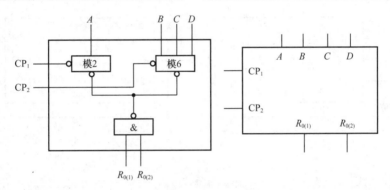

题 6.31 图

6.32 题 6.32 图所示是一种构成任意模值计数器的方式。试问改变预置值一共可以连接成几种模值的计数器？分别是什么模值？要连接成十二进制加法计数器，预置值应为多少？画出状态图和输出波形图，注意 Q_D 的波形有什么特点。

6.33 分析题 6.33 图所示计数器电路，说明当 $M=0$ 和 $M=1$ 时是多少进制计数器，列出状态转移表。

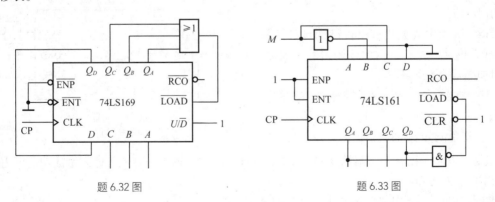

题 6.32 图　　　　　　　　　　　　题 6.33 图

6.34 题 6.34 图所示是一种中规模计数器的级联方式，改变预置值能改变级联计数器的模值。

（1）请分析题 6.34 图所示是几进制计数器，说出理由；

（2）若要两个计数器级联后的 $M=55$，预置值应如何确定？

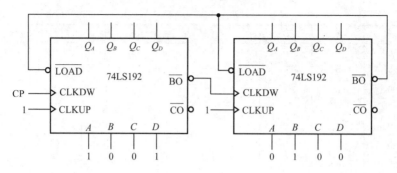

题 6.34 图

6.35 试分析题6.35图所示计数器电路的最大分频比。

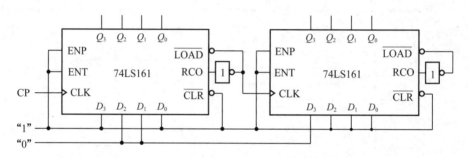

题 6.35 图

6.36 题6.36图所示为由二-十进制编码器74LS147和同步十进制计数器74LS160组成的可控分频器。试说明当输入控制信号 A、B、C、D、E、F、G、H、I 均为低电平时，由 F 端输出的脉冲频率是多少，假定CP的频率为 10 kHz。

6.37 试用中规模集成十六进制同步计数器74LS161，接成一个十三进制计数器，可以附加必要的门电路。

6.38 试用中规模集成十进制同步计数器74LS160，设计一个三百六十五进制的计数器，可以附加必要的门电路。

6.39 74ALS561是一种功能较为齐全的同步计数器，其内部是4位二进制计数器。引脚示意图及其功能如题6.39图所示（Q_D 为高位输

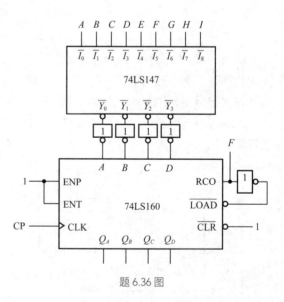

题 6.36 图

出）。其中 $\overline{OC}$ 为输出高阻控制端，OOC 为与时钟同步的进位输出，其他各输入端的功能可由题6.39图中的功能得知。

（1）试述这个计数器的清零和预置有几种方式。

（2）若要用这个计数器来构成十进制计数器，有几种连接方式？画出它们的逻辑图。

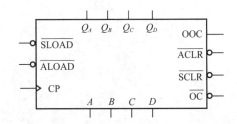

$\overline{OC}$	$\overline{SLOAD}$	$\overline{ALOAD}$	$\overline{SCLR}$	$\overline{ACLR}$	CP	$D\,C\,B\,A$	$Q_D Q_C Q_B Q_A$
1	×	×	×	×	×	××××	高阻
0	0	1	1	1	↑	d c b a	d c b a
0	1	0	1	1	×	d c b a	d c b a
0	×	×	0	1	↑	××××	0 0 0 0
0	×	×	1	0	×	××××	0 0 0 0
0	1	1	1	1	↑	××××	加计数

题 6.39 图

6.40　一种高速 ECL 同步计数器 MC10136 的引脚示意图及其功能如题 6.40 图所示。$\overline{Q_{out}}$ 为进位 / 借位输出，加计数时，在状态 1111 时输出低电平；减计数时，在 0000 状态时输出低电平。

（1）在加计数和减计数时，如何连接就可成为可编程计数器（即可变模数计数器）？画出逻辑图。

（2）要构成 $M=10$ 的计数器，有几种连接方式？画出逻辑图。

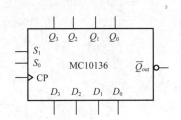

$S_1 S_0$	CP	工作方式
00	↑	预置
01	↑	加计数（模16）
10	↑	减计数（模16）
11	×	保持

题 6.40 图

6.41　试用 2 片 74LS169 构成模 60 计数器，要求计数器状态按两位 8421 码的规律变化，即从 0000 0000 变到 0101 1001。分别用同步级联和异步级联的方式来构成这种计数器，画出逻辑图。

6.42　用 1 片同步计数器 74LS169 和 1 片 8 选 1 数据选择器，设计一个输出序列为 01001100010111 的序列信号发生器，画出逻辑图。

6.43　若要用 1 片 4 位寄存器 74LS194 和 1 片 8 选 1 数据选择器，实现 01001100010111 的序列信号发生器是否可能？若不可能，还需什么器件？画出逻辑图（若认为可能，则可直接设计出逻辑图）。

6.44　用 1 片中规模移位寄存器 74LS195 和 1 片 8 选 1 数据选择器，设计一个移存型计数器，要求状态转移规律为 1→2→4→9→3→6→12→8→1→2→……设计时要求自启动，画出逻辑图。

6.45　用 1 片 74LS169 计数器和 2 片 74LS138 译码器构成一个具有 12 路脉冲输出的数据分配器。画出逻辑图，在图上应标明第 1 路到第 12 路输出的位置。

第 **7** 章

存储器及可编程逻辑器件

早期的数字系统由通用中小规模集成电路芯片连接实现。这类系统在工作速度、可靠性、功耗及体积等各方面均难以满足大规模、高性能信息处理的需求。随着集成电路技术的发展，专用集成电路（application specific integrated circuit，ASIC）可以将整个（子）系统集成在一块芯片上，其性能大大超过以通用中小规模集成电路为基础的系统。但ASIC的设计难度大，设计周期长，并且需要专业的半导体生产厂家进行制造。现代信息处理的快速发展要求数字系统的设计、调测及生产全周期应尽可能短，因而希望ASIC具有可编程实现的特点，这促进了可编程逻辑器件（programmable logic device，PLD）的发展。

PLD一般由逻辑单元、互连线单元、输入输出单元等组成，各单元的功能及相互连接关系都可通过编程进行设置。借助EDA软件，用户可自己设计、修改PLD实现的逻辑功能。PLD从可编程只读存储器开始，发展出早期的小规模PLD，如可编程逻辑阵列（programmable logic array，PLA）、可编程阵列逻辑电路（programmable array logic，PAL）、通用阵列逻辑（generic array logic，GAL）等，再到现在的大规模PLD，如复杂可编程逻辑器件（complex programming logic device，CPLD）、现场可编程门阵列（field programmable gate array，FPGA）等，可在微小体积内实现百万个以上的等效逻辑门，功能强大且适应各种灵活的应用。

本章主要从可编程逻辑的角度介绍存储器与FPGA的基本原理及应用，包括它们的基本结构、主要特点及实现逻辑处理的基本机理。

🎯 学习目标

（1）了解存储器的特点及分类，并深刻理解存储器可编程的机理。

（2）掌握存储器容量的计算及扩展方法。

（3）熟练掌握基于存储器实现组合逻辑和时序逻辑的方法。

（4）了解FPGA的基本结构和原理并掌握FPGA的基本开发流程。

7.1 存储器

存储器是计算机、通信设备等各类数字系统的核心部件之一，能够暂时存储乃至永久保存数字系统在各类处理过程中输入或产生的二进制信息。同时，存储器的结构和功能使其能够被用于逻辑函数的可编程实现，因此也是大规模PLD的关键组成部分。

存储器按断电后是否能继续保存所存储的数据，可分为只读存储器（read-only memory，ROM）和随机存储器（random access memory，RAM）两大类别。

7.1.1 只读存储器

只读存储器（ROM）用于信息的固定存储，其明显的特点是所存储的数据在芯片断电后能继续保存。一般情况下，ROM中存储的数据在工作时只能被读出，不能被改写。ROM所存储的二进制数据可由制造厂家一次性制作完成，也可由用户通过编程的方式写入，后者即称为可编程ROM（Programmable ROM，PROM）。

下面介绍ROM的基本构成原理。ROM由若干存储单元（也称为字，word）组成，每个单元存储m个二进制位（即0或1）。设ROM有n条地址线（表示为A_i，$i=0,1,\cdots,n-1$），地址线经地址译码器产生2^n条字线，每条字线（表示为W_k，$k=0,1,\cdots,2^n-1$）寻址一个存储单元。被寻址的存储单元通过m条位线（表示为D_j，$j=0,1,\cdots,m-1$）将存储的二进制信息送出ROM。

图7.1.1所示为一种$n=2$、$m=4$的MOS-ROM的结构示例。该ROM包含$2^n=4$个存储单元，每个存储单元有$m=4$个存储位。从图7.1.1中可见各存储位存储的二进制信息和MOS管的有无存

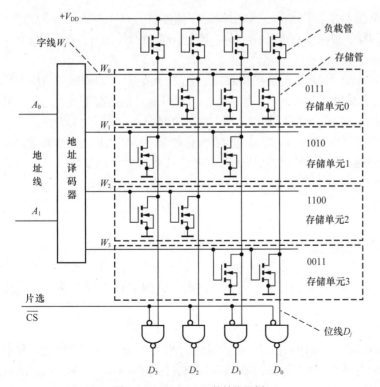

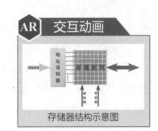

图 7.1.1 MOS-ROM 的结构示例

在对应关系。

根据译码器的原理可知，ROM 中地址译码器输出的每条字线 W_k（ $k = 0, 1, \cdots, 2^n - 1$ ）应与输入译码器的 n 位地址变量的一个最小项相对应，如式（7.1.1）所示。

$$
\begin{aligned}
W_0 &= \overline{A_1} \cdot \overline{A_0} \\
W_1 &= \overline{A_1} \cdot A_0 \\
W_2 &= A_1 \cdot \overline{A_0} \\
W_3 &= A_1 \cdot A_0
\end{aligned}
\tag{7.1.1}
$$

观察式（7.1.1）可以看到，ROM 的地址译码器实际上是一个与运算阵列。由于地址译码器在 ROM 中是固定制备的，因此可以认为 ROM 隐含地完成了地址变量的与运算，固定得出了 n 位地址变量的全部最小项 W_k（ $k = 0, 1, \cdots, 2^n - 1$ ）。在任何时刻，各 W_k 中有且仅有一个有效。

由图 7.1.1 可见，各存储单元中具有相同位权的 MOS 存储管的漏极输出连接在同一条输出数据线（位线 D_j ）上。由于同一时刻只可能有一条字线（ W_k ）有效，因而同一位线上的各存储位呈线或的关系，从而使每条数据线 D_j 完成基于存储位内容加权的各相关最小项 W_k 的逻辑或运算。进一步，考虑到存储位的二进制数据可根据需要由制造厂家制作或由用户写入，因而可认为各 D_j 完成的或运算是可编程的或运算，以及存储单元阵列是可编程或运算阵列。具体地，在图 7.1.1 中的各数据线 D_j 完成的可编程或运算如式（7.1.2）所示。

$$
\begin{aligned}
D_0 &= W_0 \cdot 1 + W_1 \cdot 0 + W_2 \cdot 0 + W_3 \cdot 1 = \overline{A_1} \cdot \overline{A_0} + A_1 \cdot A_0 \\
D_1 &= W_0 \cdot 1 + W_1 \cdot 1 + W_2 \cdot 0 + W_3 \cdot 1 = \overline{A_1} \cdot \overline{A_0} + \overline{A_1} \cdot A_0 + A_1 \cdot A_0 \\
D_2 &= W_0 \cdot 1 + W_1 \cdot 0 + W_2 \cdot 1 + W_3 \cdot 0 = \overline{A_1} \cdot \overline{A_0} + A_1 \cdot \overline{A_0} \\
D_3 &= W_0 \cdot 0 + W_1 \cdot 1 + W_2 \cdot 1 + W_3 \cdot 0 = \overline{A_1} \cdot A_0 + A_1 \cdot \overline{A_0}
\end{aligned}
\tag{7.1.2}
$$

从以上分析可见，ROM 虽然主要用作二进制数据的存储器件，但从逻辑运算的角度看，ROM 实际上是一种与运算固定、或运算可编程的器件。当其作为 PLD 使用时，可实现 n 个变量的多输出（最多 m 个）逻辑函数。

概括来说，当使用 ROM 实现逻辑函数时，可将目标函数的 n 个变量输入 ROM 的对应地址线 A_i 上，并由 ROM 的每条输出数据线 D_j 得到每个函数的输出。此时应根据函数逻辑表达式（最小项表达式）确定写入 ROM 中各存储单元的数据。7.2 节中将讨论详细的实现原理与步骤。

通常用"容量"表述存储器的存储能力。容量被定义为存储器中存储二进制位的数量，并表示为"存储单元数（也称为字数） × 每单元位数（也称为字宽）"的形式。例如容量为 256 × 8 的 ROM 中有 256 个存储单元，每单元有 8 个数据位，共有 2048 个存储位。相应地，该 ROM 有 8 条地址线、8 条数据线。

7.1.2　只读存储器的种类

依据结构、是否能编程以及编程写入方式的不同，ROM 有多个种类。本节将重点介绍几类具有代表性的 ROM。

1. 掩模型只读存储器

掩模型只读存储器是较基础的一类 ROM，其存储的信息由生产厂家在器件的制造过程中通过掩模工艺写入，之后不能被修改。其优点是成本低、存储内容持续时间长、可靠性高，缺点是用户无法对其进行编程、不灵活且用途受限。

2. 熔丝型 PROM

与掩模型只读存储器相比，PROM 具有可编程能力，但只能一次性编程，数据一经写入便不能更改。这类 PROM 又可细分为熔丝型和反熔丝型。图 7.1.2 所示为双极型晶体管熔丝型 PROM 的结构示意。在该类型 PROM 出厂时，多发射极晶体管的各发射极所连的熔丝呈连接状态，相当于各存储位存储数据 "1"。在写入信息时，对需要写 "0" 的位控制其晶体管发射极电流，使其足够大到将发射极连接的熔丝烧断。

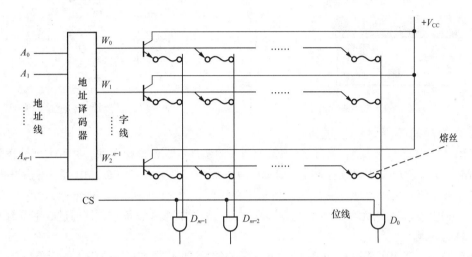

图 7.1.2　双极型晶体管熔丝型 PROM 的结构示意

在反熔丝型 PROM 中，反熔丝相当于生长在晶体管 N^+ 扩散层和多晶硅层（这两层均为导电层）之间的介质层，在器件出厂时呈现高阻态，使两个导电层间绝缘。当编程需要连接两个导电层时，在介质层施加高脉冲电压使介质层被击穿，从而使两个导电层连通。由于反熔丝占用的硅片面积较小，因此比较适用于制作高集成度可编程器件中的编程位单元。

3. 可擦可编程只读存储器

不同于前述两种 ROM，可擦可编程只读存储器（erasable PROM，EPROM）能够进行反复编程。但每次编程前需要通过紫外线照射的方式擦除已存储的数据，擦除完成后才能再次写入，因此也称为 UV-EPROM（ultraviolet EPROM，可紫外线擦除可编程只读存储器）。EPROM 中的关键器件是浮栅 MOS 晶体管，图 7.1.3 所示为叠栅式浮栅 MOS 管的示意图。浮栅 MOS 管中的栅极 G_1 埋在 SiO_2 绝缘层中没有引出线，称之为浮栅。第二栅极 G_2 有引出线。图 7.1.4 所示为 EPROM 中的存储位单元，其中的 T_2 为浮栅管。当需要读取该存储位时，字线 X、Y 应由地址译码器置高电平。

初始状态时，G_1 上没有电子积累，浮栅管的开启电压（V_{TH}）相对较低，当在 G_2 施加高电平时，浮栅管可以导通，相当于在存储位存储数据 "1"。需要编程写入时，在 D、S 端施加足够大的脉冲正电压，使 PN 结发生雪崩击穿效应而产生许多高能量的电子。同时在 G_2 加正电压使沟道中的电子在电场的作用下可穿过绝缘层注入浮栅 G_1。由于 G_1 埋在绝缘层中没有放电通路，在脉冲正电压结束后，积累在 G_1 浮栅的负电荷可长期保留。G_1 上积累的负电荷将使 V_{TH} 变得较高，使在 G_2 加高电平时浮栅管也不能导通，相当于在存储位中存储数据 "0"。

当需要擦除 EPROM 中存储的内容时，需要用紫外线透过其表面的透明窗照射浮栅 G_1（照射需数分钟），使浮栅上的负电荷获得足够的能量穿过绝缘层回到衬底，从而使 EPROM 中所有存储位回到存 "1" 状态。此后就可对 EPROM 进行再次写入。

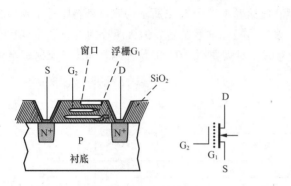

图 7.1.3 叠栅式浮栅 MOS 管的示意

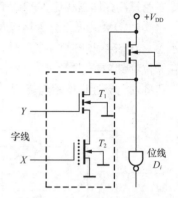

图 7.1.4 EPROM 中的位存储单元

4. 电擦除可编程只读存储器

EPROM 虽然可以反复编程，但必须借助专用的紫外线设备进行擦除，并且大部分擦除过程需要断电。电擦除可编程只读存储器（electrical erasable PROM，EEPROM）直接使用电信号进行擦除，不仅使用更加方便，而且开始为系统在线可编程（in system programmability，ISP）建立基础。ISP 的含义是指无须对 PLD 进行拆卸，也无须增加额外设备，直接通过数字系统本身实现对 PLD 的编程。

EEPROM 的结构可类比 EPROM 的，其浮栅 MOS 管如图 7.1.5 所示。管中的浮栅 G_1 有一区域与衬底间的氧化层极薄，在所加的电场足够强时，可产生隧道效应。当编程写入时，在 G_2 栅极加脉冲正电压，隧道效应使电子由衬底注入浮栅 G_1。脉冲正电压结束后，注入 G_1 的负电荷由于没有放电通路而被保留在浮栅上，使 MOS 管的开启电压变高。图 7.1.6 所示为 EEPROM 中的一个位存储单元。当浮栅管 T_2 的 G_1 有负电荷积累时，T_2 管不导通，位存储单元相当于存储数据 "1"。当需要在某位写 "0"（即擦除）时，使该存储位的浮栅管的 G_2 接地，在漏极施加脉冲正电压使浮栅上的负电荷通过隧道效应回到衬底。

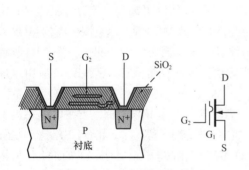

图 7.1.5 EEPROM 中的浮栅 MOS 管

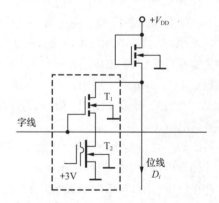

图 7.1.6 EEPROM 中的一个位存储单元

目前单片 EEPROM 存储容量有数千位到数兆位的多种规格，数据读取时间为几十纳秒数量级，页写入时间约为 10 ms 数量级，擦除/写入次数可多达 10 万次，写入的数据一般可保持 10 年。这些优点使其在数字系统中的应用非常广泛。

5. 闪速存储器

闪速存储器常简称为"闪存"（flash memory 或 flash），它也是一类可直接用电信号进行反复擦除和访问的 ROM。闪速存储器的位存储单元与 EEPROM 的相似，也具有双栅极 MOS 管结构，包含控制栅和浮置栅两个栅极。与 EEPROM 相比，闪速存储器的隧道区域面积更小、氧化物层更薄。

闪速存储器的擦除与 EEPROM 的类似，也是利用隧道效应进行的。而编程写入方法有隧道效应法和沟道热电子（channel hot electron，CHE）法两类，后者与 EPROM 的类似，是一种基于雪崩击穿效应的电子注入技术。闪速存储器可采用全片或分块的形式快速进行擦除，因此其容量通常比 EEPROM 的容量更大。

闪速存储器有 NOR 闪存和 NAND 闪存两种类型。NOR 闪存的地址线和数据线分开，对存储数据可以以字节为单位进行随机读取，所存储的程序代码可直接运行，如同内存一样。因而 NOR 闪存常用作系统的上电启动芯片。

NAND 闪存的地址线和数据线共用，存储空间分为块、页两级。每页 512B（小容量时采用）或 2048B（容量为 2 GB 以上时采用），每块包含 32 个 512B 的页（小容量）或 64 个 2048B 的页（容量为 2 GB 以上时采用）。在读取单个字节时，NAND 闪存需多级寻址，因而它的随机读取速率低于 NOR 闪存的。但 NAND 闪存的块擦除、块写入速率远高于 NOR 闪存的，因而 NAND 闪存常用于大容量数据的存储，如常见的闪存盘（U 盘即 USB flash disk）、闪存卡（SD 卡即 secure digital memory card、TF 卡即 trans-flash card 等）以及基于闪速存储器的固态盘（solid state disk，SSD）。

7.1.3 随机存储器

随机存储器（RAM）全称随机存取存储器，在工作时可对任一存储单元进行读取或写入，常用于对数据进行频繁、快速暂存和选择读取的场合。与 ROM 不同，RAM 是易失性存储器件，所存储的数据在器件断电后丢失。

RAM 的逻辑结构与 ROM 的类似，也主要由地址译码器和存储单元阵列构成，如图 7.1.7 所示。地址译码器给出 n 位地址变量的全部最小项 W_k（$k = 0, 1, \cdots, 2^n - 1$），存储单元阵列完成可编程或运算。因而，RAM 也可被认为是一种与运算固定、或运算可编程的逻辑器件。

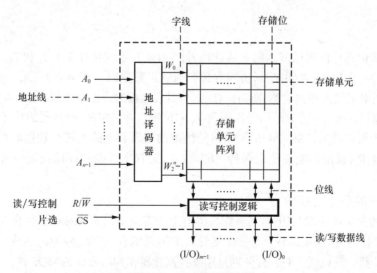

图 7.1.7 RAM 的逻辑结构

RAM分为静态RAM（static RAM，SRAM）和动态RAM（dynamic RAM，DRAM）。在持续供电的情况下，SRAM的存储数据在写入后可一直保存。DRAM所存储的数据即使在不断电的情况下保存时间仍然有限，因此工作中需定时进行刷新操作。在相同材料和工艺情况下，SRAM的存取速率一般相对较快，而DRAM的集成度相对较高。

RAM之所以无法像ROM那样在断电后仍能保存数据，是因为RAM存储位的性质。下面将分别介绍SRAM和DRAM的存储位结构。

1. SRAM的存储位结构

图7.1.8所示为CMOS-SRAM的存储位结构示例。其中MOS管$T_1 \sim T_6$构成一个存储位，MOS管T_7、T_8被该位线所连的各存储位共用。$T_1 \sim T_4$构成RS触发器，从Q、$\bar{Q}$位置可读出RS触发器保存的"0"或"1"状态，也可在Q、$\bar{Q}$位置施加高、低电平改变触发器的状态（即写入数据）。T_5、T_6和T_7、T_8为门控管，可完成信号的双向传输，相当于模拟开关。A_1、A_2、A_3为三态缓冲门。

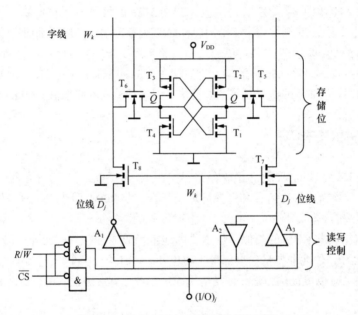

图7.1.8　CMOS-SRAM 的存储位结构示例

当对该存储位进行读出或写入时，片选信号$\overline{CS}$有效，字线W_k使T_5、T_6和T_7、T_8导通，位线D_j、$\overline{D_j}$分别和Q、$\bar{Q}$连通，$R/\overline{W}$控制访问方式。当读出数据时，$R/\overline{W}=1$，A_1、A_3输出呈高阻，A_2导通，使Q的电平状态被送到数据线$(I/O)_j$。当写入数据时，$R/\overline{W}=0$，A_1、A_3导通，A_2输出呈高阻，从数据线$(I/O)_j$来的电平信号作用到Q、$\bar{Q}$位置，并决定RS触发器的状态。

从以上分析可以看出，SRAM依靠MOS管组成的触发器电路实现对数据的存储。在持续供电条件下，由于RS触发器能够稳定保持"0"或"1"状态，因此存储位能一直存储所写入的数据。

2. DRAM的存储位结构

DRAM中的存储位一般利用MOS管栅极电容上的充电电荷实现对数据信息的存储。图7.1.9所示为DRAM的一种存储位结构。C是存储管T_2的栅极电容。字线分为读字线、写字线，位线也同样分为读位线、写位线。T_3、T_1分别是用来控制读操作和写操作的MOS管。

在进行读操作时，首先通过预充脉冲使T_4导通以实现对电容C_O充电。随后设置读字线W_{kR}为高电平，从而使T_3导通。如果存储管T_2栅极电容C上保存的是1，则C_O上的预充电荷经T_3、T_2释放，在读位线D_{JR}上读出的是0。如果T_2栅极电容上保存的是0，则T_2截止、C_O无放电通路，在D_{JR}上读出1。D_{JR}最终经反相器反相后被送至读/写数据线。

在进行写操作时，首先设置写字线W_{kW}为高电平，从而使T_1导通，此时通过写位线D_{JW}输入的电平信号将通过T_1对T_2的栅极电容C进行充电或放电。当写入1时将进行充电，且写操作结束后C上的电压v_C将高于T_2的开启电压。当写入0时将进行放电，且写操作结束后电压v_C将低于T_2的开启电压。

由于栅极的漏电效应，栅极电容C保存电荷的时间有限，因此DRAM在工作中需要不断地进行刷新操作，即按一定的频率将存储位上的信息读出、再写回，从而能长时间保存信息。这样也导致DRAM中的控制电路部分相对复杂。

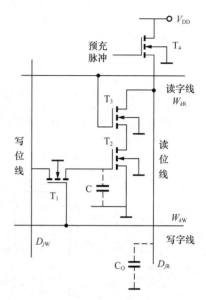

图 7.1.9　DRAM 的一种存储位结构

但其位存储电路可做得较为简单（例如做成单MOS管存储），因而DRAM的集成度较高，这是其显著的优点。

DRAM还可进一步分类，例如较早期的同步动态随机存储器（synchronous dynamic random access memory，SDRAM）和目前常用的双倍数据速率（double data rate，DDR）SDRAM。SDRAM的特点是其写入、读出、刷新操作都须与外部时钟（上升沿）同步。DDR SDRAM一般简称为DDR，在SDRAM的基础上，将时钟发展为差分式，可在时钟的上升沿和下降沿都执行操作，因而数据传输速率较早期的SDRAM提高了一倍。另外，DDR还使用延迟锁定环（delay-locked loop，DLL）来保证本地时钟和系统时钟的同步。随后发展的DDR2、DDR3、DDR4在核心模块数量、刷新控制、工作电压等多方面都有改进，使DRAM向着更高的数据传输速率、更大的集成度规模、更低的能耗方面不断进步。

7.1.4　扩展存储器容量

随着半导体技术与制造工艺的不断发展，存储器的容量不断提高，从早期的千位级到兆位级再到现在普遍的吉位级。但单片存储器的容量总是受限的，同时大容量存储器的成本也相对较高，因此有必要研究存储器容量的扩展方法。

当单片ROM或RAM的容量（存储单元数 × 每单元位数，即字数 × 字宽）无法满足总的存储容量需求时，可通过如下规则进行扩展：当需要扩展字的宽度时，只需将多片相同存储器的地址以及片选各自并联即可；而当需要扩展字数时，可外加地址译码器或译码电路。

例如，若需要将若干片$2^4 \times 4$（或16×4）的存储器扩展为$2^7 \times 8$（或128×8）的存储器（实际上获得的是存储电路），首先应计算总共需要的存储器片数：字宽由4变为8，扩大2倍，字数由16变为128，扩大8倍，所以总共需要$8 \times 2 = 16$片。其次根据上述扩展规则，结合译码器（例如使用74LS138 3线至8线译码器）完成电路连接，如图7.1.10所示，其中虚线框内表示仅考虑扩展字宽，即将两片$2^4 \times 4$存储器扩展为一个$2^4 \times 8$存储子电路的过程。

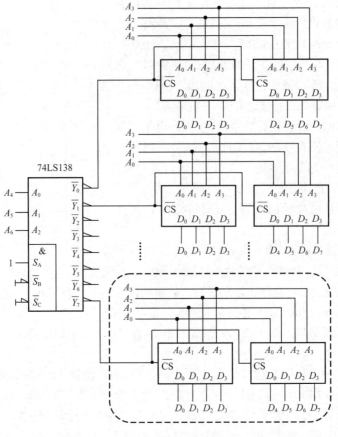

图 7.1.10　存储器容量扩展示意

► **思考题**

7.1.1　什么是存储器，ROM 与 RAM 的本质区别是什么？

7.1.2　如何理解存储器是一种"与运算固定、或运算可编程"的器件？

7.1.3　PROM 有哪些分类，RAM 有哪些分类？请列举生活中接触过的种类。

7.1.4　存储器的容量如何计算，如何扩展存储器的容量？

7.2　基于存储器实现逻辑处理

存储器的本质作用是用于存储和管理二进制数据信息。但由 7.1.1 小节及 7.1.3 小节的分析可知，无论是 ROM 还是 RAM，从逻辑运算的角度均可被认为是与运算固定、或运算可编程的逻辑器件。存储器的地址译码器隐含地产生了地址变量的全部最小项，存储单元中存储的数据决定了逻辑函数的构成。

存储器除本身可作为 PLD 实现逻辑函数外，还是 FPGA 等器件的核心组成部分。因此掌握本节内容对于理解现有主流 PLD 即 FPGA/CPLD 的原理也具有重要意义。

7.2.1　基于存储器实现组合逻辑

根据7.1.1小节的分析，当用存储器（并行地址输入）实现n个逻辑变量、m个输出的组合逻辑函数时有以下要点。

① 将各逻辑函数写成最小项表达式。

② 使用具有n位地址、2^n个存储单元、每单元m位的ROM或RAM。

③ 将存储器的各个地址线$A_i(i=0,1,\cdots,n-1)$与各变量按其在函数最小项中的低位至高位排序一一连接，即将A_0接最小项中最低位变量，A_1接最小项中次最低位变量，依此类推，A_{n-1}接最小项中次最高位变量。

④ 假设从存储器的输出数据线D_j可以得到第$j(j=0,1,2,\cdots,m-1)$个逻辑函数。

⑤ 根据各逻辑函数的最小项表达式确定存储内容：存储器中第$k(k=0,1,2,\cdots,2^{n-1})$个存储单元的第$j(j=0,1,2,\cdots,m-1)$位的1/0值应根据最小项$W_k$在第$j$个函数表达式中的有/无来决定。例如为实现式（7.1.2），对应存储器的各存储单元应存入的数据为0111（单元0）、1010（单元1）、1100（单元2）、0011（单元3）。

下面以实际举例来阐述上述实现要点。

【例7.2.1】用ROM实现4位自然二进制编码与格雷码的转换电路。

解：设4位二进制编码为$DCBA$，格雷码为$WXYZ$。表7.2.1所示为$DCBA$到$WXYZ$的转换真值表。由该转换真值表可得出由$DCBA$的最小项序号表达的W、X、Y、Z的逻辑关系如式（7.2.1）所示。

表 7.2.1　$DCBA$ 到 $WXYZ$ 的转换真值表

二进制编码				格雷码				各存储单元存储信息
D	C	B	A	W	X	Y	Z	
0	0	0	0	0	0	0	0	0
0	0	0	1	0	0	0	1	1
0	0	1	0	0	0	1	1	3
0	0	1	1	0	0	1	0	2
0	1	0	0	0	1	1	0	6
0	1	0	1	0	1	1	1	7
0	1	1	0	0	1	0	1	5
0	1	1	1	0	1	0	0	4
1	0	0	0	1	1	0	0	C h
1	0	0	1	1	1	0	1	D h
1	0	1	0	1	1	1	1	F h
1	0	1	1	1	1	1	0	E h
1	1	0	0	1	0	1	0	A h
1	1	0	1	1	0	1	1	B h
1	1	1	0	1	0	0	1	9
1	1	1	1	1	0	0	0	8
A_3	A_2	A_1	A_0	D_3	D_2	D_1	D_0	ROM存储
（ROM的地址线）				（ROM的数据线）				单元的内容

$$Z = \sum_m (1, 2, 5, 6, 9, 10, 13, 14)$$
$$Y = \sum_m (2, 3, 4, 5, 10, 11, 12, 13)$$
$$X = \sum_m (4, 5, 6, 7, 8, 9, 10, 11)$$
$$W = \sum_m (8, 9, 10, 11, 12, 13, 14, 15)$$

（7.2.1）

如图 7.2.1 所示，可采用具有 4 位地址、4 位数据的 ROM（容量为 16×4）实现此转换电路。将二进制编码 $DCBA$ 顺次连接到 ROM 的地址线 A_3、A_2、A_1、A_0，从 ROM 的输出数据线 D_3、D_2、D_1、D_0 分别产生格雷码对应的 W、X、Y、Z，如图 7.2.1 所示。当根据式（7.2.1）确定 ROM 各存储单元的存储信息（见表 7.2.1 最右一列）后，即可实现相应的转换。

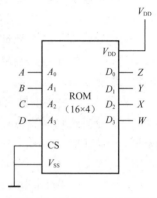

图 7.2.1　用 16×4 ROM 实现 4 变量 4 输出组合逻辑函数

修改存储单元的存储信息后，可通过此 4 地址线、4 数据线 ROM 实现任意的 4 变量 4 输出组合逻辑函数。

从以上对存储器实现多输出组合逻辑函数的介绍中可以看到，存储器对外基本行为功能可被描述为保存数据，根据多位输入决定多位输出。基于这种行为功能，很容易理解存储器对由真值表（见表 7.2.1）给出的编码转换或逻辑函数的实现，也很容易得出各存储单元应存储的数据。

我们可将存储器的上述行为更简单地归结为查表。因此，在基于查表方法实现算法或处理的电路或系统中，存储器都有着应用潜力。在 7.3.2 小节有关对 FPGA 实现原理的介绍中将看到这样的实例。

由存储器实现的组合逻辑电路不会出现逻辑冒险，这是因为不存在信号的多路传输。存储器内部的电路设计可保证输出信号的稳定性。但功能冒险仍有可能出现，因为功能冒险是多个输入信号的不同步而产生的。当多位地址变量出现变化的时刻偏差大于存储器的读取时间时，功能冒险就存在，输出信号可能出现毛刺噪声。

7.2.2　基于存储器实现时序逻辑

根据前文的介绍，时序逻辑的激励函数 Y、下一状态 Q^{n+1}、输出函数 Z 都可被视为输入信号 X 和当前状态 Q^n 的组合逻辑函数。这意味着利用存储器也可以实现时序逻辑。特别是对于状态转移规律确定、无须直接存储输入信号的时序逻辑电路，如计数器、序列信号发生器等，利用 ROM 或 RAM 可以简化设计过程，实现电路形式也较为简单。

图 7.2.2 所示为利用 ROM 和寄存器实现计数器或序列信号发生器的一般性电路。寄存器用于使状态变化和时钟 CP 的有效边沿同步。当 ROM 本身采用边沿使能时，可以不用寄存器。其连接方式及工作原理描述如下。

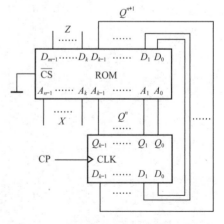

图 7.2.2　利用 ROM 和寄存器实现计数器或序列信号发生器的一般性电路

将当前的状态码Q_i^n($i = 0 \sim k - 1$)及输入信号X连接至ROM的地址线,组合为当前的ROM地址,其寻址的存储单元内将存放下一状态(或称新状态)的状态码Q_i^{n+1}($i = 0 \sim k - 1$)及输出Z。即ROM实现了决定Q^{n+1}的下一状态函数$Q^{n+1} = h(X, Q^n)$及输出函数$Z = g(X, Q^n)$,实现的方法就是根据Q^{n+1}和Z的真值表将数据写入以当前状态码和输入信号为地址的存储单元。

在每个时钟的有效沿,寄存器输出更新,上一新状态被作为当前状态Q^n。ROM以当前输入X和Q^n作为地址去寻址输出Z和Q^{n+1}。Z作为时序逻辑电路的当前处理结果,Q^{n+1}作为对处理阶段的记忆被保存到下一时钟有效沿时刻。

图7.2.2所示既可表示米里型时序逻辑电路,也可表示摩尔型时序逻辑电路。如果各存储单元中对应Z的存储位是由$Z = g(X, Q^n)$类型的方程的真值表决定的,则实现的是米里型时序逻辑电路,当X改变时,Z立即有响应。如果Z是由$Z = g(Q^n)$类型的方程决定的,则实现的是摩尔型时序逻辑电路。以下分别举例说明。

【例7.2.2】 基于图7.2.2所示电路实现8421码模10加法计数器,有1位输出Z,Z在状态为1001时,输出1,其他状态时输出0。

解: 由于计数模值为10,需要4位状态码,故基于图7.2.2所示电路中的$k = 4$。由于没有输入变量X,ROM仅需4条地址线,故$p = 4$。每个存储单元需5个存储位(1位输出码 + 4位状态码),故$m = 5$。需用10个存储单元保存10个状态值,考虑到存储单元的数量一般为2的整数次幂,故设ROM有16个存储单元。

将ROM输出数据线的D_3、D_2、D_1、D_0经寄存器依次连接输入地址线A_3、A_2、A_1、A_0,ROM输出的D_4作为Z。根据8421码的规律,从状态0000开始,将下一状态的码型存入以当前状态码为地址的存储单元内。ROM的存储数据如表7.2.2(粗体表示的前10行)所示。

表 7.2.2 例 7.2.2 中 ROM 的存储数据

ROM 地址				存储数据				
A_3	A_2	A_1	A_0	D_4	D_3	D_2	D_1	D_0
0	**0**	**0**	**0**	**0**	**0**	**0**	**0**	**1**
0	**0**	**0**	**1**	**0**	**0**	**0**	**1**	**0**
0	**0**	**1**	**0**	**0**	**0**	**0**	**1**	**1**
0	**0**	**1**	**1**	**0**	**0**	**1**	**0**	**0**
0	**1**	**0**	**0**	**0**	**0**	**1**	**0**	**1**
0	**1**	**0**	**1**	**0**	**0**	**1**	**1**	**0**
0	**1**	**1**	**0**	**0**	**0**	**1**	**1**	**1**
0	**1**	**1**	**1**	**0**	**1**	**0**	**0**	**0**
1	**0**	**0**	**0**	**0**	**1**	**0**	**0**	**1**
1	**0**	**0**	**1**	**1**	**0**	**0**	**0**	**0**
1	0	1	0	0	0	0	0	1
1	0	1	1	0	0	0	0	1
1	1	0	0	0	0	0	0	1
1	1	0	1	0	0	0	0	1
1	1	1	0	0	0	0	0	1
1	1	1	1	0	0	0	0	1
Q_3^n	Q_2^n	Q_1^n	Q_0^n	Z	Q_3^{n+1}	Q_2^{n+1}	Q_1^{n+1}	Q_0^{n+1}
当前状态				输出	下一状态			

在用多级分立触发器实现计数器时，须进行多次卡诺图化简，过程繁杂、电路复杂，还需考虑自启动问题。而用ROM实现时，只需根据状态码型和输出方程向ROM预存数据，同一电路可实现多种码型的计数器。输出信号Z也不存在冒险问题。自启动问题的解决也很简单，只需向未使用到的存储单元存入任一有效状态码，如表7.2.2（后6行）所示。

用ROM实现序列信号发生器时，图7.2.2所示的电路既可实现移存型，也可实现计数组合型。设计移存型序列发生器时，首先要确定所需存储位的数量k和状态转移表，方法过程可参考前文介绍，在保证各移存状态不出现重复码型后就得出了k值和状态转移表。然后根据状态转移表，依次将下一状态码填入以当前状态码为地址的存储单元。ROM存储单元的数量应等于或大于序列码长M，一般可设置其为2的k次幂。无需Z输出位和X输入位，仅需由k位数据输出的任一位即可顺序得到所要求的序列信号。

在设计计数组合型序列信号发生器时，首先由序列码长M根据$2^{k-1} < M \leqslant 2^k$确定地址位数量$k$，随后设计模值为$M$的计数器，计数器的码型可任选（例如可选简单、直观的自然二进制编码）。然后依次将待输出的序列信号值和下一状态码值写入以当前状态为地址的存储单元。例如在实现$M = 10$的单一序列"0110100011"时，可用与例7.2.3相同的电路，将序列码值由前至后依次填入表7.2.2中的D_4存储位。工作时，由D_4的输出可得到所要求的序列。进一步，通过增加存储位宽的数量，还可以同时得到码长相同的多个序列信号。

【例7.2.3】 基于ROM，实现图7.2.3所示的状态图。

解： 状态图中的状态是由符号给出的，实现时需要首先对状态符号进行编码。在用分立触发器实现时，状态编码的目的是追求触发器级数少、外围电路简单。在使用ROM时，这样的编码追求的意义已不大，因而为状态符号分配编码的方法就简单多样了。

在本例中，为使存储位数量少、列表简单，我们可采用自然二进制编码，对状态A、B、C、D、E分别分配000、001、010、011、100。根据图7.2.3所示的状态图得到状态转移表如表7.2.3所示。实现

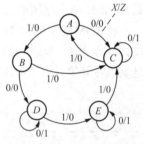

图 7.2.3　例 7.2.3 的状态图

电路仍基于图7.2.2所示的电路，以当前状态$Q_2^n Q_1^n Q_0^n$和输入X作为当前地址$A_3^n A_2^n A_1^n A_0^n$，在对应的存储单元（$D_3^n D_2^n D_1^n D_0^n$）存入输出信号Z和下一状态$Q_2^{n+1} Q_1^{n+1} Q_0^{n+1}$，具体如图7.2.4所示。

表 7.2.3　例 7.2.3 的状态转移表和 ROM 的存储数据

当前状态符号	当前状态			输入	输出	下一状态			下一状态符号
	Q_2^n	Q_1^n	Q_0^n	X	Z	Q_2^{n+1}	Q_1^{n+1}	Q_0^{n+1}	
A	0	0	0	0	0	0	1	0	C
	0	0	0	1	0	0	0	1	B
B	0	0	1	0	0	0	1	1	D
	0	0	1	1	0	0	1	0	C
C	0	1	0	0	1	0	1	0	C
	0	1	0	1	0	0	0	0	A
D	0	1	1	0	1	0	1	1	D
	0	1	1	1	0	1	0	0	E

续表

当前状态符号	当前状态			输入	输出	下一状态			下一状态符号
	Q_2^n	Q_1^n	Q_0^n	X	Z	Q_2^{n+1}	Q_1^{n+1}	Q_0^{n+1}	
E	1	0	0	0	1	1	0	0	E
	1	0	0	1	0	0	1	0	C
	1	0	1	0	0	0	0	0	A
	1	0	1	1	0	0	0	0	A
	1	1	0	0	0	0	0	0	A
	1	1	0	1	0	0	0	0	A
	1	1	1	0	0	0	0	0	A
	1	1	1	1	0	0	0	0	A
	A_3	A_2	A_1	A_0	D_3	D_2	D_1	D_0	
	（ROM地址）				（存储数据）				

同步时序逻辑电路是一种有限状态机，其状态转移规律都可用状态图描述。通过本例可认识到，状态及其转移关系代表着对输入信号X处理的阶段及步骤，输出信号Z是各阶段的处理结果。状态转移总发生在时钟的有效边沿，计数器是实现状态转移关系的电路形式，状态的编码决定着电路的复杂程度。

基于存储器还可实现移位寄存器、串行-并行转换等时序逻辑电路。读者可自己尝试设计。

存储器的通用集成电路（即存储器芯片）通常是多输出位（例如8位）、多存储单元（2^k个，$k>10$）的。如果只用其实现单个逻辑函数，芯片面积的使用效率一般是比较低的。相对而言，用存储器实现同步逻辑处理是一种能力强而又简单的方法，同时多输出函数使芯片资源使用效率较高。因此在可编程逻辑器件中，存储器有着多方面的应用。

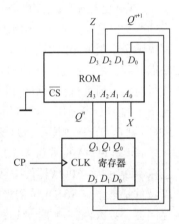

图 7.2.4　例 7.2.3 的实现电路

▶ 思考题

7.2.1　基于存储器实现组合逻辑的要点有哪些？

7.2.2　基于存储器如何实现米里型时序逻辑电路，如何实现摩尔型时序逻辑电路？

7.2.3　请挑选几个前文中的组合逻辑电路和时序逻辑电路，并基于存储器对其予以实现。

7.3　FPGA

随着可编程逻辑器件（PLD）技术的发展，先后出现了 PLA、PAL、GAL 以及 EPLD 等器件。其中，PLA、PAL、GAL 都是 PLD 早期发展进程中的产品，它们统称为简单可编程逻辑器件（simple PLD，SPLD）；而 EPLD 更接近现仍在发展中的 FPGA、CPLD。

FPGA、CPLD 作为目前用途较广的 PLD，其集成规模大于或远大于上述产品的，表现为可提供上万乃至上百万个等效门。运算能力也更强，部分还集成了专用的数字处理单元。此外，为了提高编程能力，FPGA 和 CPLD 往往采用基于 SRAM 的技术[①]，编程速度更快。但这也导致编程内容在器件断电后无法保存，需另设非易失性存储器件保存编程信息并完成上电自动加载。

FPGA 与 CPLD 两类器件的区别主要是可编程资源的多少与性能的高低，同时它们内部的结构也存在较大不同。通常 CPLD 以乘积项结构方式构成逻辑行为，更适用于触发器有限而乘积项丰富的处理逻辑；加之其逻辑门密度在几千到几万个逻辑单元之间，因此适合在成本较低的条件下完成复杂的组合逻辑。而 FPGA 往往基于查找表（look-up-table，LUT）结构，更适用于触发器丰富的结构；同时其逻辑门密度在几万到几百万门之间，因此适合完成复杂的时序逻辑，更适用于对性能和扩展性要求更高的信号处理、通信、人工智能等领域。

尽管 FPGA 和 CPLD 存在一些差异，但从应用来看目前两者的区别主要体现为复杂度不同。为此，本书以介绍 FPGA 为主。想详细了解 CPLD 的读者可查阅其他相关资料。

7.3.1　FPGA 的基本概念

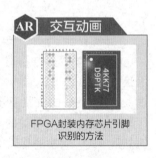

FPGA 封装内存芯片引脚识别的方法

FPGA 是在 SPLD、EPLD、CPLD 等可编程器件基础上进一步发展的产物，是作为 ASIC 领域中的一种半定制电路而出现的。FPGA 既解决了全定制电路的不足，又克服了原有可编程器件门电路数有限的缺点。我们可以将 FPGA 理解为具有大量的逻辑门阵列，用户通过编程可对门阵列进行自由组合以实现不同的电路功能。与基于冯·诺依曼结构的 CPU 等通用处理器相比，FPGA 具有效率更高、时延更短的优点；与专用的 ASIC 相比，FPGA 则具有开发难度小、开发周期更短的优势，更适用于具有复杂多变处理需求的应用场景。

同时，FPGA 技术与 ASIC、数字信号处理器（digital signal processor，DSP）及 CPU 等技术也在不断融合。FPGA 器件中已成功以硬核的形式嵌入了 ASIC、PowerPC 处理器、ARM 处理器等，以硬件描述语言（HDL）的形式嵌入了外设部件互联（peripheral component interconnect，PCI）控制器、以太网控制器、MicroBlaze 处理器、Nios 及 Nios Ⅱ 处理器等，从而超越了传统意义上的 PLD 概念，并以此发展形成系统级芯片（system on chip，SoC）及片上可编程系统（system on programmable chip，SoPC）设计技术，其应用扩展到了系统级，涵盖实时信号处理、高速数据收发、复杂计算以及嵌入式系统设计等广泛邻域。

7.3.2　FPGA 的基本结构和原理

实际的 FPGA 器件是在查找表的基础上，整合了常用功能（如 RAM、时钟管理和 DSP 等）的硬核模块。图 7.3.1 所示为 Xilinx[②] 公司 Vertex 系列 FPGA 芯片的一种内部结构[③]。该图中所示的 FPGA 芯片主要由可配置逻辑块（configurable logic block，CLB）、可编程输入输出块（input/output block）、数字时钟管理（digital clock manager，DCM）模块、嵌入式块 RAM（block RAM，

[①] 早期的 CPLD 仍然采用与 SPLD、EPLD 等技术相似的基于 PROM 的技术。

[②] 鉴于 Xilinx 和 Altera 这两家公司在 PLD 领域的知名度，尽管它们分别已于 2020 年和 2015 年被 AMD 和 Intel 收购，本书仍沿用它们的旧名。

[③] 该图所示的只是一种示意图。实际上不同制造厂家，以及相同制造厂家的不同系列 FPGA 都有其具体的内部结构，想了解的读者可以查询具体芯片的数据手册。

BRAM）、布线资源以及内嵌的软核与硬核等组成。

Altera公司的FPGA芯片也具有类似上述介绍的内部结构，也包含用于编程的基本逻辑单元、输入输出模块、RAM模块、时钟管理模块等。具体组成时则有其鲜明的特征，例如一般将基本逻辑单元命名为逻辑阵列块（logic array block，LAB），但本质上仍是由查找表及各种组合逻辑电路、触发器构成的。

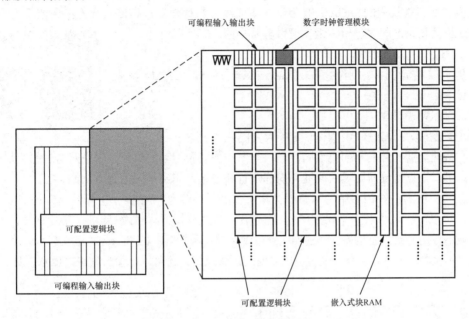

图 7.3.1　FPGA 芯片的一种内部结构示意图

下文将首先介绍FPGA基于查找表技术的工作原理，其次介绍其内部的各种主要组成部分，最后介绍软核、硬核等概念。

1. FPGA的工作原理：查找表

早期的PLD如PROM、EPROM、EEPROM 等器件的可编程原理是通过外加高电压或紫外线使晶体管或MOS管内部发生变化，实现所谓的可编程。但这些器件大多只能实现单次可编程，或者编程状态难以稳定。与这些PLD不同，FPGA采用了由CLB、IOB以及内部连线组成的逻辑阵列（logic array，LA）这样一个新概念，其可编程的实质是改变CLB和IOB中的查找表内容及触发器状态，从而实现多次重复且稳定的编程。

由于FPGA需要进行反复编程，其实现数字逻辑的基本结构不可能像ASIC那样通过固定的逻辑门来完成，而只能采用一种易于反复配置的结构。查找表可以很好地满足这一要求。以下介绍其具体原理。

根据数字逻辑的基础知识可以知道，对于一个n输入的逻辑运算，无论进行何种运算，最多只可能存在2^n种结果。如本章7.2节所阐述，如果事先将相应的结果存放于存储单元中，即可实现相应的逻辑运算，而并不一定需要真实的逻辑门电路。FPGA基于的查找表就相当于以上所述的存储单元，其本质是一种RAM。当用户通过原理图或HDL等对所需实现的逻辑进行描述后，FPGA开发工具会依据待实现的逻辑自动针对所有可能的变量输入组合计算出对应的结果，按照7.2节所述原理形成真值表并将其事先写入RAM中。这样在实际进行逻辑运算时，每输入一组信号就相当于输入一个地址进行查找表操作，找出相应的内容并将其作为运算结果输出即可。该过程可根据用户需求反复进行，意味着可以通过配置不同的内容，实现任意所需的逻辑功能。

需要注意的是，RAM属于易失性存储器件，因此FPGA在断电后将恢复空白状态，内部逻辑关系全部消失。每次上电后，都需要使用FPGA开发工具对其重新进行配置；或者另设非易失性存储器件（常见的如EEPROM、闪存等）事先保存所需的配置信息，并利用FPGA提供的自动加载功能对FPGA进行配置。

事实上，查找表不仅可以实现与固定逻辑门电路相同的功能，而且具有更快的执行速度和更大的规模。基于查找表的FPGA具有很高的集成度，其等效器件密度从数万门到数千万门不等，可以完成极其复杂的时序逻辑与组合逻辑电路功能。

2. FPGA 的基本结构

这里主要结合图7.3.1所示介绍CLB、IOB、DCM、BRAM等基本模块和单元[1]。

（1）可配置逻辑块

可配置逻辑块（CLB）是Xilinx FPGA内的基本逻辑单元，其实际组成和特性会随器件的不同而不同，但一般由查找表及配套的组合逻辑电路与时序逻辑电路组成。用户可以根据设计需要灵活改变其内部配置和连接，实现不同的逻辑功能。

图7.3.2所示为一种CLB结构示意图，其由多个（一般为2个或4个）相同的Slice以及附加逻辑构成。每个Slice包含若干个6或4输入查找表、多路复用器、触发器/寄存器/锁存器等。Slice之间一般不直接连接，而是各自分别连接到可配置的开关矩阵。CLB与开关矩阵都是高度灵活的，通过配置不仅可以形成各种组合逻辑电路、时序逻辑电路，还可以配置出分布式ROM和RAM。

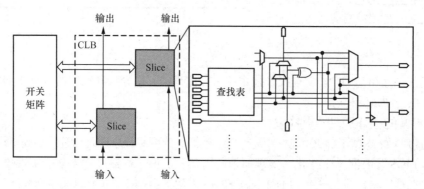

图 7.3.2　一种 CLB 结构示意图

类似地，Altera FPGA的基本逻辑单元中往往包含若干自适应逻辑块（adaptive logic module，ALM），而每个ALM也是由多个多输入查找表、多路复用器、触发器/寄存器/锁存器等组成的，同样可以将其灵活配置为各类逻辑电路或存储器电路。

（2）可编程输入输出块

可编程输入输出块（IOB）是Xilinx FPGA内部的I/O单元（Altera FPGA内部相似的单元一般称为IOE），是芯片与外界电路的接口部分，主要用于满足不同电气特性下对输入输出信号的驱动与匹配要求。IOB一般具有可编程能力，例如可将其编程为单端运行或差分运行。图7.3.3所示为一种IOB结构示意图，包含输入寄存器组、输出寄存器组、衰减电路（PAD）等。

---

[1] 随着FPGA器件技术的不断发展，其基本结构不断演进。本书难以覆盖不同时期各种型号FPGA芯片的实际结构，因此这里仅介绍较为基础的内容，并以Xilinx公司的芯片为主。读者如需获得某具体型号芯片的结构组成，请查阅对应的数据手册。

随着I/O接口频率越来越高，越来越多的FPGA不仅支持单数据速率（single data rate，SDR）模式，同时也支持通过DDR等技术提供超过2 Gbit/s的高数据速率，这样的情况也体现在图7.3.3中。此外，为了便于管理和适应多种电气标准与I/O物理特性，FPGA内部的IOB常被划分为若干个组（bank）。通过软件的灵活配置，每组都能独立地支持不同的电气标准，还可以调整驱动电流的大小、改变上拉/下拉电阻等。每个组的接口标准由其接口电压V_{cco}决定，一个组只能有一种V_{cco}，但不同组的V_{cco}可以不同。

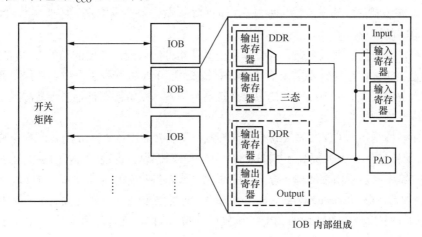

图 7.3.3　一种 IOB 结构示意图

（3）数字时钟管理模块

当前大多数FPGA提供数字时钟管理模块（DCM），该模块是FPGA内部处理时钟的重要器件，主要通过时钟偏差补偿、频率合成、相位调整等功能产生用户所要求的稳定时钟信号。时钟偏差补偿是指通过DLL或其他类型电路消除时钟分配时延，进而实现输出时钟的相位与输入时钟的对齐。频率合成是指通过数字频率合成（digital frequency synthesis，DFS）等技术灵活地实现倍频和分频。相位调整是指在与输入时钟相位对齐的基础上，对自DCM输出的时钟进行动态相位调整，从而满足FPGA实现各种数字逻辑时的需求。

为增强DCM的功能，部分FPGA还提供了锁相环（phase-locked loop，PLL）或具有类似功能的电路，能够降低时钟抖动并实现过滤功能。DCM与PLL可进行级联，从而精确地提供更多的频率合成选项。两者也可独立使用。

（4）嵌入式BRAM

大多数FPGA都具有内嵌的BRAM，大大拓展了FPGA的应用范围并提高了灵活性。BRAM可被配置为单端口RAM、双端口RAM、内容可寻址寄存器（content addressable memory，CAM）以及先进先出（first in first out，FIFO）等常用存储结构。其中，CAM采用一种比较特殊的存储形式，在其内部的每个存储单元中都有一个比较逻辑；写入CAM中的数据会与内部的每一个数据进行比较，并返回与端口数据相同的所有数据的地址。CAM在路由器中的地址交换表等方面有着较为广泛的应用。FPGA中并没有专用的ROM硬件资源，实现ROM的思路是为RAM赋予初值，并保持该初值。

在实际应用中，芯片内部BRAM的数量往往是芯片选型时的一个重要考虑因素。除了BRAM，还可以将FPGA中的查找表灵活地配置成RAM、ROM和FIFO等结构，从而增加芯片内的存储单元数量。

（5）布线资源

FPGA 拥有丰富的布线资源，用于连通内部的所有单元。连线的工艺和长度决定了信号在连线上的驱动能力和传输速率。根据工艺、长度、宽度和分布位置的不同，布线资源可分成 4 种类型。第一种类型为全局布线资源，用于芯片内部全局时钟和全局复位/置位的布线。第二种类型为长线资源，用于完成 IOB 或 IOE 各组间高速信号和第二类全局时钟信号的布线。第三种类型是用于完成基本逻辑单元之间逻辑互联与布线的短线资源。第四种类型是分布式布线资源，用于专有时钟、复位等控制信号的布线。一般越高端的 FPGA 布线资源越丰富，比低端的 FPGA 更适用于高速逻辑电路的实现。

尽管布线资源数量庞大且复杂，并且本质上其使用方法与设计开发的结果有着直接密切的关系，但使用者在实际使用时并不需要直接选择布线资源。FPGA 开发工具中的布局布线器可以自动地根据输入逻辑网表的拓扑结构和约束条件选择合适的布线资源来连通各模块单元。

（6）内嵌专用硬核与软核

内嵌专用硬核是指 FPGA 内部集成的具有较强处理能力的硬核（hard core），每个硬核等效于一个 ASIC。硬核的加入大大提高了 FPGA 的性能。例如，为了提高 FPGA 的乘法运算速度，主流的 FPGA 中都集成了专用乘法器；为了适应通信总线与接口标准，很多高端的 FPGA 内部都集成了串/并收发器（serializer/deserializer，SerDes），能提供很高的收发速度；为了提供 CPU 的算力，PowerPC 系列 CPU、ARM 系列 CPU 等被集成到 FPGA 内。此外还有支持以太网通信、PCI-E 通信等功能的硬核。

内嵌软核是相对上述在底层嵌入的硬核而言的，主要包括 DSP 等软核（soft core），以及用户通过 FPGA 开发工具生成的自定义软核。通过内嵌软核，可较为容易地将单片 FPGA 转变为系统级的设计平台，使其具备软硬件联合设计的能力，逐步向 SoC 平台过渡。

伴随 FPGA 的不断演进，其内部嵌入的硬核及软核的种类越来越丰富，性能越来越好，极大地提升了芯片的性能，并扩展了其功能和使用范围。目前各类内嵌核大多以知识产权核（intellectual property core，IP core，IP 核）的形式提供，后续内容将对 IP 核的概念进行介绍。

3. IP 核的概念

IP 核是指具有知识产权的集成电路模块或软件功能模块的总称，是经过反复验证的、具有特定功能的宏模块，与芯片制造工艺无关，可以将其移植到不同的半导体工艺中。到了 SoC 阶段，IP 核设计已成为 ASIC 设计公司和 FPGA 制造商的重要任务，也是其实力的体现。特别是对于 FPGA 来说，提供的 IP 核越丰富，用户的设计就越方便，其市场占用率就越高。目前，IP 核已经成为系统设计的基本单元，并作为独立设计成果被交换、转让和销售。

从 IP 核的提供方式上，通常将其分为软 IP 核（soft IP core）、硬 IP 核（hard IP core）和固 IP 核（firm IP core）3 类。从完成 IP 核所花费的成本来讲，硬 IP 核代价最大；从使用灵活性来讲，软 IP 核的可复用性最高；固 IP 核的特点则可以理解为在以上两者之间。

（1）软 IP 核

软 IP 核在 EDA 设计领域指的是综合之前的寄存器传输级（register transfer level，RTL）模型；具体在 FPGA 设计中是指对某种特定功能电路的硬件语言描述，包括逻辑描述、网表和帮助文档等。软 IP 核是已经正确通过功能仿真的模块，但仍需要经过综合以及布局布线才能使用。其优点是灵活性高、可移植性强，允许用户自配置；缺点是对模块的预测性较低，在后续设计中存在发生错误的可能性，有一定的设计风险。软 IP 核是目前 IP 核应用最广泛的形式，各家厂商的中高端 FPGA 几乎都提供了具备绝大部分数字信号处理（如傅里叶变换）、各类数字滤波（器）算法的软IP核及配套设计工具。

（2）硬IP核

硬IP核在EDA设计领域指经过验证的设计版图；具体在FPGA设计中指布局和工艺固定、经过前端和后端验证的设计等。对于硬IP核，设计人员原则上不能修改，其原因主要有两方面：首先是系统设计对各个模块的时序要求很严格，不允许打乱已有的物理版图；其次是保护知识产权的要求，不允许设计人员对其进行任何改动。硬IP核不许修改的特点导致其复用有一定的困难，因此只能将其用于某些特定应用，使用范围较窄。但该类IP核往往经过了针对性的优化，具有性能好、可靠性高及稳定性高的优点。

（3）固IP核

固IP核在EDA设计领域指的是带有平面规划信息的网表；具体在FPGA设计中可以将其看作带有布局规划的软核，通常以RTL代码和对应具体工艺网表的混合形式提供。对于固IP核，只要将其RTL描述结合具体标准单元库进行综合优化设计，形成门级网表，再通过布局布线后即可使用。与软IP核相比，固IP核的设计灵活性稍差，但在可靠性上有较大提高；与硬IP核相比，尽管固IP核在可靠性和性能上均有差距，但复用性大大提高。这些特点使固IP核成为目前IP核的主流形式之一。

7.3.3　FPGA 的开发流程

目前基于FPGA的数字系统设计与开发流程，均采用了EDA技术。在使用EDA技术进行设计时，可以先通过HDL或其他语言对数字系统进行程序性的描述，然后借助EDA软件对相应程序进行仿真、综合、优化等处理，最后在FPGA中生成电路。

传统的数字系统设计方法往往有"自底向上"的特点，主要过程为：首先根据系统的目标性能与指标要求选定底层的硬件单元，通常在已有的标准中小规模集成电路中进行选择；然后设计电路模块并连成系统；对系统的性能测试一般要在各模块都完成并连成系统之后。使用这样的方法及过程存在的缺点有：当需要改变底层的硬件单元时，通常就意味着必须再设计对应的模块甚至整个系统；当需要调整系统要求的指标或性能时，又可能会导致底层的标准单元不再适用，进而导致重新设计。这些缺点使"自底向上"的设计方法不能完全满足大规模、高性能数字系统的要求。

采用EDA技术的设计方法通过"自顶向下"的方式，比较好地弥补了传统方法的上述缺点。设计时首先完成系统级模型的建立和仿真，随后进行各层子系统及电路模块的设计与仿真，最后由逻辑门构成底层电路。在这样的设计中，下一层电路的改变一般不会严重影响上层的设计结果。同时在下层电路设计完成之前，可通过仿真的方式检验上层的设计并预测下层的结果。在实际中，采用EDA技术进行数字系统设计时，更多的是将"自顶向下"和"自底向上"两种方式结合。

下面具体介绍开发流程中的过程。在这些过程中，各种EDA软件发挥着重要的作用，例如Xilinx和Altera公司分别为其FPGA产品提供了 Vivado、Quartus Ⅱ 等集成设计、开发软件，而Mentor公司的ModelSim软件[①]是目前常用的FPGA仿真工具。

1. 系统级设计和仿真

根据系统的功能要求或设计规范设计电路的系统构成，划分各子系统。用数学关系式或逻辑

---

① Mentor 公司的全名为 Mentor Graphics，2016 年被西门子公司收购，从 2021 年起更名为 Siemens EDA。ModelSim 软件既有独立的版本，也有集成至各 FPGA 厂商设计、开发工具中的 OEM 版本。

表达式描述各子系统的相互关系，描述可以仅是一种行为关系的表达，不过多考虑具体的实现电路。用高级语言或 HDL 仿真这种行为关系，这类行为级描述及仿真的目的是使设计者在硬件电路建立之前充分了解并检验其功能或性能。这也是"自顶向下"设计方式所具有的优点。

2. RTL 设计

用 HDL 语句描述系统的行为、结构或信号间的逻辑关系，得出 RTL 模型的描述程序。系统级设计一般是抽象的、整体的，RTL 设计通常是具体的、分模块的。有关系统级模型、RTL 模型等概念的详细描述可参考本书后续章节。

3. 功能仿真

通过 EDA 软件对 RTL 模型的功能进行仿真。与系统级仿真所采用的方式相比，这里的功能仿真可以得出将要由硬件完成的逻辑结果。但需要注意的是，功能仿真仍然不是对实际硬件工作过程的仿真，例如不能仿真出器件的实际时延情况。对于不太复杂的系统，系统级和 RTL 的设计及仿真可合并。

4. 逻辑综合、结构综合及优化

在逻辑综合过程中，EDA 软件将系统级设计或 RTL 设计转换为由门级网表文件描述的门级电路结构。在结构综合过程中，EDA 软件根据门级网表文件完成目标器件的布局、布线和结构优化等工作，并生成时序仿真文件。

5. 时序仿真

时序仿真通过布局布线后目标器件给出的模块和连线的时延信息，对电路行为进行实际的评估。时序仿真中，EDA 软件可以展示出目标器件工作时的动态过程，例如信号的延时、组合逻辑电路的冒险等，时序仿真比功能仿真更接近硬件的实际工作情况。

6. 目标器件下载

在仿真结果满足系统要求后，可在 EDA 软件环境中通过下载电缆或下载器将综合结果设置到目标 FPGA 器件中，然后对其进行实际的工作测试。

▶ **思考题**

7.3.1　什么是 FPGA，其与以往的可编程逻辑器件相比有什么样的特征？

7.3.2　FPGA 一般由哪些基本部分组成，各部分的主要作用是什么？

7.3.3　基于 FPGA 设计和实现数字系统一般包括哪些步骤？请结合实践对其予以描述。

7.4　拓展阅读与应用实践

7.4.1　SPLD 与 EPLD

PLA、PAL、GAL 及 EPLD 都是可编程逻辑器件（PLD）自 PROM 之后在发展过程中的阶段性产品，了解它们可以帮助认识可编程器件的特点和发展。

1. PLA

PLA 是一种与阵列、或阵列均可被编程的 PLD，其对应阵列图中与阵列和或阵列之间每条线的交点均可由编程决定连接或不连接。这意味着 PLA 的与阵列并不固定产生输入变量的全部最小项，因此其芯片面积使用效率高于存储器的。用 PLA 实现组合逻辑函数时，需根据 PLA 中能提供乘积项的数量化简函数表达式，在多输出函数情况下也要考虑公共乘积项的利用。这些都造成PLA的使用较为烦琐。

2. PAL

PAL是20世纪70年代发展出的PLD，采用的是双极型工艺、熔丝编程方式。PAL的组合逻辑部分具有与阵列可编程、或阵列固定的特点。除组合逻辑部分外，PAL内部一般还具有触发器或寄存器，并且各触发器或寄存器的时钟可以被连接至专用的时钟输入线，因而可以实现同步时序逻辑。正是因为其内部组成比PROM和PLA的更丰富，PAL可以完成更多、更复杂的功能，其类型也更多。

3. GAL

GAL是20世纪80年代在PAL的基础上发展而来的。相比之前的各种PLD，GAL具有下述特点。

（1）沿用了PAL"与阵列可编程、或阵列固定"的结构。

（2）在输出部分用逻辑宏单元（output logic macro cell，OLMC）取代了通用寄存器。OLMC的规模比寄存器的更大，性能也更强，整体上改善了器件的功能。

（3）首次在PLD中采用EEPROM工艺，使PLD具有电擦除可重复编程的性能，意味着无须像以前的PLD采用紫外线进行擦除，大大提高了在线编程能力。

4. EPLD

随着信息数字处理技术的发展，SPLD在资源规模、配置灵活度等方面都难以满足构建大规模数字系统的要求。EPLD是继SPLD后发展起来的一类资源更多、配置更灵活的PLD。

由于EPLD的资源规模（一般有600～5000个门）比前面几类PLD的大得多，结构也更加复杂，因此常将其内部划分为多个部分。例如Altera公司的MAX7000系列EPLD，其内部被划分为LAB、宏单元（marco cell，MC）、输入输出控制块（I/O控制块）、可编程连线阵列（programmable interconnection array，PIA）、扩展乘积项、专用输入线等部分。其中LAB是主要的逻辑功能部分。

EPLD的编程技术与GAL的类似，也基于EEPROM，编程内容不会因器件掉电而丢失，并且具有较强的灵活性。

7.4.2　FPGA 的发展历程

20世纪80年代中期，Xilinx和Altera两家公司分别推出了早期的FPGA，立刻成为产品原型设计和中小规模（一般小于10000门）产品生产的首选。在紧接着的10年里，FPGA器件在制造工艺和产品性能方面都获得了迅速的发展，达到了0.18μm工艺和数百万逻辑门数的规模。同一时期成立的FPGA制造厂商还有Lattice、Actel等。其中Actel主要生产针对军工和航空领域的非易失性FPGA，其产品主要基于反熔丝型PROM工艺和闪存工艺，而不是普遍采用的RAM工艺。

20世纪90年代末以来，FPGA器件的工艺和性能进一步提高，典型表现为其制程工艺中晶体管栅极最小宽度值不断减小。2003年出现了90nm工艺的FPGA芯片，2006年出现了65nm工艺的FPGA芯片，2008年则出现了40nm工艺的FPGA芯片。2010年后，更是先后出现了28nm、20nm，甚至14nm工艺的FPGA芯片，预计7nm工艺的FPGA芯片也即将问世。栅极最小宽度值越小，意味着器件可以获得更大规模的集成度，同时带来更低的损耗，从而使芯片的性能更高、功耗更低。

我国从20世纪90年代起开始探索FPGA的研制及产业化，最初以高校和科研院所为主要研究力量。2000年后，随着国内对FPGA的应用需求不断增长，开始有企业开展相关领域的研究和生产。2010年后，多家国产FPGA芯片企业纷纷成立，如紫光同创、智多晶、安路科技等，产品已经被应用在通信电子、工业电子、数据中心、汽车电子、消费电子、军工及航空电子等多个领域。目前的国产FPGA芯片采用了28 nm工艺，可提供近40万个逻辑单元，并在部分领域基本具备了替代国外FPGA产品的实力。

目前国产FPGA正在努力向国际先进水平靠拢。一方面，不断改善制程工艺，丰富硬件架构，包括采用更先进的14/16 nm工艺、增加片上可编程资源数量以及提供更多的硬处理核等，同时提高产品的稳定性和量产能力。另一方面，研发及完善配套的EDA软件。每种FPGA芯片都需要相应EDA软件的配合才能实现对HDL的准确编译以及仿真等，同时在设计EDA软件时还需考虑各类应用的特点、复杂性和目标效率等，其研制难度并不亚于研制芯片本身。国内多家研发单位正在开展相关的研究工作，目前已有国产EDA软件可以支撑国产FPGA芯片的片上开发和仿真，同时易用性、编译效率等也在大幅度提高。

7.5　本章小结

可编程逻辑器件内部各单元的功能及相互连接都可通过编程进行设置。用户借助EDA软件能够自己设计、修改PLD实现的逻辑功能，从而满足现代信息处理中设计、调测及生产全周期应尽可能短的要求。目前其应用涵盖实时信号处理、高速数据收发、复杂计算以及嵌入式系统设计等广泛邻域。

可编程ROM及RAM是基础的PLD，均可被视为与运算固定、或运算可编程的逻辑运算器件，并能够被用于实现各种组合逻辑和时序逻辑。随着PLD技术的发展，先后出现了SPLD、EPLD，以及目前用途较为广泛的FPGA和CPLD。作为先进的一类PLD，FPGA以查找表为核心，包含丰富的可编程逻辑资源、输入输出资源、时钟管理资源、存储资源、布线资源等，同时提供了各种软核与硬核。在此基础上，通过合理、有效开发过程，可由FPGA实现强大的数字信号或信息处理，实现种类繁多且复杂多变的应用。

习题 7

7.1　用ROM实现下列多输出函数，写出ROM中各存储单元应存储的信息码元，画出ROM电路图，标出输入、输出信号。

$$F_1 = ACD + AB \qquad F_2 = BCD + \overline{B}\,\overline{D} + \overline{B}\,\overline{C} \qquad F_3 = C\overline{D} + \overline{C}D \qquad F_4 = \overline{D}$$

7.2　用ROM实现下列运算，写出ROM中各存储单元应存储的信息码元，画出ROM电路图，标出输入、输出信号。

（1）两个两位二进制数相乘；　　　（2）计算一个3位二进制数的二次方。

7.3　如果用题7.3图所示电路实现8路输出（$F_0 \sim F_7$）的脉冲分配器，每路输出的正脉冲宽度为一个时钟CP的周期，各路输出的脉冲依次后延一个时钟周期，试写出ROM中各存储单元应存储的数据内容（由低位地址到高位地址）。

7.4　试用2片256×8位的ROM组成一个256×16位的ROM。

7.5　基于ROM实现计数器。当控制位x=1时完成模7二进制编码的减计数。当x=0时完成模

10计数，码型为格雷码。两种计数均在全0状态时输出$Z=1$，其他状态$Z=0$。画出实现电路图，说明所用ROM的数据位宽、地址位宽、存储单元数量。列出各存储单元的地址和存储数据的表格。

7.6 基于ROM同时产生两个序列信号，即01101001、10100100。画出实现电路图，说明所用ROM的数据位宽、地址位宽、存储单元数量。列出各存储单元的地址和存储数据的表格。

7.7 利用ROM实现题7.7图所示的状态图。X为输入信号，Z为输出信号。试说明所设计的状态编码。画出实现电路图，说明所用ROM的数据位宽、地址位宽、存储单元数量。列出各存储单元的地址和存储数据的表格。

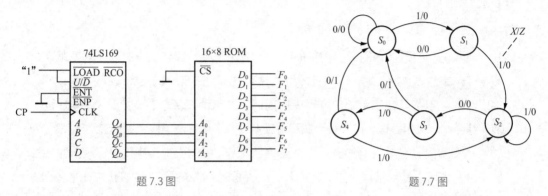

题 7.3 图　　　　　　　　　　　　　　　题 7.7 图

7.8 利用ROM实现题7.8图所示的状态图。两位输入信号为x_1、x_2，一位输出信号为Z。状态A时$Z=Z_1=x_1 \cdot x_2$，状态B时$Z=Z_2=x_1+x_2$，状态C时$Z=Z_3=x_1 \oplus x_2$，状态D时$Z=Z_4=\overline{x_2}$。试说明所设计的状态编码。画出实现电路图，说明所用ROM的数据位宽、地址位宽、存储单元数量。列出各存储单元的地址和存储数据的表格。

7.9 基于题7.9图所示的ROM电路实现同步计数器或序列信号发生器。试说明电路的设计是否存在问题，电路工作时会有什么结果。

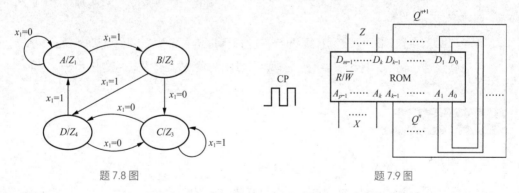

题 7.8 图　　　　　　　　　　　　　　　题 7.9 图

7.10 与EPLD、CPLD等类器件相比，FPGA类可编程器件一般有哪些特点？

7.11 FPGA一般由哪些主要部分组成，各自的基本作用是什么？

7.12 查找表的基本原理是什么？

7.13 IP核按提供方式可以分成哪些类型，各类IP核的基本特点是什么？

7.14 采用EDA技术进行FPGA开发的一般流程包括哪些步骤？功能仿真与时序仿真有什么不同？

第 8 章

硬件描述语言 Verilog HDL

随着信息处理技术的进步和集成电路的快速发展，数字系统的规模越来越大，复杂度越来越高。相应地，EDA技术也在快速发展。在EDA的设计过程中，可以用HDL对数字电路及数字系统进行程序化描述，并借助EDA软件对HDL程序进行仿真、综合、优化等处理，进而在可编程逻辑器件或专用集成器件中生成最终电路。

HDL用类似自然语言的语句描述硬件的工作，描述的内容可以是信号间的逻辑关系，也可以是电路模块的功能行为或模块间的互联关系。HDL的形式和高级程序设计语言（例如C语言等）有一定的相似之处，但高级程序设计语言面向软件处理，而HDL面向硬件设计。硬件处理的主要特征——并行处理在HDL中有着许多体现，这是HDL与高级程序设计语言的主要不同之处。此外硬件电路从输入到输出总是存在延时，该情况在HDL中也得到了体现，即时序概念，而一般的高级程序设计语言是没有时序概念的。同时，与传统的电路图描述方法相比，HDL描述更适合计算机处理。借助EDA软件和设计库，HDL可以简化硬件电路设计，提高工作效率。

本章主要对HDL中应用广泛的一种硬件描述语言——Verilog HDL进行介绍，包括其概念、基本结构和主要的语法规范，并给出解决具体逻辑问题的示例。

学习目标

（1）了解HDL以及Verilog HDL的基本概念。

（2）深刻理解Verilog HDL的基本结构与主要语法规范。

（3）理解Verilog HDL抽象模型及各类描述方式的概念。

（4）熟练掌握基于Verilog HDL描述逻辑电路的方法和技巧。

8.1 Verilog HDL 简介

　　HDL 从 20 世纪 80 年代开始发展。目前主要有两种 HDL 应用比较普遍：VHDL 和 Verilog HDL，均已作为 IEEE 的标准得到许多 EDA 工具的支持。VHDL 在描述电路系统的行为及层次化关系等方面有优势，Verilog HDL 更见长于描述门级电路和 RTL 电路等。

　　作为主流的硬件描述语言，Verilog HDL 与 VHDL 都能形式化地抽象表示电路的行为和结构，支持硬件逻辑设计中层次与范围的描述、简化电路行为的描述，同时都具有电路仿真和验证机制，支持电路描述由高层到底层的综合转换，并与实现工艺无关、便于管理和设计重用。两者又有各自的特点。由于在 20 世纪 80 年代推出 Verilog HDL 时就重视其与实际工具的配套使用，因而其拥有更广泛的客户群体和参考及工具资源；因为与 C 语言的风格有很多相似之处，非常利于使用者进行学习和掌握。相对而言，作为美国国防部组织开发的 VHDL 标准化更早（1987 年即成为 IEEE 标准），并且在传统观点中被认为更适用于特大型系统的设计；但由于在语言形式上其大量借鉴了 Ada 语言，风格比较严谨，因此学习者学习和掌握所需的时间一般更长。目前两种语言仍然在不断的完善中，并且都得到了大多数 EDA 工具的支持。

　　本章主要介绍 Verilog HDL，其创立可追溯至 20 世纪 80 年代初。1983 年前后，GDA（Gateway Design Automation，网关设计自动化）公司为其 Verilog-XL 仿真器配套开发出一种专用硬件描述语言，我们可将其认为是早期的 Verilog HDL 形态，并且其很快得到了发展。1989 年，GDA 公司被 Cadence 公司收购。1990 年，Cadence 公司决定将 Verilog HDL 与 Verilog-XL 完全分开并将前者公开，同时成立了 OVI（Open Verilog International，开放 Verilog 国际）组织，以促进 Verilog HDL 的推广和发展。

　　由于 Verilog HDL 在硬件设计开发中具有明显的优越性，IEEE 于 1995 年制定了 Verilog HDL 的标准——Verilog HDL 1364—1995 标准，即通常所说的 Verilog-95 标准。2001 年，IEEE 发布了 Verilog HDL 1364—2001 标准，简称 Verilog-2001 标准，该标准对 Verilog-95 标准进行了重大改进并增加了许多新功能。Verilog-2001 标准是目前 Verilog HDL 主流的版本，被大多数 EDA 工具支持。之后 IEEE 还发布了 Verilog-2005 及 SystemVerilog 1800—2005 标准，Verilog HDL 不仅在综合、仿真、验证和模块复用性等方面持续获得大幅度优化，而且具有了描述模拟电路的能力。

　　Verilog HDL 的主要能力包括：既可以描述顺序执行的程序结构，也可以描述并行执行的程序结构；可以通过敏感事件、延迟表达式等方式明确控制过程的启动；可提供条件语句（如 if-else、case）、循环语句（如 for、while、repeat 等）等语句来控制程序结构；可提供任务（task）、函数（function）等程序结构；可提供各种算术运算符、逻辑运算符和位运算符等；为表示基本元件提供了一套完整的原语；可提供针对双向通路和电阻器件的描述；可以通过构造性语句精确地建立信号模型等。

▶　思考题

　　8.1.1　什么是硬件描述语言，其特点是什么？

　　8.1.2　硬件描述语言的主要分类有哪些？请查阅资料了解 VHDL 的基本信息。

　　8.1.3　Verilog HDL 具有什么样的特征，主要能力有哪些？

8.2　Verilog HDL 程序的基本结构

当将 Verilog HDL 用于数字系统设计时，其描述的电路设计就是相应电路的 Verilog HDL 模型，也称为模块（module）。模块是 Verilog HDL 中描述电路的基本单元。一个复杂电路系统的 Verilog HDL 描述通常是由若干个模块构成的，每一个模块可由若干个子模块构成。模块既可以用来描述所设计电路的功能行为，也可以用来描述所设计的元器件或较大部件间的互联，还可以用来描述现存电路或激励源等。

Verilog HDL 中模块的基本语法结构一般表示成如下形式。

```
module <模块名>(<端口列表>);
<定义>
<功能描述>
endmodule
```

可见，模块内容嵌在“module”和“endmodule”语句之间，并由模块名及端口列表、定义、功能描述 3 部分组成。以下对这 3 部分的作用进行基本介绍。

1. 模块名及端口列表

该部分给出模块名，并对模块的输入输出（I/O）端口进行声明，其具体格式一般如下所示。

```
module 模块名 (端口 1，端口 2，端口 3，…);
```

当某个模块被其他模块调用时，调用模块除需要正确标注被调用模块的名称外，对端口列表的使用也非常重要，需要按照一定规则将信号与端口正确连接起来，具体有以下两种方法。

（1）调用模块将信号严格按照被调用模块声明的端口顺序与相应端口进行连接时，无须标明被调用模块定义时声明的端口名。

```
模块名 实例名 (连接端口 1信号名，连接端口 2信号名，连接端口 3信号名，…);
```

（2）调用模块通过“.”标明将当前信号连至被调用模块的端口名称，此时不必严格按被调用模块声明的端口顺序进行连接。

```
模块名 实例名 (.端口 A名 (连接信号 A名)，.端口 B名 (连接信号 B名)，…);
```

上述的模块调用也称为模块的实例化，这一点将在 8.4.2 小节进一步介绍。

2. 定义

该部分用来定义模块所需的 I/O 信号、内部信号，以及指定函数、任务等。当定义 I/O 信号时，应与端口列表中列出的端口名称和数量对应，并采用如下形式。

```
input  [信号位宽 -1:0] 输入端口 1;
input  [信号位宽 -1:0] 输入端口 2;
……
output [信号位宽 -1:0] 输出端口 1;
output [信号位宽 -1:0] 输出端口 2;
……
inout  [信号位宽 -1:0] 双向端口 1;
inout  [信号位宽 -1:0] 双向端口 2;
……
```

I/O 信号定义也可以被直接标注在端口列表中，例如可表示为如下形式。

```
module module_name(input port_1, input port_2, …, output port_i, output port_j, …);
```

当定义内部信号时，需要指定信号是寄存器型（reg）或线型（wire）等，并采用如下形式表示。

```
reg [信号位宽 -1:0] 寄存器型变量 1;
reg [信号位宽 -1:0] 寄存器型变量 2;
…
wire [信号位宽 -1:0] 线型变量 1;
wire [信号位宽 -1:0] 线型变量 2;
…
```

有关 reg 型、wire 型信号（或变量）的概念将在本章的 8.3.1 小节进行介绍。

3. 功能描述

功能描述部分是 Verilog HDL 模块中最重要的部分，主要通过行为描述、结构描述或者两者的组合等方式描述本模块所需实现的逻辑功能。而在具体描述时，则会使用 assign 语句（或称连续赋值语句）、实例元件、always 块等方法。本章将在 8.4 节具体介绍有关行为描述、结构描述以及各类语句。

在以上各部分中，无论模块、端口或者信号等，其命名都需要符合 Verilog HDL 对标识符的命名规则。标识符的名称可以由字母、数字、下画线和 $ 等自由组合而成，但首字符只能是字母或者下画线。由于 Verilog HDL 是区分字母大小写的，因此标识符的名称对字母大小写也是区分的。此外，Verilog HDL 定义了一系列保留字，称为关键字，关键字不可以用来作为标识符的名称。

Verilog HDL 使用 "/* */" 或 "//" 引出注释，其中前者可实现单行或多行注释，只需将 "/*" 和 "*/" 分别置于被注释内容的前后；而后者仅支持单行注释，以 "//" 开始注释内容，直至当前行结束。

▶ **思考题**

8.2.1　Verilog HDL 程序的基本结构主要包括哪些部分？

8.2.2　当需要调用模块时应该如何编写代码？

8.2.3　定义模块的 I/O 信号时有哪些形式？

8.2.4　功能描述部分是否可以同时包含连续赋值语句、实例元件及 always 块等？

8.3　Verilog HDL 的数据类型、运算符和关键字

数据类型、运算符和关键字均是 Verilog HDL 的重要元素。各种数据类型用于表示及承载数据信息，运算符用于进行各类运算操作，它们都是 Verilog HDL 语句的组成部分。关键字主要用于充当标识符或组织语句。本节将对这 3 部分元素进行详细介绍。

8.3.1　数据类型

数据类型用于表示数字系统中的数据存储元素以及数据传送元素。Verilog HDL 中数据类型比较多，并且各种数据类型的定义随着 IEEE 标准的演进也在不断变化。本小节主要介绍 Verilog

HDL 中常用的几种数据类型。

1. 数值与常量

在 Verilog HDL 中，数值包括数字和字符串，并且可以用 parameter 型数据来定义常量。程序运行过程中，数值与常量的值均不能改变。

（1）数字

① 整数

整数即常用的各种进制数，如二进制数、十进制数、八进制数和十六进制数。我们可以将 Verilog HDL 中整数的表达式归纳为以下形式。

〈长度〉〈'进制〉〈数字〉

其中"长度"指用位表示的数字位宽；当表达式中不包含长度值时，EDA 工具将根据所基于的系统为其分配最长的长度值，并且在有效数值之前填充 0（个别情况下填充 1）。"数字"指该数字的绝对值，如果为负数时需要将负号写在整个表达式的前面。此外需注意"进制"必须与前面的"'"同时出现，但"'"本身可以在表达式中单独使用；当表达式中未包含"进制"时，说明采用的是十进制。以下给出示例。

```
3'b101      // 长度为 3bit，二进制（'b），数值为 101（5），系统中为 101
8'b11       // 长度为 8bit，二进制，数值为 11（3），系统中为 00000011
3'd6        // 长度为 3bit，十进制（'d），数值为 6，系统中为 110
6'o42       // 长度为 6bit，八进制（'o），数值为 42（34），系统中为 100010
8'hAB       // 长度为 8bit，十六进制（'h），数值为 AB（171），系统中为 10101011
-8'd5       // 长度为 8bit，十进制，数值为 -5，系统中为对应补码，不能写成 8'd-5
'b11        // 长度由系统分配为最长值，二进制，填充 0 后为 000…0011
42          // 长度由系统分配为最长值，十进制，系统中填充 0 后为 000…101010
-46         // 长度由系统分配为最长值，十进制，系统中为对应补码
'1（或 '0） // 表示系统将填充为全"1"（或全"0"）
```

② z 和 x

Verilog HDL 使用 z（或 Z）代表高阻值，例如可将三态门在使能无效时的输出表示为 z。有些 EDA 工具支持使用"?"来代替 z 表示高阻。x（或 X）则被用于代表不定值，一般表示电路处于未知或非正常状态下的输出值。

无论是 z 或 x 均可被用来一次性地定义十六进制数中 4 位二进制数的状态或八进制数中 3 位二进制数的状态，也可仅定义二进制数中 1 位的状态。以下给出示例。

```
4'b10z1     // 长度为 4bit，二进制，次低位值为高阻值
4'bz        // 长度为 4bit，二进制，其值为高阻值
12'dz       // 长度为 12bit，十进制，其值为高阻值，也可写成 12'd?
8'h4x       // 长度为 8bit，十六进制，其低 4 位为不定值
```

③ 下画线

当数字部分位数较多时，为了提高程序的可读性，Verilog HDL 支持使用下画线"_"对数字进行分组并将其相互隔开，如下所示。

```
12'b1100_0011_1010          // 即 12 位二进制数 110000111010，注意下画线只能用于数字
                            // 之间，不能写成 12'b_1100_0011_1010
```

④ 实数

目前对于带有小数部分的实数是否可在 Verilog HDL 中独立归类存在不同的意见，因为在实

际存储或传输中它们将被四舍五入隐式地转换为最接近的整数。考虑到很多EDA工具均支持以十进制或科学记数法等形式对实数进行直接表示，本小节仍独立对其进行介绍和举例。

```
12.01       // 十进制形式表示的实数
2.31E+03    // 科学记数法表示的实数，其值实际为整数 2312
5.00E-02    // 0.05，E和e作用相同
```

（2）字符串

与许多高级程序设计语言类似，Verilog HDL支持字符串的表示方式，具体形式为采用双引号包含的字符序列。

```
"counter" // 注意字符串需书写在同一行
```

由于字符串本质上是多个字符的组合，而字符一般用8位ASCII进行表示，因此可将字符串看成多个长度为8bit的无符号整数组成的序列。

（3）parameter型

通过使用parameter型，Verilog HDL可以定义一个标识符来代表一个常量，从而提高程序的可读性、可维护性。该类常量也可称为符号常量。其格式如下。

```
parameter 〈参数〉= 〈表达式〉;
parameter 〈参数1〉= 〈表达式1〉, ……, 〈参数n〉= 〈表达式n〉;
```

使用"parameter"，Verilog HDL可定义一个常量，也可一次性定义多个常量且使用逗号进行分隔，最后均以分号结束。在每组定义中，等号右边必须是一个常量表达式，即数字、字符串或之前定义的parameter型常量。以下给出示例。

```
parameter s1 = 1;
parameter s2 = 4'h0;
parameter [3:0] S0 = s2, S1 = 4'h1, S2 = 4'h2, S3 = s1 + 2;
parameter [8*7-1:0] Char = "counter";
```

2. 变量

与常量不同，变量的值在程序运行过程中可以改变。Verilog HDL提供了多种变量类型，这里介绍常用的wire型、reg型以及由其扩展的memory型。

（1）wire型

wire型数据是常用的网络（net）数据类型之一。网络数据类型一般用于表示结构实体之间的物理连接，因此该类型变量的值无法保持，而且必须用驱动器或连续赋值语句assign进行驱动。默认情况下，模块中输入信号与输出信号均自动定义为wire型。wire型信号可以作为任何语句的输入，也可以作为assign语句或实例元件的输出。其定义格式如下。

```
wire [〈位宽〉-1:0] 〈变量〉; // 也可表示为 wire [〈位宽〉:1] 〈变量〉;
wire [〈位宽〉-1:0] 〈变量1〉, 〈变量2〉, ……, 〈变量N〉;
```

使用wire关键字可以一次性定义多个同样位宽的变量或信号，中间使用逗号进行分隔。以下给出具体示例。

```
wire var_1;
wire [1:0] var_2;              // 定义一个 2位的 wire型变量
wire [8:1] var_3, var_4;       // 定义两个 8位的 wire型变量
```

除wire型外，tri也是一种常用的网络数据类型。两者都用于实现器件单元之间的连接，因此

具有相似的语法结构和作用；不同之处在于前者一般表示单个器件驱动或连续赋值语句驱动的网络型数据，后者则一般表示多个器件驱动的网络型数据。

通常情况下，如果没有将网络型变量连接到某个驱动器上或者未能对其进行赋值，则该变量的值将为高阻（z）。从这个意义上讲，可以认为 wire 型等网络型数据的默认初始值为 z。

（2）reg 型

reg 型数据属于寄存器（register）数据类型。寄存器型数据是对数字电路中存储单元的抽象，其概念可以覆盖触发器、存储器等器件。Verilog HDL 中可通过赋值语句等方式改变寄存器型数据的值，其作用相当于改变触发器或存储器的内容。与 wire 型数据等网络型数据需要持续驱动才能保持某个值不同，reg 型数据等寄存器型数据无须驱动即可保持最后一次的赋值。

常用 reg 型数据在 always 语句块中代表触发器。由于 Verilog HDL 要求在 always 语句块中被赋值的信号都必须被定义为 reg 型，因此 reg 型也并不总是寄存器或触发器的输出。

reg 型的定义格式如下。

```
reg [<位宽>-1:0] <变量>;          // 也可表示为 reg [<位宽>:1] <变量>;
reg [<位宽>-1:0] <变量1>, <变量2>, ……, <变量n>;
```

使用 reg 关键字可以一次性定义多个同样位宽的变量或信号，中间使用逗号进行分隔。以下给出具体示例。

```
reg var_a;
reg [1:0] var_b;                 // 定义一个2位的reg型变量
reg [8:1] var_c, var_d;          // 定义两个8位的reg型变量
```

reg 型数据的默认初始值为不定值（x）。当将 reg 型数据作为某个表达式的操作数之一时，无论其实际值为正值或负值，均被当作无符号数。例如一个 4 位的 reg 型数据本身被赋值为 –3，当其参与某个计算时，其值被认为是 13。

（3）memory 型

memory 型数据可以被认为是通过扩展 reg 型数据获得的，通常将其用于描述 RAM、ROM 等器件。其定义格式如下。

```
reg [<位宽>-1:0] <存储器>[<元素数>-1:0];
```

从形式上看，memory 型数据相当于 reg 型数组，数组中每个元素均为一个 reg 型数据。需注意前后两个“[]”所包含内容表达的不同物理意义：前面一般定义了存储器中每个存储单元的大小，即位宽为多少位，省略时表示位宽为 1 位；后面则定义了存储器中有多少这样的存储单元（即存储深度），一般不能省略。以下给出具体示例。

```
reg [15:0] ram_1[63:0];          // 定义了存储深度为64、存储单元位宽为16的存储器
reg [7:0] reg_a, rom[15:0];      // 定义了位宽为8的reg型变量以及存储深度为16的存储器
```

尽管 memory 型与 reg 型数据的定义比较接近，但两者具有较为明显的区别，如在下列的示例中，分别定义了一个 8 位寄存器变量和一个深度为 8、位宽为 1 位的存储器。

```
reg [7:0] reg_b;                 // 表示一个8位的寄存器
reg ram_2 [7:0];                 // 表示一个深度为8、位宽为1位的存储器
```

同时在赋值时也存在很大的不同。

```
reg_b = 0;                       // 正确赋值
```

```
ram_2 = 0;                    // 错误赋值
ram_2[0] = 0;                 // 正确赋值
ram_2[1] = 1;                 // 正确赋值
ram_2[3] = 0;                 // 正确赋值
```

正因为有明显的区别，这里将memory型视为与reg型不同的类型。值得注意的是，Verilog HDL中memory型数据与很多高级程序设计语言（如C语言）中的数组在语法上比较类似，因此可以采用与高级程序设计语言中数组类似的方式对其进行访问和使用。

除以上介绍的数据类型外，Verilog HDL 提供的数据类型还包括integer（整数型）、real（实数型）、time（时间型）、event（事件型）等大量其他类型，有兴趣的读者可以自行查阅相关文献。

8.3.2　运算符

Verilog HDL 的运算符覆盖面很宽，可以认为是在参考很多高级程序设计语言运算符的基础上结合数字电路特征而定义的。按照各个运算符的功能，Verilog HDL 的运算符可大致分为8类，分别是算术运算符、关系运算符、逻辑运算符、条件运算符、位运算符、移位运算符、拼接运算符以及缩减运算符等。

此外，各类运算符如果按所带操作数个数的不同，还可另外分为单目运算符、双目运算符和三目运算符。单目运算符是指只带一个操作数的运算符，其中操作数一般位于运算符右边。双目运算符是指带两个操作数的运算符，操作数分别居于运算符的左、右边。三目运算符带3个操作数，通过运算符将操作数隔开。通常情况下单目、双目运算符比较常见，并且有些运算符既可作单目运算符也可作双目运算符；三目运算符较少见，典型的如条件运算符等。

1. 算术运算符

算术运算符也称为二进制运算符，这样的别名正体现出 Verilog HDL 运算符对数字电路特征的针对性。基本的算术运算符主要包括以下5种。需要注意的是，如果参与算术运算的某个操作数具有不定值x，则运算结果也为x。

（1）+：加法运算符。加法运算符又称为正值运算符，既可作单目运算符也可作双目运算符，举例如下。

```
reg_a + reg_b;
var_a + 5;
+7;
```

（2）−：减法运算符。减法运算符又称为负值运算符，既可作单目运算符也可作双目运算符，举例如下。

```
reg_a - reg_b;
var_a - 3;
-5;
```

（3）*：乘法运算符。乘法运算符为双目运算符，且无论操作数是否含有小数结果均为整数，举例如下。

```
reg_a * 7;
6.5 * 4;                      // 操作数含有小数，直接结果为整数 26
3.2 * 2;                      // 操作数含有小数，直接结果为 6.4，舍去小数后为 6
```

（4）/：除法运算符。除法运算符为双目运算符，同样无论操作数是否含有小数结果均为整数，举例如下。

```
reg_b/5;
12.5/4;                        // 操作数含有小数，结果舍去小数后为 3
```

（5）%：模运算符。模运算符为双目运算符，其运算结果的符号与第一个操作数的符号相同，举例如下。

```
var_a % 5;
10 % 2;                        // 能够整除，结果为 0
-13 % 3;                       // 结果为 -1，符号与第一个操作数的相同
19 % -4;                       // 结果为 3，符号与第一个操作数的相同
```

2. 关系运算符

关系运算符均为双目运算符，用于对参与运算的操作数进行关系比较。关系运算符包括以下 8 种。

（1）>：大于运算符。

（2）>=：大于或等于运算符。

（3）<：小于运算符。

（4）<=：小于或等于运算符。

（5）==：相等运算符。

（6）!=：不相等运算符。

（7）===：相等运算符[①]。

（8）!==：不相等运算符。

一般情况下，当运算结果为真（true）即关系成立时，返回值为 1；当结果为假（false）即关系不成立时返回 0；如果操作数的值不确定导致关系不确定，则返回不定值 x。举例如下。

```
3 > 2;                         // 结果为 1
5 <= 4 + 2;                    // 结果为 1，算术运算符优先级高于关系运算符的，相当于 5 <= 6
7 == 6;                        // 结果为 0
9 != x;                        // 结果为 x
0 == z;                        // 结果为 x
```

但 "===" 和 "!==" 两种运算符较为特殊，它们将严格比较操作数是否相等或不等。即使出现操作数存在不定值的情况，仍只会返回 1 或 0，而不会返回 x。举例如下。

```
0 === z;                       // 结果为 0，该运算符将 0 和 x 视为完全不同值的操作数
4'bz0x1 !== 4'bz0x1;           // 结果为 0，而不是 x
```

3. 逻辑运算符

逻辑运算符用于对参与的操作数进行逻辑与、或、非的运算，包括以下 3 种。

（1）&&：逻辑与运算符。

（2）||：逻辑或运算符。

（3）!：逻辑非运算符。

逻辑与运算符和逻辑或运算符均为双目运算符，逻辑非运算符则为单目运算符。3 种运算符

---

① 尽管部分文献将 "==" 和 "===" 分别命名为逻辑相等运算符和实例相等运算符以进行区别，本书仍将其均命名为相等运算符。同理，本书也不对 "!=" 和 "!==" 的命名进行区别。

的运算结果均仅与操作数的逻辑值即"真""假"有关系，而与操作数的实际值无直接关系。举例如下。

```
5 && (4 < 0);           // 结果为 0，因为 4 < 0 的结果为 0
5 - 1 || 3 >= 4;        // 结果为 1，算术运算符和关系运算符的优先级均高于逻辑或运算符，逻辑
                        // 或运算符的两边将先完成各自运算再进行逻辑或运算，可以不用括号
!(5 + 2);               // 结果为 0，逻辑非运算符的优先级高于算术运算符，需要使用括号
!5 + 2;                 // 结果为 2，无括号时先执行逻辑非运算再执行加法运算
```

4. 条件运算符

条件运算符为三目运算符，其定义格式如下。

```
〈条件操作数〉? 〈结果操作数 1〉: 〈结果操作数 2〉
```

该运算符的含义与其他高级程序设计语言中条件运算符的含义类似。3 个操作数中的"条件操作数"给出数值或关系运算表达式等作为判断条件，根据数值或关系运算表达式的真、假返回后两个结果操作数中的某个：为真时返回"结果操作数 1"，否则返回"结果操作数 2"。举例如下。

```
var_1 >= 5 ? 3 : 0;     // 判断变量 var_1 的值是否大于或等于 5，如果满足条件整个表达式
                        // 返回 3，否则返回 0
```

在很多情况下，灵活使用条件运算符可以起到与后文将要介绍的条件语句（即 if 语句）相同的作用。如下例实现了较为复杂的效果，当变量值大于或等于 2 时表达式返回 1，变量值小于 0 时返回 2，为其余值时返回 0。注意条件运算符的优先级低于其他运算符。

```
var_2 >= 2 ? 1 : var_2 < 0 ? 2 : 0;
```

5. 位运算符

位运算符用于描述数字电路中按位进行的与、或及非等运算。与其他类运算符相比，位运算符比较明显地体现出 Verilog HDL 对于硬件电路与信号的针对性。位运算符主要有以下 5 种。

（1）~：非运算符。

（2）&：与运算符。

（3）|：或运算符。

（4）∧：异或运算符。

（5）∧~：同或运算符。

以上各运算符分别可实现按位的取反（NOT）、与（AND）、或（OR）、异或（XOR）以及同或（XNOR）运算[1]。除"~"运算符为单目运算符外，其余运算符均为双目运算符；当参与运算的两个操作数长度不同时，位数少的操作数需在高位补 0 后再进行按位运算。

```
~4'b1010;               // 结果为 0101
4'b1010 ^ 6'b010010;    // 先将左边操作数高位补 0 为 001010 再运算，结果为 011000
```

6. 移位运算符

移位运算符包括两种：左移运算符（＜＜）和右移运算符（＞＞）。其通用定义格式如下。

```
〈原数操作数〉〈移位运算符〉〈移动位数操作数〉
```

---

① 部分文献除上述 5 种运算符外，还给出了按位进行与非（~&，NAND）、或非（~|，NOR）两种运算符；此外一些外文文献将同或运算符的符号表示为"~∧"。有兴趣的读者可以自行查阅。

其中"原数操作数"是指被移位的操作数，"移动位数操作数"是指左移或右移的位数。

通常情况下可以认为左移或右移多少位，相当于乘以或除以2的多少次幂，但具体结果还需视具体情况而定，尤其当涉及右移运算时。此外还要注意无论是左移还是右移，都需要用0来填充移出的空位。举例如下。

```
4'b0001 << 2;                    // 结果为 4'b0100
4'b1001 << 1;                    // 结果为 5'b10010，相当于1001直接乘以 2
4'b0101 >> 1;                    // 结果为 4'b0010，并非 0101直接除以 2
```

7. 拼接运算符

拼接（concatenation[①]）运算符是 Verilog HDL 中比较有特点的一种运算符，可将一个或多个信号全部或部分位拼接起来以进行其他某项运算或赋值。由于在拼接过程中可以对原始信号的数位实现重排，该运算符有时也被称作位重排运算符。其定义格式如下。

`{<信号 1的全部或某些位 >, <信号 2的全部或某些位 >, ……, <信号 N的全部或某些位 >}`

其含义为首先将一个或多个信号中需要参与拼接的位按最终信号的需要依次详细进行列举，以逗号分隔，然后通过"{}"将其拼接为一个整体，形成最终的新信号。注意在拼接过程中操作数都必须指明位数，因为拼接运算需要确认最终信号的位宽。举例如下。

```
{var_1, reg_a[3:0], 3'b101};// 将 1位变量 var_1、reg_a的0至 3位及 101拼接为一个 8位信号
{3{reg_a[2]}};                  // 拼接中连续重复包含多位时的简化表达方式，相当于
                                // {reg_a[2], reg_a[2], reg_a[2]}
{4{reg_a[1], 1'b0}};            // 类似上例的简化表达方式，形成"嵌套拼接"，结果为重复 4次
                                // 地在 reg_a[1]后面加 0使之成为 8位信号
{reg_a[3:1], {5{reg_a[0]}}}; // 相当于"重塑"原信号，形成一个新的 8位信号
```

8. 缩减运算符

缩减（reduction）运算符也是一类比较有特点的运算符，为单目运算符。该类运算符包括与、或、异或等运算符，形式与相应位运算符相似。但缩减运算符只有一位操作数，相应运算的功能是完成操作数内部各位之间顺次的与、或、异或等运算，并且最后结果仅有1位二进制数。其定义格式如下。

`<缩减运算符 > <N位操作数>`

其中"缩减运算符"的形式可以是"&""|""∧"等。该表达式的含义相当于：

`<操作数 [0]> <缩减运算符 > <操作数 [1]> <缩减运算符 > …… <缩减运算符 > <操作数 [N-1]>`

举例如下。

```
reg [3:0] reg_b;
&reg_b;                     // 相当于 reg_b[0] & reg_b[1] & reg_b[2] & reg_b[3]，即
                           // 实现了 reg_b内部 4位的与运算，最终得到1位的1或 0
```

表 8.3.1 所示为 Verilog HDL 运算符的优先级。

[①] 由于拼接运算符及缩减运算符在中文文献中存在多种命名，故均同时给出英文命名。此外在部分英文文献中将拼接运算也称为"bit swizzling operation"。有兴趣的读者可以自行查阅相关文献。

表 8.3.1　Verilog HDL 运算符的优先级（含英文名称）

优先顺序	运算符	operators
最高优先级	!、~	logical NOT、NOT
	*、/、%	MUL、DIV、MOD
	+、-	PLUS、MINUS
	<<、>>	logical left、right shift
	<、<=、>、>=	relative comparison
	==、!=、===、!==	equality comparison
	&	AND
	∧、∧~	XOR、XNOR
	|	OR
	&&	logical AND
	||	logical OR
最低优先级	?:	conditional

8.3.3　关键字

关键字是 Verilog HDL 的保留符号，用来对数据类型进行标识或组织程序结构。与其他高级程序设计语言类似，Verilog HDL 的关键字数量庞大；除了在所有高级程序设计语言中几乎都能见到的 case、default、else、for、function、if、while 等，还有特别针对数字电路的 always、assign、inout、input、module、output、reg、wire 等。

关键字均是用小写字母定义的，否则将被视作普通的标识符，因此在程序编写过程中务必注意书写规范。事实上，很多 EDA 工具的编辑器中用特殊的文本色（如蓝色）来标识关键字，有助于提高开发人员书写的规范性。

▶ 思考题

8.3.1　Verilog HDL 有哪些数据类型，常见变量类型各自的特点及用法是什么？

8.3.2　Verilog HDL 的运算符有哪些种类，每种运算符如何使用？

8.3.3　Verilog HDL 的运算符与其他语言的有何异同点？请结合所学知识进行分析。

8.4　Verilog HDL 的语句与描述方式

Verilog HDL 程序都是由语句构成的，这点与其他高级程序设计语言是一样的。在 Verilog HDL 语句中，组成部分可以是数值、常量、变量、运算符、关键字和函数等；每条语句用分号";"来标志结束。

Verilog HDL 语句的类型非常丰富，较简单的是如下的非执行语句。

```
;          // 此语句什么都没实现，但从语法角度来说仍是合法的
10 + 20;   // 尽管实现了两个数值的相加，但没有任何其他动作，运算结果将很快被丢弃
```

以上语句从语法角度来说均是合法的，尽管一般应避免使用这样的语句，而且在一些 EDA 工具中可能给出警告（warning）。在更多的情况下，程序里应该尽量使用 8.4.1 小节介绍的各类语句。

为了更好地针对数字电路进行建模和描述，Verilog HDL 在各类语句的基础上，提供了各种描述方式，掌握这些描述方式对于设计开发高效的 Verilog HDL 程序十分有帮助。相关内容将在 8.4.2 小节进行介绍。

8.4.1　Verilog HDL 的语句

1. 赋值语句

赋值语句通常被用于给变量赋值，该值可能为一个数值、某个运算表达式的结果或来自另一个变量。Verilog HDL 为了尽可能面向硬件电路中诸如并行处理等特征，其赋值语句相比于其他大多数语言更为复杂；也正因如此，本书将赋值归为一种语句行为，而不是运算符行为。

根据是否使用 assign 关键字、是否位于 always 或 initial 等语句块中，Verilog HDL 的赋值语句可分为连续赋值语句和过程赋值语句两类。下面分别介绍。

（1）连续赋值语句

连续赋值语句使用 assign 关键字和 "=" 为 wire 型数据等网络型数据赋值。连续赋值语句不能为寄存器型数据赋值；如果需为寄存器型数据赋值，只能使用后文介绍的过程赋值语句。

连续赋值语句的基本语法格式如下。

```
assign <网络型变量> = <赋值表达式>
```

其中"网络型变量"和"赋值表达式"的形式在实际代码中非常灵活，以下举例说明。

```
wire var_1, wire var_2;            // 定义 2 个 wire 型标量（即 1 位的变量）
wire [3:0] var_a, var'b, var_c;    // 定义 3 个 wire 型矢量（即多位的变量）
assign var_1 = 1'b1;               // 使用连续赋值语句为 wire 型变量赋值
assign var_a = 4'b0101;
assign var_2 = var_1;              // 为 wire 型标量赋值，所赋的值来自另一个标量
assign var_2 = var_a[1];           // 或来自矢量的某一位
assign var_b[1:0] = var_a[2:1];    // 为 wire 型矢量赋值时，一般要给出具体的数位范围
assign var_b = var_a;              // 当赋值涵盖矢量所有位时，可以不写具体的数位范围
assign var_c = {1'b0, var_1, var_b[3:2]};
```

对一个网络型数据使用连续赋值语句进行赋值后，等号右端表达式的值将会持续对该数据进行驱动。这意味着一旦右端表达式中任意一个操作数的值发生变化，就会立即触发对该网络型数据的更新。例如上面示例中的变量 var_c，其值将被参与拼接的数值和变量连续驱动；当任意一个变量的值在后续语句中发生变化时，var_c 也立即被更新。

连续赋值语句通常用于描述组合逻辑，且不能用在 always 等语句块中。事实上，连续赋值、实例引用和 always 块等均可独立存在于 module 的功能定义部分；当同时出现时其相互之间是并行关系，即执行先后与其相对顺序无关。

（2）过程赋值语句

前文在介绍连续赋值语句的概念时，指出该类赋值语句不能用于 always 等块语句中。在 Verilog HDL 中，除连续赋值语句和实例引用语句之外，大部分语句必须位于各种块语句中，例如本部分将要介绍的过程赋值语句。

过程赋值操作主要用于在 always 块语句和 initial 块语句中实现为变量赋值，并且通常只能对寄存器或存储器类型的变量进行赋值。其基本定义格式如下。

```
<寄存器型变量> <过程赋值操作符> <赋值表达式>
```

在上述定义中，"寄存器型变量"既可以是1位的标量，也可以是多位的矢量；可以是矢量中的1位或多位，还可以是用拼接运算符组成的矢量。过程赋值语句也可实现为存储器（memory）型变量赋值，但最小赋值颗粒度只能是某个索引对应的整个字，而无法为某个字中的某些位单独赋值。

与连续赋值语句只使用"="作为赋值操作符不同，在过程赋值语句中，赋值操作符包含"="和"＜＝"两种，分别对应阻塞（blocking）赋值和非阻塞（nonblocking）赋值。过程赋值语句与连续赋值语句的不同还表现在：每次过程赋值后被赋值变量的值都将一直保持，直到发生下一次赋值操作；过程赋值既可以描述组合逻辑，也可以描述时序逻辑。

以下对阻塞赋值和非阻塞赋值进行更深入的介绍。

① 阻塞赋值

阻塞赋值是指当前的赋值语句阻断了其后的语句，也就是说后面的语句必须等到当前的赋值语句执行完毕才能执行。阻塞赋值使用"="作为操作符。

阻塞赋值可以看成是一步完成的，即计算等号右边的值并同时将其赋给左边变量。但当右边表达式中含有延时控制时，则在延时没有结束前不会阻塞其他语句。

【例8.4.1】采用阻塞赋值实现4选1数据选择器。

```
module mux4_to_1(out, i0, i1, i2, i3, s0, s1);
    output out;
    input i0, i1, i2, i3, s0, s1;
    reg out;

    always @(s1 or s0 or i0 or i1 or i2 or i3)
    begin
        case ({s1, s0})
            2'b00: out = i0;
            2'b01: out = i1;
            2'b10: out = i2;
            2'b11: out = i3;
            default: out = 1'bx;
        endcase
    end
endmodule
```

由于阻塞赋值会立刻更新被赋值的变量，在描述时序逻辑特别是移位操作时，往往难以达到所需结果，因此我们需谨慎使用。

② 非阻塞赋值

非阻塞赋值是指在过程块中，当前的赋值语句不会阻断其后的语句。非阻塞赋值操作只能用于对寄存器型变量进行赋值，因此只能用在"initial"块和"always"块等过程块中。不允许将非阻塞赋值用于连续赋值。

【例8.4.2】采用非阻塞赋值实现移位寄存器。

```
module shift8(q3, d, clk);
```

```
    output [7:0] q3;
    input [7:0] d;
    input clk;
    reg [7:0] q3, q2, q1;

    always @(posedge or clk)
    begin
        q1 <= d;    // 由于采用非阻塞赋值，本次赋值给 q1 的操作不会影响后面其他操作
        q2 <= q1;   // 因此本次 q1 的赋值还未完成，这里赋给 q2 的是上一次赋给 q1 的值
        q3 <= q2;   // 同理，上一条语句还未完成，这里赋给 q3 的是上一次赋给 q2 的值
    end
endmodule
```

从上例可以看到，采用非阻塞赋值时，为相应变量所赋的值不会在过程块的本次执行中被后面的语句所使用。这意味着如果被赋值的变量出现在本次执行的某些运算中，使用的是该变量上次被赋值的内容。

如果在上例中直接换成阻塞赋值而不更换赋值顺序，则各语句执行结果为 q1=d、q2=d、q3=d，且经过综合后可能只会得到一个变量，与期望的逻辑不符。如果坚持用阻塞赋值来达到移位的效果，则需按例 8.4.3 中的方式修改赋值顺序。

【例 8.4.3】 采用阻塞赋值实现移位寄存器。

```
module shift8_blocking(q3, d, clk);
    output [7:0] q3;
    input [7:0] d;
    input clk;
    reg [7:0] q3, q2, q1;

    always @(posedge or clk)
    begin
        q3 = q2;    // 由于采用阻塞赋值，先将上一次赋给 q2 的值赋给 q3
        q2 = q1;    // 因为 q2 原有的值已经被赋给 q3 了，现在可将上一次赋给 q1 的值赋给 q2
        q1 = d;     // 同理，这时可给 q1 赋予 d 的值
    end
endmodule
```

通常情况下，当在"always"块等过程块中使用阻塞赋值及非阻塞赋值时，需要注意：在过程块中建立组合逻辑模型时，用阻塞赋值；在同一个过程块中同时需要建立时序和组合逻辑电路时，用非阻塞赋值；同一个过程块中不要同时使用阻塞赋值和非阻塞赋值；不要在一个以上的过程块中为同一个变量赋值。

2. 条件语句

条件语句（if 语句）是用来判定所给条件是否满足，并根据判定结果执行相应操作的一类语句。该类语句需要使用关键词"if"，并可以搭配关键词"else"等，具体有以下形式。

（1）只使用关键词"if"的条件语句，当条件满足时执行"if"引导的语句，不满足时则跳至整条条件语句后面的其他语句，定义格式如下。

```
if (<判定条件 >)
    <语句块 >                    // 如果语句块只包含一条语句, 可将整条条件语句写成一行
```

在上述定义中,"语句块"既可以只包含一条语句,也可以包含多条语句。后一种情况需用"begin"和"end"两个关键词将多条语句组合成一条复合语句,举例如下。

```
if (var_a > var_b)
begin
    out_1 <= in_1;
    out_2 <= in_2;
end
```

（2）使用关键词"if"并搭配"else"的条件语句,当条件满足时执行"if"引导的语句,不满足时执行"else"引导的语句,定义格式如下。

```
if (<判定条件 >)
    <语句块 1>
else
    <语句块 2>
```

上述定义中,如果在"语句块 2"中再次使用条件语句,将扩展出以下格式以实现多重条件的判定并根据判定结果执行相应的语句。

```
if (<判定条件 1>)
    <语句块 1>
else if (<判定条件 2>)
    <语句块 2>
......
else
    <语句块 n>
```

同样,上述定义中的"语句块 1"和"语句块 2"都可以包含多条语句,且可用"begin"和"end"将多条语句组合成一条复合语句。

关于条件语句,有以下注意事项。

① 在 Verilog HDL 中,必须将条件语句置于"always"块等过程块中。

② 当条件语句包含被判定条件的所有组合时,通常描述的是组合逻辑,否则描述的是时序逻辑。

```
always @(var_a)
begin
    if (var_a) var_b <= va_c;
end
```

上述语句中,"if"语句指明当变量"var_a"值为 1 时变量"var_b"的值,但未给出值为 0 时的结果,这样将导致"var_a"值为 0 时"var_b"保持原值,从而导致后者被综合为一个锁存器。我们可以将其与下面的形式进行对比。

```
always @(var_a)
begin
    if (var_a) var_b <= va_c;
    else var_b <= 0;
end
```

此时条件语句给出了"var_a"值在各种情况下"var_b"的结果，因此应被理解为描述了一种组合逻辑。

③ 判定条件的值为0、x、z时均按"假"处理，为1时按"真"处理。

④ 关键词"else"不能单独使用，必须与"if"配对使用，且一般情况下总是与其之前最近的"if"配对，除非遇到类似以下形式的语句。

```
if (<判定条件1>)
begin
    if (<判定条件2>)
        <语句块1>
    end
else
    <语句块2>
```

由于"begin…end"限定了第二个"if"的范围，"else"与第一个"if"配对。

3. 分支语句

当需要对多种条件进行判断并执行相应操作时，使用分支语句（case语句）会更为方便，因为该类语句可以更为直观地提供多分支选择。分支语句使用的关键词主要有"case""endcase""default"，以下给出其定义格式。

```
case (<判定表达式>)
    <分支表达式1>: <语句1>;
    <分支表达式2>: <语句2>;
    ……
    <分支表达式n>: <语句n>;
    <default>: <默认语句>;
endcase
```

上述定义中，当"判定表达式"的值与各"分支表达式"中某个表达式的值匹配时，将执行相应的语句，否则将执行"default"对应的"默认语句"。当然，也可以不设置默认语句，但这意味着如果各个分支都不匹配，将综合为锁存器，可能与预期设计不符。

【**例8.4.4**】通过分支语句实现七段数显译码，七段数显译码示意图如图8.4.1所示。

```
case (data)
    //              abc_defg
    0: display = 7'b111_1110;
    1: display = 7'b011_0000;
    2: display = 7'b110_1101;
    3: display = 7'b111_1001;
    4: display = 7'b011_0011;
    5: display = 7'b101_1011;
    6: display = 7'b101_1111;
    7: display = 7'b111_0000;
    8: display = 7'b111_1111;
    9: display = 7'b111_1011;
    default: display = 7'b000_0000;
endcase
```

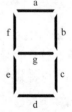

图 8.4.1　七段数显译码示意图

使用分支语句应注意下述事项。

① 必须将分支语句置于"always"块等过程块中。

② 分支语句在比较"判定表达式"与各"分支表达式"时，只有当表达式取值的位宽相同且对应位的值能明确进行比较时，比较才能成功。因此应注意分支语句中所有表达式的取值需要有明确的位宽，对各分支表达式取值的每一位也应仔细设计。

③ 与其他高级程序设计语言不同，Verilog HDL的分支语句中各个分支是并行比较的，完成比较及相应操作后即跳出分支语句，并不需要在每条语句执行完成后使用类似"break"等在其他高级程序设计语言中常使用的跳出语句。同时这也是与多条"if…else"语句的差别，后者的执行采用顺序方式。

---

4. 循环语句

Verilog HDL 提供4种语句用于控制循环操作，分别为 forever 语句、repeat 语句、while 语句和 for 语句，其含义与其他高级程序设计语言中的类似，以下分别详细介绍。

（1）forever 语句

通过"forever"关键词可以连续不断地执行某条语句或多条语句，后一种情况下需使用"begin…end"。其定义格式如下。

```
forever <语句块>
```

forever语句必须写在"initial"过程块中，常用于产生周期性的仿真测试信号。例如：

```
initial
forever
begin
    if (var_d) var_a = var_b + var_c;
    else var_a = 0;
end
```

需要注意的是，尽管形式上与always语句相似，但forever语句并不能独立存在，只能将其置于initial过程块中。

（2）repeat 语句

利用repeat语句可以按照指定的次数循环执行某条语句或多条语句。其定义格式如下。

```
repeat (<表达式>) <语句块>
```

上述定义中，"表达式"往往为常量表达式，用于指定循环次数。若其值不确定，例如为x或z时，按循环0次处理。其用法举例如下。

```
parameter loop_size = 8;
repeat (loop_size) begin
    var_c = var_b << 1;
end
```

（3）while 语句

使用while语句可对循环语句的执行条件进行判断，当条件成立时循环执行某条语句或多条语句，否则不执行。其定义格式如下。

```
while (<表达式>) <语句块>
```

以下给出用法举例。

```
reg [3:0] temp_reg;
temp_reg = 4'b1010;
count = 0;
while (temp_reg)                         // 当寄存器值为1时循环，为0时停止
begin
    if (temp_reg[0]) count = count + 1;  // 用于统计寄存器中1的数量
    temp_reg = temp_reg >> 1;            // 寄存器中各位不断右移，最后值变为0
end
```

（4）for语句

通过for语句可以更为精细地控制语句的循环执行，其定义格式也较其他循环语句类型的更复杂。

```
for (<表达式 1>; <表达式 2>; <表达式 3>) <语句块>
```

在上述定义中，"表达式1"将在循环开始前，首先被执行。接下来执行"表达式2"，其值将被用于判断是否开始或继续下一轮循环；当值为真时，才会依次执行"语句块""表达式3"。当"表达式3"执行完后，将再次执行"表达式2"。当"表达式2"的值为假时，结束循环，程序将执行for语句之后的其他语句。我们可通过以下结合while语句的形式来解释for语句的执行方式。

```
<表达式 1>
while (<表达式 2>)
begin
    <语句块>
    <表达式 3>;
end
```

在最简单的for语句应用中，往往通过"表达式1"为用于控制循环的变量赋初值，并在"表达式3"中对其值进行更新；同时可用其最新值在"表达式2"中判断循环条件是否满足。

以下举例使用for语句来统计4位寄存器中1的数量。

```
reg [3:0] temp_reg = 4'b1010;
integer index;
count = 0;
for (index = 0; index <= 3; index = index + 1)
    if (temp_reg[index]) count = count + 1;
```

5. initial语句

initial语句是一种面向仿真的语句，常将其用在测试文件或虚拟模块中编写仿真测试信号、对模块进行初始化以及监测仿真测试结果等方面。该类语句无法用于程序的实际运行。仿真中允许同时存在多条initial语句，均在模拟0时刻开始执行，即它们是并行执行的，且都只执行一次，之后将被挂起不再执行。其定义格式如下。

```
initial
<begin>
    <语句 1>
    <语句 2>
    ……
    <语句 n>
<end>
```

上述定义中若只存在"语句1"，则可省略"begin…end"。以下举例说明在仿真中使用initial

语句产生测试信号。

```
initial
begin
    test_signal = 'b00;          // 仿真开始时测试信号的初值为"00"
    # 100
    test_signal = 'b01;          // 延迟 100 ns 后测试信号变为"01"
    # 100
    test_signal = 'b10;
    # 100
    test_signal = 'b11;          // 测试信号最终变为"11"，并在后续仿真中一直保持
end
```

6. always 语句

always 语句是 Verilog HDL 中使用最为广泛的语句之一，其形式也非常灵活。其一般定义格式如下。

```
always <时序控制>
<begin>
    <语句 1>
    <语句 2>
    ……
    <语句 n>
<end>
```

与 initial 语句的定义格式相对照，可发现两者形式相似；多条 always 语句也可以同时并行存在。但 always 语句既可以用于仿真，也可以被综合以用于实际运行，且在整个程序生命期内是不断活动的，不同于 initial 语句只能在仿真情况下运行一次。

上述格式定义中，虽然"时序控制"是可选的，但由于 always 语句不断活动的特征，该部分往往是必需的，否则容易产生死锁。通常情况下，有两种针对"时序控制"的编写方式。

（1）使用敏感信号

利用符号"@"以及敏感信号来控制 always 语句的执行是常见的一种方式，其具体格式如下。

```
always @(敏感信号)
```

敏感信号既可以是电平信号，也可以是信号的上升沿或下降沿；可以是单个信号，也可以是多个信号，此时多个信号之间需要使用关键字"or"进行连接，并称为敏感信号列表。以下给出举例。

```
always @(var_a)                  // var_a 的电平值改变触发 always 语句执行
begin
    var_b = ~var_a;
    var_c = var_a + 1;
end
always @(posedge clock)          // 时钟沿触发 always 语句执行
begin
    var_a <= ~var_a;
    var_d <= var_a + 1;          // 这里使用非阻塞赋值，用的是 var_a 的原值
end
always @(var_a or var_b)         // 使用多个电平信号作为敏感信号列表
begin
```

```
    var_c = var_a + var_b;    // var_a 或 var_b 中有一个变化都将执行求和运算
    count = count + 1;
end
```

（2）不使用敏感信号

列举两种情况，一种情况是直接使用延时来实现时序控制，例如：

```
always #100 tempreg = ~tempreg;
```

上例可用于仿真测试中，形成周期为 200 ns 的时钟信号并将其作为激励输入待测电路中。

另一种情况是使用关键字 "wait" 来控制当条件满足时执行 always 语句，例如：

```
always
    wait (en) #20 count = count + 1;
```

该例中将一直监视使能信号的取值，当使能信号为真时，执行后面的语句。

always 语句经常被用于对复杂逻辑进行描述，例如当使用 Verilog HDL 编写状态机时，一般建议用 3 个 always 语句块来完成，如下所示。

```
// 第一个 always 块，描述在时钟驱动下将次态迁移到现态
always @(posedge clock or negedge rst)
    if (!rst)                                // 异步复位
        current_state <= IDLE;
    else
        current_state <= next_state;         // 注意使用非阻塞赋值
// 第二个 always 块，描述状态的转移关系
always @ (current_state)                      // 电平触发，将现态作为敏感信号
begin
    case (current_state)
        S1: next_state = S2;                 // 阻塞赋值
        S2: next_state = S3;
        ...
        default: next_state = 'bx;           // 对多余状态的处理
    endcase
end
// 第三个 always 块，描述每个状态对应的输出
always @(current_state)
begin
    ...
    case (current_state)
        S1: out1 = ……;                      // 对输出进行赋值
        S2: out2 = ……;
        ...
        default: …                           // 赋默认值，避免综合出锁存器
    endcase
end
```

【例 8.4.5】 用 Verilog HDL 描述图 8.4.2 中状态转移图所代表的米里型电路。

本例将使用前述基于 always 语句编写状态机的方式描述电路，代码如下。

```
module mealy_fsm(input x, clock, reset, output reg y);
    reg [1:0] state, next_state;
```

```
    parameter S0 = 2'b00, S1 = 2'b01, S2 = 2'b10, S3 = 2'b11;

    always @(posedge clock or negedge reset)
        if (!reset) state <= S0;
        else state <= next_state;

    always @(state, x)
    case (state)
        S0: next_state = x ? S1 : S0;
        S1: next_state = x ? S3 : S0;
        S2: next_state = x ? S2 : S0;
        S3: next_state = x ? S2 : S0;
    endcase

    always @(state, x)
    case (state)
        S0: y = 0;
        S1, S2, S3: y = ~x;
    endcase
endmodule
```

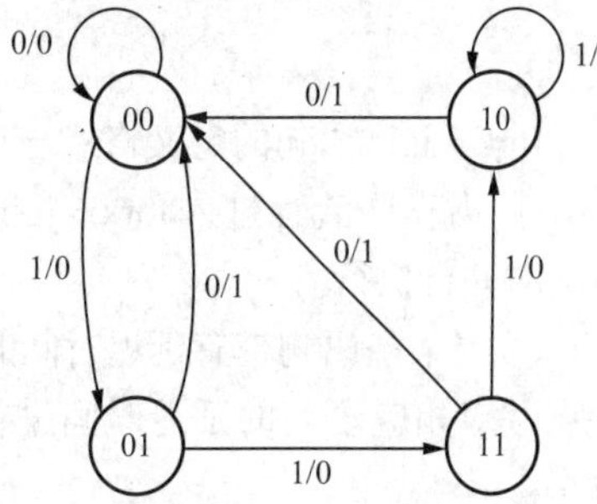

图 8.4.2　例 8.4.5 的状态转移图

7. begin…end 语句和 fork…join 语句

begin…end语句和fork…join语句都是块语句，通常用块语句对多条语句进行组合，使它们在形式上像一条语句。在前面的内容中，我们已多次看到通过关键字begin和end来形成块语句，这类块语句中各条语句顺序执行，因此称为顺序块。相对地，通过关键字fork和join可以形成并行块语句。

（1）begin…end语句

完整的定义格式如下。

```
begin<: 块名 >
    <块内声明语句 >
    <语句 1>
    <语句 2>
    ……
    <语句 n>
end
```

说明如下。

① 在begin…end语句中可以定义该块的标识名和声明块内参数及变量（尽管大部分情况下会省略掉），从而允许相应的块语句能够被其他语句调用，并且能够定义只在块内使用的局部变量[1]。

② 块内各条语句按顺序串行执行，即只有当执行完"语句1"才会执行"语句2"，依此类推，直到执行完最后一条语句后才跳出该语句块。

③ 由于采用顺序执行，因此当某条语句带有延迟时间时，是相对于上一条语句的延时。

---

[1] 需要注意的是，Verilog HDL 中所有变量都是静态的，都只有唯一的存储地址，进入或离开块语句并不会影响存储在变量中的值，这与其他高级程序设计语言如 C/C++ 是不同的。

（2）fork…join 语句

首先给出定义格式如下。

```
fork<: 块名 >
    <块内声明语句 >
    <语句 1>
    <语句 2>
    ……
    <语句 n>
join
```

fork…join 语句的定义格式与 begin…end 语句的相似，但块中语句是并行的，具体说明如下。

① 当程序流程进入 fork…join 语句中时，各条语句即"语句 1""语句 2"……"语句 n"开始同时并行执行。

② 当某条语句带有延迟时间时，是以程序流程进入块语句的时刻作为初始时间的；利用这一特点并对相应语句的延迟时间进行精心设计，可以在并行块语句中使对应语句呈现串行执行的效果。

③ 并行块语句的结束并不取决于形式上位于最后的语句是否执行完成；只有当块中按时间排序在最后的语句执行完后，或是执行相关的 disable 语句时，才跳出该语句块。

以下举例说明并行块语句的使用。

```
fork
    reg_a = 1'b0;
    reg_b = 1'b1;
    reg_c = {reg_a, reg_b};
    # 50 reg_d = {reg_b, reg_a};
join
```

上述示例中，4 条语句并行执行，但由于增加了延迟时间，实际效果是位于最后的语句最后执行。需要注意的是，由于对变量"reg_c"的赋值与对"reg_a""reg_b"的赋值同时进行，当后两者的初始值不确定时，存在竞争型冒险，因此在实际编写程序时应该尽量避免。

8. task 语句和 function 语句

与许多高级程序设计语言类似，Verilog HDL 中也可以定义任务和函数，分别需要使用 task 和 function 语句。利用这两类语句，不仅可以将较大的程序分解为许多较小的任务或函数以方便理解和调试，还可以实现代码复用。

尽管 task 语句和 function 语句的作用类似，两者在形式上及使用时仍具有明显的不同，主要体现为以下几方面。

① task 语句既可以有输入变量也可以没有，而 function 语句至少要有一个输入变量。

② task 语句没有返回值，而 function 语句有返回值。

③ task 语句中可以启动其他任务或者各种函数，而 function 语句中不能启动任务。

以下分别介绍这两类语句。

（1）task 语句及任务调用

首先给出 task 语句的定义格式如下。

```
task <任务名 >;
    <端口及数据类型声明语句 >
    <语句 1>
```

```
    <语句 2>
    ......
    <语句 n>
endtask
```

以下示例为按以上格式定义一个具体的任务。

```
task mytask;
    input port_a, port_b;
    output port_c, port_d;
    port_c = ~port_a;
    port_d = ~port_b;
endtask
```

其次给出任务调用及传递输入输出变量的定义格式如下。

```
<任务名>(端口1, 端口2, ......, 端口 n);
```

例如需要调用之前定义的 "mytask" 任务, 则可以采用如下的形式。

```
reg reg_a = 1'b0, reg_b = 1'b1, reg_c, reg_d;
always @(posedge clock)
begin
    mytask(reg_a, reg_b, reg_c, reg_d);
    reg_a = reg_a + 1'b1;
    reg_b = reg_b + 1'b1;
end
```

在上例的任务调用中, 将 "reg_a" 和 "reg_b" 的值分别输入给 "port_a" 和 "port_b", 而 "port_c" 和 "port_d" 的值则分别被传递给 "reg_c" 和 "reg_d"。

（2）function 语句及函数调用

function 语句用于定义函数, 其语法格式如下。

```
function <返回值说明> <函数名>;
    <端口声明语句>
    <数据类型声明语句>
    begin
        <语句 1>
        <语句 2>
        ......
        <语句 n>
    end
endfunction
```

上述定义隐含声明了用于承载函数返回值的内部寄存器, 该寄存器与函数同名, 其类型或范围由 "返回值说明" 进行规定。若函数定义时未对返回值进行说明, 则默认其为一位寄存器类型数据。以下给出函数定义示例。

```
function getmsb;
    input [7:0] bits;
    begin
        getmsb = (input >> 7);
    end
  end function
```

以上代码中，与函数同名的"getmsb"为隐含声明的寄存器型变量，用于承载函数返回值。注意函数定义时必须有给函数内部同名变量赋以函数结果值的语句，同时不能包含时间控制语句，即任何用"#""@""wait"来标识的语句。

采用如下的格式对函数进行调用。

```
<函数名>(端口1，端口2，……，端口n);
```

通常情况下，调用函数时均将函数作为表达式中的一部分，例如执行下面的语句将调用以上定义的函数来获取1字节的最高位。

```
reg [7:0] mybyte;
reg mymsb;
mybyte = 8'b1111_0101;
mymsb = getmsb(mybyte);
```

8.4.2　Verilog HDL 的描述方式

在8.4.1小节对各类 Verilog HDL 语句进行介绍的基础上，本小节给出 Verilog HDL 中电路模型抽象级别的概念，并解释通过不同的语句来支撑对不同抽象级别的描述。

对同一硬件电路可以进行不同抽象级别的建模，并通过 Verilog HDL 在不同层次上对其进行描述。具体而言，Verilog HDL 语法支持对数字电路中以下5种抽象模型进行描述，各级模型的基本含义如表8.4.1所示。

（1）系统级（system level）。

（2）算法级（algorithmic level）。

（3）RTL（register transfer level）。

（4）门级（gate level）。

（5）开关级（switch level）。

表 8.4.1　各级模型的基本含义

抽象模型级别	含义
系统级	指通过语言能够实现待设计模块整体功能的模型
算法级	指通过语言能够实现算法运行的模型
RTL	描述数据在寄存器之间如何流动、如何处理和控制这些数据流动的模型
门级	描述逻辑门以及逻辑门之间连接的模型，与逻辑电路有明确的连接关系
开关级	描述器件中各组成部分以及它们之间连接的模型

在描述各级抽象模型时，对系统级、算法级、RTL的描述属于行为描述，对门级的描述属于结构描述。开关级涉及模拟电路，在数字电路中一般不考虑。以下主要介绍如何通过 Verilog HDL进行结构描述和行为描述。

1. 结构描述方式

结构描述又称门级结构描述，是指通过实例化的方式，将 Verilog HDL 预先定义的基本单元实例嵌入代码中，主要通过and、nand、nor、or、xor、xnor、buf、not等描述门类型的关键字实现。由于基本的逻辑电路是由逻辑门和开关等组成的，因此用这样的方式来描述电路的结构是非常直观的。

　　我们可以采用如下格式对基本单元进行实例化并在程序里调用。

<门类型关键字>　<实例名1>(<端口列表1>) [，<实例名2>(<端口列表2>)，……]；

　　这里可以用同一种门类型同时实例化多个逻辑门，注意每个实例之间用逗号隔开。每个实例的端口列表中，一般第一个端口往往为输出端口，后续的端口为输入端口。例8.4.6给出了对1位全加器的结构描述，相应的逻辑图如图8.4.3所示。

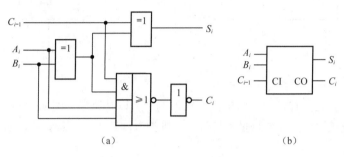

（a）　　　　　　　　　　　　　　　　　　（b）

图8.4.3　1位全加器逻辑图

【例8.4.6】 用结构描述方式构造1位全加器。

```verilog
module Fadd(a, b, Cin, Cout, Sum);
    input a, b, Cin;
    output Cout, Sum;
    // 定义中间线型变量
    wire x, y, z;

    // 使用关键字 xor实例化两个异或门
    xor xor1(x, a, b), xor2(Sum, x, Cin);
    // 使用关键字 and实例化两个与门
    and and1(y, a, b), and2(z, Cin, x);
    // 使用关键字 or实例化一个或门
    or or1(Cout, y, z);
endmodule
```

【例8.4.7】 基于例8.4.6给出的1位全加器实现4位全加器。

```verilog
module Fadd4(A, B, CIN, COUT, SUM)
    input [3:0] A, B;
    input CIN;
    output [3:0] SUM;
    output COUT;
    wire c1, c2, c3;
    Fadd                           // 通过模块实例化的方式构造 4个全加器，并将其顺次连接
    fadd1(A[0], B[0], CIN, c1, SUM[0]), fadd2(A[1], B[1], c1, c2, SUM[1]),
    fadd3(A[2], B[2], c2, c3, SUM[2]), fadd4(A[3], B[3], c3, COUT, SUM[3]);
endmodule
```

基于门类型关键字可以实例化出各种常用的加法器、选择器、触发器等模块，然后利用这些

模块可构成更高一层的模块；依次重复若干次，便可构成一些结构复杂的电路。例8.4.7所示代码基于1位全加器以模块实例化的方式组成了4位全加器，图8.4.4所示为相应的逻辑图。

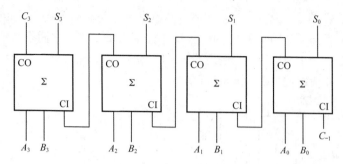

图 8.4.4 4 位全加器逻辑图

结构描述本质上是一种可以反映电路结构的网表，以其所建立的 Verilog HDL 模型不仅可以用于仿真，也可以被综合。其缺点是不易管理、维护难度较大，且需要一定的资源积累。

2. 行为描述方式

行为描述是指只从功能和行为的角度描述实际的数字电路，而不关心具体的电路结构。具体地，主要通过8.4.1小节介绍的各种结构说明语句、块语句、执行控制语句以及触发控制等方面（见表8.4.2）对电路的逻辑功能和逻辑行为进行描述，进而实现对数字系统的描述。

表 8.4.2 Verilog HDL 中用于行为描述的各种语句和触发控制

类别	说明
结构说明语句	包括：initial 语句、always 语句、task 语句、function 语句。 同一程序里可以有多个 initial 块、always 块、任务和函数。各 initial 块、always 块均同时并行执行；但前者只执行一次，后者不断重复执行。任务和函数可以被反复调用
块语句	包括：顺序块语句（begin…end）、并行块语句（for…join）。 顺序块和并行块可以混合使用和相互嵌套
执行控制语句	包括：条件语句（if）、分支语句（case）、循环语句（forever、repeat、while、for）
触发控制	包括：延时控制（#）、敏感信号/事件控制（@）。 延时控制的语法通常为"#＜延时数＞＜语句＞"，延时的时间单位为 ns。 敏感信号主要有边沿触发信号和电平触发信号，其中边沿触发信号用 posedge（上升沿）和 negedge（下降沿）加上具体信号构成

采用行为描述方式往往可以获得比采用结构描述方式更简洁的程序，如例8.4.8也实现了4位全加器。

【例8.4.8】 使用行为描述方式组成4位全加器。

```
module Fadd4_1(A, B, CIN, COUT, SUM)
    input [3:0] A, B;
    input CIN;
    output [3:0] SUM;
    output COUT;
    reg [3:0] SUM;
```

```
    reg COUT;
    always @(A or B or CIN)
    begin
        {COUT, SUM} <= A + B + CIN;
    end
endmodule
```

除了结构描述和行为描述两种方式，Verilog HDL 中还支持采用如例8.4.9所示使用assign连续赋值语句来描述4位全加器的描述方式[①]。

【例8.4.9】 使用连续赋值语句组成4位全加器。

```
module add_4(cout, sum, a, b, cin);
    output cout;
    output[3:0] sum;
    input[3:0] a, b;
    input cin;
    assign{cout, sum} = a + b + cin;
endmodule
```

在实际设计中，既可以单独采用以上介绍的各种描述方式，也可以根据需要进行混合使用。事实上，模块描述中可以包括门的实例化、模块的实例化、行为描述语句和连续赋值语句的一种或数种。它们可以并列，也可以相互包含。

【例8.4.10】 实现图8.4.5所示的三态驱动器。

```
module trist(out, in, enable);
    output out;
    input in, enable;
    mytri tri_inst(out, in, enable);
endmodule

module mytri(out, in, enable);
    output out;
    input in, enable;
    assign out = enable ? in : 'bz;
endmodule
```

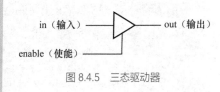

图 8.4.5　三态驱动器

▶ **思考题**

8.4.1　Verilog HDL 有哪些语句类型，每种语句应该如何使用？

8.4.2　阻塞赋值和非阻塞赋值的差别是什么？

8.4.3　在使用always语句描述组合逻辑和时序逻辑时，分别应该如何编写代码？

8.4.4　Verilog HDL 的抽象模型有哪些类型，各有什么含义？

8.4.5　Verilog HDL 的描述方式有哪几种，相应的语句形式各自有什么样的特点？

---

① 一些文献中将这种采用 assign 连续赋值语句的描述方式称为"数据流描述形式"，有兴趣的读者可自行查阅。

8.5 Verilog HDL 常用程序示例

本节将结合本章介绍的 Verilog HDL 主要语法规范，针对前述各章中若干典型组合逻辑与时序逻辑，给出程序示例。

8.5.1 组合逻辑

本小节将针对组合逻辑类问题，给出具体的程序示例。

【例8.5.1】实现 74LS85 的 4 位比较功能。

```verilog
module compare_4(Y, A, B, C);
    input [3:0] A, B;
    input [2:0] C;
    output [2:0] Y;
    reg [2:0] Y;

    always @(A or B or C)
    begin
        if (A > B) Y <= 3'b001;
        else if (A < B) Y <= 3'b100;
        else Y <= C;
    end
endmodule
```

【例8.5.2】实现 3 线至 8 线译码器。

```verilog
module decoder3_to_8(code, output);
    input [2:0] code;
    output [7:0] output;
    reg [7:0] output;

    always @(code)
    begin
        case(code)
            3'b000: output = 8'b0111_1111;
            3'b001: output = 8'b1011_1111;
            3'b010: output = 8'b1101_1111;
            3'b011: output = 8'b1110_1111;
            3'b100: output = 8'b1111_0111;
            3'b101: output = 8'b1111_1011;
            3'b110: output = 8'b1111_1101;
            3'b111: output = 8'b1111_1110;
        endcase
    end
endmodule
```

【例8.5.3】 实现4选1数据选择器。

```
module mux4_to_1(out, i0, i1, i2, i3, s0, s1);
    output out;
    input i0, i1, i2, i3, s0, s1;
    reg out;

    always @(s1 or s0 or i0 or i1 or i2 or i3)
    begin
        case({s1, s0})
            2'b00: out = i0;
            2'b01: out = i1;
            2'b10: out = i2;
            2'b11: out = i3;
            default: out = 1'bx;
        endcase
    end
endmodule
```

【例8.5.4】 实现1至4路数据分配器。

```
module demux4(y0, y1, y2, y3, din, a);
    input din;
    input [1:0] a;
    output reg y0, y1, y2, y3;              // 可以同时对输出端口声明数据为 reg类型

    always @(din, a)
    begin
        y0 = 0; y1 = 0; y2 = 0; y3 = 0;
        case(a)
            2'b00: y0 = din;
            2'b01: y1 = din;
            2'b10: y2 = din;
            2'b11: y3 = din;
        endcase
    end
endmodule
```

【例8.5.5】 实现74LS280的奇偶校验功能。

```
module parity(Qe, Qo, input_bus);
    output Qe, Qo;
    input [8:0] input_bus;

    assign Qo = ^input_bus;
    assign Qe = ~Qo;
endmodule
```

8.5.2　时序逻辑

本小节将针对时序逻辑类问题，给出具体的程序示例。

【例8.5.6】实现钟控RS触发器。

```
module rs_ff(input wire clk, r, s, output reg q, output wire qb);
    assign qb = ~q;
    always @(posedge clk)
    begin
        case({r, s})
            2'b00: q <= q;
            2'b01: q <= 1'b1;
            2'b10: q <= 1'b0;
            2'b11: q <= 1'bx;
        endcase
    end
endmodule
```

【例8.5.7】具有同步复位功能的钟控D触发器。

```
module d_ff(input clk, rst, d, output reg q, output wire qb);
    assign qb = ~q;
    always @(posedge clk)
        if (!rst) q <= 1'b0;              // 同步复位，低电平有效
        else q <= d;
endmodule
```

【例8.5.8】具有异步复位和置位功能的钟控JK触发器。

```
module jk_ff(clk, j, k, rst, set, q, qb);
    input clk, j, k, rst, set;
    output reg q;
    output wire qb;

    assign qb = ~q;
    always @(posedge clk or negedge rst or negedge set)
    begin
        if (!rst) q <= 1'b0;              // 异步复位，可与前面的例子对比
        else if (!set) q <= 1'b1;         // 异步置位
        else
        case ({j,k})
            2'b00: q <= q;
            2'b01: q <= 0;
            2'b10: q <= 1;
            2'b11: q <= ~q;
        endcase
    end
endmodule
```

【例8.5.9】 实现8位环形计数器。

```
module ring #(parameter CNT_SIZE = 8)(
    input wire clk, rst,
    output reg [CNT_SIZE-1:0] cnt
);
    always @(posedge clk)
        if (!rst) cnt <= 8'b0000_0001;
        else cnt <= {cnt[0], cnt[CNT_SIZE-1:1]};
endmodule
```

【例8.5.10】 用JK触发器实现同步二进制加法器。

解：由于要求了具体的触发器类型，本题将涉及使用结构描述的方式设计程序，并且可以通过实例化JK触发器模块来完成。这类题目一般的做法是：根据前文介绍的设计方法求对应的激励方程和输出方程，然后画出逻辑图，最后按照逻辑图给出相应的Verilog HDL代码。

在本书第5章总结了用JK触发器构成同步二进制加、减法计数器的规律。具体地，若触发器的数量为k，计数的模值为2^k，则加法计数器的触发器各级之间的连接关系为

$$J_0 = K_0 = 1, \quad J_i = K_i = Q_0^n Q_1^n \cdots Q_{i-1}^n \quad (i = 1, \cdots, k-1) \tag{8.5.1}$$

减法计数器的触发器各级之间的连接关系为

$$J_0 = K_0 = 1, \quad J_i = K_i = \overline{Q_0^n} \cdot \overline{Q_1^n} \cdots \overline{Q_{i-1}^n} \quad (i = 1, \cdots, k-1) \tag{8.5.2}$$

下面以实现模8同步二进制加法器为例进行介绍。首先根据式（8.5.1）画出对应的逻辑图，如图8.5.1所示，然后对该图使用Verilog HDL进行描述。

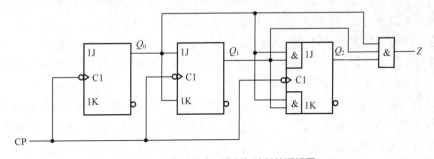

图 8.5.1 模 8 同步二进制加法器的逻辑图

```
module(input CP, reset, output [2:0] Q, output wire Z);
    wire i1, i2;
    assign i1 = Q[0];
    assign i2 = Q[0] & Q[1];
    assign Z = &Q;
    jk_ff                              // 基于例8.5.8实例化3个JK触发器
    ff0(.clk(CP), .j(1), .k(1), .rst(reset), .set(1), .q(Q[0])),
    ff1(.clk(CP), .j(i1), .k(i1), .rst(reset), .set(1), .q(Q[1])),
    ff2(.clk(CP), .j(i2), .k(i2), .rst(reset), .set(1), .q(Q[2]));
endmodule
```

如果不考虑具体的器件类型，则可以采用行为描述方式对上述电路进行实现，代码将变得更

加简洁。

```
module counter(input CP, reset, output [2:0] Q, output wire Z);
    reg [2:0] Q;
    assign Z = &Q;
    always @(posedge CP or negedge reset)
        if (!reset) Q <= 3'b000;
        else Q <= Q + 1;
endmodule
```

▶ **思考题**

8.5.1　如何基于 Verilog HDL 描述组合逻辑电路？请参考本节代码进行实验。

8.5.2　如何基于 Verilog HDL 描述时序逻辑电路？请参考本节代码进行实验。

8.5.3　请挑选几个前面章节中的组合逻辑电路和时序逻辑电路并基于 Verilog HDL 对其予以实现。

8.6 拓展阅读与应用实践

8.6.1　通用计算机组成概述

20世纪40年代末，知名数学家约翰·冯·诺依曼（John von Neumann）推出一种广受欢迎的通用计算机架构，对计算机设计及编程产生了深远的影响。该架构被称为冯·诺依曼计算机架构或简称为冯·诺依曼架构，具有3个主要特征：一台计算机由运算器、控制器、存储器、输入和输出设备五大部分组成；计算机内的数据和程序均以二进制代码形式表示，且被不加区别地存放在存储器中，存放位置由存储器的地址指定；按存储程序原理工作，编写好的程序（包括指令和数据）首先由输入设备输入并保存在存储器中，计算机工作时由控制器自动地依次从存储器中取出指令序列（即程序）并加以执行。

运算器、控制器和存储器是冯·诺依曼架构的核心。如果与现代的计算机组成结构进行对照，运算器和控制器对应通用计算机中的CPU，存储器对应主存储器（内存）。CPU和主存储器之间一般通过各种系统总线（包括控制总线、地址总线与数据总线）进行连接。图8.6.1所示为一种通用计算机组成示意图。按照该图，可以将通用计算机重新构想成3个独立的子系统，分别是用于存储数据和指令的存储器子系统、用于解码和执行指令的CPU子系统以及用于输入和输出的接口子系统。其中，CPU是最关键的部分，以下将稍加展开叙述。

1. CPU概述

CPU通常被称作计算机的"大脑"，其内部结构可参考图8.6.1中左边部分的示意。它采用一种灵活的通用架构，可从各种类型的工作负载中获取指令流，并根据这些指令来计算或处理信息。

现代CPU能够支持数量众多的指令，但其中很多指令都与算术运算（例如加、减、乘、除等）、逻辑运算（例如与、或、非等）、内存操作（例如加载、存储、移动等）以及分支等流程控制有关。指令通常由一个操作码和一些操作数组成，操作码规定了要执行的操作，操作数规定了参与运算的数据或其地址。

2. CPU组成

与冯·诺依曼架构对照，CPU主要包含控制器与运算器两个主要部分。其中控制器用于控制计算机各部件完成取指令、分析指令和执行指令等功能，运算器则用于完成算术运算和逻辑运算等功能。CPU内部各个部件之间的数据传递由内部总线完成。

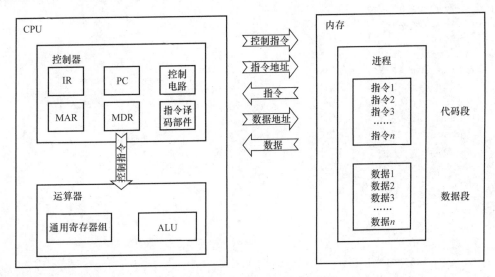

图 8.6.1　一种通用计算机组成示意图

控制器主要包括指令寄存器（instruction register，IR）、程序计数器（program counter，PC）、存储器地址寄存器（memory address register，MAR）、存储器数据寄存器（memory data register，MDR）、指令译码部件以及控制电路等。其中IR存放正在执行或即将执行的指令。PC用于存放下一条指令的存储单元地址，并具有自动增量计数的功能。MAR和MDR都用于对存储器进行访问，MAR存放存储单元的地址，MDR存放对存储单元读/写的数据。指令译码部件用于对IR中的指令进行译码，以确定IR中存放的是哪一条指令。控制电路用于产生对应的控制信号，在时序脉冲的同步下控制各个部件的动作。

运算器主要包括算术逻辑部件（arithmetic and logic unit，ALU）和通用寄存器组。ALU用于完成算术运算和逻辑运算。通用寄存器组用于临时存放数据，数据可能来自存储器，也可能来自其他通用寄存器或ALU的输出。

8.6.2　基于 Verilog HDL 编写简单 ALU

从8.6.1小节的介绍可以看出，CPU的计算功能主要由ALU完成。在本小节中，将介绍一种基于Verilog HDL编写的简单8位ALU，其代码如下。

```
module ALU(clk, A, B, OP, RE, CF);
    input clk;
    input [7:0] A, B;
    input [3:0] OP;
    output reg [7:0] RE;
    output reg CF;
    // ALU操作码
```

```verilog
    parameter OP_ADD = 4'b0000;
    parameter OP_SUB = 4'b0001;
    parameter OP_ADC = 4'b0010;          // 带进位加，进位由 CF 指示
    parameter OP_SBC = 4'b0011;          // 带借位减，借位由 CF 指示
    parameter OP_AND = 4'b0100;
    parameter OP_OR = 4'b0101;
    parameter OP_NOT = 4'b0110;
    parameter OP_XOR = 4'b0111;
    parameter OP_SHL = 4'b1000;          // 逻辑左移
    parameter OP_SHR = 4'b1001;          // 逻辑右移
    parameter OP_SAL = 4'b1010;          // 算术左移
    parameter OP_SAR = 4'b1011;          // 算术右移
    parameter OP_ROL = 4'b1100;
    parameter OP_ROR = 4'b1101;
    parameter OP_RCL = 4'b1110;          // 带 CF 的循环左移
    parameter OP_RCR = 4'b1111;          // 带 CF 的循环右移

    reg [8:0] tmp;

    always @(posedge clk)
    begin
        case (OP)
            // 算术运算
            OP_ADD: tmp = A + B;
            OP_SUB: tmp = A - B;
            OP_ADC: tmp = A + B + {7'b0000000, CF};
            OP_SBC: tmp = A - B - {7'b0000000, CF};
            // 逻辑运算
            OP_AND: tmp = {1'b0, A & B};
            OP_OR: tmp = {1'b0, A | B};
            OP_NOT: tmp = {1'b0, ~B};
            OP_XOR: tmp = {1'b0, A ^ B};
            // 移位操作
            OP_SHL: tmp = {A[7], A[6:0], 1'b0};
            OP_SHR: tmp = {A[0], 1'b0, A[7:1]};
            OP_SAL: tmp = {A[7], A[6:0], 1'b0};
            OP_SAR: tmp = {A[0], A[7], A[7:1]};
            // 循环操作
            OP_ROL: tmp = {A[7], A[6:0], A[7]};
            OP_ROR: tmp = {A[0], A[0], A[7:1]};
            OP_RCL: tmp = {A[7], A[6:0], CF};
            OP_RCR: tmp = {A[0], CF, A[7:1]};
        endcase

        CF <= tmp[8];
        RE <= tmp[7:0];
    end
endmodule
```

8.7　本章小结

使用HDL可以对数字电路及数字系统进行程序化描述，并在EDA工具的支持下进行仿真、综合、优化等处理，进而在PLD或ASIC中生成最终电路。随着数字系统技术的快速发展，HDL的应用日益广泛，作用也越来越重要。

本章主要介绍应用广泛的一种HDL——Verilog HDL。模块是Verilog HDL中描述电路的基本单元，主要包括模块名称与端口列表、定义以及功能描述等部分，其中功能描述部分是最重要的部分，主要通过行为描述、结构描述或者两者的组合等方式描述模块所需实现的逻辑功能。Verilog HDL提供了多种数据类型用于表示及承载数据信息，定义了各类运算符用于进行各类运算操作。与其他高级程序设计语言一样，Verilog HDL提供了大量的语句类型用于构成各种程序逻辑。基于各种数据类型、运算符、语句以及描述方式，Verilog HDL可描述多种针对数字电路的抽象模型，从而具备多层次的准确描述能力。

📝 习题 8

8.1　硬件描述语言有哪些主要的分类？各有什么特点？

8.2　阻塞赋值与非阻塞赋值的区别是什么？

8.3　试比较if语句和case语句的异同之处。不完整的if语句和不设置默认语句的case语句一般会生成什么硬件电路？

8.4　写出描述4位数码比较器74LS85（有级联入端G、S、E）的Verilog HDL程序。

8.5　设已有3线至8线译码器的设计模块（见例8.5.2）。试用3个这样的模块组成5线至24线译码器并用模块实例化语句的形式对其给予描述。

8.6　试用模块实例化语句以结构描述方式用6片74LS85构成1片24位数码比较器，并用行为描述方式得出完成同样功能的设计。

8.7　写出具有同步复位、置位功能的JK触发器的Verilog HDL程序。

8.8　写出具有异步复位、置数功能的十六进制加法计数器的Verilog HDL程序。

8.9　试用Verilog HDL设计长度为31的M序列信号发生器（时钟clk、使能en、输出dm）。

8.10　设计一种单稳态触发器，当遇到输入触发信号（pul）的上升沿时，输出时间宽度为8个输入脉冲（clk）周期的低脉冲信号（dwp）。若在输出低脉冲期间又遇到pul的上升沿，则输出低脉冲的时间宽度继续顺延8个clk周期。

8.11　用Verilog HDL实现题8.11图所示的状态图，要求表示为状态机形式。

8.12　题8.12表所示为某交通灯的状态变化顺序，黄灯状态的持续时间为30s，其他状态的持续时间为2min。各方向另有输入信号（apply），若在绿灯持续期间apply有效，则该状态持续时间顺延1min。试画出状态图并写出Verilog HDL的实现程序。

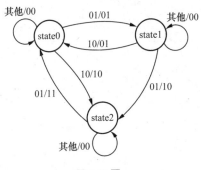

题 8.11 图

题 8.12 表

东西方向	南北方向	东西方向	南北方向
红灯	绿灯	绿灯	红灯
红灯	黄灯	黄灯	红灯

8.13 设 $X(i)$ 为串行同步输入序列，在每时钟 clk 的上升沿时输入一个数据，每个 $X(i)$ 数据是 1 位二进制数。检测电路将每连续 5 个 $X(i)$ 数据分为一组，当其中有 3 个及 3 个以上的 "1" 时，在第 5 个数据输入的 clk 周期内输出 "1"，否则输出 "0"。试用 Verilog HDL 实现此检测电路，并画出状态图。

8.14 某自动售货机售 A、B、C 这 3 种商品，它们的价格分别为 1 元、3 元、4 元。售货机仅接受 1 元硬币。售货机面板上设有投币孔和退钱键，每个商品的标识处设有选择按键，上有指示灯表明当前投钱数是否已足够选买该商品。列出此售货机控制电路的状态表，并用 Verilog HDL 描述实现。

第 **9** 章

数模转换和模数转换

　　随着集成电路的发展，特别是单片机种类的日益丰富和功能的不断增强，数字电子技术在智能家电、工业机床、航空航天和自动驾驶等领域获得广泛应用。数字系统是对数字信号进行处理的系统，而实际信号通常是连续变化的模拟量，如温度、压力、声音等，这些模拟量需转换成数字量才能被数字系统处理，这种将模拟量转换成数字量的过程称为模数转换，完成模数转换的电路称为模数转换器（analog-to-digital converter，ADC）。经数字系统处理后的数字量需再次转换为模拟量，并经功率放大后才能驱动执行机构进行动作，这种转换称为数模转换，完成数模转换的电路称为数模转换器（digital-to-analog converter，DAC）。

　　模数转换和数模转换是数字电子技术的一个重要分支，ADC和DAC是数字系统的重要接口部件。本章介绍模数转换和数模转换的基本原理及电路结构，包括权电阻解码网络DAC、T形电阻解码网络ADC、倒T形电阻解码网络DAC、并行比较型ADC、逐次渐近型ADC、双积分型ADC和电压-频率变换型ADC等。为保证数据处理结果的准确性、满足快速信号处理与控制需求，还将讨论DAC和ADC的转换精度与转换速度等技术指标。

⚡ 学习目标

（1）掌握权电阻解码网络DAC和倒T形电阻解码网络DAC的基本原理，熟悉其主要技术指标。

（2）掌握并行比较型ADC和逐次渐近型ADC的基本原理，熟悉其主要技术指标。

（3）了解双积分型ADC和电压-频率变换型ADC的基本原理及特点。

9.1 数模转换器

考虑到 DAC 的工作原理比 ADC 的简单，而且在某些 ADC 中需要用到 DAC，下面先讨论数模转换的基本原理和电路构成。

9.1.1 数模转换的基本原理

在数字系统中，数字量采用二进制编码，每一位数码都有固定的权值。若 n 位二进制数用 $D_n=d_{n-1}d_{n-2}\cdots d_1d_0$ 表示，则从最高位到最低位的权值依次为 2^{n-1}、2^{n-2}……2^0。为将数字量转换为模拟量，只需把每一位数码按权转换为相应的模拟量，然后将这些模拟量相加，即可得到与该数字量对应的模拟量，这便是数模转换的基本原理。

设某 DAC 输入为 n 位二进制数 D_n，将 D_n 按权展开，使输出为模拟电压 v_o 与输入数字量 D_n 成正比，即

$$v_o = k \cdot \sum_{i=0}^{n-1}(d_i \times 2^i)\qquad(9.1.1)$$

其中，k 为数模转换的比例系数，$\sum_{i=0}^{n-1}(d_i \times 2^i)$ 为 D_n 对应的十进制数。

假设输入为 4 位二进制数字量 D_4，输出模拟量 v_o 为电压信号，取值范围为 $0 \sim 15$ V，数字量 D_4 与模拟量 v_o 的对应关系如表 9.1.1 所示。其中，二进制代码 0000 对应输出电压 0 V，0001 对应输出电压 1 V，依此类推，4 位二进制代码对应 16 个模拟电压值。数字量 0001 对应的输出电压是该 DAC 能分辨出来的最小输出电压，用 1LSB 表示；1111 对应的输出电压是 DAC 能输出的最大电压，称为满量程电压，用 1FSR 表示。在本例中，1LSB=1 V，1FSR=15 V。

数模转换中数字量与模拟量的对应关系也可以表示为图 9.1.1 所示的形式，4 位数字量将模拟量分成了 2^4 个阶梯。当满量程电压确定后，输入数字量的位数越多，输出模拟量的阶梯间隔就越小，相邻两组数字量所对应的模拟量的差值越小，表明数模转换的精度越高。

表 9.1.1　数字量 D_4 与模拟量 v_o 的对应关系

数字量	模拟量	数字量	模拟量
0000	0 V	1000	8 V
0001	1 V	1001	9 V
0010	2 V	1010	10 V
0011	3 V	1011	11 V
0100	4 V	1100	12 V
0101	5 V	1101	13 V
0110	6 V	1110	14 V
0111	7 V	1111	15 V

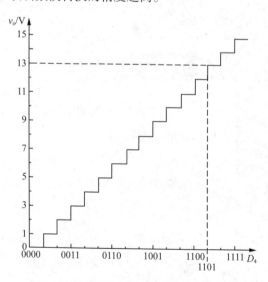

图 9.1.1　数模转换中数字量与模拟量的对应关系

DAC一般由数码寄存器、模拟开关电路、解码网络、求和电路以及基准电压源等部分组成，如图9.1.2所示。将来自数据总线的n位数字量输入锁存到数码寄存器中，数码寄存器的输出驱动模拟开关，使数码为1的位在解码网络中产生与其权值成正比的电流并流入求和电路；求和电路将这些电流相加，获得与n位数字量输入成正比的模拟量（电流）输出。若需要DAC输出电压信号，则可以通过集成运算放大器将求和后的电流转换成电压。

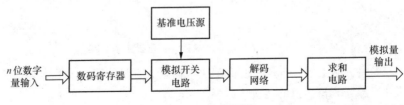

图 9.1.2　DAC 的原理

DAC有多种实现方式，按照解码网络的不同，可以分为权电阻解码网络DAC、T形电阻解码网络DAC、倒T形电阻解码网络DAC、权电流解码网络DAC、权电容解码网络DAC等；按照模拟开关电路的不同，又可以分为CMOS模拟开关DAC和双极型电流开关DAC。开关网络对数模转换速度的影响较大，在速度要求不高的情况下可以选用CMOS模拟开关DAC；若对速度要求较高，可以选用双极型电流开关DAC或转换速度更高的ECL电流开关DAC。

9.1.2　权电阻解码网络 DAC

4位权电阻解码网络DAC的电路原理图如图9.1.3所示。它主要由以下4部分组成。

（1）精密基准电压源V_{REF}。

（2）权电阻解码网络R、$2R$、2^2R、2^3R。

（3）模拟开关电路。

（4）集成运算放大器A。

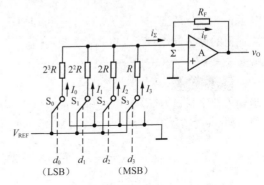

图 9.1.3　4 位权电阻解码网络 DAC 的电路原理图

输入数字量$d_3 \sim d_0$为4位二进制数，$S_3 \sim S_0$为4个模拟开关，其状态受输入数字量的控制。当d_i=1时，开关S_i接基准电压V_{REF}；当d_i=0时，开关S_i接地电位。在图9.1.3中，集成运算放大器A接成电压并联负反馈，实现电流求和以及电流转电压功能，称为求和放大器，R_F为反馈电阻，Σ点为虚地。当最高位d_3=1时，开关S_3与基准电压V_{REF}相连，支路电流I_3流入求和点Σ；当d_3=0时，开关S_3与地相连，支路电流$I_3 = 0$。

集成运算放大器A引入深度负反馈，输入电阻趋于无穷，由电阻解码网络流入Σ点的电流i_Σ等于流经反馈电阻R_F的电流i_F，即

$$
\begin{aligned}
i_\Sigma &= i_F \\
&= I_3 d_3 + I_2 d_2 + I_1 d_1 + I_0 d_0 \\
&= \frac{V_{REF}}{R} d_3 + \frac{V_{REF}}{2R} d_2 + \frac{V_{REF}}{2^2 R} d_1 + \frac{V_{REF}}{2^3 R} d_0 \\
&= \frac{V_{REF}}{2^3 R}(d_3 \times 2^3 + d_2 \times 2^2 + d_1 \times 2^1 + d_0 \times 2^0)
\end{aligned}
\tag{9.1.2}
$$

集成运算放大器 A 实现电流转电压，输出模拟电压为

$$v_o = -i_F R_F = -i_\Sigma R_F$$
$$= -\frac{V_{REF} R_F}{2^3 R}(d_3 \times 2^3 + d_2 \times 2^2 + d_1 \times 2^1 + d_0 \times 2^0) \tag{9.1.3}$$

可见，输出模拟电压 v_o 与输入数字量 $d_3 \sim d_0$ 成正比，比例系数为 $-\frac{V_{REF} R_F}{2^3 R}$，若令 $R_F = R/2$，则式（9.1.3）变为

$$v_o = -\frac{V_{REF}}{2^4}(d_3 \times 2^3 + d_2 \times 2^2 + d_1 \times 2^1 + d_0 \times 2^0) \tag{9.1.4}$$

式（9.1.4）表明，输出模拟电压 v_o 的值正比于输入数字量，图 9.1.4 所示的权电阻解码网络 DAC 电路实现了数字量到模拟量的转换。

类似地，对于 n 位的权电阻解码网络 DAC，输出电压的计算公式可写成

$$v_o = -\frac{V_{REF} R_F}{2^{n-1}}(d_{n-1} \times 2^{n-1} + d_{n-2} \times 2^{n-2} + \cdots + d_1 \times 2^1 + d_0 \times 2^0)$$
$$= -\frac{V_{REF} R_F}{2^{n-1}}\sum_{i=0}^{n-1}(d_i \times 2^i) \tag{9.1.5}$$

当反馈电阻取 $R_F = R/2$ 时，式（9.1.5）可简化为

$$v_o = -\frac{V_{REF}}{2^n}\sum_{i=0}^{n-1}(d_i \times 2^i) \tag{9.1.6}$$

在式（9.1.6）中，当输入数字量 $d_{n-1}d_{n-2}\cdots d_1 d_0 = 00\cdots 00$ 时，输出电压 $v_o = 0$ V，当 $d_{n-1}d_{n-2}\cdots d_1 d_0 = 11\cdots 11$ 时，$v_o = -\frac{2^{n-1}-1}{2^n}V_{REF}$，故 v_o 的变化范围是 $-\frac{2^{n-1}-1}{2^n}V_{REF} \sim 0$，改变 V_{REF} 可以改变输出电压 v_o 的变化范围。从式（9.1.6）还可以看出，在 V_{REF} 为正电压时输出电压 v_o 始终为负值；要想得到正的输出电压，可以将 V_{REF} 取为负值。

【例 9.1.1】 4 位权电阻解码网络 DAC 如图 9.1.3 所示，设基准电压 $V_{REF} = -8$ V，$R_F = R/2$，试求当输入数字量 $d_3 d_2 d_1 d_0 = 1101$ 时输出的电压值，以及 1LSB 和 1FSR 的值。

解：将 $d_3 d_2 d_1 d_0 = 1101$、$V_{REF} = -8$ V、$R_F = R/2$ 代入式（9.1.3），得

$$v_o = -\frac{V_{REF} R_F}{2^3 R}(d_3 \times 2^3 + d_2 \times 2^2 + d_1 \times 2^1 + d_0 \times 2^0)$$
$$= -\frac{-8}{2^4} \times (1 \times 2^3 + 1 \times 2^2 + 0 \times 2^1 + 1 \times 2^0)$$
$$= \frac{8}{2^4} \times 13 = 6.5 \text{ V}$$

类似地，将 $(0001)_2$ 代入式（9.1.3），得

$$1\text{LSB} = (8 \text{ V} / 16) \times 1 = 0.5 \text{ V}$$

将 $(1111)_2$ 代入式（9.1.3），得

$$1\text{FSR} = (8 \text{ V} / 16) \times 15 = 7.5 \text{ V}$$

输出电压的范围为 $0 \sim 7.5$ V。

当输入数字量位数较多时，为减少电阻的种类，可以采用图 9.1.4 所示的双级权电阻解码网络 DAC。

在图9.1.4中，每一级仍然只有4种阻值的电阻。当$d_i = 1$时，开关S_i置向左边，接基准电压V_{REF}；当$d_i = 0$时，开关S_i置向右边，接地。可以证明，只要两级之间的串联电阻$R_s = 8R$，即可得到

$$v_o = -\frac{V_{REF}}{2^8}\sum_{i=0}^{7}(d_i \times 2^i)$$

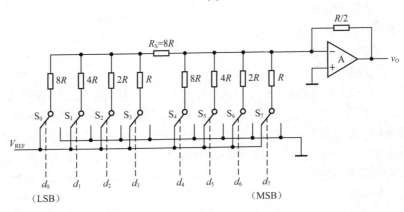

图 9.1.4 双级权电阻解码网络 DAC

权电阻解码网络DAC的转换精度取决于基准电压V_{REF}、模拟开关、求和放大器和各权电阻值的精度。其优点是结构简单，所用的电阻元件数量少；缺点是各权电阻的阻值都不相同，当输入数字量的位数较多时，权电阻解码网络所需的电阻种类较多，其阻值相差甚远，这样给保证权电阻值的精度带来很大困难，不利于集成电路的制作。为弥补上述缺点，我们可以采用T形电阻解码网络DAC。

9.1.3 T形电阻解码网络 DAC

在T形电阻解码网络DAC中，常见的是R-$2R$ T形电阻解码网络DAC。4位T形电阻解码网络DAC的原理图如图9.1.5所示，电路中的电阻只有R和$2R$两种阻值，且R-$2R$电阻解码网络的基本单元呈字母T形。

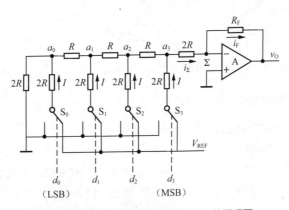

图 9.1.5 4 位 T 形电阻解码网络 DAC 的原理图

T形电阻解码网络的特点是从网络中任何一个节点a_i向3个支路方向看去，对地的等效电阻均为$2R$。在图9.1.5中，从节点a_0向左看去对地的等效电阻是$2R$，向下看对地的等效电阻也是$2R$，向右看对地的等效电阻不能直观地被看出来，但这是一个简单的电阻串并联问题，不难推出其

等效电阻还是 $2R$。利用 T 形电阻解码网络的这个特点可以求出当任何一位数码 $d_i=1$ 时，开关 S_i 与 V_{REF} 相连，流过相应支路的电流 I 均为 $V_{REF}/(3R)$，而且由于各节点 a_i 左右两个分支等效电阻相同，电流 I 到达节点 a_i 处之后向左和向右分流，流向每条支路的电流均为 $I/2$，如图 9.1.6（a）所示；该电流在向求和点 Σ 传递的过程中，每经过一个节点就会衰减一半，如图 9.1.6（b）所示。

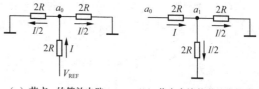

（a）节点 a_0 的等效电路　　（b）节点电流传递的等效电路

图 9.1.6　T 形电阻解码网络一个节点的等效电路

下面计算流入求和点 Σ 的总电流，设输入数码只有 $d_0=1$，其余为 0，即只有开关 S_0 连接 V_{REF}，其余开关均接地。由图 9.1.5 可见，由节点 a_0 流向节点 a_1 的电流为 $I/2$，由节点 a_1 再次分流，流向节点 a_2 的电流为 $I/4$；依此类推，每经过一个节点电流分流一次，最后到达求和点 Σ 处的电流为 $I/2^4$。同理可推算出只有开关 S_1 连接 V_{REF} 时流向求和点 Σ 的电流为 $I/2^3$，依此类推。因此，若数码 $d_i=1$，将在 T 形电阻解码网络中产生与其权值成正比的电流并流入求和点 Σ。根据叠加原理，得流入求和点 Σ 的总电流。

$$
\begin{aligned}
i_\Sigma &= I\left(d_3\times\frac{1}{2}+d_2\times\frac{1}{2^2}+d_1\times\frac{1}{2^3}+d_0\times\frac{1}{2^4}\right)\\
&=\frac{V_{REF}}{3R}\left(d_3\times\frac{1}{2}+d_2\times\frac{1}{2^2}+d_1\times\frac{1}{2^3}+d_0\times\frac{1}{2^4}\right)\\
&=\frac{V_{REF}}{3R}\times\frac{1}{2^4}(d_3\times2^3+d_2\times2^2+d_1\times2^1+d_0\times2^0)
\end{aligned}
\tag{9.1.7}
$$

由输出电流 $i_F=i_\Sigma$，得输出电压。

$$
\begin{aligned}
v_o &= -i_F R_F=-i_\Sigma R_F\\
&=-\frac{V_{REF}R_F}{3R\times2^4}(d_3\times2^3+d_2\times2^2+d_1\times2^1+d_0\times2^0)\\
&=-\frac{V_{REF}R_F}{3R\times2^4}\sum_{i=0}^{3}(d_i\times2^i)
\end{aligned}
\tag{9.1.8}
$$

若取 $R_F=3R$，得

$$
v_o=-\frac{V_{REF}}{2^4}\sum_{i=0}^{3}(d_i\times2^i)
\tag{9.1.9}
$$

由式（9.1.9）可见，输出模拟电压 v_o 与输入数字量成正比，比例系数 $k=-\dfrac{V_{REF}}{2^4}$。当输入数字量为 $(1111)_2$ 时，输出模拟电压达到负向最大值 $v_{o\max}=-\dfrac{2^4-1}{2^4}V_{REF}$。

T 形电阻解码网络 DAC 的优点是电阻种类少，电路容易制作；缺点是各支路存在寄生电容，支路电流到达求和点 Σ 的传输时间不同，位数增多时影响数模转换速度。而且在数模转换过程中输入的数字量不同，各支路的电流也不同，基准电压源 V_{REF} 的输出电流波动较大，容易产生尖峰电流。为了解决这一问题，我们可采用倒 T 形电阻解码网络 DAC。

9.1.4　倒 T 形电阻解码网络 DAC

4 位 $R\text{-}2R$ 倒 T 形电阻解码网络 DAC 的原理图如图 9.1.7 所示，其电路结构与 T 形电阻解码网络DAC的基本相似，只是基准电压V_{REF}的位置不同。$S_3 \sim S_0$依然为模拟开关，受输入数码$d_3 \sim d_0$的控制。当d_i=1时，开关S_i置向右边，与求和点Σ相连；当d_i=0时，开关S_i置向左边，与地相连。$R\text{-}2R$电阻解码网络的基本单元呈倒T形，集成运算放大器A构成电流求和及电流转电压电路。

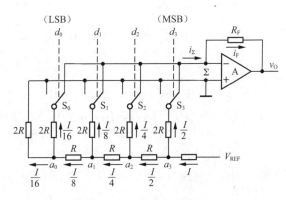

图9.1.7　4位 $R\text{-}2R$ 倒T形电阻解码网络 DAC 的原理图

无论输入数字量$d_3 \sim d_0$为何值，模拟开关始终在求和点Σ（虚地点）与地之间切换，开关端点的电压始终为地电位，各支路中的电流为恒流，不会产生因寄生电容充、放电而引起的传输延迟，提高了数模转换速度，减少了基准电压源V_{REF}和电路中的尖峰电流。

对于$R\text{-}2R$电阻解码网络，无论开关S_i置向哪一端，各$2R$电阻的上端都相当于接地，从任何节点a_i向左和向上看对地的电阻均为$2R$。因此，从基准电压源V_{REF}流出的电流始终为$I=V_{REF}/R$，电阻解码网络中电流的分配关系如图9.1.7中标注所示，流向求和点Σ的总电流为

$$
\begin{aligned}
i_\Sigma &= I\left(d_3 \times \frac{1}{2} + d_2 \times \frac{1}{2^2} + d_1 \times \frac{1}{2^3} + d_0 \times \frac{1}{2^4}\right) \\
&= \frac{V_{REF}}{2^4 R}(d_3 \times 2^3 + d_2 \times 2^2 + d_1 \times 2^1 + d_0 \times 2^0) \qquad (9.1.10) \\
&= \frac{V_{REF}}{2^4 R}\sum_{i=0}^{3}(d_i \times 2^i)
\end{aligned}
$$

输出电压为

$$
\begin{aligned}
v_o &= -i_F R_F = -i_\Sigma R_F \\
&= -\frac{V_{REF} R_F}{2^4 R}(d_3 \times 2^3 + d_2 \times 2^2 + d_1 \times 2^1 + d_0 \times 2^0) \qquad (9.1.11) \\
&= -\frac{V_{REF} R_F}{2^4 R}\sum_{i=0}^{3}(d_i \times 2^i)
\end{aligned}
$$

在图9.1.7中，各支路电流始终存在，并由数码d_i控制其是否流入求和点Σ，不存在传输上的时间差。倒T形电阻解码网络DAC是目前广泛使用的DAC，工作速度较快。若要获得较高的转换精度，电路中的参数需满足：（1）基准电压源V_{REF}的稳定性要好；（2）两种电阻的比值精度要高；（3）每个模拟开关的电压降要相等。

【例9.1.2】　在图9.1.7所示的倒T形电阻解码网络DAC中，设n=8，V_{REF}=-10 V，R_F=R，试求：

（1）当输入数字量D_8=01011010时的输出电压v_o；

（2）若R_F=$2R$，输出电压v_o又是多少？

解：

（1）仿照式（9.1.11），可得

$$
\begin{aligned}
v_o &= -\frac{V_{REF} R_F}{2^8 R}\sum_{i=0}^{7}(d_i \times 2^i) \\
&= \frac{10R}{2^8 R}(1 \times 2^6 + 1 \times 2^4 + 1 \times 2^3 + 1 \times 2^1)
\end{aligned}
$$

$$= \frac{10}{256} \times 90 \approx 3.52 \text{ V}$$

（2）当 $R_F=2R$ 时，仿照上式，可得

$$v_o = \frac{10 \times 2}{256} \times 90 \approx 7.03 \text{ V}$$

采用倒 T 形电阻解码网络的 10 位单片集成数模转换器 AD7520 的电路原理图如图 9.1.8 所示。AD7520 是一种应用广泛的 DAC，采用 CMOS 电路构成模拟开关，输入为 10 位数字量，输出为求和电流。使用 AD7520 时需要外接集成运算放大器，集成运算放大器的反馈电阻可以使用其内部反馈电阻 R，也在 v_o 到 I_{out1} 之间外接反馈电阻，读者可以仿照上面的分析方法自行分析其工作原理。为保证转换的精度，必须保证外接基准电压源 V_{REF} 有足够的稳定度。

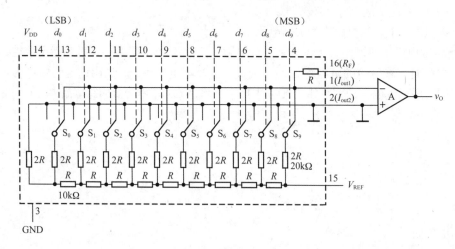

图 9.1.8 AD7520 的电路原理图

AD7520 不仅可以外加集成运算放大器构成 10 位 ADC，还可以利用其内部电阻解码网络构成集成运算放大器的反馈支路，实现可控增益放大器。

---

*9.1.5 树状开关网络 DAC

树状开关网络 DAC 由电阻分压器和树状开关网络构成。MOS 管作为开关管使用时，关断性能好且功耗低，可用 MOS 管构成树状开关网络。图 9.1.9 所示是 3 位树状开关网络 DAC 的原理图。

在图 9.1.9 中，树状开关的状态分别受 3 位输入数字量 $d_2d_1d_0$ 的控制。当 $d_2=1$ 时，S_{21} 接通，S_{20} 断开；当 $d_2=0$ 时，S_{21} 断开，S_{20} 接通。同理，S_{11} 和 S_{10} 两组开关的状态由 d_1 控制，S_{01} 和 S_{00} 两组开关的状态由 d_0 控制。例如，当 $d_2d_1d_0=100$ 时，只有开关 S_{21}、S_{10}、S_{00} 接通，输出电压 $v_o=V_{REF}/2$。电路输出电压 v_o 的表达式为

$$v_o = \frac{V_{REF}}{2} \times d_2 + \frac{V_{REF}}{2^2} \times d_1 + \frac{V_{REF}}{2^3} \times d_0$$

$$= \frac{V_{REF}}{2^3}(d_2 \times 2^2 + d_1 \times 2^1 + d_0 \times 2^0) \tag{9.1.12}$$

类似地，可以将其推广到 n 位树状开关网络 DAC，可知其输出电压为

$$v_o = \frac{V_{\text{REF}}}{2^n}(d_{n-1} \times 2^{n-1} + d_{n-2} \times 2^{n-2} + \cdots + d_1 \times 2^1 + d_0 \times 2^0)$$

$$\qquad\qquad\qquad (9.1.13)$$

$$= \frac{V_{\text{REF}}}{2^n} \sum_{i=0}^{n-1}(d_i \times 2^i)$$

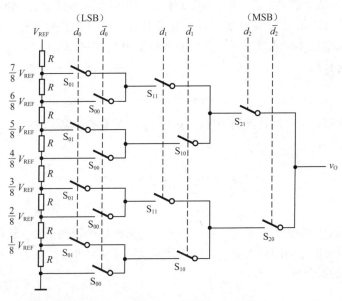

图 9.1.9 3 位树状开关网络 DAC 的原理图

这种电路的特点是电阻种类单一，在输出端基本不取电流的情况下，对模拟开关的导通内阻要求不高，有利于集成电路的制作。

9.1.6 DAC 的主要技术指标

1. 转换速度

转换速度通常用输出电压（或电流）的建立时间 t_{set} 来衡量。建立时间 t_{set} 是指从输入数字量发生变化到输出电压（或电流）达到与稳态值相差 $\pm\frac{1}{2}$LSB 时所用的时间，如图 9.1.10 所示。输入数字量变化越大建立时间越长，因此一般在产品手册中给出的建立时间 t_{set} 都是指输入数字量从全 0 跳变为全 1 时输出稳定所需的时间，它是 DAC 的最长响应时间。在不包含集成运算放大器的单片 DAC 中，建立时间最短可达 0.1 μs；在包含集成运算放大器的单片 DAC 中，建立时间最短可达 1.5 μs。例如，10 位数模转换器 AD7520 的建立时间为 1.0 μs，而 12 位高速数模转换器 MAX5889 的建立时间仅为 0.01 μs。

2. 转换精度

在 DAC 中一般用分辨率、转换误差和温度

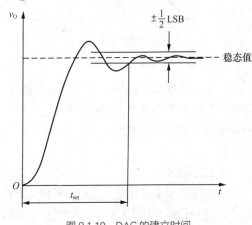

图 9.1.10 DAC 的建立时间

系数来描述转换精度。

（1）分辨率

分辨率表征DAC对输入数字量变化的敏感程度，一般用DAC的位数表示。在分辨率为n位的DAC中，当输入数字量从00…00变化到11…11时，输出电压应给出2^n个不同的等级。DAC的位数越多，输出电压的取值个数就越多，也就越能反映出输出电压的细微变化，分辨能力就越强。

此外，也可以用DAC能分辨出来的最小输出电压（输入数字量只有最低有效位为1，即1LSB）与最大输出电压（输入数字量所有的有效位全为1，即1FSR）之比定义分辨率，即n位DAC的分辨率可表示为

$$分辨率 = \frac{1}{2^n - 1}$$

它表示DAC在理论上可以达到的精度，该值越小，分辨率越高。例如，ADC0832的分辨率是8位，也可以表示为

$$分辨率 = \frac{1}{2^8 - 1} = \frac{1}{255} \approx 0.004$$

（2）转换误差

DAC电路各部分的参数不可避免地存在误差，它必然影响转换精度。转换误差是指实际输出的模拟电压与理想值之间的最大偏差。常用该最大偏差与FSR之比或若干LSB表示，它实际上是以下3种误差的综合指标。

① 非线性误差

非线性误差（非线性度）是一种没有固定变化规律的误差，一般用输出电压偏离理想输出特性的最大值来表示。图9.1.11（a）所示为输入数字量与输出模拟量之间的对应关系。对于理想DAC，各数字量与其相应的模拟量的交点应落在图中的理想输出特性曲线上。但对于实际的DAC，这些交点会偏离理想输出特性曲线，产生非线性误差。

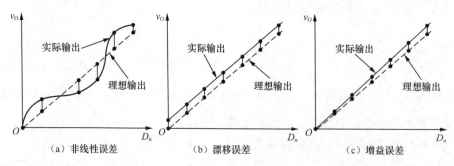

图9.1.11 DAC的转换误差

产生非线性误差的原因很多，如电路中各模拟开关的导通电阻和导通压降可能存在偏差；每个开关处于不同位置（接地或接V_{REF}）时，其开关压降和电阻也不一定相等；在电阻解码网络中，每条支路上的电阻值也可能存在偏差。这些偏差是随机的，以非线性误差的形式反映在输出电压上。

② 漂移误差

漂移误差（平移误差）是由运算放大器的零点漂移造成的，这种误差与输入数字量的大小无关，它只是把图9.1.11（b）中的理想输出特性曲线向上或向下平移，使之不经过原点，并不改

变其线性，因此也称为平移误差。

漂移误差可用零点校准来消除，但不能在整个工作温度范围内进行校准。

③ 增益误差

增益误差是指实际输出特性曲线斜率与理想输出特性曲线斜率的偏差，基准电压源 V_{REF} 和运算放大器增益不稳定都会形成增益误差，其表现形式是实际输出特性曲线与理想输出特性曲线相比，斜率发生了变化，如图 9.1.11（c）所示。

以上分析表明，为获得较高精度，单纯依靠选用高分辨率的 DAC 是不够的，还需要有稳定的基准电压 V_{REF}、零点漂移低的集成运算放大器等器件配合。

目前常见的集成 DAC 有两大类，一类器件内部只包含电阻解码网络（或恒流源电路）和模拟开关，如 DAC0832、AD7520 等；另一类器件内部还包含运算放大器和基准电压发生电路，如 AD574。使用前一类器件时必须外接基准电压和运算放大器，这时应注意合理地选择器件，提高基准电压的稳定性，降低运算放大器的零点漂移。

（3）温度系数

温度系数是指在输入数字量不变的情况下，输出模拟电压随环境温度变化而产生的波动。一般用输出满量程电压条件下温度每升高 1 ℃，输出电压变化的百分比作为温度系数。

DAC 的应用非常广泛，在工业控制领域，计算机输出的数字量通过 DAC 转换成模拟量，经功率放大后即可驱动大功率设备，如控制电机的转速、控制加热炉的温度等；在生活中，手机、音箱播放的音乐，同样来自数字量的模数转换。总体来说，DAC 的成本随着分辨率和转换速度的提高而增加，在实际应用中，我们需要根据系统的要求来选择合适的 DAC。

▶ 思考题

9.1.1 DAC 的电路结构有哪些类型？它们各有何优缺点？

9.1.2 查阅资料，请举例说明一种 DAC 产品的电路结构。

9.1.3 在生活中哪些产品会用到 DAC？请举例说明。

9.2 模数转换器

前已述及，数字系统只能处理数字量，模拟量需经过模数转换变成数字量后才能被数字系统处理，完成模数转换的电路就是模数转换器（ADC）。

9.2.1 模数转换器的基本原理

模拟量在时间和幅值上都是连续变化的，而数字量在时间和幅值上都是离散的。进行模数转换时，首先要对模拟量进行周期性的采样，然后把每一时刻的采样值转换成数字量。模数转换一般要经过采样、保持、量化、编码等 4 个步骤。在实际电路中，有些步骤可以合并进行，如采样与保持、量化与编码往往都是同时完成的。

1. 采样与保持

采样就是按一定的时间间隔抽取模拟量的值，将连续变化的模拟量变成时间上离散的模拟量。如图 9.2.1 所示，v_1 是输入模拟电压信号，$S(t)$ 是采样脉冲，T_s 是采样脉冲的周期，t_w 是采样脉冲的持续时间。采样电路原理如图 9.2.2（a）所示，用采样脉冲 $S(t)$ 控制模拟开关 TG，在采样

时间 t_w 内，$S(t)$ 使开关 TG 接通，输出 $v_s=v_1$；在 (T_s-t_w) 时间内，$S(t)$ 使开关断开。输入模拟信号 v_1 经采样后，变为一系列窄脉冲 v_s，这一系列窄脉冲称为采样信号（或样值脉冲），如图 9.2.1（c）所示。

通过分析得出，采样脉冲 $S(t)$ 的频率越高，采样信号的包络线越接近于输入信号的波形；但采样频率越高，经模数转换后的数据量越大，对后续数据存储和处理的要求也越高。因此，选择合适的采样频率有利于数字系统的优化。

采样定理：设采样频率为 f_s，输入模拟信号的最高频率分量为 f_{imax}，则 f_s 和 f_{imax} 之间必须满足如下关系。

$$f_s \geqslant 2f_{imax} \qquad (9.2.1)$$

采样定理说明，为了能不失真地恢复原始信号，采样频率 f_s 必须不小于输入模拟信号频谱中最高频率 f_{imax} 的两倍。即当 $f_s \geqslant 2f_{imax}$ 时，才能通过采样信号重建原始输入信号。

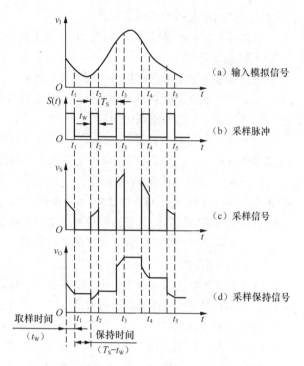

(a) 输入模拟信号

(b) 采样脉冲

(c) 采样信号

(d) 采样保持信号

图 9.2.1　采样与保持过程

在实际应用中，通常取 $f_s=(2.5 \sim 3)f_{imax}$，例如，语音信号的 $f_{imax} \approx 3.4\,\text{kHz}$，一般取 $f_s=8\,\text{kHz}$。

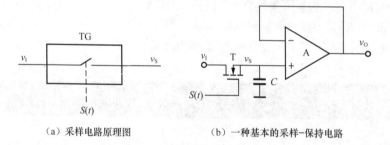

（a）采样电路原理图　　　　（b）一种基本的采样-保持电路

图 9.2.2　采样-保持原理电路

模拟信号 v_1 经采样后得到采样信号 v_s，采样信号是一系列窄脉冲，脉冲的持续时间很短，但模数转换需要一定的时间，为保证转换精度，在转换期间要求采样信号的幅值保持不变。因此，在采样电路之后需加入保持电路。图 9.2.2（b）所示是一种基本的采样-保持电路，场效应管 T 为采样开关，电容 C 为保持电容，运算放大器 A 接成电压跟随器的形式，起缓冲隔离的作用。在采样时间 t_w 内，场效应管 T 导通，电容 C 充电，假设电容 C 的充电时间常数远远小于 t_w，因此电容 C 上的电压在采样期间跟随输入信号 v_1 的变化，即 $v_s=v_1$。在保持时间 (T_s-t_w) 内，场效应管 T 关断，电压跟随器 A 的输入阻抗很高，电容 C 上的电压基本保持不变，从而使 v_s 保持采样结束时 v_1 的瞬时值，形成图 9.2.1（d）所示的 v_o 波形。

2. 量化与编码

输入模拟信号经采样、保持后，得到的波是阶梯波，如图 9.2.1（d）所示。阶梯波的幅值仍属模拟量范畴，而数字系统的字长是固定的，只能表示有限个数值，任何一个数字量所代表的模拟量只能是某个最小数量单位的整数倍。因此，用数字量表示这种采样-保持后的信号时，必须把它转换为该最小数量单位的整数倍，这一转换过程称为量化。把量化的结果再转换为相应的二进制代码的过程称为编码。若输入模拟量是正值，则可以采用自然二进制编码对量化结果进行编码；若输入模拟量有正有负，则可以采用二进制补码的形式对其进行编码。

量化过程中所取的最小数量单位称为量化单位，用 Δ 表示，它是数字量最低有效位为1时所对应的模拟量，即 $1\Delta=1LSB$。由于采样信号的电压不一定能被 Δ 整除，因此量化前后不可避免存在舍入误差，此误差称为量化误差，用 ε 表示。量化误差属于原理误差，它只能减少，不能消除。ADC的位数越多，各离散电平之间的差值越小，量化误差就越小。

假设输入模拟电压在0～1 V内变化，现对其进行量化编码，将其转换成3位二进制数。3位二进制数有8个不同的数值，应将0～1 V分成8个等级，为每级指定一个量化值，并对该值进行二进制编码。较简单的量化方法是等分量化法，取 Δ=1/8 V，并规定将凡是数值为[0,1/8) V（即0～1Δ）的输入信号都当作0Δ，量化值为0 V，编码为000；将凡是数值为[1/8,2/8) V（即1Δ～2Δ）的输入信号都当作1Δ，量化值为1/8 V，编码为001；依此类推，如图9.2.3（a）所示。在这种量化方法中，将落在某一量化级内的输入信号都取整并归到该级量化值上，例如，若输入电压为0.124 V则将其量化到0 V上，这是一种"只舍不入"的量化方法。不难看出，这种量化方法可能带来的最大量化误差为 Δ，即1/8 V。

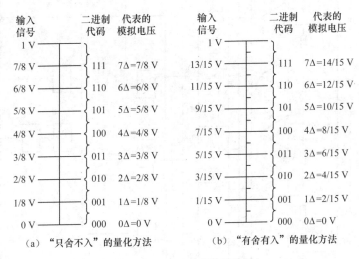

图9.2.3 划分量化电平的两种方法

为减小量化误差，我们可以采用图9.2.3（b）所示的改进方法划分量化电平。在这种方法中，取量化单位 Δ=2/15 V，并规定将凡是数值为[0,1/15) V（即0～1/2Δ）的输入信号都当作0Δ，量化值为0 V，编码为000；将凡是数值为[1/15,3/15) V（即1/2Δ～3/2Δ）的输入信号都当作1Δ，量化值为2/15 V，编码为001；依此类推，将凡是数值为[13/15,1] V的输入信号都当作7Δ，量化值为14/15 V，编码为111。这是一种"有舍有入"的量化方法，我们可以把量化误差减小到1/2Δ，即1/15V。除第一个量化区间外，这种量化方法将模拟电压值规定为它所对应的量化区间的中间值，所以最大量化误差自然不会超过1/2Δ。

ADC是把模拟量转换成数字量的器件，其种类很多，按工作原理的不同，可分为直接转换型ADC和间接转换型ADC。直接转换型ADC将模拟量直接转换成数字量，这种转换方法的特点是转换速度快，如并行比较型ADC、逐次渐近型ADC。间接转换型ADC先将模拟量转换成时间或频率等中间量，然后将中间量转换成数字量，这种转换方法的特点是转换速度比较慢，但抗干扰能力强，常见的有双积分型ADC。

9.2.2 并行比较型 ADC

并行比较型ADC是目前转换速度较快的一类ADC。3位并行比较型ADC的原理图如图9.2.4所示，由电阻分压器、电压比较器、寄存器和编码器等几部分组成。其中，V_{REF}为参考电压；v_I为输入模拟电压，取值范围为$0 \sim V_{REF}$；输出为3位二进制数字量$d_2d_1d_0$。

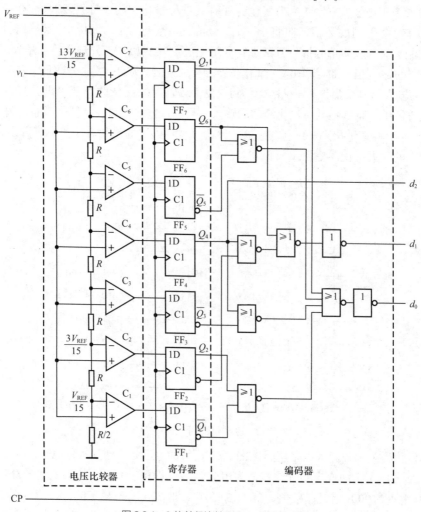

图9.2.4　3位并行比较型 ADC 的原理图

为保证量化精度，电压比较器中量化电平的划分采用图9.2.3（b）所示的方法，8个电阻将参考电压V_{REF}分成8个等级，将其中7个等级的电压分别作为7个电压比较器（$C_1 \sim C_7$）的基准电压，数值分别为$\frac{1}{15}V_{REF}$、$\frac{3}{15}V_{REF}$、…、$\frac{13}{15}V_{REF}$。将输入电压v_I同时加到每个电压比较器的输入端，与这7个基准电压进行比较。

当$0 \leqslant v_I < \frac{1}{15}V_{REF}$时，电压比较器$C_1 \sim C_7$均输出低电平，在时钟脉冲CP的上升沿，寄存器

中所有的触发器（$FF_1 \sim FF_7$）被置成0状态。当$\frac{1}{15}V_{REF} \leqslant v_1 < \frac{3}{15}V_{REF}$时，只有比较器$C_1$输出高电平，CP的上升沿到来后触发器$FF_1$被置成1，其余触发器均被置成0。依此类推，便可列出输入模拟电压v_1所对应的寄存器状态，如表9.2.1所示。其中寄存器的输出是一组7位的二进制代码，需经过编码后才能转换成所需的数字量$d_2d_1d_0$。

表 9.2.1　图 9.2.4 的代码转换表

输入模拟电压 v_1	寄存器的状态							数字量输出		
	Q_7	Q_6	Q_5	Q_4	Q_3	Q_2	Q_1	d_2	d_1	d_0
$[0 \sim 1/15]V_{REF}$	0	0	0	0	0	0	0	0	0	0
$[1/15 \sim 3/15]V_{REF}$	0	0	0	0	0	0	1	0	0	1
$[3/15 \sim 5/15]V_{REF}$	0	0	0	0	0	1	1	0	1	0
$[5/15 \sim 7/15]V_{REF}$	0	0	0	0	1	1	1	0	1	1
$[7/15 \sim 9/15]V_{REF}$	0	0	0	1	1	1	1	1	0	0
$[9/15 \sim 11/15]V_{REF}$	0	0	1	1	1	1	1	1	0	1
$[11/15 \sim 13/15]V_{REF}$	0	1	1	1	1	1	1	1	1	0
$[13/15 \sim 1]V_{REF}$	1	1	1	1	1	1	1	1	1	1

编码电路是一个组合逻辑电路，其输入为所有触发器（$FF_1 \sim FF_7$）的输出。根据表9.2.1可以写出编码电路的输入与输出之间的逻辑函数式。

$$\begin{cases} d_2 = Q_4 \\ d_1 = Q_6 + \overline{Q_4}Q_2 \\ d_0 = Q_7 + \overline{Q_6}Q_5 + \overline{Q_4}Q_3 + \overline{Q_2}Q_1 \end{cases} \tag{9.2.2}$$

按照式（9.2.2）即可得到图9.2.4所示的编码电路。

并行比较型ADC的优点就是工作速度快。由于转换过程是并行的，因此转换时间只受电压比较器、触发器和编码电路延迟时间的影响。电路完成一次模数转换所需的时间仅包括电压比较器的比较时间、触发器的翻转时间和三级门电路的传输延迟时间。目前，8位并行比较型ADC的转换时间可以达到50 ns以下，这是其他类型的ADC都无法做到的。

并行比较型ADC的缺点是随着输出数字量位数的增加，电路所需电压比较器和触发器的数量按几何级数增加。一个n位并行比较型ADC，就需要(2^n-1)个电压比较器和(2^n-1)个触发器。例如，8位并行比较型ADC需要255个电压比较器和255个触发器，10位并行比较型ADC则需要1023个电压比较器和1023个触发器。ADC的输出数字量位数越多，电路越复杂。因此，使用这种方案制作分辨率较高的集成ADC成本较高。

为了解决提高分辨率和增加元件数的矛盾，我们可以采用分级并行转换的方法。图9.2.5所示为10位分级并行比较型ADC的原理图，输入模拟信号v_1经采样-保持电路后分成两路：一路信号先经过第一级5位并行比较型ADC进行粗转换得到数字量的高5位$D_9 \sim D_5$；另一路被送至减法器，与当前数字量（低5位定为00000）经数模转换得到的模拟量相减，为保证第二级的转换精度，将差值放大$2^5=32$倍，经第二级5位并行比较型ADC得到数字量的低5位$D_4 \sim D_0$。这种ADC也常称为并串型ADC。

并串型ADC的优点是比同样位数的并行比较型ADC所需的元件数量少，降低了器件成本。例如，10位并行比较型ADC需要1023个电压比较器，而10位并串型ADC仅需$(2^5-1) \times 2=62$个电压比较器，这是一种兼顾了分辨率和转换速度的折中方法。

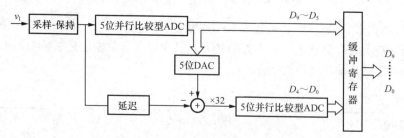

图 9.2.5　10 位分级并行比较型 ADC 的原理图

9.2.3　逐次渐近型 ADC

为了提高转换速度，在计数型 ADC 的基础上又产生了逐次渐近型 ADC。这种 ADC 具有电路简单、转换速度快等优点，完成一次转换所需的时间与其数字量的位数和时钟频率有关，数字量的位数越少，时钟频率越高，转换所需时间越短。逐次渐近型 ADC 的原理框图如图 9.2.6 所示，由电压比较器 C、逐次渐近型寄存器（SAR）、DAC、控制逻辑和时钟脉冲源等几部分组成。

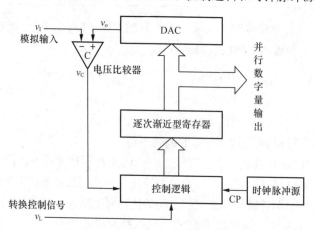

图 9.2.6　逐次渐近型 ADC 的原理框图

逐次渐近型 ADC 的工作原理是对一系列基准电压与待转换的电压 v_1 进行比较，基准电压由 SAR 中的数字量经 DAC 转换产生。转换开始前先将 SAR 清零，开始转换后，在时钟信号的驱动下，首先将 SAR 的最高位置 1，使其输出为 $100\cdots00$，该数字量被 DAC 转换成模拟电压 v_o，送入电压比较器 C 与输入信号 v_1 进行比较。若 $v_1 < v_o$，说明 SAR 中的数字量过大了，需将最高位从 1 改为 0；如果 $v_1 \geqslant v_o$，则保留该位的 1 不变。然后按同样的方法将 SAR 的次高位置 1，并比较 v_o 与 v_1 的大小以确定该位的 1 是否保留。这一过程从高位到低位逐位进行，依次确定 SAR 中各位的数码，直到最低位数码确定完为止，此时 SAR 中的数值就是转换后的数字量。

上述比较过程类似用天平去称一个物体的质量，先放质量为该物体质量一半的砝码，然后根据指针摆动情况决定该砝码的去留，之后的每一步都是放质量为当前砝码质量一半的砝码，这样可以用最少的步骤精确称得物体的质量。

下面再结合图 9.2.7 所示的逻辑电路说明逐次渐近比较过程。这是一个 3 位逐次渐近型 ADC 的电路，触发器 $F_A \sim F_C$ 组成 3 位逐次渐近寄存器，触发器 $FF_1 \sim FF_5$ 和门电路 $G_1 \sim G_6$ 组成控制逻辑，$FF_1 \sim FF_5$ 组成环形移位寄存器，实现 5 节拍脉冲发生器，C 为电压比较器。

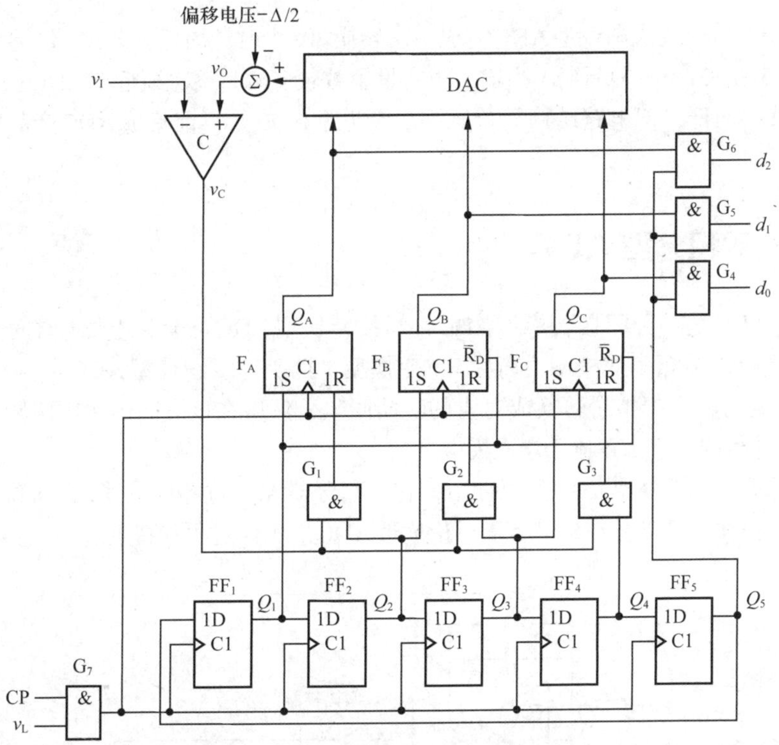

图 9.2.7　3 位逐次渐近型 ADC 的电路原理图

转换开始前先复位逐次渐近寄存器，使 $Q_A Q_B Q_C = 000$，再复位环形移位寄存器，使 $Q_1 Q_2 Q_3 Q_4 Q_5 = 10000$。然后启动转换，转换控制信号 v_L 跳变到高电平。第 1 个时钟脉冲 CP 到达后，$F_A F_B F_C$ 被置成 100，这时加在 DAC 输入端的数码 $Q_A Q_B Q_C = 100$，DAC 的输出电压 v_o 与 v_I 在电压比较器 C 中进行比较。若 $v_I \geq v_o$，比较器输出 $v_C = 0$；若 $v_I < v_o$，则 $v_C = 1$，同时移位寄存器右移一位，使 $Q_1 Q_2 Q_3 Q_4 Q_5 = 01000$。

第 2 个时钟脉冲 CP 到来后，$Q_2 = 1$，控制门 G_1 被打开。若原来电压比较器输出 $v_C = 1$，则 F_A 被置成 0；若原来 $v_C = 0$，则 F_A 中的 1 状态保留，与此同时 F_B 被置成 1，移位寄存器再次右移一位，使 $Q_1 Q_2 Q_3 Q_4 Q_5 = 00100$。

第 3 个时钟脉冲 CP 到来后，$Q_3 = 1$，它一方面将控制门 G_2 打开，并根据电压比较器 C 的输出决定 F_B 的状态；一方面将 F_C 置 1，同时移位寄存器右移一位，使 $Q_1 Q_2 Q_3 Q_4 Q_5 = 00010$。

第 4 个时钟脉冲 CP 到来后，同样根据 v_C 的状态决定 F_C 的状态，这时触发器 $F_A \sim F_C$ 的状态 $Q_A Q_B Q_C$ 就是模数转换结果；同时移位寄存器右移一位，$Q_1 Q_2 Q_3 Q_4 Q_5 = 00001$。由于 $Q_5 = 1$，门 $G_4 \sim G_6$ 被打开，于是转换结果 $Q_A Q_B Q_C$ 便通过门 $G_4 \sim G_6$ 被送到输出端，由 $d_2 d_1 d_0$ 输出。

第 5 个时钟脉冲 CP 到来后，移位寄存器右移一位，使 $Q_1 Q_2 Q_3 Q_4 Q_5 = 10000$，回到初始状态。同时由于 $Q_5 = 0$，门 $G_4 \sim G_6$ 被封锁。

为了减小量化误差，令 DAC 输出的模拟量产生 $-\Delta/2$ 的偏移。这里的 Δ 表示当 DAC 输入数字量的最低位为 1 时所产生的模拟电压值，即模拟电压的量化单位。由图 9.2.3（b）可知，为使量化误差不大于 $\Delta/2$，在划分量化电平等级时应使第一个量化电平为 $\Delta/2$，而不是 Δ。电路中每次与

v_1 比较的量化电平都是由 DAC 输出的，所以只要将 DAC 输出的比较电平负向偏移 $\Delta/2$，即可实现"有舍有入"的量化方法。

从该例看出，3 位逐次渐近型 ADC 完成一次转换需 5 个时钟周期。若是 n 位输出的 ADC，则完成一次转换需 $(n+2)$ 个时钟周期。当输出数字量位数较多时，逐次渐近型 ADC 虽然转换速度比并行比较型 ADC 的低，但电路结构简单。逐次渐近型 ADC 是目前集成 ADC 产品中用得较多的一种电路。

9.2.4　双积分型 ADC

双积分型 ADC 是一种间接转换型 ADC，间接转换型 ADC 可分为电压-时间变换型（简称 V-T 变换型）和电压-频率变换型（简称 V-F 变换型）两类。双积分型 ADC 是 V-T 变换型 ADC，其转换原理是先将输入模拟量转换成对应的时间间隔，然后在该时间内用固定频率的计数器计数，计数器所计得的数字量正比于输入模拟量。

图 9.2.8 所示是双积分型 ADC 的原理图，它由积分器 A_1、过零比较器 A_2、n 位计数器、控制逻辑和时钟信号 CP 等几部分组成。下面讨论这种 ADC 的工作过程和特点。

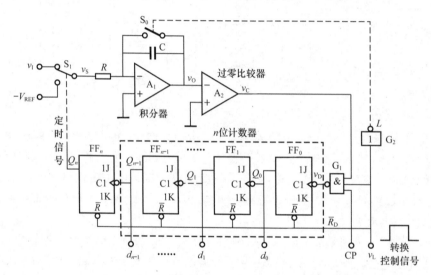

图 9.2.8　双积分型 ADC 的原理图

积分器是电路的核心部分，开关 S_1 由触发器 FF_n 的输出 Q_n 控制，将输入电压 v_1 和参考电压 $-V_{REF}$ 先后加到积分器的输入端，进行两次方向相反的积分，积分时间常数为 RC。转换开始前，转换控制信号 v_L 为低电平，所有触发器被复位，$Q_n=0$，开关 S_1 使 v_S 与 v_1 相连，电容 C 放电。

过零比较器 A_2 用于确定积分输出电压 v_o 的过零时刻。当 $v_o \geq 0$ 时，过零比较器 A_2 输出低电平；当 $v_o < 0$ 时，过零比较器 A_2 输出高电平。将过零比较器 A_2 的输出接至时钟控制门 G_1，控制 n 位计数器的时钟信号 CP。时钟控制门 G_1 控制时钟脉冲 CP 的接入，时钟脉冲 CP 的周期为 T_C。当转换控制信号 $v_L=1$ 时，允许将时钟脉冲通过门 G_1 加到触发器 FF_0 的输入端。

n 位计数器由触发器 $FF_0 \sim FF_{n-1}$ 组成，用来对输入时钟脉冲 CP 进行计数，并负责把与输入电压 v_1 成正比的时间间隔转换成相应的数字量。启动转换后，将 v_1 接入积分器，计数器从 0 开始计数，计数到 2^n 个时钟脉冲时，计数器回到 0 状态，使 FF_n 翻转为 1 状态，$Q_n=1$ 使开关 S_1 从 v_1 转

接到 $-V_{REF}$，开始反向积分。

下面以输入正极性直流电压 v_I 为例，说明双积分型 ADC 将模拟电压转换为数字量的基本原理。其转换过程分为如下几个阶段。

（1）准备阶段

转换开始前，令转换控制信号 $v_L=0$，将 n 位计数器清零，并接通开关 S_0，使积分电容 C 完全放电。$Q_n=0$，开关 S_1 使 v_S 与 v_I 相连。$v_o<0$，过零比较器 A_2 输出高电平。

（2）第一次积分阶段

该阶段对输入信号 v_I 进行固定时间的积分。在 $t=0$ 时刻，控制信号 $v_L=1$，启动转换，同时开关 S_0 断开，积分器从 0 开始对 v_I 进行积分，输出电压 v_o 线性下降，如图 9.2.9 所示。积分器的输出电压 v_o 计算如下。

$$v_o = -\frac{1}{RC}\int_0^{t_1} v_I dt = -\frac{t_1}{RC}v_I \qquad (9.2.3)$$

其中 t_1 是第一次积分的时间。

由于 $v_o<0$，过零比较器 A_2 输出高电平，将门 G_1 打开，计数器在时钟信号 CP 的作用下从 0 开始计数。当计数器计满 2^n 个时钟脉冲后，自动返回到全 0 状态。此时 Q_{n-1} 的下降沿使 FF_n 置 1，即 $Q_n=1$，开关 S_1 由 v_I 转接到 $-V_{REF}$ 点，第一次积分结束。第一次积分时间为

$$t_1 = T_1 = 2^n T_C \qquad (9.2.4)$$

在 T_1 时间内 v_I 为常量，将式（9.2.4）代入式（9.2.3），得积分器的输出电压为

$$v_{o1} = -\frac{T_1}{RC}v_I = -\frac{2^n T_C}{RC}v_I \qquad (9.2.5)$$

（3）第二次积分阶段

该阶段将 v_{o1} 转换成与之成正比的时间间隔 T_2，并用计数器累计在 T_2 期间的时钟脉冲个数。在 $t=t_1$ 时刻，开关 S_1 由 v_I 转接到 $-V_{REF}$，积分器开始反向积分，到 $t=t_2$ 时刻，积分器的输出电压 v_o 变为 0 V，过零比较器 A_2 的输出变为低电平，将门 G_1 关闭，计数停止。在此阶段结束时 v_o 的表达式可写为

$$v_o = v_{o1} - \frac{1}{RC}\int_{t_1}^{t_2} (-V_{REF})dt = 0 \qquad (9.2.6)$$

设 $T_2=t_2-t_1$，把式（9.2.5）代入式（9.2.6），可得

$$\frac{2^n T_C}{RC}v_I = \frac{T_2}{RC}V_{REF}$$

即

$$T_2 = \frac{2^n T_C}{V_{REF}}v_I \qquad (9.2.7)$$

设在 T_2 期间计数器所累计的时钟脉冲个数为 λ，则

$$T_2 = \lambda T_C = \frac{2^n T_C}{V_{REF}}v_I$$

整理得

$$\lambda = \frac{T_2}{T_C} = \frac{2^n}{V_{REF}}v_I \qquad (9.2.8)$$

式（9.2.8）表明，n 位计数器的计数值 λ 与输入电压值 v_I 成正比，只要 $v_I < V_{REF}$，该电路就能将输入模拟电压转换为数字量，并能从计数器中读取转换结果。若取 $V_{REF}=2^n$ V，则 $\lambda=v_I$，计数器的计数值就等于被测电压。

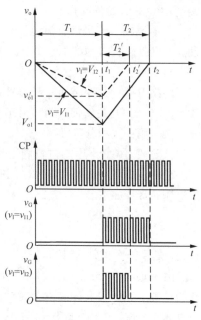

图 9.2.9 双积分型 ADC 的电压波形图

在图9.2.9中，当 v_I 取两个不同的数值 V_{I1} 和 V_{I2} 时，反向积分的时间 T_2 和 T_2' 也不相同，而且时间的长短与 v_I 的值成正比。由于 CP 是固定频率的时钟脉冲，因此计数器的计数脉冲数量 λ 也与 v_I 成正比。

双积分型 ADC 突出的优点是工作稳定性好。由式（9.2.7）可知，由于转换过程中先后进行两次积分，抵消了时间常数 RC 的作用，转换结果与 RC 无关，因此参数 R、C 的缓慢变化不影响电路的转换精度，电路也不要求 R、C 的数值十分精确。此外，式（9.2.8）还说明，在取 $T_2=\lambda T_C$ 的情况下，转换结果与时钟信号周期无关。即使时钟信号随环境温度的改变而缓慢变化，只要保证每次转换过程中 T_C 不变，那么时钟周期的缓慢变化也不会带来转换误差。因此，完全可以用精度比较低的元器件制成精度很高的双积分型 ADC。双积分型 ADC 的另一个优点是抗干扰能力强。因为 ADC 的输入端使用了积分器，所以对平均值为 0 的噪声有很强的抑制能力。当积分时间等于交流电网电压周期的整数倍时，还能有效地抑制来自电网的工频干扰。

双积分型 ADC 的主要缺点是工作速度慢。由图9.2.9可以看出，每完成一次转换的时间不小于 $(T_1 + T_2)$，如果再加上转换前的准备时间（积分电容放电及计数器复位的时间）和输出转换结果的时间，完成一次转换所需的时间较长，典型的转换速度为每秒几十次。尽管如此，在对转换速度要求不高的场合，如数字式万用表，双积分型 ADC 的应用仍然非常广泛。

市场上有多种单片集成双积分型 ADC，只需外接少量的电阻和电容元件，就可以很方便地实现模数转换，还可以直接驱动液晶显示屏或七段数码管。例如，CC14433、CB7106/7126 等都属于这类器件。为了能直接驱动数码管，这些器件的输出端都设有数据锁存器、译码和驱动电路。为便于驱动二-十进制译码器，计数器都采用二-十进制接法。为提高电路的输入阻抗，在器件的模拟量输入端还设置了输入缓冲器。同时，器件内部还设有自动调零电路，以消除比较器和运算放大器的零点漂移和失调电压。

9.2.5 电压-频率变换型 ADC

电压-频率变换型 ADC 也是一种间接转换型 ADC，简称 V-F 变换型 ADC。它先将输入模拟量转换为与之成比例的频率信号，然后在固定的时间内对该频率信号进行计数，得到的计数结果即输入模拟量对应的数字量。

V-F 变换型 ADC 的原理框图如图9.2.10所示，由压控振荡器（voltage controlled oscillator，VCO）、计数器、寄存器及控制门 G 等几部分组成。VCO 输出的脉冲信号频率 f_{out} 受输入模拟电压 v_I 的控制，且 f_{out} 与 v_I 成线性关系。

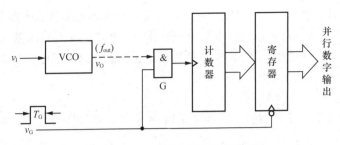

图 9.2.10 V-F 变换型 ADC 的原理框图

模数转换过程受信号 v_G 控制，当 v_G 变成高电平时，控制门 G 被打开，允许 VCO 的输出脉冲通过，驱动计数器从 0 开始计数。由于 v_G 是宽度为 T_G 的脉冲信号，在 T_G 时间里通过门 G 的脉冲数量与 f_{out} 成正比，也与 v_I 成正比，因此，每个 v_G 周期结束时计数器里的数字量就是模数转换结果。考虑到在转换过程中计数器始终实现加计数，其输出持续发生变化，在电路的输出端增设寄存器。当转换结束时，用 v_G 的下降沿将计数器的状态置入寄存器中。

VCO 的输出信号是一种调频信号，有较强的抗干扰能力，所以 V-F 变换型 ADC 非常适用于遥测、遥控系统。当需要远距离传输模拟信号时，可以将 VCO 设置在信号的发送端，而将计数器、控制门和寄存器等设置在接收端。

V-F 变换型 ADC 的转换精度取决于 V-F 变换的精度和计数器的计数容量。V-F 变换的精度受 VCO 的线性度和稳定度的限制，除精密 V-F 变换电路以外，其线性误差都比较大，所以用普通的 VCO 很难构成高精度 ADC。计数器的计数容量也影响转换精度，计数容量越大，转换误差越小。V-F 变换型 ADC 的缺点是转换速度比较慢。计数器要在 T_G 时间内计数，计数脉冲的频率一般不是很高。为保证转换精度，以及足够大的计数器容量，所以计数时间势必较长，转换速度相对较慢。

9.2.6 ADC 的主要技术指标

ADC 的主要技术指标为转换精度和转换速度。选择 ADC 时除考虑这两项指标外，还应该注意输入电压范围、输出数字量的编码形式、工作温度范围和电压稳定度等方面的要求。

1. 转换精度

单片集成 ADC 用分辨率和转换误差来描述转换精度。

（1）分辨率

分辨率表示 ADC 对输入信号的分辨能力，通常用输出数字量的位数表示。ADC 输出数字量的位数越多，量化单位越小，对输入信号的分辨能力就越强。例如，输入模拟电压满量程为 10 V 时，8 位 ADC 能够分辨的最小电压是 $10/2^8 \approx 39.06$ mV，而 10 位 ADC 能够分辨的最小电压是 $10/2^{10} \approx 9.77$ mV。

（2）转换误差

转换误差也称为相对误差或相对精度，表示 ADC 实际输出的数字量与理论输出值的差值。该差值不是一个常数，而是在一个范围之内。转换误差通常指输出误差的最大值，常用最低有效位的倍数表示或满量程输出的百分数表示。例如，转换误差 ≤±1/2LSB 表示实际输出与理论输出之间的误差小于数字量最低有效位的一半。

需注意的是，手册上给出的转换误差都是在特定电源电压和环境温度下测得的数据，如果这些条件改变了，将引起附加的转换误差。例如 10 位模数转换器 AD571 在室温和标准电源电压下转换误差≤±1/2LSB，而当环境温度、电源电压变化时，能产生 ±1LSB 的附加误差。因此，为获得较高的转换精度，必须保证供电电源和参考电压有很好的稳定度，并保证环境温度基本恒定。

2. 转换速度

转换速度是指完成一次模数转换所需要的时间，即 ADC 从转换开始到输出稳定所经历的时间。

ADC 的转换速度主要取决于转换电路的类型，并行比较型 ADC 的转换速度最高（转换时间可小于 50 ns），逐次渐近型 ADC 的次之（转换时间范围为 10 ～ 100 μs），双积分型 ADC 的转换速度较低（转换时间在几十毫秒至几百毫秒之间）。

实际应用中，要从系统数据总线的位数、精度要求、输入模拟信号的范围和极性要求等方面综合考虑选择合适的 ADC。在需要实现高速模数转换的电路中，还应该将采样-保持电路的获取时间（采样信号稳定所需的时间）计入转换时间之内，一般单片集成采样-保持电路的获取时间为微秒数量级。

▶ **思考题**

9.2.1　ADC 的电路结构有哪些类型？它们各有何优缺点？

9.2.2　为什么双积分型 ADC 有很强的抗干扰能力？举例说明其应用。

9.2.3　在哪些场合会用到电压-频率变换型 ADC？

9.3　拓展阅读与应用实践

1. 集成数模转换器 DAC0832

DAC0832 是典型 8 位倒 T 形电阻解码网络 DAC，采用 CMOS 工艺，电源电压为 5 ～ 15 V 均可正常工作，电流建立时间为 1.0 μs。DAC0832 中有两级缓冲寄存器，可与多种微处理器直接相连接，图 9.3.1（a）所示是其逻辑图，图 9.3.1（b）所示为其引脚排列。

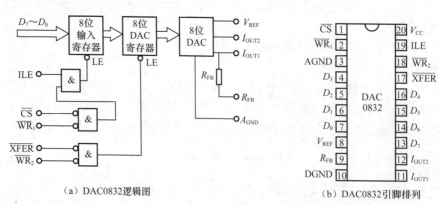

（a）DAC0832 逻辑图　　　　　　　　（b）DAC0832 引脚排列

图 9.3.1　DAC0832

DAC0832 由一个 8 位输入寄存器、一个 8 位 DAC 寄存器和一个 8 位 DAC 等部分组成，DAC 采用倒 T 形 R-$2R$ 电阻解码网络。DAC0832 中有两个独立控制的数据寄存器，可根据需要将其接成不同的工作方式。使用DAC0832时需要外接集成运算放大器，芯片内已设置了反馈电阻R_{FB}，只需将9脚接到集成运算放大器的输出端即可，若电压增益不够可外接反馈电阻。

DAC0832有双缓冲工作方式、单缓冲工作方式和直通工作方式。如果通过控制信号先将8位数字量锁存到输入寄存器，当需要数模转换时再将此数字量由输入寄存器写入DAC寄存器，即可实现双缓冲工作方式。如果使一个寄存器处于常通状态，只控制另一个寄存器的锁存，就实现单缓冲工作方式。如果使两个寄存器都处于常通状态，当外部数字量发生变化时，两个寄存器将跟随数字量变化，这就是直通工作方式；这种工作方式通常被用在连续反馈控制系统中，将DAC0832作为数字增益控制器使用。

用DAC0832产生锯齿波信号的原理电路如图9.3.2所示，它由模为256的计数器和DAC两部分组成。两片中规模计数器74LS169级联成一个模为256的8位二进制计数器，将计数器的输出$Q_7 \sim Q_0$分别接到DAC0832的数据输入端$D_7 \sim D_0$，作为DAC的输入数字量。计数器每输出一组数字量$Q_7 \sim Q_0$，经DAC0832转换后，就会输出与该数字量对应的模拟电压值。

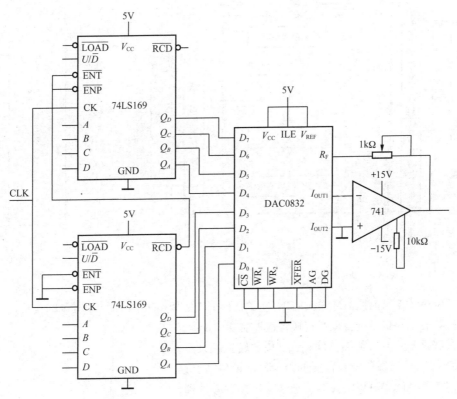

图 9.3.2 用 DAC0832 产生锯齿波信号的原理电路

设参考电压$V_{REF} = +5\ V$，在时钟脉冲CP的作用下，计数器循环计数，计数器的输出从00H到FFH周期性变化。相应地，输出电压v_o将随之输出$0 \sim 5\ V$的梯形波，每一阶梯的电位差约为0.02 V，精度很高，输出的梯形波近似为锯齿波形，如图9.3.3所示。通过调节时钟脉冲的频率可以改变每一阶梯波形的持续时间，从而改变锯齿波信号的周期。为进一步提高输出波形的线性度，可以在图9.3.2中计数器的基础上再级联一级74LS169，构成模为4096的计数器，同时用12位DAC取代8位DAC。

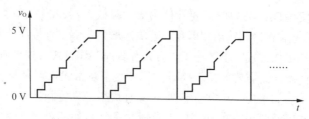

图 9.3.3　用 DAC0832 合成锯齿波的输出波形

2. 集成模数转换器 ADC0809

ADC0809 是典型的 8 位逐次渐近型 ADC，采用 CMOS 工艺，图 9.3.4（a）所示为其逻辑图，由 8 通道模拟开关、地址锁存译码器、DAC、三态输出锁存缓冲器等部分组成，图 9.3.4（b）所示是其管脚排列。

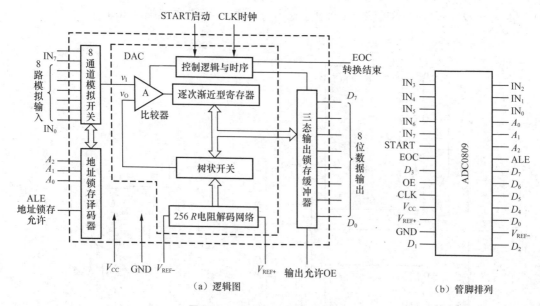

（a）逻辑图　　　　　　　　　　　　　　　　　　　　（b）管脚排列

图 9.3.4　ADC0809 逻辑图与管脚排列

ADC0809 有 8 个模拟信号输入端 $IN_7 \sim IN_0$，可以处理来自 8 个不同信号源的模拟信号，但同一时刻只能有一路信号进行模数转换，这种功能由 8 通道模拟开关和地址锁存译码器共同完成。模数转换结束后，将转换结果送至三态输出锁存缓冲器。外部设备需要读取数据时，将 ADC 的 OE 端拉高，选通输出锁存缓冲器，即可将转换结果输出。在使用中，ADC0809 可以直接与 MCS51、AVR 等单片机相连，无须另加接口逻辑。

3. 单片机内部的 ADC

目前很多型号的单片机内部也集成 DAC 或 ADC。例如，在 Arduino UNO 开发板的单片机 ATMEGA328P 内部就集成了一个 8 通道 10 位 ADC，使用函数 analogRead(pin) 即可把引脚 pin 输入的模拟量（默认值为 0 ～ 5 V）转换为 10 位二进制数字量。图 9.3.5 所示为采用 Arduino UNO 实现自

图 9.3.5　用 Arduino UNO 实现自动控制路灯

动控制路灯的电路，白天光照较强时路灯关闭，晚上光照较弱时路灯自动开启。

在图9.3.5中，通过光敏电阻感知光线变化，并将代表光线强度的模拟电压值送入Arduino UNO开发板，利用开发板上单片机内部的ADC将该模拟量变为10位数字量，并送给单片机进行处理。

9.4 本章小结

将数字量转换为模拟量的过程称为数模转换，完成数模转换的电路称为数模转换器（DAC）。权电阻解码网络DAC的优点是电路简单，但所需的电阻种类较多。倒T形电阻解码网络DAC仅需两种阻值的电阻，是一种实用的数模转换电路。DAC的主要技术指标有转换速度和转换精度，转换速度与DAC的电路结构有关，转换精度取决于DAC的位数。

将模拟量转换成数字量的过程称为模数转换，完成模数转换的电路称为模数转换器（ADC）。模数转换要经过采样、保持、量化、编码等4个步骤。并行比较型ADC的转换速度较快，逐次渐近型ADC有较高的性价比，双积分型ADC有较强的抗干扰能力，V-F变换型ADC适用于遥测系统。ADC的主要技术指标有转换速度和转换精度，选择ADC时还需考虑输入电压范围、输出数字量的编码形式、工作温度和参考电压稳定度等因素。

📝 习题 9

9.1 设某8位DAC输出电压范围为0 ~ 10 V，当输入数字量为$(10111010)_2$和$(01011001)_2$时，输出模拟量各为多少V？

9.2 已知某DAC电路满刻度输出电压为10 V，要求能分辨的最小模拟电压为4.9 mV，试问其输入数字量的位数n至少是多少？

9.3 在题9.3图所示的权电阻解码网络DAC中，若取$R_F=R/2$，$V_{REF}=5$ V，试求当输入数字量为$(0100)_2$时输出电压的大小。

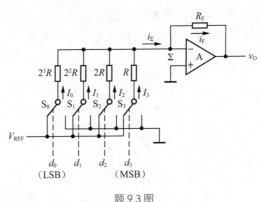

题 9.3 图

9.4 某n位权电阻解码网络DAC如题9.4图所示。

（1）试推导输出电压v_o与输入数字量$d_{n-1}\cdots d_1 d_0$的关系。

（2）若$n=8$，$V_{REF}=-10$ V，$R_F=R/20$，当输入数码为$(26)_{16}$时，试求输出电压v_o的值。

9.5 某6位T形电阻解码网络DAC电路如题9.5图所示，当$R_F=3R$，$V_{REF}=6.3$ V时，试求：

（1）输入数字量$S=(100000)_2$时的输出模拟电压值；

（2）若输入数字量S不变，各位模拟开关接通时均产生0.1 V残余电压，则输出模拟电压有何变化？

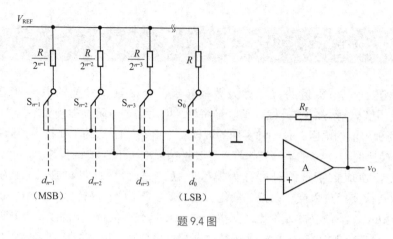

题 9.4 图

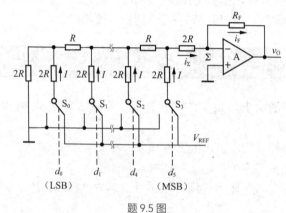

题 9.5 图

9.6 在题9.6图给出的4位倒T形电阻解码网络DAC中，设$V_{REF}=5$ V，$R_F=R=10$ kΩ，试求当输入二进制数码分别为0101、0110、1101时，输出电压v_o的大小。

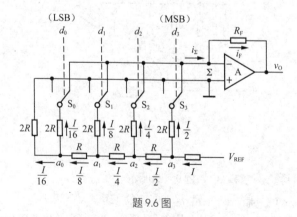

题 9.6 图

9.7 题9.7图所示的电路为10位倒T形电阻解码网络DAC，当$R=R_F$时，试求：

（1）输出电压v_o的取值范围；

（2）若输入数字量为$(200)_{16}$时输出电压v_o=5 V，参考电压V_{REF}应如何取值？

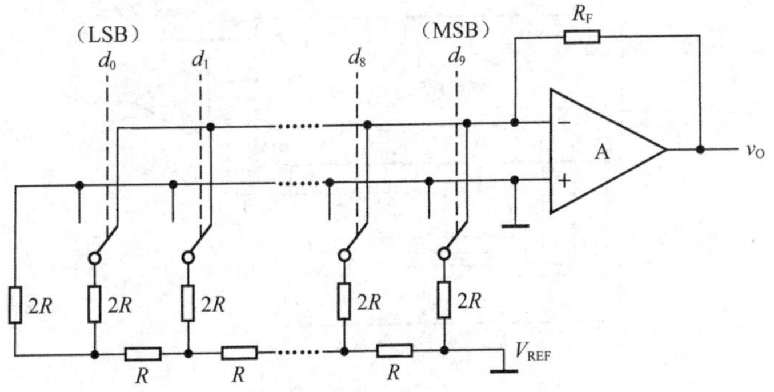

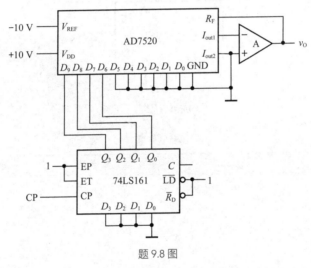

题 9.7 图

9.8　题 9.8 图所示的电路是由 10 位数模转换器 AD7520 和同步十六进制计数器 74LS161 组成的波形发生器电路。已知 AD7520 的 V_{REF}= −10 V，试画出输出电压v_o的波形，并标出波形图上各点电压的幅值。

题 9.8 图

9.9　在题 9.9 图所示的电路中，AD7520 为 10 位数模转换器，74LS160 为同步十进制计数器。ROM 中存储的数据如题 9.9 表所示，其中高 6 位地址$A_9 \sim A_4$始终为 0，在表中没有列出。ROM 的输出数据只用了低 4 位，作为 AD7520 的输入。试分析电路的功能，并画出输出电压v_o的波形图。

9.10　题 9.10 图所示电路是用 AD7520 和运算放大器 A 构成的可编程增益放大电路，其电压增益A_v=v_o/v_I由输入数字量$d_9 \sim d_0$控制，试推导A_v的表达式，并说明A_v的取值范围。

9.11　实现模数转换一般要经过哪几个过程？按工作原理的不同来分类，模数转换器可分为哪几类？

9.12　若 ADC（包括采样 – 保持电路）输入模拟电压信号的最高变化频率为 10 kHz，试说明采样频率的下限是多少？完成一次模数转换所用时间的上限是多少？

9.13　什么是量化误差？它是怎样产生的？

9.14　在题 9.14 图所示的并行比较模数转换电路中，若输入电压v_I为负电压，试问电路能否正常进行模数转换？为什么？如不能正常工作，需要如何改进电路？

9.15　在题 9.14 图所示的并行比较模数转换电路中，若V_{REF}=10 V，v_I=9 V，试求输出数字

量 $d_2d_1d_0$ 的值。

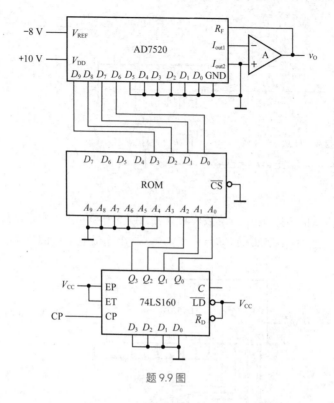

题 9.9 图

题 9.9 表

A_3	A_2	A_1	A_0	D_3	D_2	D_1	D_0
0	0	0	0	0	0	0	0
0	0	0	1	0	0	0	1
0	0	1	0	0	0	1	0
0	0	1	1	0	0	1	1
0	1	0	0	0	1	0	0
0	1	0	1	0	1	0	1
0	1	1	0	0	1	1	0
0	1	1	1	0	1	1	1
1	0	0	0	1	0	0	0
1	0	0	1	0	1	1	1
1	0	1	0	0	1	1	0
1	0	1	1	0	1	0	1
1	1	0	0	0	1	0	0
1	1	0	1	0	0	1	1
1	1	1	0	0	0	1	0
1	1	1	1	0	0	0	1

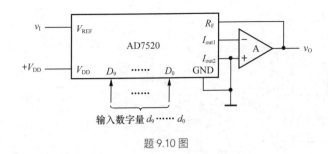

题 9.10 图

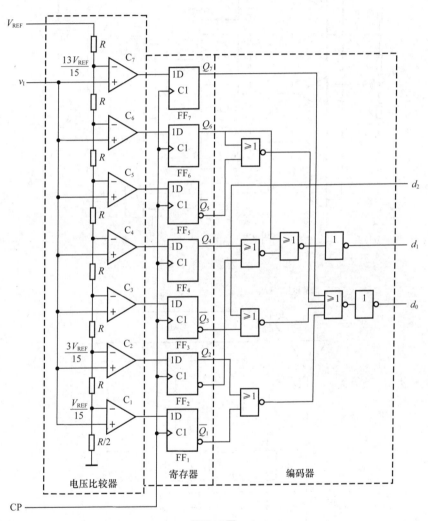

题 9.14 图

9.16　题 9.16 图所示的电路为并行比较型 ADC，由电阻分压器、比较器、寄存器和编码器等组成，采用"有舍有入"量化方式，试分析电路的工作原理。假设参考电压 V_{REF}=7.5 V，输入模拟电压 v_I 范围为 0 ～ 7.5 V，当 v_I=4.87 V 时，其输出数字量为多少？

9.17　题 9.17 图所示的电路为 3 位逐次渐近型 ADC 原理图，如果将 ADC 的输出扩展至 10 位，时钟信号频率为 1 MHz，试计算完成一次转换操作所需的时间。

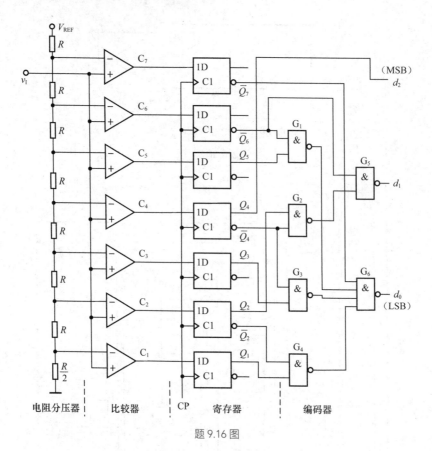

题 9.16 图

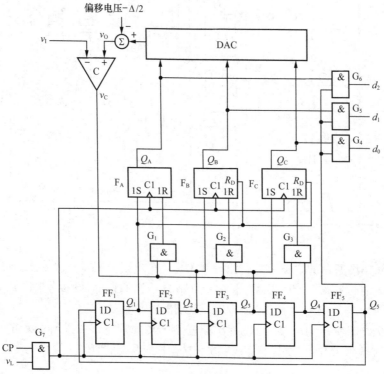

题 9.17 图

第 **10** 章

脉冲波形的产生与变换

  脉冲波形的产生电路与变换电路是电子技术中广泛使用的两类电路。波形产生电路是通过电路自激，在无外加输入信号的作用下，能自动产生具有一定频率和幅度交流信号的电路；波形变换电路是能把输入信号波形变换成指定波形的电路。

  本章从波形的基础知识开始，讲述施密特触发器（Schmitt trigger）、单稳态触发器和多谐振荡器的原理及应用等。多谐振荡器是能产生矩形脉冲的自激振荡电路，可由施密特触发器构成，也可以采用石英晶体振荡器，使其振荡频率取决于晶体的串联谐振频率。555定时器在历史上是一个传奇，它将模拟电路和数字电路巧妙结合在一起，只需外接少量元件即可构成各种实用电路。

⚛ **学习目标**

（1）熟悉施密特触发器的基本原理，掌握常用的集成施密特触发器及其应用。

（2）熟悉单稳态触发器的基本原理，掌握输出脉冲宽度的计算方法。

（3）熟悉多谐振荡器的基本原理，掌握多谐振荡器的构成及周期的计算。

10.1　波形的基础知识

在电子技术领域，信号的波形通常分为正弦波和非正弦波两大类。凡是按正弦规律变化的波形统称为正弦波，凡是按非正弦规律变化的波形统称为非正弦波或脉冲波。图 10.1.1 所示为一些常见的波形。其中图 10.1.1（a）所示是按正弦规律变化的波形，属于正弦波；图 10.1.1（b）～图 10.1.1（f）所示是按非正弦规律变化的波形，属于脉冲波。这些波形都是时间的函数，正弦波的幅值是连续变化的，脉冲波幅值的变化有突变点，且有缓慢变化和快速变化的部分。

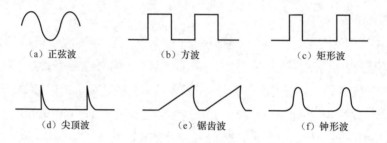

（a）正弦波　　　　　　（b）方波　　　　　　（c）矩形波

（d）尖顶波　　　　　　（e）锯齿波　　　　　　（f）钟形波

图 10.1.1　一些常见的波形

在数字系统中，常见的脉冲波是矩形脉冲波（如矩形波、方波）。理想矩形脉冲波的突变部分是瞬时的，即瞬间完成高、低电平的跳变。但实际矩形脉冲波的电平跳变都需要一定的过渡时间。图 10.1.2 所示为矩形脉冲波的实际波形。

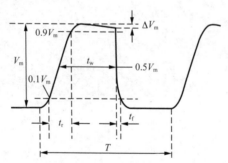

图 10.1.2　矩形脉冲波的实际波形

其参数描述如下。

脉冲幅度 V_m：指脉冲高、低电平之差，它反映了脉冲信号的最大变化幅度。

上升时间 t_r：脉冲上升沿从 $0.1V_m$ 上升到 $0.9V_m$ 所需的时间。

下降时间 t_f：脉冲下降沿从 $0.9V_m$ 下降到 $0.1V_m$ 所需的时间。

脉冲周期 T：脉冲波形上相邻两个对应点的时间间隔，其倒数称为信号的频率。

平均脉冲宽度 t_w：脉冲前沿上升至 $0.5V_m$ 处和后沿下降至 $0.5V_m$ 处的时间间隔。t_w 是脉冲信号的持续时间，$(T-t_w)$ 则称为脉冲休止期。

占空比 q：平均脉冲宽度 t_w 和脉冲周期 T 的比值，即 $q=t_w/T$，方波的占空比为 50%。

顶部倾斜：图 10.1.2 中的 ΔV_m 之值。

频谱分析表明，矩形脉冲的上升沿和下降沿变化速度快，集中了信号的高频成分；顶部和底部变化速度慢，集中了信号的低频成分。将脉冲信号加至放大电路的输入端，若输出信号波形的边沿很陡，说明放大电路能够放大快速变化的信号，有很高的上限截止频率；若输出信号的顶部和底部很平，说明放大电路能放大缓慢变化的信号，有很低的下限截止频率。

▶ 思考题

10.1.1 什么是脉冲波？什么是占空比？方波的占空比是多少？

10.1.2 什么是正弦波，如何用电路产生正弦波？

10.1.3 声波和光波的波长分别是多少？

10.2 施密特触发器

施密特触发器常用于脉冲波形变换，用于将边沿变坏的矩形脉冲重新整形，还可以去掉叠加在矩形脉冲上的噪声。施密特触发器有两个不同的阈值电平，用 V_{T+} 和 V_{T-} 表示。在输入信号上升和下降的过程中，引起输出发生跳变的阈值电平不同。

10.2.1 用门电路组成施密特触发器

由两级CMOS反相器组成的施密特触发器如图10.2.1（a）所示，图10.2.1（b）所示为其逻辑符号。电路中两个CMOS反相器串联在一起，输出电压 v_O 通过分压电阻 R_1 和 R_2 反馈到输入端，其中 $R_1 < R_2$。

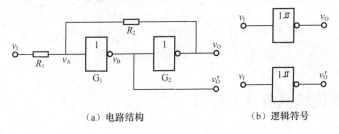

（a）电路结构　　　　　　　　　（b）逻辑符号

图 10.2.1 由两级 CMOS 反相器组成的施密特触发器

由图10.2.1（a）可知，门 G_1 的输入电平 v_A 决定电路的状态。根据叠加原理，有

$$v_A = \frac{R_2}{R_1+R_2}v_I + \frac{R_1}{R_1+R_2}v_o \qquad (10.2.1)$$

假设CMOS反相器的阈值电平 $V_{th} \approx V_{DD}/2$，输入信号 v_I 为三角波，如图10.2.2所示。当 $v_I=0$ 时，门 G_1 截止，$v_B=V'_{OH}$，门 G_2 导通，$v_o=V_{OL} \approx 0$ V。这是施密特触发器的第一种稳定工作状态，此时 $v_A \approx 0$ V。

v_I 从 0 V 开始增加时，当 v_I 上升到使 $v_A=V_{th}$ 时，电路发生状态转换，此时 v_I 的值称为正向阈值电平或上限触发电平，记为 V_{T+}，即

$$V_{T+} = \left(1 + \frac{R_1}{R_2}\right)V_{th} \qquad (10.2.2)$$

电路的状态很快转换为 $v_O=V_{OH} \approx V_{DD}$，这是施密特触发器的第二种稳定工作状态。

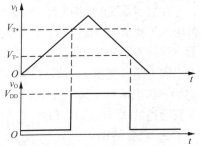

图 10.2.2 施密特触发器的工作波形

v_I 上升至最大值后开始下降，当 $v_A=V_{th}$ 时电路再次发生状态转换，此时 v_I 的值称为负向阈值电平或下限触发电平，记为 V_{T-}，即

$$V_{T-} = \left(1 - \frac{R_1}{R_2}\right)V_{th} \qquad (10.2.3)$$

电路的状态很快转换为 $v_O=V_{OL}\approx 0$ V，施密特触发器回到第一种稳定工作状态。由于触发器内部存在正反馈过程，电路状态转换速度很快，输出电压波形的边沿很陡峭。

施密特触发器的正向阈值电压 V_{T+} 和负向阈值电压 V_{T-} 之差值称为回差电压 ΔV_T，即

$$\Delta V_T = V_{T+} - V_{T-} = 2\frac{R_1}{R_2}V_{th} \qquad (10.2.4)$$

根据式（10.2.2）和式（10.2.3）画出的电压传输特性曲线如图 10.2.3（a）所示，v_O 和 v_I 的高、低电平同相。如果以图 10.2.1（a）所示的 v_O' 作为输出端，则得到的电压传输特性曲线如图 10.2.3（b）所示，v_O 和 v_I 的高、低电平反相。

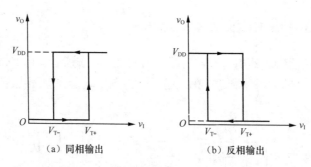

（a）同相输出　　　　　　　　（b）反相输出

图 10.2.3　施密特触发器的电压传输特性曲线

10.2.2　施密特触发器的应用

施密特触发器的用途很广，下面举几个典型的应用。

1. 波形变换

施密特触发器有两个阈值，利用其滞回特性可以实现波形变换，如图 10.2.2 所示，输入为三角波，输出为矩形波。同样，利用图 10.2.1 所示的施密特触发器也可以将输入的正弦波、锯齿波等变换成矩形波，读者可自行分析。

2. 波形整形

在数字系统中，矩形脉冲经过传输后波形可能会发生畸变，或者在信号的高电平和低电平期间串入干扰信号，使波形的上升沿和下降沿明显变坏；从传感器来的信号也可能具有不规则的波形。这些波形都需要经过整形才能被数字系统处理。图 10.2.4（a）所示的输入信号 v_I 不仅波形上升沿和下降沿变坏，且波形顶部干扰严重，选择具有合适回差电压 ΔV_T 的施密特触发器对其进行整形，输出信号 v_O 又变为理想矩形脉冲。图 10.2.4（b）所示输入信号 v_I 波形也严重变坏，通过选择合适的阈值电压 V_{T+} 和 V_{T-}，经施密特触发器整形后，输出信号 v_O 也能变为理想矩形波。

3. 幅度鉴别

利用施密特触发器的输出信号 v_O 取决于输入信号 v_I 幅度的特点，可以通过调整触发器的正向阈值电平 V_{T+} 到规定的幅度 V_{th}，使某些信号被鉴别出来。例如，将一系列幅度各异的脉冲信号加

到施密特触发器的输入端 v_I，只有那些幅度大于正向阈值电平 V_{T+} 的脉冲才能产生输出信号，如图 10.2.5 所示。因此施密特触发器具有幅度鉴别能力，可以选出幅度大于 V_{th} 的信号，消除幅度较小的脉冲信号。

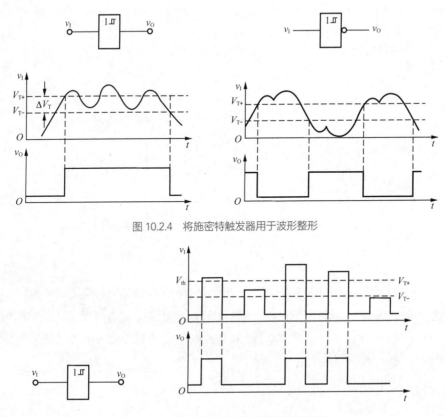

图 10.2.4　将施密特触发器用于波形整形

图 10.2.5　将施密特触发器用于脉冲幅度鉴别

▶ **思考题**

10.2.1　施密特触发器与模拟电路中的滞回比较器有何关系？为什么称为触发器？

10.2.2　机械磁盘磁头读取数据的波形是什么样的？如何对其进行纠错？

10.2.3　施密特触发器都有哪些应用？

10.3 单稳态触发器

单稳态触发器被广泛应用于脉冲波形的变换、延迟和定时电路中。它具有稳态和暂稳态两个不同的工作状态，在外界触发脉冲的作用下，能够从稳态翻转到暂稳态。暂稳态不是一个能长久保持的状态，维持一段时间之后，又自动翻转到稳态。暂稳态的持续时间取决于电路的定时环节，与触发脉冲的宽度和幅度无关。

10.3.1　用施密特触发器构成单稳态触发器

利用 CMOS 施密特触发器的滞回特性可以构成单稳态触发器，图 10.3.1（a）所示是由施密

特触发器和 R、C 定时元件构成的单稳态触发器，其工作波形如图 10.3.1（b）所示。

假设输入触发脉冲 v_I 的低电平为 0 V，高电平为 V_{IH}。当 $v_I=0$ V 时，$v_A=0$ V，输出电压 $v_O=V_{OL}$，电路处于稳定状态。触发脉冲 v_I 的上升沿到达后，由于电容 C 两端的电压不能跳变，v_A 也随之上跳同样的幅度。此时 $v_A > V_{T+}$，施密特触发器发生状态翻转，输出 $v_O=V_{DD}$，电路进入暂稳态。此后，随着电容 C 的充电，v_A 按指数规律下降。在 v_A 达到 V_{T-} 之前，电路维持 $v_O=V_{DD}$。当 v_A 下降至 V_{T-} 时，施密特触发器再次发生翻转，电路由暂稳态回到稳态。

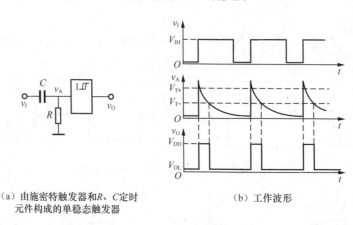

（a）由施密特触发器和 R、C 定时　　　　　　　（b）工作波形
　　　元件构成的单稳态触发器

图 10.3.1　由施密特触发器和 R、C 定时元件构成的单稳态触发器及其工作波形

由上述分析可知，输出脉冲的宽度等于电容 C 开始充电，v_A 从 V_{IH} 下降至 V_{T-} 所需的时间。忽略施密特触发器输入端的电流，则充电时间常数为 RC，v_A 的初始值为 V_{IH}，稳态值为 V_{T-}，终值 $v_A(\infty)$ 为 0 V。因此，输出脉冲宽度为

$$t_w = RC \ln \frac{V_{IH}}{V_{T-}}$$

10.3.2　单稳态触发器的主要应用

单稳态触发器是数字系统中常用的基本单元电路，典型应用如下。

1. 定时

由前面的分析可知，单稳态触发器在触发脉冲的作用下，能产生一定宽度为 t_w 的矩形脉冲，如果利用该矩形脉冲作为定时信号去控制某电路，则可使其在 t_w 内动作。例如，用单稳态触发器输出的正脉冲控制与门 G，如图 10.3.2 所示，则只有这个 t_w 时间内的高频信号 v_2 才能通过与门 G 传送到输出端，在其他时间里，信号 v_2 被单稳态触发器输出的低电平屏蔽掉。

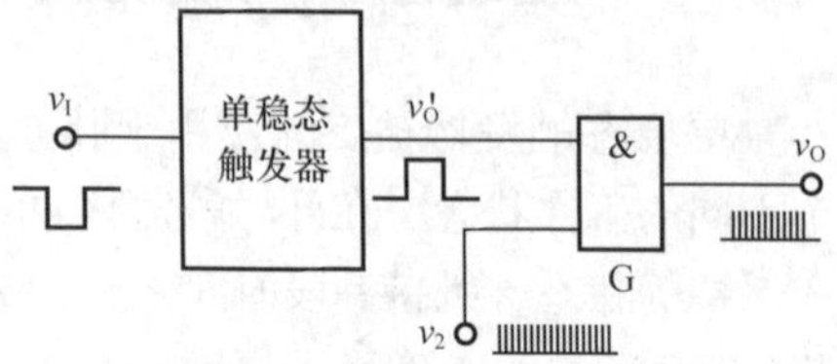

2. 延时

由图 10.3.1 可见，如果以单稳态触发器稳态结束时输出电压 v_O 的跳变为有效边沿，与触发脉冲 v_I 的跳变相比，v_O 的下降沿相对 v_I 的上升沿延迟了 t_w 时间，单稳态触发器具有延时作用，这种延时作用常被用于时序控制。

图 10.3.2　用单稳态触发器输出的
正脉冲控制与门 G

3. 波形整形

利用单稳态触发器的触发和定时功能可以实现波形的整形。例如，将图 10.3.3（a）所示的

不规则脉冲作为单稳态触发器的触发脉冲，则它的输出就成为具有确定宽度为t_w和幅度、边沿陡峭的同频率矩形波，如图10.3.3（b）所示，这种作用便是波形的整形。

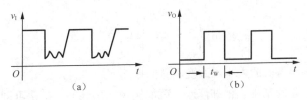

图 10.3.3　单稳态触发器的整形作用

▶ 思考题

10.3.1　在图10.3.1（a）所示的单稳态触发器电路中，电容C和电阻R构成微分电路，该微分电路何时可以去掉？

10.3.2　根据触发方式的不同，单稳态触发器分为可重触发和不可重触发两种，请查阅资料后说明二者有何区别。

10.3.3　请结合实际举例说明单稳态触发器的用途。

10.4　多谐振荡器

在实用电路中，除了常见的正弦波发生器，多谐振荡器也是一类常用电路。多谐振荡器是能产生矩形脉冲或方波的自激振荡电路。多谐振荡器没有稳态，只有两个暂稳态，故又称为无稳态电路。

多谐振荡器的电路形式很多，它们都有一些共同特点：第一，电路中含有开关元件，如逻辑门电路、电压比较器、模拟开关等，这些元件主要用于产生高、低电平；第二，电路中含有反馈网络，反馈网络将输出电压反馈给开关元件，使之改变输出状态；第三，电路中含有定时环节，以获得所需的振荡频率，定时环节可以利用RC电路的充放电特性实现，也可以利用器件本身的延迟实现。

10.4.1　由施密特触发器组成的多谐振荡器

利用施密特触发器作为开关，配以R、C定时元件即可构成多谐振荡器，其原理电路如图10.4.1所示。

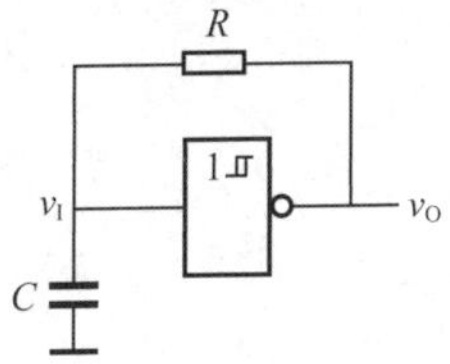

假设初始状态电容C上的电压为0，施密特触发器输出v_O为高电平。此时v_O通过电阻R对电容C充电，v_I开始上升，当v_I达到V_{T+}时，施密特触发器发生翻转，输出v_O变为低电平，电容C又开始通过电阻R放电，v_I开始下降。

当v_I达到V_{T-}时，施密特触发器再次发生翻转，输出v_O变为高电平，电容C重新开始充电。如此周而复始形成振荡，v_O和v_I的电压波形如图10.4.2所示。

对于CMOS施密特触发器，假设$V_{OH}\approx V_{DD}$，$V_{OL}\approx 0$，则根据图10.4.2所示的电压波形可得振荡

图 10.4.1　用施密特触发器构成多谐振荡器的原理电路

周期的计算公式为

$$T = T_1 + T_2 = RC \ln \frac{V_{\text{T}-} - V_{\text{DD}}}{V_{\text{T}+} - V_{\text{DD}}} + RC \ln \frac{V_{\text{T}+}}{V_{\text{T}-}}$$

$$= RC \ln \left(\frac{V_{\text{T}-} - V_{\text{DD}}}{V_{\text{T}+} - V_{\text{DD}}} \cdot \frac{V_{\text{T}+}}{V_{\text{T}-}} \right)$$

（10.4.1）

通过调节电阻 R 和电容 C 的大小可改变电路的振荡周期。

在图 10.4.1 所示电路的基础上稍加修改，就能实现输出脉冲占空比可调的多谐振荡器，如图 10.4.3 所示。在这个电路中，利用二极管的单向导电性使电路的充电回路和放电回路不同，充电和放电时间常数不一样。只要改变 R_1 和 R_2 的比值，就能改变输出波形的占空比。

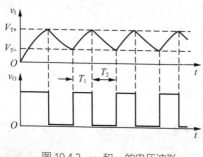

图 10.4.2　v_{O} 和 v_{I} 的电压波形

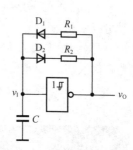

图 10.4.3　占空比可调的多谐振荡器

*10.4.2　压控振荡器

压控振荡器是一种频率可控的振荡器，其振荡频率受输入电压的控制。压控振荡器被广泛用于自动检测、自动控制和通信系统中。下面讨论施密特触发器型压控振荡器的工作原理。

在图 10.4.1 所示的多谐振荡器中，电容 C 的充电和放电电流均来自施密特触发器的输出端，如果采用独立的压控电流源对电容 C 进行充电和放电，就可以实现用输入电压 v_{I} 控制振荡频率。压控振荡器的原理如图 10.4.4（a）所示，其中电容 C 的充电和放电转换开关 K 受施密特触发器输出 v_{O} 的控制，充电和放电电流受输入电压 v_{I} 的控制。

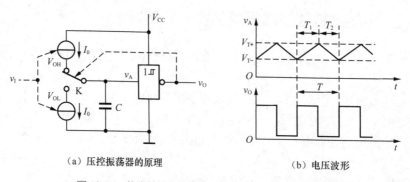

（a）压控振荡器的原理　　　　　　　　（b）电压波形

图 10.4.4　施密特触发器型压控振荡器的原理及电压波形

由图 10.4.4（b）所示的电压波形可以看出，当电容 C 的充电和放电电流 I_0 增加时，充电时间 T_1 和放电时间 T_2 随之缩短，振荡周期 T 缩短，振荡频率增加。电容 C 恒流充、放电，电压 v_{A} 线性变化，如果充电和放电电流相等，则电压 v_{A} 是对称的三角波，施密特触发器输出 v_{O} 为方波。

10.4.3　石英晶体振荡器

晶体振荡器简称晶振，分为有源晶振（oscillator）和无源晶振（crystal）。有源晶振由晶体和内置集成电路（IC）组成，无须外接元器件，只要加电即可输出一定频率的振荡信号；无源晶振严格来说不能叫晶振，只能算晶体，必须外接振荡电路才能工作。

石英晶体能作为振荡器的选频元件，是基于它的压电效应：若在晶片的两极施加电压，晶片就会产生机械变形；反之，若在晶片的两侧施加机械压力，晶片的两极就会产生电压。如果在晶片上加交变电压，晶片会产生机械振动，同时机械振动又会产生交变电场。这种机械振动的振幅和交变电场都非常微小，当外加交变电压的频率与晶片的固有频率相同时，其振幅将大很多，这就是晶体的谐振特性。谐振频率与晶片的切割方式、几何形状和尺寸等因素有关。

图 10.4.5 所示为石英晶体的符号和电抗频率特性。石英晶体的选频特性非常好，具有稳定的串联谐振频率 f_0，且等效品质因数 Q 值很大。采用门电路与石英晶体构成的石英晶体振荡电路如图 10.4.6 所示，其中的电容 C' 为隔直电容。为了改善输出波形，增强带负载的能力，我们可以在振荡电路的输出端再加一级反相器。

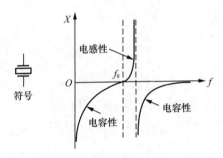

图 10.4.5　石英晶体的符号和电抗频率特性

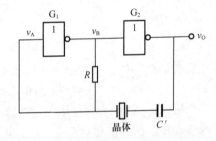

图 10.4.6　石英晶体振荡电路

石英晶体振荡器具有体积小、重量轻、可靠性高、频率稳定度高等优点。振荡器在工作温度范围内的频率变化与标称频率的比值称为频率稳定度，它是衡量振荡器质量的重要指标。普通石英晶体振荡器的频率稳定度可达 $1 \times 10^{-11} \sim 1 \times 10^{-9}$，因此，完全可以将石英晶体振荡器视为恒定的基准频率源。

▶ 思考题

10.4.1　多谐振荡器中的"多谐"是什么含义？

10.4.2　利用压控振荡器是否可以实现模数转换？

10.4.3　如何能稳定多谐振荡器的振荡频率？

10.5　555 定时器及其应用

555 定时器是一种多用途单片集成电路，其设计初衷是取代传统的机械式定时器，后来风靡全球。555 定时器将模拟电路和数字电路巧妙地结合在一起，只需外接少量的元件即可构成施密特触发器、单稳态触发器、多谐振荡器等电路，被广泛用于信号的产生、变换、检测与控制等领域。

10.5.1　555定时器的结构及工作原理

目前生产的555定时器有双极型和CMOS型，如NE555、AIP555和TLC555等，其结构及工作原理基本相同。图10.5.1所示为555定时器的内部结构框图，由电阻分压器、电压比较器C_1和C_2、基本RS触发器、放电管T_{28}和输出缓冲器G组成，其中，电阻分压器由3个阻值为5 kΩ的电阻组成，放电管T_{28}为集电极开路输出的放电晶体管。

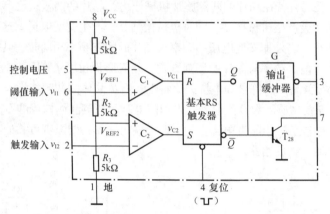

图10.5.1　555定时器的内部结构框图

电压比较器C_1、C_2的基准电压由电阻$R_1 \sim R_3$分压提供，C_1的基准电压为$V_{REF1}=2V_{CC}/3$，C_2的基准电压为$V_{REF2}=V_{CC}/3$。外部控制电压通过5脚输入，其功能是调整电压比较器C_1和C_2的基准电压。外部输入v_{I1}通过6脚接于电压比较器C_1的同相输入端，称为阈值输入；外部输入v_{I2}通过2脚接于电压比较器C_2的反相输入端，称为触发输入。

定时器的工作状态由内部RS触发器的状态决定，电压比较器C_1、C_2的输出控制RS触发器的状态，并通过触发器的$\overline{Q}$端控制放电管T_{28}的工作状态。4脚为内部RS触发器的异步复位端，低电平有效，触发器被复位后，$\overline{Q}$端输出高电平，放电管T_{28}导通。

当$v_{I1} < V_{REF1}$，$v_{I2} < V_{REF2}$时，电压比较器C_1输出低电平，C_2输出高电平，$RS=01$，触发器被置位，$\overline{Q}$端为低电平，3脚输出高电平，放电管T_{28}截止。

当$v_{I1} > V_{REF1}$，$v_{I2} > V_{REF2}$时，电压比较器C_1输出高电平，C_2输出低电平，$RS=10$，触发器被复位，$\overline{Q}$端为高电平，3脚输出低电平，放电管T_{28}导通。

当$v_{I1} < V_{REF1}$，$v_{I2} > V_{REF2}$时，电压比较器C_1和C_2均输出低电平，$RS=00$，触发器维持原状态不变，$\overline{Q}$端保持以前的状态。

综上分析，555定时器的功能表如表10.5.1所示，其中符号×代表输入电压为任意值。

表10.5.1　555定时器的功能表

输入			输出	
阈值输入v_{I1}	触发输入v_{I2}	复位输入（4脚）	输出v_O（3脚）	放电管T_{28}
×	×	0	0	导通
$< V_{REF1}$	$< V_{REF2}$	1	1	截止
$> V_{REF1}$	$> V_{REF2}$	1	0	导通
$< V_{REF1}$	$> V_{REF2}$	1	不变	不变

555定时器可以在很宽的电压范围内工作，能够承受较大的负载电流：双极型555定时器的工作电压范围为$5 \sim 16$ V，最大负载电流可达200 mA；CMOS型555定时器的工作电压范围为$3 \sim 18$ V，最大负载电流为4 mA。

10.5.2　由555定时器组成的施密特触发器

将555定时器的阈值输入端（6脚）和触发输入端（2脚）连接在一起，便构成了施密特触发器，如图10.5.2（a）所示，其中放电管T_{28}的集电极经上拉电阻R_C接至V_{CC2}，此时输出电压v_{o2}的高电平可通过电阻R_C和V_{CC2}调整，实现电平转换。

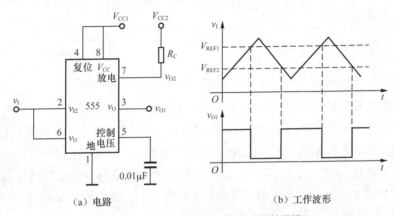

（a）电路　　　　　　　　　　　　　　（b）工作波形

图 10.5.2　由 555 定时器构成的施密特触发器

由图10.5.1可知，电压比较器C_1、C_2阈值电压分别为$V_{REF1}=2V_{CC1}/3$和$V_{REF2}=V_{CC1}/3$。假设输入信号v_I的波形如图10.5.2（b）所示，在$t=0$时刻，$v_I < V_{REF2}$，此时C_1输出低电平，C_2输出高电平，$RS=01$，RS触发器置位，v_{O1}输出高电平，如图10.5.2（b）所示。当v_I增加到V_{REF2}时，C_2的输出变为低电平，$RS=00$，触发器维持原状态不变，v_{O1}继续输出高电平；当v_I增加到V_{REF1}时，C_1输出变为高电平，$RS=10$，触发器翻转，v_{O1}输出低电平；输入v_I继续增加，上述状态保持不变。

当v_I从V_{CC}开始下降时，只要$v_I > V_{REF2}$，v_{O1}的输出保持低电平；当v_I下降到V_{REF2}时，触发器发生翻转，v_{O1}的输出变为高电平；若输入v_I继续减小，上述状态保持不变。输入为三角波时，从施密特触发器的v_{O1}端输出为方波。

触发器的回差电压$\Delta V_T = V_{REF1} - V_{REF2} = V_{CC1} / 3$，若将5脚外接直流控制电压，则可以改变阈值电压$V_{REF1}$和$V_{REF2}$，进而改变回差电压的大小。

10.5.3　由555定时器组成的单稳态触发器

由555定时器组成的单稳态触发器及其工作波形如图10.5.3所示，其中R、C为定时元件，v_I为外部触发脉冲，将其通过2脚接于电压比较器C_2的反相输入端。稳态时v_I输入为高电平，电压比较器C_2输出低电平，触发器置位信号$S=0$。R_d和C_d为输入回路的微分环节，如果输入的负触发脉冲宽度小于单稳态触发器的输出脉冲宽度，微分环节可以省略。

电源刚接通时，V_{CC}通过电阻R给电容C充电，当电容上的电压上升到V_{REF1}时，555定时器内部的电压比较器C_1输出高电平，由于此时无触发脉冲，电压比较器C_2输出低电平，即$RS=10$，

RS 触发器被复位；v_0 输出低电平，同时放电管 T_{28} 导通，将电容 C 上的电荷迅速放掉，使 C_1 输出低电平，此时，$RS=00$，基本 RS 触发器处于保持状态，输出不再发生变化，电路进入稳定状态。

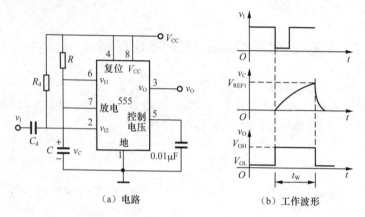

(a) 电路　　　　　　　　(b) 工作波形

图 10.5.3　由 555 定时器组成的单稳态触发器及其工作波形

若在单稳态触发器输入端 v_1 施加触发脉冲，当触发脉冲的下降沿到来时，由于 2 脚电位低于 V_{REF2}，C_2 输出高电平，此时 $RS=01$，RS 触发器被置位，$\overline{Q}$ 端输出低电平，电路开始进入暂稳态，v_0 输出高电平，放电管 T_{28} 截止。V_{CC} 通过电阻 R 开始给电容 C 充电，电容上的电压 v_C 按指数规律上升，当 v_C 上升到 V_{REF1} 时，C_1 输出高电平，由于此时外部触发脉冲已经撤销（v_1 回到高电平），C_2 输出低电平，即 $RS=10$，RS 触发器被复位，暂稳态过程结束，电路又自动返回到初始稳态，v_0 变为低电平，放电管 T_{28} 导通。

如果忽略放电管 T_{28} 的饱和压降，则暂稳态持续的时间为电容从 0 充电至 V_{REF1} 所需的时间，因此

$$t_w = RC \ln \frac{V_{CC}}{V_{CC} - 2V_{CC}/3} = RC \ln 3 \approx 1.1 RC$$

该电路产生的脉冲宽度为几微秒到数分钟，精度可达 1%。在图 10.5.3 中，控制电压输入端（5 脚）通过 0.01 μF 电容接地，以防止脉冲干扰。

10.5.4　由 555 定时器组成的多谐振荡器

多谐振荡器是能产生矩形脉冲或方波的自激振荡电路。由 555 定时器组成的多谐振荡器如图 10.5.4（a）所示，图 10.5.4（b）所示为其工作波形。

接通电源后，V_{CC} 通过电阻 R_1、R_2 给电容 C 充电，充电时间常数为 $(R_1+R_2)C$，电容上的电压 v_C 按指数规律上升，当 v_C 上升到 $V_{REF1}=2V_{CC}/3$ 时，电压比较器 C_1 输出高电平，C_2 输出低电平，$RS=10$，RS 触发器被复位，放电管 T_{28} 导通，此时 v_0 输出低电平，电容 C 开始通过 R_2 放电，放电时间常数约为 R_2C，v_C 下降；当 v_C 下降到 $V_{REF2}=V_{CC}/3$ 时，电压比较器 C_1 输出低电平，C_2 输出高电平，$RS=01$，RS 触发器被置位，放电管 T_{28} 截止，v_0 输出高平，电容 C 又开始充电；当 v_C 上升到 $V_{REF1}=2V_{CC}/3$ 时，触发器又开始发生翻转。如此周而复始，v_0 输出矩形脉冲。

由图 10.5.4（b）可知，电容 C 的放电时间是 v_C 从 $V_{REF1}=2V_{CC}/3$ 下降到 $V_{REF2}=V_{CC}/3$ 所需的时间，因此

$$T_1 = R_2 C \ln 2 \approx 0.7 R_2 C$$

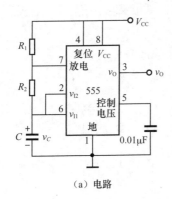
（a）电路

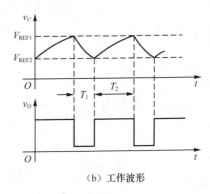
（b）工作波形

图 10.5.4　由 555 定时器组成的多谐振荡器

电容 C 的充电时间是 v_C 从 $V_{\text{REF1}}=V_{\text{CC}}/3$ 上升到 $V_{\text{REF2}}=2V_{\text{CC}}/3$ 所需的时间，即

$$T_2 = (R_1 + R_2)C \ln 2 \approx 0.7(R_1 + R_2)C$$

因而，振荡周期为

$$T = T_1 + T_2 \approx 0.7(R_1 + 2R_2)C$$

多谐振荡器输出矩形波的占空比为

$$D = \frac{T_1}{T} = \frac{R_2}{R_1 + 2R_2}$$

上面仅讨论了 555 定时器的几种简单应用。实际上，由于 555 定时器功能灵活，输出驱动电流大，在电子技术中获得广泛应用，这里就不再一一枚举了。感兴趣的读者可查阅相关参考书。

▶ 思考题

10.5.1　在 555 定时器中，"555" 的含义有可能是什么？

10.5.2　如何用 555 定时器实现简易电子琴？

10.5.3　试用 555 定时器设计一款有趣的作品。

10.6 拓展阅读与应用实践

555 定时器是一种多用途单片集成电路，1971 年由美国西格尼蒂克（Signetics）公司推出。555 定时器具有简单易用、可靠性高、价格低廉等特点，一经推出便被广泛应用于电子电路设计中，曾被认为是年产量最高的芯片之一。NE555 是实验中常用的 555 定时器型号，工作温度为 0 ～ 70 ℃，TLC555 为其低功耗版本。

1. 过压检测电路

用 555 定时器组成的过压检测电路如图 10.6.1 所示，当被检测电压 v_x 超过某一规定的数值时，发光二极管闪烁发出报警信号。下面分析其电路工作原理，假设晶体管 T 的发射结导通电压为 0.7 V。

正常情况下，稳压管 D_Z 截止，被检测电压 v_x 经电阻 R_3 和 R_5 接地。当 v_x 超过预定值后，稳压二极管 D_Z 被击穿，若此时晶体管 T 的基极电位高于发射结的导通电压 0.7 V，晶体管 T 将进入饱和导通状态，555 定时器的管脚 1 降为低电平（约为 0.3 V）。此时，555 定时器构成多谐振荡器，通过管脚 3 周期性地输出高、低电平，驱动发光二极管闪烁报警。下面计算报警阈值电压的大小。

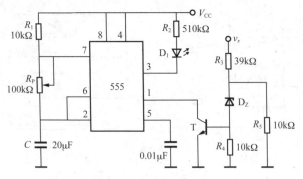

图 10.6.1　过压检测电路

忽略晶体管 T 的基极电流，则

$$v_x = (v_{BE} + V_Z) + \left(\frac{v_{BE} + V_Z}{R_5} + \frac{v_{BE}}{R_4}\right) \times R_3$$

$$= 0.7 + V_Z + \left(\frac{0.7 + V_Z}{10} + \frac{0.7}{10}\right) \times 39 = 4.9V_Z + 6.16$$

可见，选择合适的稳压管，即可设定所需的报警阈值电压。若稳压管的 $V_Z = 5$ V，则报警阈值电压为 30.66 V。此外，还可以通过调整电阻 R_3、R_4 和 R_5 的阻值进一步调整报警阈值电压。

2. 可调矩形波发生器

波形发生器是常用的实验仪器，下面用 555 定时器和适当的阻容元件，设计一个可调矩形波信号发生器，输出频率范围为 10 Hz ～ 20 kHz 的矩形波信号。

波形发生器的电路原理图如图 10.6.2（a）所示，将 555 定时器接成多谐振荡器的形式，电阻 R_1 为可调电阻，用以调整输出矩形波的振荡频率。假设电容 C 初始电压为 0，此时 $v_{I1} = v_{I2} = 0$ V，555 定时器内部的电压比较器 C_1 输出低电平，C_2 输出高电平，$RS = 01$，触发器被置位，v_O 输出高电平，放电管 T_{28} 截止。

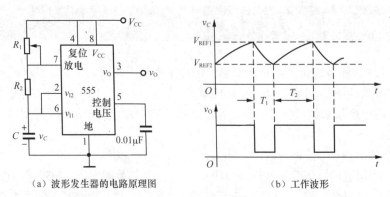

（a）波形发生器的电路原理图　　　　　（b）工作波形

图 10.6.2　可调矩形波发生器

接通电源后，V_{CC} 通过电阻 R_1 和 R_2 给电容 C 充电，充电时间常数为 $(R_1 + R_2)C$，当电容 C 上的电压 v_C 上升到 $V_{REF1} = 2V_{CC}/3$ 时，555 定时器内部的 RS 触发器被复位，放电管 T_{28} 导通，v_O 输出低电平，电容 C 开始通过电阻 R_2 放电，放电时间常数为 R_2C；当 v_C 下降到 $V_{REF2}=V_{CC}/3$ 时，触发器被置位，放电管 T_{28} 截止，v_O 输出高平，电容 C 又开始充电。如此周而复始，v_O 输出矩形脉冲。图 10.6.2（b）所示为其工作波形。

下面来计算输出矩形波的周期和占空比。由图 10.6.2（b）可知，电容 C 放电所需的时间是 v_C 从 $V_{REF1}=2V_{CC}/3$ 下降到 $V_{REF2}=V_{CC}/3$ 所需的时间，即

$$T_1 = R_2C \ln 2 \approx 0.7 R_2 C$$

电容 C 充电所需的时间即是 v_C 从 $V_{REF2}=V_{CC}/3$ 上升到 $V_{REF1}=2V_{CC}/3$ 所需的时间，即

$$T_2 = (R_1 + R_2)C \ln 2 \approx 0.7(R_1 + R_2)C$$

因而，振荡周期为

$$T = T_1 + T_2 \approx 0.7(R_1 + 2R_2)C$$

输出矩形波的占空比为

$$D = \frac{T_2}{T} = \frac{R_1 + R_2}{R_1 + 2R_2}$$

若要求输出矩形波的频率范围为 10 Hz ～ 20 kHz，振荡周期 T 应该在 0.05 ～ 100 ms 可调，因此电路参数必须满足：

$$\begin{cases} 0.7 \times (R_1 + 2R_2)C = 1 \times 10^{-1} \\ 0.7 \times (0 + 2R_2)C = 5 \times 10^{-5} \end{cases}$$

3. 工程抢修车的警示音电路

工程抢修车在工作时可以发出"呜呜"的声音，以提醒附近经过的车辆提早避让，其工作频率为 300 Hz，发声持续时间为 0.5 s，间隔时间为 0.3 s，用 555 定时器可实现该电路。

由于要间隔发声，且发声持续时间和间隔时间不同，需要用到两个 555 定时器，其电路原理如图 10.6.3 所示。将定时器 B 接成多谐振荡器的形式，产生频率为 300 Hz 的矩形脉冲，通过输出端 v_{O2}（引脚 3）驱动扬声器发声。定时器 A 同样接成多谐振荡器的形式，通过调整参数使其输出端 v_{O1}（引脚 3）产生高电平 0.5 s、低电平 0.3 s 的矩形波，并用定时器 A 的输出 v_{O1} 控制定时器 B 中 RS 触发器的复位端（引脚 4）。

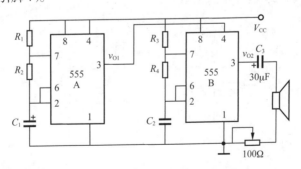

图 10.6.3　工程抢修车的警示音电路原理

在 v_{O1} 输出高电平期间，定时器 B 中 RS 触发器的复位信号无效，输出频率为 300 Hz 的矩形波，扬声器发声。在 v_{O1} 输出低电平期间，定时器 B 中的 RS 触发器被复位，输出 v_{O2} 为低电平，扬声器停止发声。随着定时器 A 的振荡，定时器 B 周期性输出持续时间 0.5 s、间隔时间 0.3 s 的频率为 300 Hz 的矩形波，驱动扬声器发出"呜呜"的声音。

对于定时器 A，电容 C_1 充电期间，v_{O1} 输出高电平；电容 C_1 放电期间，v_{O1} 输出低电平。在电路中 R_1、R_2 和 C_1 需满足

$$\begin{cases} T_1 = 0.7(R_1 + R_2)C_1 = 0.5 \\ T_2 = 0.7R_2C_1 = 0.3 \end{cases}$$

定时器 B 的振荡周期为 $T_B \approx 0.7(R_3 + 2R_4)C_2$，电路中 R_3、R_4 和 C_2 需满足

$$0.7(R_3 + 2R_4)C_2 = \frac{1}{300}$$

利用 555 定时器可以实现很多有趣的东西，比如叮咚门铃，当有人按门铃时，可以发出"叮咚"声。读者可以参考上述设计，用 555 定时器设计一款自己喜欢的、声音悦耳的叮咚门铃。

10.7　本章小结

信号波形分为正弦波和非正弦波，非正弦波也称为脉冲波。波形产生电路通过电路自激产生一定频率和幅度的交流信号，波形变换电路能把输入信号波形变换成指定的波形。

施密特触发器有两个阈值电平，利用施密特触发器可以实现波形的变换、整形和幅度鉴别。单稳态触发器具有稳态和暂稳态，利用单稳态触发器可以实现定时、延时和波形整形。多谐振荡器是能产生矩形波的自激振荡电路，若采用石英晶体构成多谐振荡器，其振荡频率取决于晶体的串联谐振频率。555 定时器是一种将模拟电路和数字电路相结合的集成电路，只需外接少量元件即可构成施密特触发器、单稳态触发器、多谐振荡器等电路。

📝 习题 10

10.1　两种晶体管反相器电路如题 10.1 图所示，负载电容 C_L=100 pF，v_{I1}、v_{I2} 为反相输入信号，v_O 为反相器的输出端。设各晶体管的参数相同，导通时基极驱动电流相等，试分析这两种电路输出电压的边沿变化情况，比较它们的工作速度。

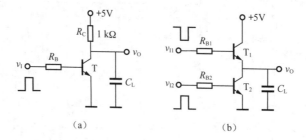

题 10.1 图

10.2　由 TTL 门电路组成的施密特触发器如题 10.2 图所示，试分析电路的工作原理，画出 v_{O1} 和 v_{O2} 的电压传输特性曲线。

10.3　题 10.3 图所示是用 CMOS 反相器接成的压控施密特触发器，CMOS 反相器的阈值电压为 V_{th}，试分析该施密特触发器的阈值电压 V_{T+}、V_{T-} 以及回差电压 ΔV_T 与控制电压 V_{CO} 的关系。

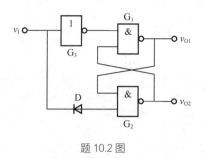

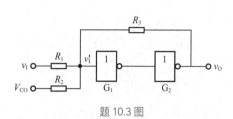

题 10.2 图　　　　　　　　　　　　　题 10.3 图

10.4　题 10.4 图所示是一个回差电压可调的施密特触发器电路，试分析它的工作原理，当 R_{E1} 在 $50 \sim 100\ \Omega$ 内变化时，计算回差电压的变化范围，其中门电路的阈值电压 $V_{th}=1.4\ \text{V}$。

10.5　用 TTL 与非门组成的单稳态触发器如题 10.5 图所示。

（1）为保证稳态时 v_{O1} 输出低电平，v_{O2} 输出高电平，R_d 和 R 应如何选取？

（2）画出 v_{O1}、v_{O2} 的波形。

（3）设与非门截止时输出电阻为 R_O，求输出脉冲宽度 t_w。

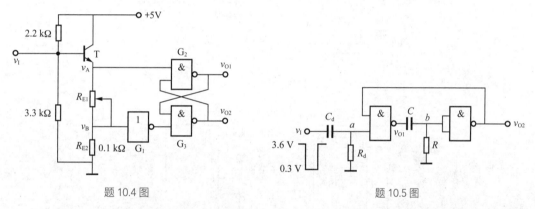

题 10.4 图　　　　　　　　　　　　　题 10.5 图

10.6　利用门电路固有的传输延迟，将奇数个非门首尾相接，可组成多谐振荡器，常称之为环形振荡器。题 10.6 图所示电路是由 3 个 TTL 非门构成的环形振荡器，设各门的传输延迟时间相同。试画出各输出端的波形，并计算振荡周期和频率。

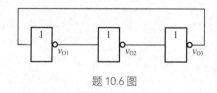

题 10.6 图

10.7　用 555 定时器接成的多谐振荡器如题 10.7 图所示，已知 $R_1=18\ \text{k}\Omega$，$R_2=56\ \text{k}\Omega$，$C=0.022\ \mu\text{F}$，试计算输出波形的周期和频率。

10.8　由 555 定时器构成的多谐振荡器如题 10.8 图所示，其输出波形的占空比取决于哪些参数？若要求占空比为 50%，应如何选择这些参数？

10.9　555 定时器接法如题 10.9 图所示，$R=500\ \text{k}\Omega$，$C=10\ \mu\text{F}$，画出输出 v_o 的波形，并计算 v_o 的下降沿比 v_I 下降沿延迟了多长时间。

10.10　分析题 10.10 图所示电路的组成和工作原理，当 $V_{CC}=12\ \text{V}$ 时，555 定时器输出的高、低电平分别为 10.6 V 和 0.1 V，输出电阻小于 100 Ω，可以忽略不计。试计算扬声器发出声音的高、低频率及高、低音持续的时间。

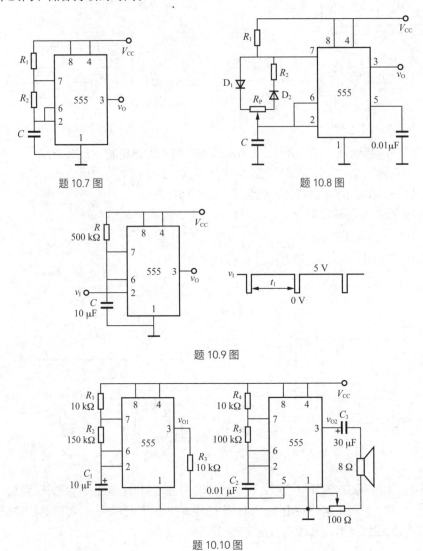

题 10.7 图   题 10.8 图

题 10.9 图

题 10.10 图